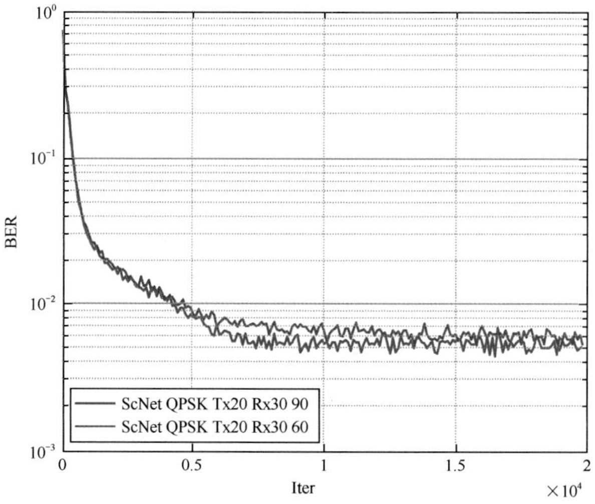

图2.19　网络的收敛速度

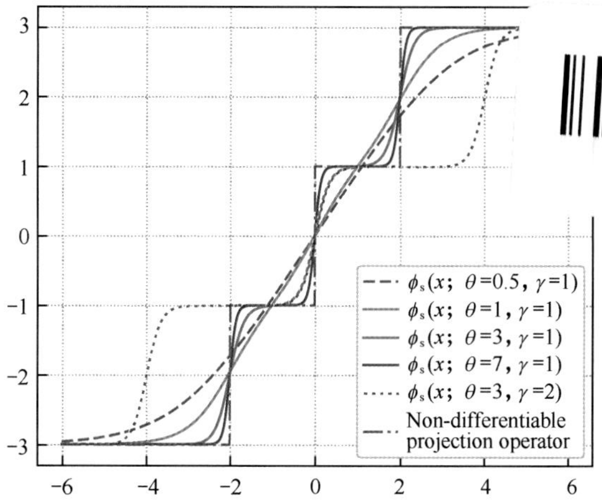

图2.21　叠加双曲正切函数图像（Non-differentiable projection operator表示不可微投影算子）

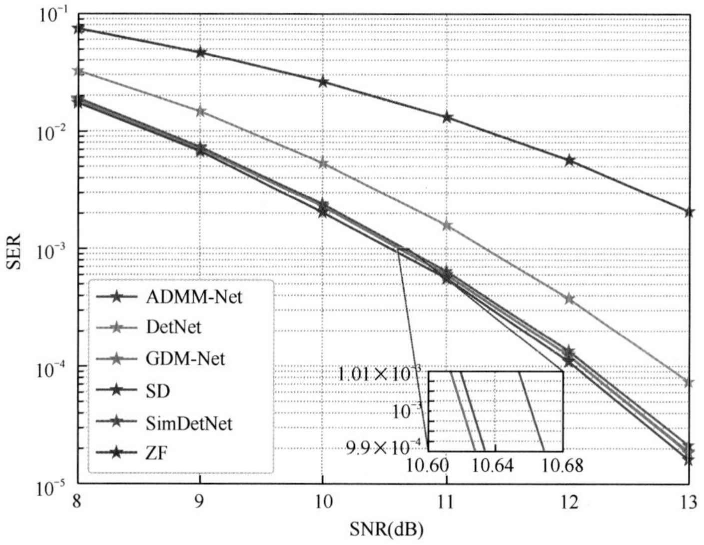

图2.25　30发60收QPSK调制模式

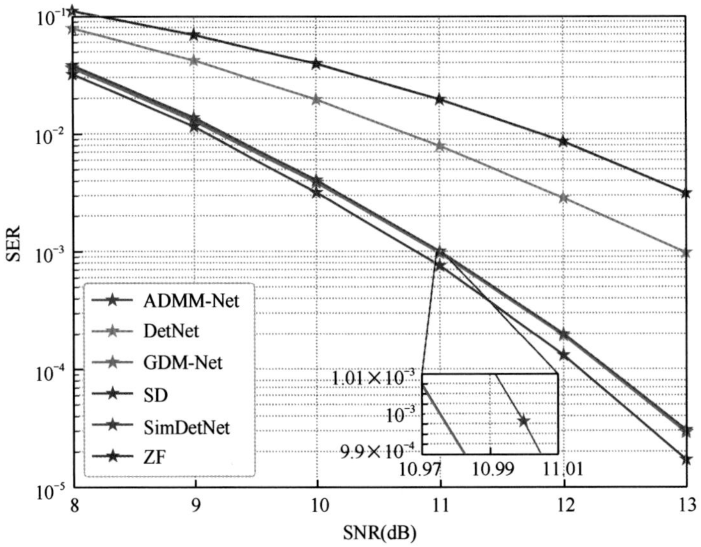

图2.26　30发60收16QAM调制模式

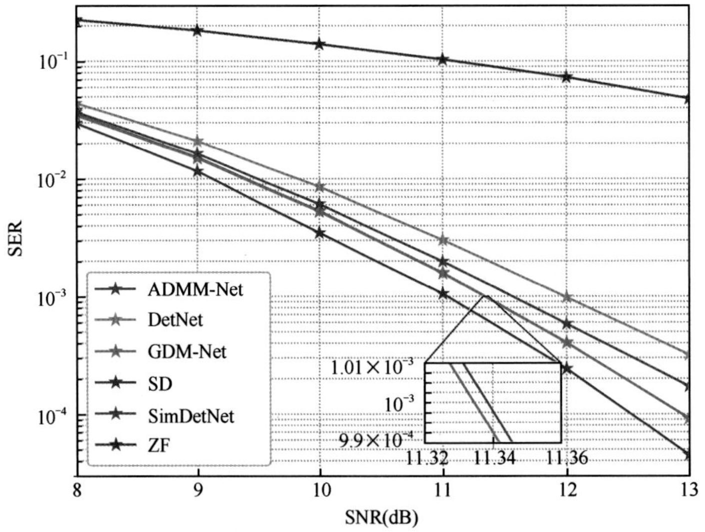

图2.27　20发25收QPSK调制模式

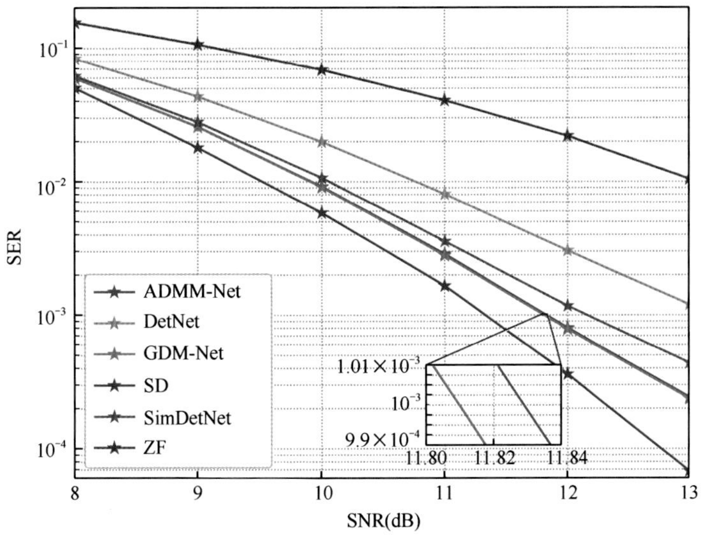

图2.28 15发25收16QAM调制模式

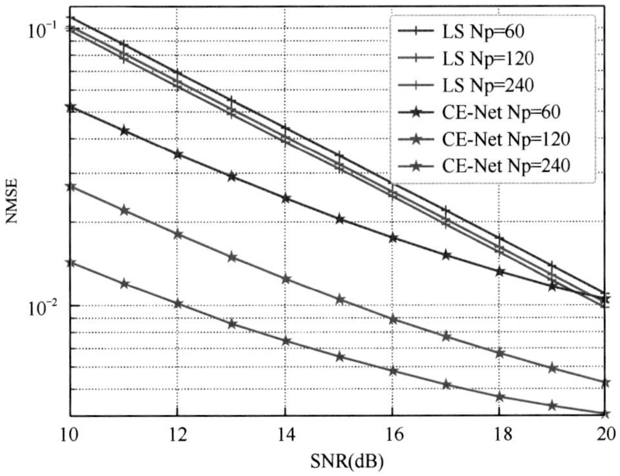

图3.9 20发30收1200个子载波QPSK调制模式仿真结果

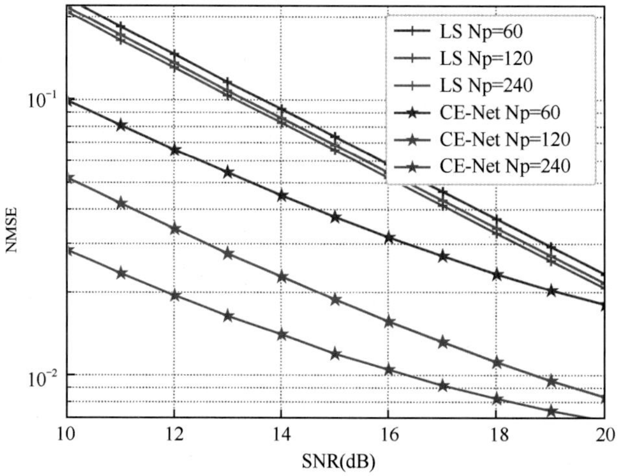

图3.10　20发30收1200个子载波16QAN调制模式仿真结果

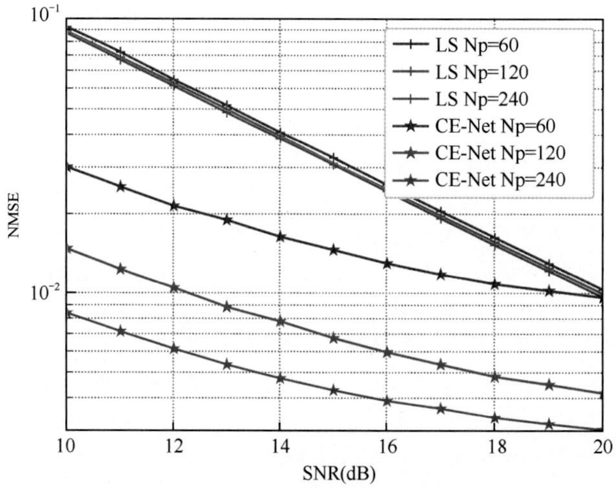

图3.11　10发10收1200个子载波QPSK调制模式仿真结果

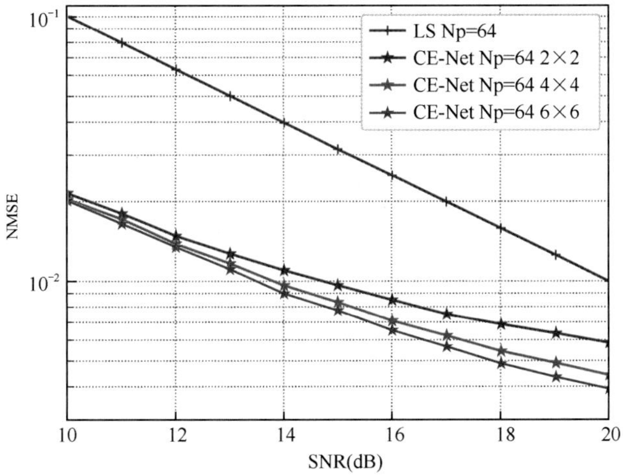

图3.12　8发8收256个子载波QPSK调制模式仿真结果

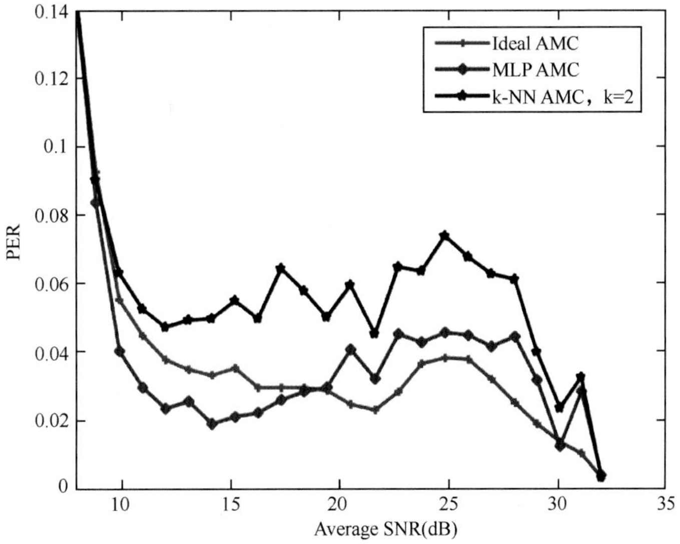

图4.2　采用MLP AMC和k-NN AMC时，PER随平均SNR变化的曲线

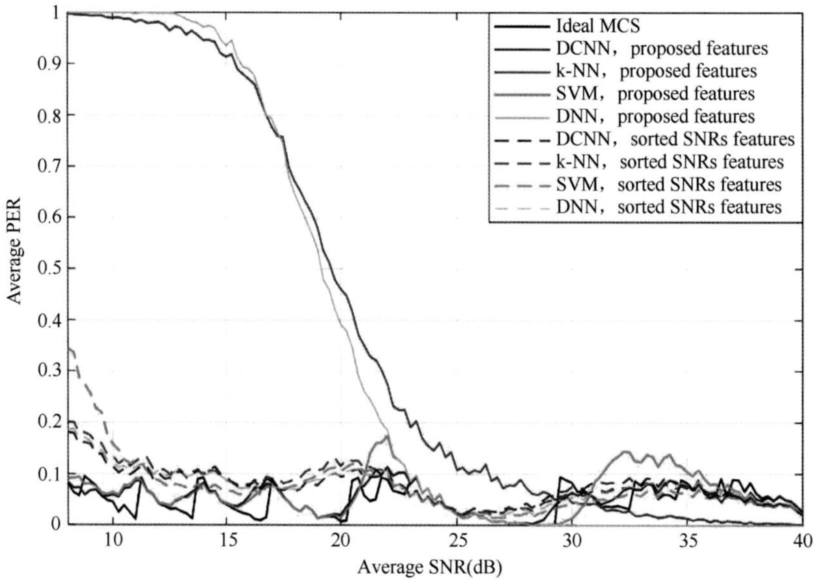

图4.3 DCNN AMC、k-NN AMC、SVM AMC和DNN AMC与“proposed features”“sorted SNRs features”的平均PER对比

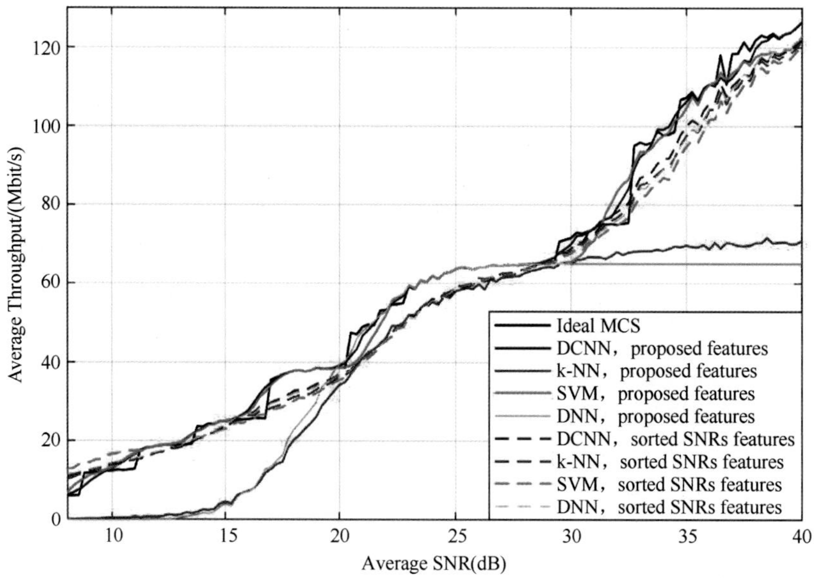

图4.4 DCNN AMC、k-NN AMC、SVM AMC和DNN AMC与“proposed features”“sorted SNRs features”的平均吞吐量对比

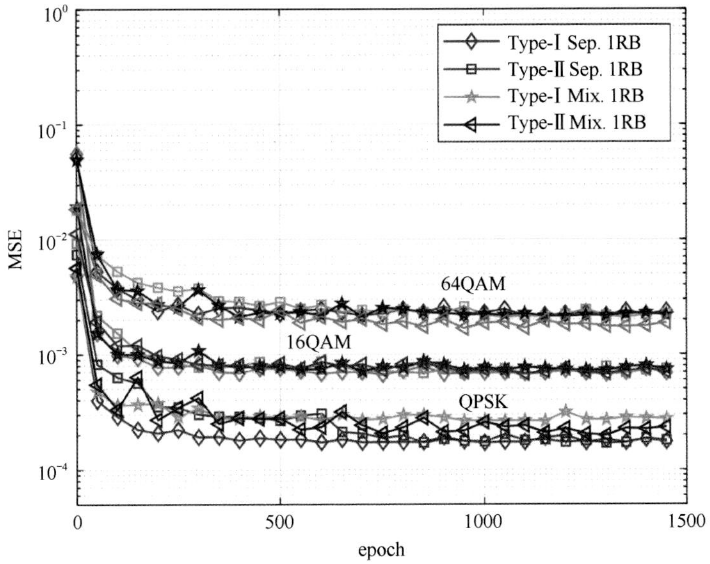

图4.10 单空间流MIMO-OFDM系统采用不同深度学习方案时测试集MSE随训练次数的变化曲线

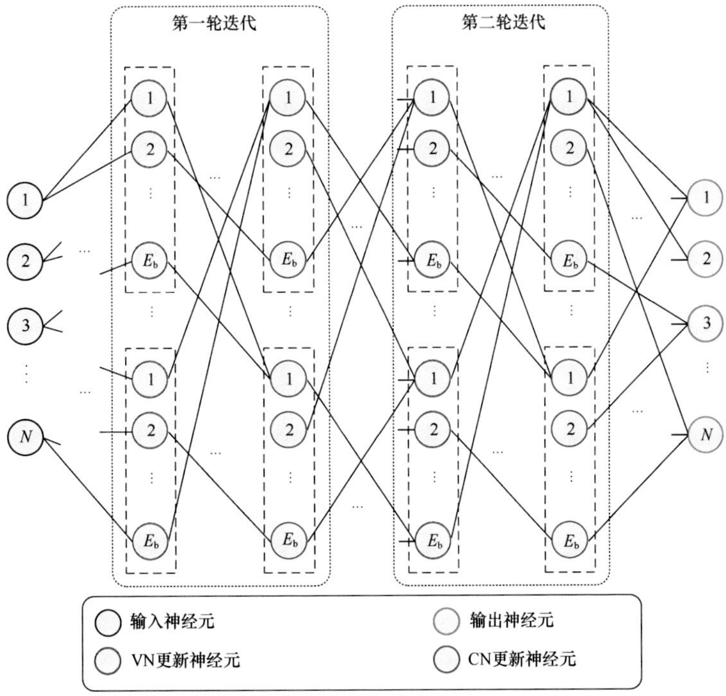

图 5.3 flooding译码神经网络

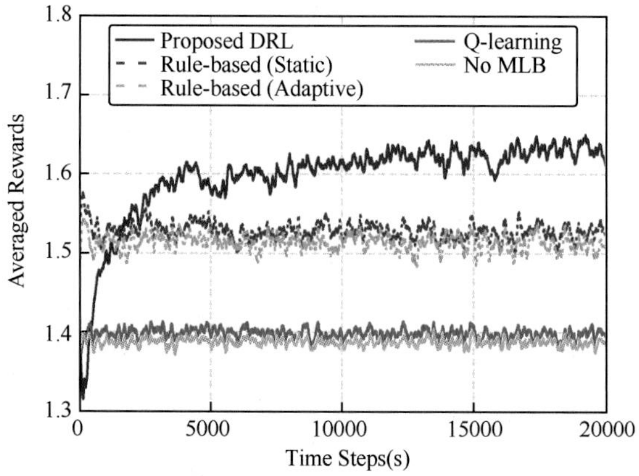

图7.10 基于深度强化学习的负载均衡性能

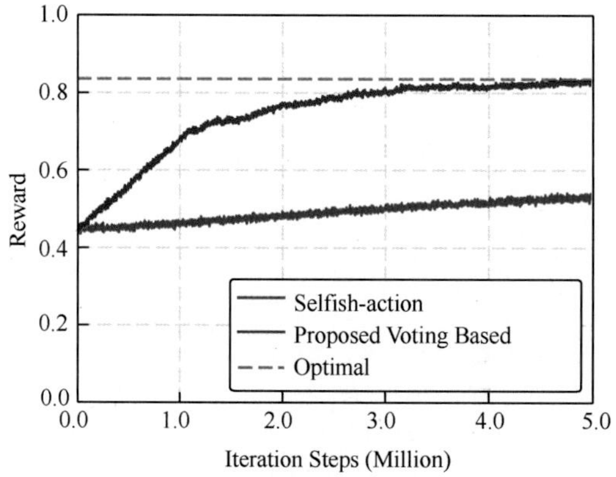

图9.4 通信系统容量最大化收益2

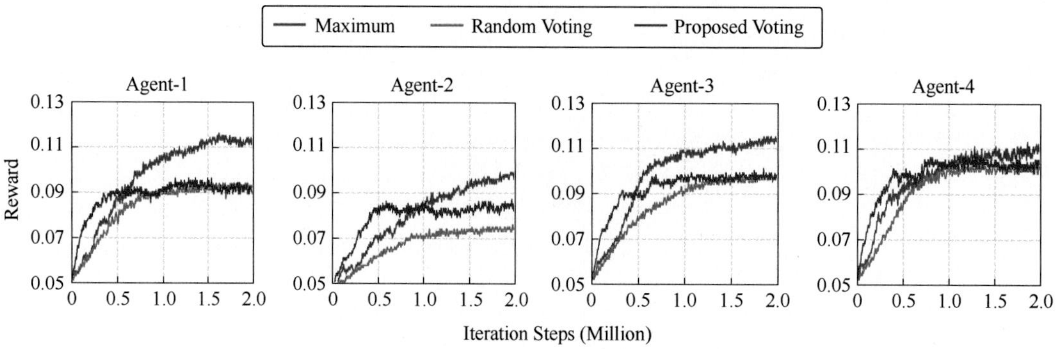

图9.5 每个地面基站的容量收益

WIRELESS AI

Frontier Technologies and Applications

智能无线通信

前沿技术与应用

戴金晟 吴泊霖 王思贤 牛凯 王森◎著

人民邮电出版社

北京

图书在版编目（CIP）数据

智能无线通信 ： 前沿技术与应用 / 戴金晟等著. -- 北京 ： 人民邮电出版社, 2023.12
ISBN 978-7-115-63040-7

Ⅰ. ①智… Ⅱ. ①戴… Ⅲ. ①人工智能－应用－无线电通信 Ⅳ. ①TN92-39

中国国家版本馆CIP数据核字(2023)第204520号

内 容 提 要

本书共分为四篇，涵盖了12章。第1章为第一篇，介绍了无线通信中的人工智能基础理论与算法，重点介绍了无线通信常用的人工智能方法。第2章至第5章为第二篇，探讨了人工智能在无线通信传输技术中的应用，详细解析了物理层信号处理中的典型案例。第6章至第9章为第三篇，聚焦于人工智能在无线通信组网技术中的应用，深入讲解了资源管理中的典型案例。第10章到第12章为第四篇，讨论了人工智能在语义通信中的应用，详细阐述了面向未来无线通信的语义通信系统。

本书可作为高等院校人工智能、信息与通信工程学科的教材，也可为工程技术人员提供人工智能在无线通信中的理论、算法与应用方面的参考。

◆ 著　　　戴金晟　吴泊霖　王思贤　牛　凯　王　森
责任编辑　张天怡
责任印制　陈　犇
◆ 人民邮电出版社出版发行　　北京市丰台区成寿寺路11号
邮编　100164　　电子邮件　315@ptpress.com.cn
网址　https://www.ptpress.com.cn
固安县铭成印刷有限公司印刷
◆ 开本：787×1092　1/16　　彩插：4
印张：16　　2023年12月第1版
字数：356千字　　2024年7月河北第2次印刷

定价：89.80元

读者服务热线：(010)81055410　印装质量热线：(010)81055316
反盗版热线：(010)81055315
广告经营许可证：京东市监广登字20170147号

目　录

第三篇　人工智能在无线通信组网技术中的应用

第四篇 人工智能在语义通信中的应用

第一篇

无线通信中的人工智能基础理论与算法

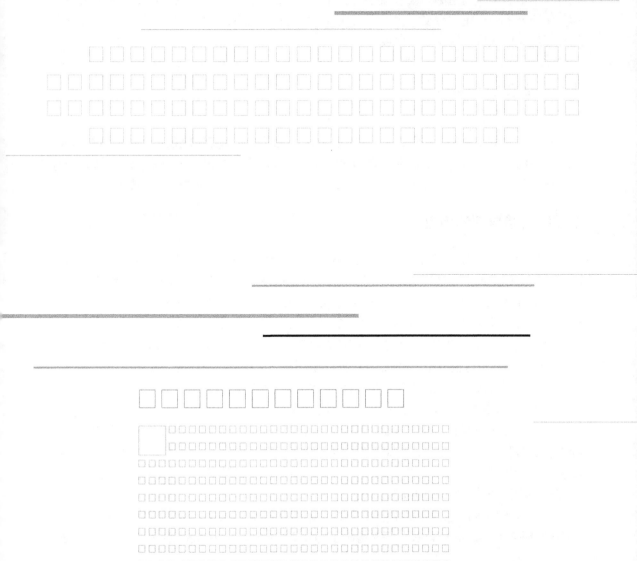

第 1 章 深度学习在无线通信系统中的应用

随着相关理论的突破和硬件算力的提升，深度学习相关的研究热潮如波涛般汹涌澎湃，近年来，大批优秀的成果涌现在多个领域当中，如计算机视觉、自然语言处理、游戏博弈、推荐搜索等。深度学习技术在无线通信物理层中的价值也正在逐步被认可，目前已知在无线通信领域，深度学习已经被用于调制模式识别、信道状态信息压缩与恢复、信道估计、信号检测、信道编译码、信号同步等众多关键场景当中，深度学习已然成为无线通信算法研究的一个重要分支。本章将简述深度学习的历史和原理，并简单介绍当前深度学习在无线通信领域中应用的一些成果。

1.1 深度学习概述

科学技术的发展是曲折的。回顾 70 多年的发展历史，受算法瓶颈、硬件算力的影响，深度学习的发展经历了多次低潮。直到 2006 年，“深度学习鼻祖”杰里弗·欣顿（Geoffrey Hinton）提出了梯度消失问题的解决方案，深度学习研究才开始了新一轮的热潮。

1.1.1 深度学习的历史

深度学习（参考文献 [1]）的历史最早可以追溯到 1943 年，心理学家沃伦·麦卡洛克（Warren McCulloch）和数学家沃尔特·皮茨（Walter Pitts）根据生物的神经元结构，提出了最早的神经元数学模型——MCP（McCulloch-Pitts）模型。MCP 模型实际上是按照生物的神经元结构及其工作原理简化抽象出来的，麦卡洛克和皮茨希望能够用计算机来模拟人的神经元反应过程，也就是所谓的“模拟人脑”。该模型将神经元的数据处理工作简化为 3 个阶段，分别是对输入信号的加权、求和与激活。其中激活阶段为了模拟神经元采用了非线性的激活方式，这也是神经网络与线性计算的根本区别。

普通的 MCP 模型并没有学习能力，只能完成一些固定的逻辑判定，直到 1958 年美国科学家弗兰克·罗森布拉特（Frank Rosenblatt）提出了第一个可以自动学习权重的神经元模型，其被称为“感知机”。感知机常被用于分类任务，即使在今天，感知机仍然是入门机器学习学科必学的基础模型，1962 年，该模型被证明能够收敛，它的理论与实践效果引起第一次神经网络研究的热潮。

科学技术的发展总是迂回曲折上升的，深度学习也不例外。1969 年，美国科学家马尔温·明斯基（Marvin Minsky）等人指出了感知机的缺陷——它无法解决简单的异或问题，这直接导致以感知机为基础的相关神经网络研究陷入低潮。

20 世纪 80 年代，神经网络研究迎来了复兴。1986 年，欣顿提出了反向传播（Back Propagation，BP）算法与非线性映射函数 Sigmoid，BP 算法和 Sigmoid 有效解决了非线性分类和神经网络学习的问题。放眼现在，BP 算法仍然是当今绝大多数神经网络进行训练的方法，欣顿也因此被誉为“神经网络之父”。20 世纪八九十年代，卷积神经网络、循环神经网络、长短期记忆（Long Short-Term Memory，LSTM）网络等被相继提出。但是随着以支持向量机（Support Vector Machine，SVM）为代表的浅层机器学习算法研究的兴起，神经网络的研究再次陷入低潮。

2006 年，神经网络又一次迎来了复兴，欣顿和他的学生提出了多层神经网络训练时梯度消失问题的解决方案，即采用多层预训练的方式，同时他们还提出了深度学习的概念，至此“深度学习时代”到来！ 2011 年，泽维尔・格罗特（Xavier Glorot）提出了线性整流单元（Rectified Linear Unit，ReLU）激活函数，它是当今使用最多的非线性激活函数之一，此后大量的深度神经网络如雨后春笋般“破土而出”，如 AlexNet、VGG（Visual Geometry Group）、GoogLeNet、ResNet、DenseNet 等。值得注意的是，这些网络都是应用在计算机视觉领域的。除此之外，还有应用于自然语言处理的网络，如 LSTM 和最近火热的 BERT（Bidirectional Encoder Representations from Transformers，一种预训练语言模型）等。当然近年来也有学者提出了应用于无线通信领域的网络，如 DetNet、CsiNet 等。总而言之，目前深度学习研究正处于新一轮的热潮，同时工业界关于深度学习技术的应用也已硕果累累。

1.1.2 深度学习的原理

1.1.1 小节提到了神经元模型，神经元模型的工作流程可分为 3 个步骤，首先输入数据向量，然后进行数据处理，最后输出处理好的数据向量。神经元模型在进行数据处理时又分成 3 个阶段，依次是加权、求和与激活。许多神经元以特定的规则排列并连接成网状就形成了神经网络。如图 1.1 所示，图中的网络称为全连接（Fully Connected，FC）神经网络，其中每一个圆圈表示一个神经元。如图 1.1 所示，通过排列，神经元之间形成了固定的层级关系。图 1.1 中的网络共分 3 层：习惯上将第一层称为输入层；将最后一层称为输出层；因为外部看不到输入层与输出层之间的网络结构，所以将第一层与最后一层中间包含的所有层称为隐藏层。之所以把图 1.1 所示网络称为全连接神经网络，是因为后一层的神经元会把它前一层的所有神经元的输出都作为自己的输入。值得注意的是，神经元之间的每一个连接都代表着一个权重（用 w 表示）。

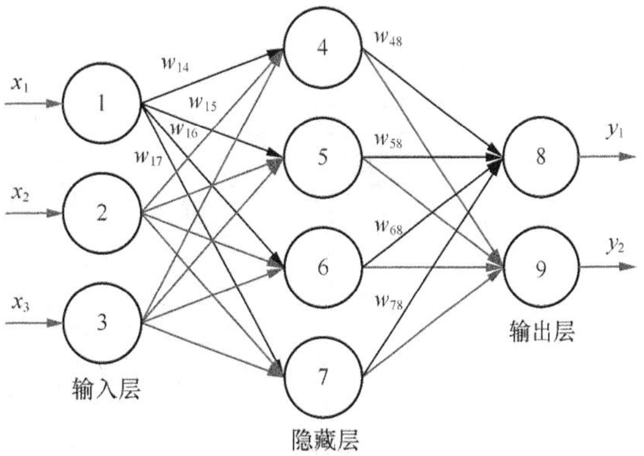

图 1.1 全连接神经网络结构

神经网络实际上是一个将输入向量映射到输出向量的非线性函数，其中非线性主要由神经元的非线性激活函数提供。

图 1.1 所示的神经网络可以记为

$$\hat{y} = f(x) \tag{1.1}$$

神经网络能够通过反向传播进行“训练”来缩小输出值与期望值之间的差距。具体来说，在获得了输出值以后，在监督学习条件下，便可以计算出网络输出值与期望值之间的损失函数 $L(\hat{y}, y)$ 值，然后通过 BP 算法（依据的是链式求导法则），能够计算出损失函数关于神经网络中每一个权重的梯度，这样通过梯度下降算法，如式（1.2）所示，就可以实现权重的迭代更新，使得损失函数值变得更小，其中 lr 是梯度下降算法的学习率（Learning Rate，LR）。通过大量数据不断地训练，神经网络会越来越“适应”当前数据集，在当前数据集中的损失函数值就会越来越小，那么预测得也就会越来越准，同时在一些分布相似但未参与训练的数据集上也会有不错的表现。

$$w_{11} = w_{11} - lr \times \frac{\partial L(\hat{y}, y)}{\partial w_{11}} \tag{1.2}$$

深度学习网络可以看作多层的神经网络，当然神经网络不仅限于全连接神经网络，还包括卷积神经网络、循环神经网络等一众变化多端、风格各异的优秀网络。也正是因为网络结构多变，深度学习才具备了巨大的潜力与更多的可能。虽然不同的网络结构迥异，但相通的是，绝大多数神经网络都是依托大量数据进行监督学习，并通过 BP 算法来实现参数迭代更新的。

下面介绍一种计算机视觉领域常见的神经网络——卷积神经网络。常见卷积神经网络的结构如图 1.2 所示。与全连接神经网络相比，卷积神经网络在结构上有很大差异，全连接神经网络中的神经元都是按照一维排列的，而卷积神经网络中的神经元是按照三维排列的，3 个维度分别是长度、宽度和高度，可以分别与图像中的长、宽、通道一一对应，所以卷积神经网络天然适用于处理图像问题。卷积神经网络通常包含卷积层、池化层和全连接层，其中池化层负责对图像进行“过滤”，卷积层负责对图像进行卷积操作。相比于全连接层，卷积层的参数更少，并且卷积层能够考虑到图像像素位置的相关性。基于以上特点，卷积神经网络常常是图像领域的不二之选，同时，一些包含位置相关性的问题也会考虑应用卷积神经网络。

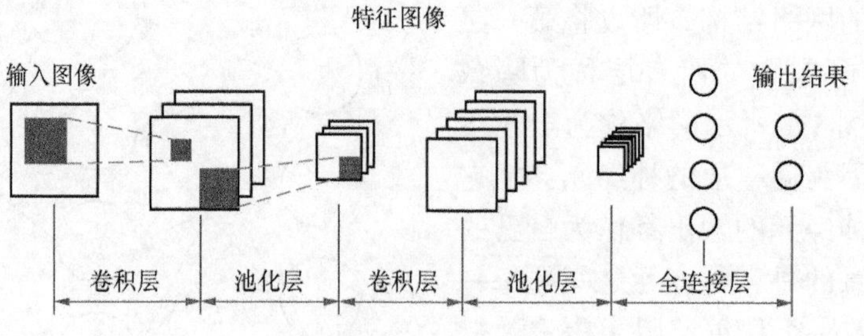

图 1.2 常见卷积神经网络的结构

1.2 深度学习在无线通信中的基本应用

目前深度学习技术已经在无线通信领域得到了广泛的应用，在常见的调制模式识别、信道状态信息压缩与恢复、信道估计、信号检测等工作中都能看见基于深度学习的算法尝试。深度学习是一种监督学习，它通过设计具体的结构，确定结构中的可训练参数，然后在一个大数据集上训练，使得神经网络充分“适应”这个数据集。神经网络会“专注”于对它进行训练的数据集，在对它进行训练的数据集上会表现得非常好，而在不同分布的其他数据集上则表现较差，也就是泛化能力较差。而传统算法通常不考虑数据集的影响，在所有的数据集上都可以有较好的表现，也就是泛化能力较强。在特定数据集下，“精一枝”必然会优于“精百枝”，所以处理数据分布相对固定的问题时，基于深度学习的算法相比传统算法确实会更有优势，并且深度学习的网络结构变化多端、优化便捷，因此其在无线通信领域有着广阔的应用前景。

1.2.1 调制模式识别

调制模式识别是一种非常重要的技术，它在军用和民用无线通信系统中都发挥了重要的作用。在军用领域，调制模式识别主要用于电子对抗；所谓“知己知彼，百战不殆”，只有正确识别敌方干扰信号才能做到有针对性的对抗。在民用领域，调制模式识别主要用于频谱检测与干扰识别。调制模式识别本质上是一个分类问题，它的目标在于将给定的基带接收符号分类为不同的调制模式，如四相移相键控（Quaternary Phase-Shift Keying，QPSK）、16QAM（Quadrature Amplitude Modulation，正交振幅调制）等。在分类问题中，深度学习算法展现了它强大的分类性能，所以将深度学习应用于调制模式识别非常直观。常见的基于深度学习的调制模式识别算法采用全连接神经网络的结构；对于二维的信号，也有采用卷积神经网络进行调制模式识别的。

1.2.2 信道状态信息压缩与恢复

在今天，大规模多输入多输出（Multiple-Input Multiple-Output，MIMO）无线通信系统面临着天线阵列扩增带来的高维信道状态信息（Channel State Information，CSI）传输的挑战，首先发送端对 CSI 进行压缩以减少传输开销，之后接收端再进行解压缩与恢复，重建原始的高维 CSI。通常将信道信息看作高维低秩的图像来进行压缩与恢复处理。因为深度学习在图像压缩领域取得了优异的成绩，所以一些学者开始考虑将深度学习应用于 CSI 的压缩与恢复，如 Wen 等人提出的 CsiNet（参考文献 [2]、[3]、[7]），以及 Cai 等人提出的 Attention CsiNet（参考文献 [4]），都利用神经网络进行 CSI 压缩与恢复，并取得了不错的效果。

1.2.3 信道估计

信道估计对于高频率、高效率的相干通信来说具有重要影响，是决定接收机性能的关键因素之一，所以信道估计在无线通信系统中至关重要，只有正确估计出信道的信息，才能采取对应的举措消除信道变化带来的信号衰落，并且在 MIMO 系统中，信道估计是信号检测与预编码的前提。由于信道天然存在着频域、时域、空域上的相关性，所以一些学者考虑采用卷积神经网络进行信道估计（参考文献 [8] ~ [10]），典型的成果如 Liao 等人提出的 ChanEstNet（参考文献 [5]）。他们利用卷积神经网络提取信道特征，又利用循环神经网络进行信道估计与插值。

1.2.4 信号检测

信号检测负责从接收符号中恢复出发送符号，接收端信号检测的性能表征着整个通信系统的可靠性。检测出的错误较多时，会涉及重传，进一步增加系统传输的开销；同时，若信号检测的复杂度较高，耗费时间较久，则会降低系统的传输速率。所以对于信号检测算法来说，做好性能与复杂度的权衡非常重要。在大规模 MIMO 系统当中，传统的线性信号检测算法不能满足低误码率的需求，而高性能的检测算法往往复杂度极高，所以人们开始将视线转移到深度学习上来，一些优秀的基于深度学习的 MIMO 信号检测算法被提出，典型代表如 Samuel 等人提出的 DetNet（参考文献 [6]）。与前文叙述的网络不同，DetNet 并没有直接采用全连接神经网络或者卷积神经网络的结构，而是基于一些已有的迭代算法，将迭代算法展开成网络；具体来说就是将迭代算法的每一次迭代展开成网络的一层，这样如果迭代算法迭代 30 次，对应就可以展开成一个 30 层的深度神经网络。本书把这样的处理称为深度展开。深度展开的好处在于，对比展开之前的迭代算法，展开后的网络可以自适应地优化原始迭代算法的超参数，达到性能优化的目的。

1.3 本章小结

本章介绍了深度学习技术的历史，阐述了深度学习技术的基本原理，对基本的神经网络（全连接神经网络、卷积神经网络）进行了简要介绍。

本章还介绍了深度学习技术在无线通信领域中的基本应用，包括调制模式识别、信道状态信息（CSI）压缩与恢复、信道估计、信号检测，它们当中很多都应用了前文介绍的全连接神经网络和卷积神经网络。在信号检测部分，本章介绍了深度展开方法，深度展开方法在 MIMO 信号检测领域非常常见，有很多基于深度展开的优秀信号检测算法被提出。深度展开方法是研究 MIMO 信号检测问题的一个重要方向。

深度学习技术经过漫长、曲折的发展，如今已经进入新一轮的研究热潮。在无线通信领域，深度学习技术被广泛应用，并且由于深度学习技术自身网络结构多变、容易优化的特点，其在无线通信领域仍有大量的可能性等待我们去探索与发现。

参考文献

[1] LECUN Y, BENGIO Y, HINTON G. Deep learning [J]. nature, 2015, 521(7553)：436.
[2] WANG T Q, et al. Deep learning-based CSI feedback approach for time-varying massive

MIMO channels [J]. IEEE Wireless Communications Letters, 2018,8(2)：416-419.

[3] WEN C K, SHIH W T, JIN S. Deep learning for massive MIMO CSI feedback[J]. IEEE Wireless Communications Letters, 2018,7(5)：748-751.

[4] CAI Q Y, DONG C, NIUK Attention model for massive MIMO CSI compression feedback and recovery：2019 IEEE Wireless Communications and Networking Conference (WCNC) [C]. New York：IEEE, 2019.

[5] LIAO Y, et al. ChanEstNet：A deep learning based channel estimation for high-speed scenarios：ICC 2019-2019 IEEE international conference on communications (ICC) [C]. New York：IEEE, 2019.

[6] SAMUEL N,DISKIN T, WIESEL A. Learning to detect [J]. IEEE Transactions on Signal Processing,2019,67(10)：2554-2564.

[7] GUO J J, et al. Convolutional neural network-based multiple-rate compressive sensing for massive MIMO CSI feedback：Design, simulation, and analysis [J]. IEEE Transactions on Wireless Communications ,2020,19(4)：2827-2840.

[8] LIN B, et al. A novel OFDM autoencoder featuring CNN-based channel estimation for internet of vessels[J]. IEEE Internet of Things Journal, 2020, 7(8)：7601-7611.

[9] MASHHADI M B,GÜNDÜZ D. Pruning the pilots：Deep learning-based pilot design and channel estimation for MIMO-OFDM systems [J]. IEEE Transactions on Wireless Communications ,2021,20(10)：6315-6328.

[10] SARADHI P P, PANDYA R J, IYER S, et al. Deep Learning Oriented Channel Estimation for Interference Reduction for 5G：2021 International Conference on Innovative Computing, Intelligent Communication and Smart Electrical Systems (ICSES) [C]. New York：IEEE, 2021.

第二篇

人工智能在无线通信传输技术中的应用

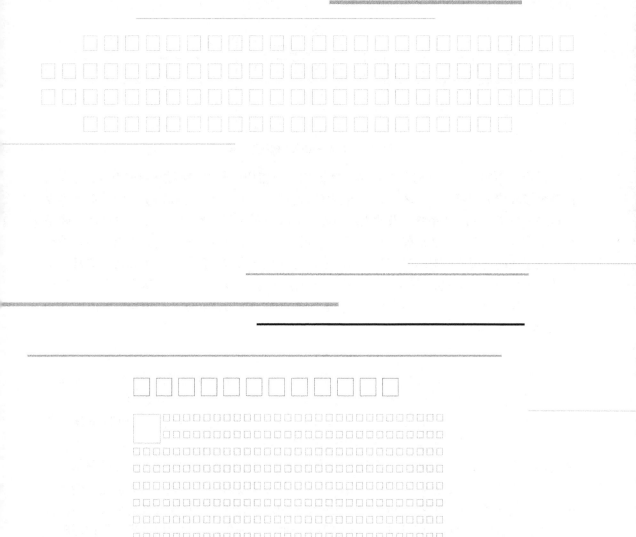

第 2 章

基于深度学习的 MIMO 信号检测

2.1 MIMO信号检测基本原理与传统算法

MIMO 技术是指发送端和接收端同时配备多根发送天线 / 接收天线，从而获得系统容量的提升。MIMO 系统收发端结构如图 2.1 所示。

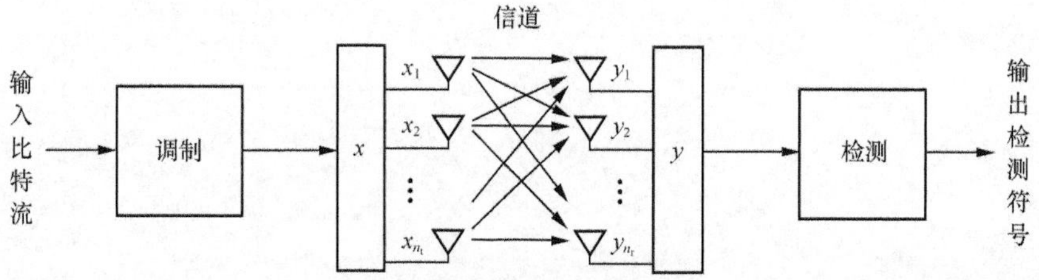

图 2.1　MIMO系统收发端结构示意

无论是空间复用、空时编码还是空间调制，对编码信号的检测始终是 MIMO 无线通信系统接收端最重要的功能之一。相比于衰落信道下的单发单收（SISO）系统和单发多收（SIMO）系统，MIMO 系统涉及的天线更多，MIMO 系统信号检测会更难，这是因为除了衰落的影响，其接收端还面临着来自多根天线同时传输信号的空间干扰。所以，在这种空间干扰存在的情况下，对信号进行有效的检测是一项非常艰巨的任务，为此需要非常复杂的信号处理算法。因此，高效、高性能、低复杂度的 MIMO 信号检测算法的设计、分析与应用持续吸引着研究人员与系统开发工程师的注意。为方便叙述，这里首先给出 MIMO 系统的收发数学模型：

$$y = \boldsymbol{H}x + n \tag{2.1}$$

其中 x 和 y 分别代表发送符号向量和接收符号向量，$\boldsymbol{H}$ 与 n 分别代表信道响应矩阵和加性高斯白噪声向量。此处仅给出名称，2.1.1 小节将对此数学模型做详细的解释。

所有 MIMO 信号检测算法的目标都是在知道接收符号向量 y 和信道响应矩阵 $\boldsymbol{H}$ 的情况下，获得对发送符号向量 x 的估计。发送符号的元素通常来自于一个预先定义好的离散值的调制符号表，比如 QPSK 的调制符号表就是 $\{1+j, 1-j, -1+j, -1-j\}$，当然调制符号表也可以是纯实数的，这取决于数学模型是实数的还是复数的。某些检测算法通常会产生软输出，例如基于置信传播（Belief Propagation，BP）的算法，其输出将会是表示传输符号可能性的软值，这些软值可以被送入编码系统的信道译码器，与送硬值进入信道译码器相比，送软值可以提供更好的性能。此外，一些检测算法只产生硬输出，例如基于搜索的算法，它们通常在一个离散数值候选向量集合里进行搜索测试，并从集合中选择一个离散向量作为输出。虽然这些硬输出也可以被送入信道译码器，但是为了进一步提升信道译码器的性能，必须设计出合适的方法，从检测算法的硬输出中产生软值，以便将其送入信道译码器。

常用的 MIMO 信号检测算法包括线性检测算法（如 MF、ZF、MMSE 检测算法等），以及非线性的包含多阶段干扰消除的算法（如 ZF-SIC 和 MMSE-SIC 检测算法）。这些次优算法的核心优势就是它们多项式级的复杂度。通过合理优化伪逆求解过程，ZF-SIC 算法的复杂度甚至还可以更低。同时，线性检测算法的误符号率（Symbol Error Ratio SER）性能也可以通过格基规约技术来提升。除了上面提到的算法之外，还有一系列基于搜索的算法，典型代表如球译码（Sphere Decoding，SD）算法（参考文献 [1]、[2]、[7]）。虽然 SD 算法的 SER 性能很强，但是其复杂度很高。

通常，MIMO 信号检测算法的两大重要目标——高性能和低复杂度——并不能同时达成，因为一方的实现似乎是以牺牲另一方为代价的。比如，线性算法在复杂度方面有很好的表现，但是相比于最优算法，它的 SER 性能非常有限。另外，虽然 SD 算法能够达到最大似然检测算法的性能，但是它的复杂度很高。因此，传统的观点认为，为了达到良好的 SER 性能，需要对复杂度做权衡。但是这种权衡将使得大规模 MIMO 变得不切实际，因为大规模 MIMO 下的信号检测会面临更高的复杂度。

2.1.1 系统模型

本小节对 MIMO 系统的模型进行详细阐述。对于一个包含 n_t 根发送天线、n_r 根接收天线的 MIMO 系统，其信号发送与接收可以建模为

$$\begin{bmatrix} \boldsymbol{y}_1 \\ \boldsymbol{y}_2 \\ \vdots \\ \boldsymbol{y}_{n_r} \end{bmatrix} = \begin{bmatrix} h_{1,1} & h_{1,2} & \cdots & h_{1,n_t} \\ h_{2,1} & h_{2,2} & \cdots & h_{2,n_t} \\ \vdots & \vdots & \cdots & \vdots \\ h_{n_r,1} & h_{n_r,2} & \cdots & h_{n_r,n_t} \end{bmatrix} \begin{bmatrix} \boldsymbol{x}_1 \\ \boldsymbol{x}_2 \\ \vdots \\ \boldsymbol{x}_{n_t} \end{bmatrix} + \begin{bmatrix} n_1 \\ n_2 \\ \vdots \\ n_{n_r} \end{bmatrix} \tag{2.2}$$

其中：$\boldsymbol{x}_i\left(i=1,2,\cdots,n_t\right)$ 表示第 i 根天线的发送符号；$\boldsymbol{y}_j\left(j=1,2,\cdots,n_r\right)$ 表示第 j 根天线的接收符号；$\boldsymbol{n}_j\left(j=1,2,\cdots,n_r\right)$ 表示附加在第 j 根天线上的加性高斯白噪声；$h_{i,j}\left(i=1,2,\cdots,n_t;\ j=1,2,\cdots,n_r\right)$ 表示由第 i 根天线到第 j 根天线的信道响应，此处没有考虑多径，所以一条信道只有一个信道响应。由矩阵乘法的计算方法可以得出：

$$\boldsymbol{y}_j = \sum_{i=1}^{n_t} h_{i,j}\boldsymbol{x}_i + \boldsymbol{n}_j, \quad j=1,2,\cdots,n_r \tag{2.3}$$

由式（2.3）可见，每一根天线上的接收符号都是由所有发送符号乘对应的信道响应再求和，然后加上高斯白噪声得到的，这就是 MIMO 的本质，每一个接收符号都包含所有发送符号的信息。将式（2.3）简写为矩阵和向量的形式，即可得到式（2.1）所示的数学模型。在本书中，除了特殊说明以外，一般使用大写粗斜体字母表示矩阵，小写粗斜体字母表示列向量。式（2.1）中，$\boldsymbol{x}$ 表示长度为 n_t 的发送符号列向量，$\boldsymbol{x}$ 中的每一个元素

都来自一个已知的 QAM 字母表 $\mathbb{A}$（例如 4QAM、16QAM 等），即 $\boldsymbol{x}\in\mathbb{A}^{n_t}$，并且本书假设所有星座图均已经过能量归一化，即 $\mathbb{E}[\boldsymbol{x}\boldsymbol{x}^{\mathrm{H}}]=I_{n_t}$。$\boldsymbol{y}$ 表示长度为 n_r 的接收符号列向量，$\boldsymbol{y}\in\mathbb{C}^{n_r}$，$\mathbb{C}$ 表示任意复数。$\boldsymbol{H}(\boldsymbol{H}\in\mathbb{C}^{n_r\times n_t})$ 表示 $n_r\times n_t$ 大小的信道响应矩阵，其元素均建模为独立同分布的，均值为 0、方差为 1 的复高斯随机变量。n 表示复数加性高斯白噪声向量，且满足 $\mathbb{E}[nn^{\mathrm{H}}]=\sigma^2 I_{n_r}$。在 MIMO 信号检测问题中通常假设接收端已知完全准确的信道响应矩阵 $\boldsymbol{H}$，而 $\boldsymbol{H}$ 在发送端则是未知的。

在上述模型中，所有向量和矩阵的元素都为复数，因此式（2.3）对应的系统模型也被称作复数模型。传统算法可以直接用于复数模型中，但对于神经网络则不然。在一些基于深度学习的算法中，通常要先将复数模型转换成等效的实数模型，如式（2.4）所示。

$$\boldsymbol{y}_{\mathrm{r}}=\boldsymbol{H}_{\mathrm{r}}\boldsymbol{x}_{\mathrm{r}}+n_{\mathrm{r}} \tag{2.4}$$

其中，$\boldsymbol{H}_{\mathrm{r}}\overset{\mathrm{def}}{=}\begin{bmatrix}\Re(\boldsymbol{H}) & -\Im(\boldsymbol{H})\\ \Im(\boldsymbol{H}) & \Re(\boldsymbol{H})\end{bmatrix}\in\mathbb{R}^{2n_r\times 2n_t}$，$\boldsymbol{y}_{\mathrm{r}}\overset{\mathrm{def}}{=}\left[\Re(\boldsymbol{y})^{\mathrm{T}},\Im(\boldsymbol{y})^{\mathrm{T}}\right]^{\mathrm{T}}\in\mathbb{R}^{2n_r}$，$\boldsymbol{x}_{\mathrm{r}}\overset{\mathrm{def}}{=}\left[\Re(\boldsymbol{x})^{\mathrm{T}},\Im(\boldsymbol{x})^{\mathrm{T}}\right]^{\mathrm{T}}\in\mathbb{R}^{2n_t}$，$n_{\mathrm{r}}\overset{\mathrm{def}}{=}\left[\Re(n)^{\mathrm{T}},\Im(n)^{\mathrm{T}}\right]^{\mathrm{T}}\in\mathbb{R}^{2n_t}$，$\Re(.)$ 和 $\Im(.)$ 分别表示取矩阵或向量的实部或虚部。由矩阵乘法运算法则可知，实数模型[式（2.4）]与复数模型[式（2.3）]的计算结果相同，是等效的。值得注意的是，在实数模型中，发送符号向量 $\boldsymbol{x}_{\mathrm{r}}$ 的元素都来自脉幅调制（Pulse-Amplitude Modulation，PAM）字母表，PAM 字母表是由复数模型的 QAM 字母表转换得到的。例如，若复数模型的 QAM 字母表为 $\{1+j,1-j,-1+j,-1-j\}$，则其转换后的实数模型的 PAM 字母表为 $\{1,-1\}$。又如，若复数模型采用非标准的 16QAM 字母表，则其转换后的实数模型的 PAM 字母表为 $\{3,1,-1,-3\}$。

2.1.2 最优检测算法

本小节介绍 SER 性能最优的 MIMO 信号检测算法——最大似然检测算法。顾名思义，最大似然（Maximum Likelihood，ML）检测算法（简称 ML 算法）就是找到使得似然函数值最大的候选向量。为了方便阐述，这里给出 MIMO 信号检测问题的似然函数：

$$p(\boldsymbol{y}\,|\,\boldsymbol{H},\boldsymbol{x})=\frac{1}{(\pi\sigma^2)^{n_r}}\exp\left(\frac{1}{\sigma^2}\|\,\boldsymbol{y}-\boldsymbol{H}\boldsymbol{x}\,\|^2\right) \tag{2.5}$$

由式（2.5）可知，对于指数函数 $p(\boldsymbol{y}\,|\,\boldsymbol{H},\boldsymbol{x})$ 来说，在给定 $\boldsymbol{H}$、$\boldsymbol{x}$ 及 σ^2 的前提下，$\|\,\boldsymbol{y}-\boldsymbol{H}\boldsymbol{x}\,\|^2$ 越小，其函数值越大。所以求 ML 函数的问题可转化为使 $\|\,\boldsymbol{y}-\boldsymbol{H}\boldsymbol{x}\,\|^2$ 最小的问题，从而得到 ML 的目标函数，如式（2.6）所示。

$$\hat{\boldsymbol{x}}_{\mathrm{ML}}=\underset{\boldsymbol{x}\in\mathbb{A}^{n_t}}{\arg\min}\,\|\,\boldsymbol{y}-\boldsymbol{H}\boldsymbol{x}\,\|^2 \tag{2.6}$$

因为集合 $\mathbb{A}^{n_t}$ 包含发送符号向量的所有可能，所以 ML 算法直接采用遍历搜索的方法在集合 $\mathbb{A}^{n_t}$ 中穷举来寻找使得目标函数最小的候选。ML 算法通过最大化似然函数，能够让平均错误概率 $p(\hat{\boldsymbol{x}}\neq\boldsymbol{x})$ 最小，获得最优的 SER 性能，但是穷举所有可能的计算复杂度非常高，并且复杂度会随 n_t 的增长而呈指数级增长，这样高的复杂度在大规模 MIMO 场景下是尤其不能接受的，因此虽然 ML 算法 SER 性能最优，却几乎无法在实际生活中得到应用。但是 ML 算法通常作为衡量其他信号检测算法 SER 性能的基准，即使这样，在进行性能仿真测试时，随着发送天线数目 n_t 的增加，测试 ML 算法的性能所需要的时间也会成倍地增加而变得不可实现，所以在一些大规模 MIMO 场景中也会采用 SD 算法替代 ML 算法作为 SER 性能的评估标准。ML 算法虽然因为较高的复杂度而不可实现，但是它的目标函数仍有重要的参考价值，这一点会在后文介绍基于深度学习的信号检测算法中进行详细叙述。

2.1.3 线性检测算法

线性检测算法通过对接收信号进行线性变换，估计出软值的发送符号，再由软值符号映射到硬值符号，即 $\hat{\boldsymbol{x}} = f(\boldsymbol{G}\boldsymbol{y})$ ，其中 $\boldsymbol{G}$ 为变换矩阵，$f(.)$ 表示由软值符号到硬值符号的映射函数，映射方法就是把 $\boldsymbol{G}\boldsymbol{y}$ 的每一个元素映射为字母表 $\mathbb{A}$ 中与该元素距离最近的符号。线性检测算法的最大优势就是复杂度很低。

匹配滤波检测算法

匹配滤波（Matched Filtering，MF）检测算法（简称 MF 算法）（参考文献 [4]）在检测某一个发送符号时，把其他所有的发送符号都看作噪声，通过信道之间相互独立的特性去消除其他发送符号的干扰。MF 适用于接收天线数目远大于发送天线数目的场景。定义 $\boldsymbol{h}_i\left(i=1,2,\cdots,n_t\right)$ 表示信道响应矩阵 $\boldsymbol{H}$ 的第 i 列，则式（2.1）中的系统模型可以展开成如下形式：

$$\boldsymbol{y} = \boldsymbol{H}\boldsymbol{x} + \boldsymbol{n} = \sum_{i=1}^{n_t} \boldsymbol{h}_i x_i + n = \boldsymbol{h}_k x_k + \sum_{i=1\, i\neq k}^{n_t} \boldsymbol{h}_i x_i + n \tag{2.7}$$

式（2.7）中最右边的第一项表示第 k 个发送符号 x_k 对接收信号 y 做出的贡献，第二项表示除第 k 个发送符号外其他发送符号对接收符号 y 做出的贡献，那么在考虑检测发送符号 x_k 时，其他发送符号的部分 [式（2.7）最右边的第二项] 就是干扰。匹配滤波器在检测时将这些干扰统统看作噪声，并通过以下线性变换的方式去除估计软值符号：

$$\tilde{\boldsymbol{x}} = \boldsymbol{h}_k^* \boldsymbol{y} = \boldsymbol{h}_k^* \boldsymbol{h}_k x_k + \sum_{i=1\, i\neq k}^{n_t} \boldsymbol{h}_k^* \boldsymbol{h}_i x_i + \boldsymbol{h}_k^* n \tag{2.8}$$

其中，$\boldsymbol{h}_k^*$ 表示列向量 $\boldsymbol{h}_k$ 的共轭转置。$\boldsymbol{h}_k^*\boldsymbol{y}$ 可以消除一部分干扰；当 n_r 越大时，$\boldsymbol{h}_k^*\boldsymbol{h}_i$ 就会越接近于 0，干扰消除就越好。反观 n_t 的影响，当 n_t 较小时，随机变量 $\sum_{i=1,i\neq k}^{n_t} \boldsymbol{h}_k^*\boldsymbol{h}_i x_i$ 的方差比较小且均值为 0，此时可以很好地消除干扰；但是当 n_t 较大时，随机变量 $\sum_{i=1,i\neq k}^{n_t} \boldsymbol{h}_k^*\boldsymbol{h}_i x_i$ 的方差会因为叠加而增大，方差大了，干扰就除“不干净了”，性能自然就下降了。所以当系统 n_r 很大且 n_t 很小时，即系统负载因子 β 较小时，MF 算法就可以很好地消除干扰。将线性变换写成矩阵的形式，则 MF 检测方程为

$$\widetilde{\boldsymbol{x}}_{\mathrm{MF}} = \boldsymbol{H}^{\mathrm{H}} \boldsymbol{y} \tag{2.9}$$

MF 变换矩阵 $\boldsymbol{G}_{\mathrm{MF}} = \boldsymbol{H}^{\mathrm{H}}$ ，计算式（2.9）的复杂度为 $n_t \times n_r$ 。对于轻载系统（ $n_t \ll n_r$ ），

MF 算法的 SER 性能接近最优；然而在中度至满负载的系统中，由于来自其他发送符号的干扰不断增加，MF 算法的 SER 性能会随着 n_t 的增长而严重下降。

迫零均衡检测算法

迫零（Zero Forcing，ZF）均衡检测算法（简称 ZF 算法）是一种线性检测算法，它使用信道响应矩阵 $\boldsymbol{H}$ 的伪逆对接收向量 y 进行线性转换。令维度为 $n_t \times n_r$ 的 $\boldsymbol{Q}$ 矩阵代表信道响应矩阵 $\boldsymbol{H}$ 的伪逆，则有：

$$\boldsymbol{Q} = (\boldsymbol{H}^{\mathrm{H}}\boldsymbol{H})^{-1}\boldsymbol{H}^{\mathrm{H}} \tag{2.10}$$

因为 $\boldsymbol{QH} = \boldsymbol{I}_{n_t}$，所以 $\boldsymbol{Qy}$ 可以完全消除其他发送符号带来的干扰，这也是"迫零"这一名字的由来。它的缺点是，在完全消除干扰的同时却增强了噪声。令 $\boldsymbol{q}_k\left(k=1,2,\cdots,n_t\right)$ 表示 $\boldsymbol{Q}$ 的第 k 行，那么 $\boldsymbol{q}_k\boldsymbol{H}$ 是一个长为 n_t 的行向量，并且它除了第 k 个元素是 1 之外其他元素都是 0。发送符号 x_k 的软值估计可以写成：

$$\tilde{x}_k = \boldsymbol{q}_k\boldsymbol{y} = \boldsymbol{q}_k\boldsymbol{Hx} + \boldsymbol{q}_k\boldsymbol{n} = x_k + \boldsymbol{q}_k\boldsymbol{n} \tag{2.11}$$

在获得发送符号的软值估计 $\tilde{x}_k$ 以后，通过映射函数即可将发送符号的软值估计 $\tilde{x}_k$ 映射为硬值估计 $\hat{\boldsymbol{x}}$。式（2.11）中的信噪比（Signal-to-Noise Ratio，SNR）可表示为

$$SNR_k = \frac{|x_k|^2}{\|\boldsymbol{q}_k\|^2\ \sigma^2} \tag{2.12}$$

ZF 算法在消除干扰的同时给噪声功率乘上了 $\|\boldsymbol{q}_k\|^2$，增强了噪声。在低 SNR 条件下（σ^2 很大），噪声增强使 ZF 算法的性能降低，此时 ZF 算法的性能要比 MF 算法的性能差；在高 SNR 条件下（σ^2 很小），完全消除干扰可使得 ZF 算法的性能优于 MF 算法的性能。其线性变换公式为

$$\widetilde{\boldsymbol{x}}_{\mathrm{ZF}} = \boldsymbol{Qy} \tag{2.13}$$

ZF 算法的变换矩阵 $\boldsymbol{G}_{\mathrm{ZF}} = \boldsymbol{Q}$，其计算复杂度是 n_t 的三次方级别（因为需要求解伪逆），所以每个符号的复杂度就是 n_t^2，这虽然比 MF 算法的复杂度高了一阶，但是在大规模 MIMO 场景下仍然具有吸引力。与 MF 算法相同，在中载到重载情景下，随着 n_t 的增长，ZF 算法的 SER 性能也会严重下降。

最小均方误差检测算法

最小均方误差（Minimum Mean Squared Error，MMSE）检测算法（简称 MMSE 算法）是一种线性检测算法，顾名思义，MMSE 的目标是使得发送符号向量与发送符号估计向量之间的均方误差（又称标准误差）最小，即其变换矩阵 $\boldsymbol{G}_{\mathrm{MMSE}}$ 是式（2.14）的解：

$$\min_{\boldsymbol{G}} \mathbb{E}\left[\|\boldsymbol{x} - \boldsymbol{Gy}\|^2\right] \tag{2.14}$$

通过采用令导数为 0 求最值的方法，可以求得式（2.14）的解为 $\left(\boldsymbol{H}^{\mathrm{H}}\boldsymbol{H} + \sigma^2\boldsymbol{I}_{n_t}\right)^{-1}\boldsymbol{H}^{\mathrm{H}}$。除此之外，式（2.14）的解还有另一种形式，即 $\boldsymbol{H}^{\mathrm{H}}\left(\boldsymbol{HH}^{\mathrm{H}} + \sigma^2\boldsymbol{I}_{n_t}\right)^{-1}$。这两种解的形式是相同的，但是前者在形式上可以方便地与 MF、ZF 算法的变换矩阵做比较，所以更常用。MMSE 算法的线性变换公式如式（2.15）所示，MMSE 算法结合了 MF 和 ZF 算法的优点。

在高 SNR 条件下（σ^2很小），MMSE 算法的表现和 ZF 算法的表现一样，因为此时$\boldsymbol{G}_{\text{MMSE}}$求逆括号中的第二项$\sigma^2\boldsymbol{I}_{n_t}$变得很小，以至于变得无关紧要了；在低 SNR 条件下（σ^2很大），MMSE 算法的表现很像 MF 算法的表现，因为随着$\sigma \to \infty$，$\boldsymbol{H}^{\mathrm{H}}\boldsymbol{H}+\sigma^2\boldsymbol{I}_{n_t}$的对角线上的元素会越来越突出，它的逆矩阵就会趋向一个对角矩阵，且对角矩阵的元素数值大小都近似。

$$\widetilde{\boldsymbol{x}}_{\text{MMSE}} = \boldsymbol{G}_{\text{MMSE}}\boldsymbol{y} = \left(\boldsymbol{H}^{\mathrm{H}}\boldsymbol{H}+\sigma^2\boldsymbol{I}_{n_t}\right)^{-1}\boldsymbol{H}^{\mathrm{H}}\boldsymbol{y} \tag{2.15}$$

MMSE 算法的性能在所有的 SNR 条件下都要优于 MF 和 ZF 算法的性能。但是 MMSE 算法的性能需要知道信道噪声的方差σ^2，而 MF 和 ZF 算法则不然。另外，MMSE 算法也需要求逆，所以每个符号的复杂度为n_t^2。在中载到重载情景下，MMSE 算法的 SER 性能也会随着n_t的增长而下降。

线性检测中的信号与干扰加噪声比

信号与干扰加噪声比（Signal to Interference plus Noise Ratio，SINR）定义为接收符号中有用信号平均功率与干扰信号和噪声的平均功率之和的比值。经过线性检测$\hat{\boldsymbol{x}}=\boldsymbol{Q}\boldsymbol{y}$后，第 k 个发送符号x_k的软值估计可以写成：

$$\tilde{x}_k = \boldsymbol{q}_k\boldsymbol{y} = \boldsymbol{q}_k\boldsymbol{H}\boldsymbol{x}+\boldsymbol{q}_k\boldsymbol{n} = \boldsymbol{q}_k\sum_{i=1}^{N_t}\boldsymbol{h}_i\boldsymbol{x}_i+\boldsymbol{q}_k\boldsymbol{n} \tag{2.16}$$

其中，$\boldsymbol{q}_k$是变换矩阵$\boldsymbol{Q}$的第 k 行，$\boldsymbol{h}_i$是信道矩阵$\boldsymbol{H}$的第 i 列，则发送符号x_k的 SINR 可以写成：

$$SINR_k = \frac{|\boldsymbol{q}_k\boldsymbol{h}_k|^2|x_k|^2}{\sum\limits_{i=1,i\neq k}^{N_t}|\boldsymbol{q}_k\boldsymbol{h}_i|^2|x_i|^2+\|\boldsymbol{q}_k\|^2\sigma^2} \tag{2.17}$$

MF、ZF 和 MMSE 算法都满足式（2.17），ZF 算法因为完全消除了干扰，所以其 SINR 在式（2.17）的基础上做了简化，如式（2.12）所示。

2.1.4 SD检测算法

SD 检测算法（简称 SD 算法）的 SER 性能与 ML 算法相当，并且 SD 算法搜索的速度要比 ML 算法快。SD 算法的思路是首先将格空间$\boldsymbol{x}\left(\boldsymbol{x}\in\mathbb{A}^{n_t}\right)$映射为$\boldsymbol{Hx}$，然后在空间$\boldsymbol{Hx}$里以接收符号为球心，以一个固定数值为半径形成一个超球，接着在这个超球内搜索与接收符号之间欧氏距离最近的格点。这样仅在超球内搜索而不是在整个格空间里搜索，在超球形成的时候就排除了很多超球外的候选格点。超球中最优的候选格点自然也是整个格空间里的最优候选格点。SD 算法示意如图 2.2 所示。

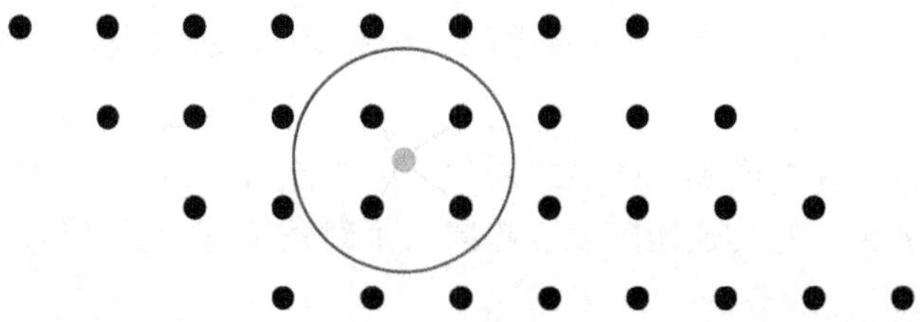

图2.2 SD算法示意

如何确定超球半径 d 是一个关键问题。过大的超球半径意味着超球中仍有很多格点，搜索的复杂度依然很高；过小的超球半径则会导致超球内不存在格点的情况出现。SD 算法的另一个关键问题是如何判断一个格点是否在超球里，或者说怎样找到超球内的格点，如果仍然在整个格空间内穷举，那么就和 ML 算法一样了，SD 就没有意义了。对于第二个问题，SD 算法是这样解决的：它通过 $\boldsymbol{QR}$（正交三角）分解把在 m 维超球内寻找格点的问题分解成在一维超球（一个区间）内寻找格点的问题的叠加。如果把 ML 算法的穷举搜索看作树的深度遍历问题，那么 SD 算法就可以看作树的深度遍历加剪枝的过程。针对如何确定合适的超球半径 d 这一问题，常见的做法是首先利用 2.1.3 小节介绍的 ZF 算法获得发送符号估计向量，再由该估计向量通过式（2.18）计算距离，将这个距离设为超球半径。

$$d = \| \boldsymbol{y} - \boldsymbol{H}\hat{\boldsymbol{x}} \|^2 \tag{2.18}$$

式（2.18）中的 $\hat{\boldsymbol{x}}$ 表示由 ZF 算法获得的发送符号的硬值估计向量，d 表示超球半径。如果超球半径采用这种计算方式，那么 SD 算法就可以拆解成两个过程：首先进行线性检测获取半径，然后进行超球搜索获得估计向量。所以 SD 算法的复杂度要比线性检测算法的复杂度高得多。这里使用 SD 算法作为评估其他检测算法性能的标准。为了进一步降低 SD 算法搜索的复杂度，这里直接利用真实的发送符号向量来计算超球半径，省去了线性检测的步骤，获得了更完美的超球半径，这样可以大大缩减 SD 算法的仿真时间，但是这在实际的系统中是不可能做到的，这里仅仅是为了缩短 SD 算法仿真的时间。

2.2 基于深度学习的MIMO信号检测网络 DetNet

2.1 节介绍了传统的 MIMO 信号检测算法，包括基于搜索的 ML 和 SD 算法，以及线性的 MF、ZF、MMSE 等算法。其中基于搜索的检测算法误符号率性能优异但复杂度偏高，在实际中无法应用；而传统的线性检测算法通过线性变换的方式进行检测，它们的复杂度很低，但是 SER 性能较差。虽然在满足信道硬化条件的系统中，线性检测算法的 SER 性能也可以接近最优，但是在满足信道硬化条件的系统中发送端的容量也受到了限制。

目前，深度学习技术在多个领域取得了成功，其已经被广泛应用到无线通信领域，针对 MIMO 信号检测问题，已有学者将深度学习技术引入进行尝试，并取得了不错的成果。从仿真结果来看，基于深度学习技术的信号检测算法可以在计算复杂度和 SER 性能上做出很好的权衡，并且其灵活的结构特性使其具备巨大的应用潜力与广阔的发展前景。本节将介绍一个已有的基于深度学习的 MIMO 信号检测算法——DetNet 算法（参考文献 [9]），包括其检测网络的思路、结构及原理。

2.2.1 投影梯度下降算法

在介绍 DetNet 算法之前，首先介绍投影梯度下降算法。2.1 节提到，ML 算法致力于寻找使得似然函数 [式（2.5）] 值最小的候选，由此获得了它的目标函数。为了方便叙述，这里再次给出 ML 算法的目标函数，如式（2.19）所示。

$$\hat{\boldsymbol{x}}_{\mathrm{ML}} = \underset{\boldsymbol{x}\in\mathbb{A}^{n_t}}{\arg\min} \| \boldsymbol{y} - \boldsymbol{H}\boldsymbol{x} \|^2 \tag{2.19}$$

ML 算法通过在一个包含所有可能的发送符号向量的集合中进行穷举，计算每一个候选向量的目标函数值，再选出目标函数值最小的候选向量作为发送符号估计向量。这样遍历搜索的操作确实能够找到使得似然函数最大的候选向量，但其代价是复杂度极高。

ML 算法中穷举的方法因复杂度极高而无法实际应用，但其寻找使似然函数值最大的候选向量作为发送符号估计向量的出发点是有价值的。也就是说，可以利用目标函数，通过其他低复杂度的算法来寻找使似然函数值最大的估计向量。投影梯度下降算法便是这样一种算法。

投影梯度下降算法是一种迭代算法，它以式（2.19）作为目标函数，通过计算目标函数关于发送符号向量 $\boldsymbol{x}$ 的导数来完成对发送符号的迭代更新。具体来说，首先求得目标函数关于发送符号向量的导数，如式（2.20）所示。

$$\frac{\partial \| \boldsymbol{y} - \boldsymbol{H}\boldsymbol{x} \|^2}{\partial \boldsymbol{x}} = \frac{\partial \left(\boldsymbol{y} - \boldsymbol{H}\boldsymbol{x}\right)^{\mathrm{H}} \left(\boldsymbol{y} - \boldsymbol{H}\boldsymbol{x}\right)}{\partial \boldsymbol{x}} = 2\boldsymbol{H}^{\mathrm{H}}\boldsymbol{H}\boldsymbol{x} - 2\boldsymbol{H}^{\mathrm{H}}\boldsymbol{y} \tag{2.20}$$

对于第 k+1 次迭代来说，可以通过第 k 次迭代获得的发送符号估计向量 $\boldsymbol{x}_k$ 来估计发送符号的第 k+1 次估计，具体如式（2.21）所示。

$$\boldsymbol{x}_{k+1} = \rho\left(\boldsymbol{x}_k - \delta \times \left(\boldsymbol{H}^{\mathrm{H}}\boldsymbol{H}\boldsymbol{x} - \boldsymbol{H}^{\mathrm{H}}\boldsymbol{y}\right)\right) \tag{2.21}$$

其中，δ 表示学习率，$\boldsymbol{H}^{\mathrm{H}}\boldsymbol{H}\boldsymbol{x} - \boldsymbol{H}^{\mathrm{H}}\boldsymbol{y}$ 表示梯度，且式（2.20）中梯度的系数 2 融合到了学习率 δ 中。通常初值 x_0 设为零向量 0。$\rho(.)$ 表示投影算子。因为梯度更新后的估计向量是软值符号向量，但是正确的发送符号是离散的硬值符号向量，所以需要投影算子将软值符号向量映射为硬值符号向量。通常投影算子是以距离为导向的，将软值符号向量的每一个元素映射为与之距离最近的硬值符号向量。对于采用实数字母表的实数等效系统来说，投影算子实际上就是阶跃函数的错位叠加，例如，在采用 4PAM 字母表的实数等效系统中，投影算子的函数式如式（2.22）所示。

$$\rho(x) = \sum_{i=1}^{|\mathbb{S}|-1} \alpha_i \left(2\varepsilon(x - \tau_i) - 1\right) \tag{2.22}$$

其中：$\alpha_i = (c_{i+1} - c_i)/2\left(i = 1,2,\cdots,|\mathbb{S}|-1\right)$；$\tau_i = (c_{i+1} + c_i)/2\left(i = 1,2,\cdots,|\mathbb{S}|-1\right)$；$|\mathbb{S}|$ 表示字母表中元素的数目，例如，若 $\mathbb{S} = \{-3,-1,1,3\}$，则 $|\mathbb{S}| = 4$；$\varepsilon(x)$ 表示阶跃函数，α_i 与 τ_i 决定阶跃函数叠加时错位的步长和放大因子，均与字母表元素相关。在以 4PAM 为字母表的实

数等效系统中，非线性投影算子（Non differentiable projection operator）的图像如图 2.3 所示。由图 2.3 可知，当软值符号向量落在区间 [−2，0] 时，投影算子会将其映射为 −1，因为此时距离 −1 最近，其他区间情况以此类推。

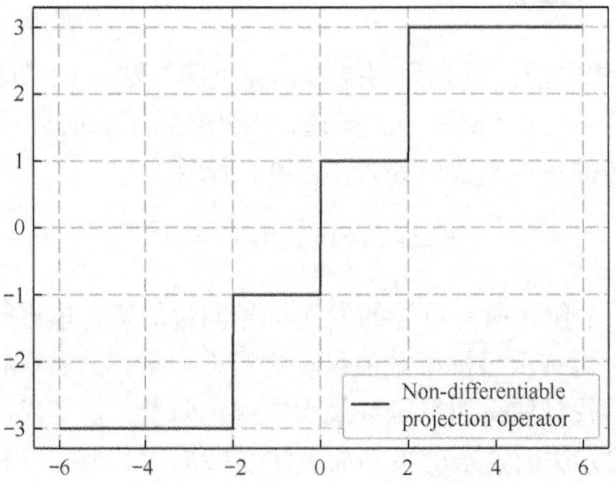

图2.3 非线性投影算子图像

2.2.2 DetNet

深度展开是深度学习技术应用的一个分支，与常见的卷积神经网络、循环神经网络或者全连接神经网络抑或是它们的组合网络不同，深度展开是以已有迭代算法为基础的，它利用已有的迭代算法来构造深度神经网络。不同的迭代算法，通过深度展开可以获得不同的结构。具体来说，深度展开将已有迭代算法的每一次迭代展开成神经网络的一层，在展开时，可以将迭代算法的一些超参数设为网络的可训练参数，也可以添加一些特殊的结构，这样就可以利用神经网络可训练的特点对这些原本的迭代算法的超参数进行自适应的优化，算法性能就会获得提升。

考虑式（2.1）中的 MIMO 模型，DetNet 模型不直接对接收符号 y 进行处理，这样做主要是考虑：在接收符号 y 中的每一路信号都包含所有天线的发送信息。因此 DetNet 对式（2.1）进行了简单的变换，在等式两边同时乘 $\boldsymbol{H}^{\mathrm{T}}$，得到

$$\boldsymbol{H}^{\mathrm{T}}\boldsymbol{n} = \boldsymbol{H}^{\mathrm{T}}\boldsymbol{y} - \boldsymbol{H}^{\mathrm{T}}\boldsymbol{H}\boldsymbol{x} \tag{2.23}$$

DetNet 是最小化噪声的网络，因此从式（2.23）中可以看出，DetNet 的输入应包含 $\boldsymbol{H}^{\mathrm{T}}\boldsymbol{y}$ 和 $-\boldsymbol{H}^{\mathrm{T}}\boldsymbol{H}\boldsymbol{x}$ 这两个向量。关于输入向量的推导还可以从梯度下降的角度进行考虑。下面给出迭代模型的推导过程。

$$\begin{aligned}\hat{\boldsymbol{x}}_{k+1} &= \prod\left[\boldsymbol{x}_k - \delta_k \frac{\partial\|\boldsymbol{y}-\boldsymbol{H}\boldsymbol{x}\|^2}{\partial \boldsymbol{x}}\bigg|_{\boldsymbol{x}=\hat{\boldsymbol{x}}_k}\right] \\ &= \prod\left[\hat{\boldsymbol{x}}_k - \delta_k\boldsymbol{H}^{\mathrm{T}}\boldsymbol{y} + \delta_k\boldsymbol{H}^{\mathrm{T}}\boldsymbol{H}\boldsymbol{x}_k\right]\end{aligned} \tag{2.24}$$

其中，$\hat{\boldsymbol{x}}_k$ 是第 k 次迭代的检测结果，$\prod[\cdot]$ 表示非线性操作，δ_k 表示每次迭代的调整步长。每次迭代的输入应为 $\hat{\boldsymbol{x}}_k$、$\boldsymbol{H}^{\mathrm{T}}\boldsymbol{y}$ 和 $\boldsymbol{H}^{\mathrm{T}}\boldsymbol{H}\boldsymbol{x}_k$，同时因为一些阶模型存在非线性因素，在

DetNet 的设计中加入了另一个输入向量 $\hat{\boldsymbol{v}}_k$，用于表示未被考虑到的模型中的非线性因素。

DetNet 的核心思想是对投影梯度下降算法进行深度展开。但是在进行具体展开操作时会遇到一些问题。首先，1.1.1 小节提到，神经网络的训练是通过反向传播算法来进行的，这要求网络结构是可以求导的。由图 2.3 和式（2.22）可知，投影梯度下降算法中的投影算子是不可导的，所以并不能直接展开成神经网络。这是将投影梯度下降算法进行深度展开时面临的第一个问题。

针对第一个问题，虽然原始的投影算子不可导，但是可以选择用其他可以求导的结构来代替原始的投影算子。DetNet 正是这样解决第一个问题的，它采用一个 3 层的全连接神经网络来替代投影算子。因为原始投影算子本身是一个非线性的函数，所以 DetNet 采用非线性的全连接神经网络去拟合投影算子。

DetNet 遇到的第二个问题是全连接神经网络的输出仍然是连续的软值，不能直接输出离散的硬值。也就是说，经过全连接神经网络输出的向量仍然是软值符号向量，需要进一步处理将其映射到硬值符号向量。针对这个问题，DetNet 是这样解决的：它将全连接神经网络的输出设定为发送符号估计值为字母表中真实值的概率。举例来说，对于采用 4PAM 字母表 $\{-3,-1,1,3\}$ 的、配备 15 根发送天线的系统，DetNet 全连接神经网络的输出的维度将会是 15×4，其中 15 对应着每一个发送符号，4 对应着发送符号分别为 -3，-1，1，3 的概率，这种长度为 4 的向量被称为独热编码（One-Hot Encoding）。顾名思义，如果网络预测完全正确，那么输出的概率中应该只有一位是 1，其余位均是 0。获得独热编码估计值以后，通过加权求和的方式（即概率与对应的字母表中的候选值相乘再叠加）就可以将独热编码变换为硬值符号了，这里将其称为独热映射函数 $f_{\text{oh}}(\cdot)$，具体映射方式如式（2.25）所示。

$$f_{\text{oh}}(\boldsymbol{x}_{\text{oh}}) = \sum_{i=1}^{|\mathbb{S}|} s_i [\boldsymbol{x}_{\text{oh}}]_i \tag{2.25}$$

其中，$\boldsymbol{x}_{\text{oh}}$ 表示全连接神经网络输出的某一发送符号对应的独热向量，$[\boldsymbol{x}_{\text{oh}}]_i$ 表示独热向量 $\boldsymbol{x}_{\text{oh}}$ 的第 i 个元素，s_i 表示字母表 $\mathbb{S}$ 中的第 i 个符号。综上，通过独热映射函数 $f_{\text{oh}}(\cdot)$ 可以将输出独热向量 $\boldsymbol{x}_{\text{oh}}\left(\boldsymbol{x}_{\text{oh}} \in \{0,1\}^{|\mathbb{S}|}\right)$ 映射为发送符号 $\boldsymbol{x}\left(\boldsymbol{x} \in \mathbb{S}\right)$。

通过上述方法的构造，DetNet 的结构如图 2.4 所示，相应的算法流程如式（2.26）所示。图 2.4 中为 DetNet 单层网络的结构，整个网络通常需要 30 层这样的结构进行级联；根据系统的复杂程度，也可相应地增加或减少网络的层数。

$$\begin{aligned}
\hat{\boldsymbol{q}}_{k+1} &= \hat{\boldsymbol{x}}_k - \delta_{1,k}\boldsymbol{H}^{\mathrm{T}}\boldsymbol{y} - \delta_{2,k}\boldsymbol{H}^{\mathrm{T}}\boldsymbol{H}\boldsymbol{x}_k \\
\boldsymbol{Z}_{k+1} &= \mathrm{ReLU}\left(\boldsymbol{W}_{1,k}\begin{bmatrix}\boldsymbol{q}_{k+1}\\ \boldsymbol{v}_k\end{bmatrix} + \boldsymbol{b}_{1,k}\right) \\
\boldsymbol{x}_{\text{oh},k+1} &= \boldsymbol{W}_{2,k}\boldsymbol{z}_{k+1} + \boldsymbol{b}_{2,k} \\
\hat{\boldsymbol{x}}_{k+1} &= f_{\text{oh}}\left(\boldsymbol{x}_{\text{oh},k+1}\right) \\
\boldsymbol{v}_k &= \boldsymbol{W}_{3,k}\boldsymbol{z}_{k+1} + \boldsymbol{b}_{3,k}
\end{aligned} \tag{2.26}$$

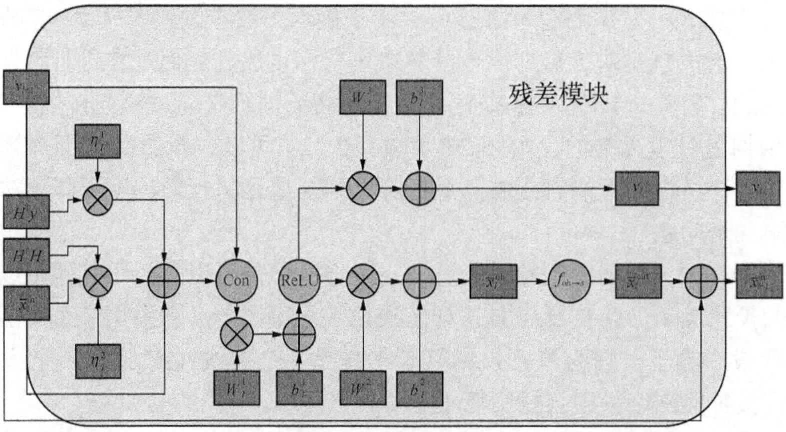

图 2.4 DetNet 的结构

DetNet 的可训练参数包括 $\Omega=\{\boldsymbol{W}_{1,k},\boldsymbol{b}_{1,k},\boldsymbol{W}_{2,k},\boldsymbol{b}_{2,k},\boldsymbol{W}_{3,k},\boldsymbol{b}_{3,k},\delta_{1,k},\delta_{2,k}\}_{k=0}^{L-1}$，$L$ 代表网络的层数，其中所有 W_k 和 b_k 的维度都与发送天线的规模和调制阶数正相关。也就是说，天线规模越大，调制阶数越高，DetNet 的可训练参数就会越多，模型所需的存储空间就越大，训练也越慢。每一对 W_k 和 b_k 代表了一个全连接层，DetNet 在每一层网络中都包含 3 个全连接层，同时 DetNet 采用了 ReLU 作为激活函数以引入非线性。

DetNet 采用式（2.27）作为损失函数，通过训练，不断缩小每一层网络输出的独热编码向量与正确的独热编码向量之间的均方误差。因为层数越深的层输出的结果越重要，所以在计算整个损失函数时，深层结果的均方误差占有更大的比重。

$$L_{\text{DetNet}}(\boldsymbol{x}_{\text{oh}};\hat{\boldsymbol{x}}_{\text{oh}}(\boldsymbol{H},\boldsymbol{y};\theta))=\sum_{l=1}^{L}\log(l)\frac{\|\boldsymbol{x}_{\text{oh}}-\hat{\boldsymbol{x}}_{\text{oh},l}\|^2}{\|\boldsymbol{x}_{\text{oh}}-\tilde{\boldsymbol{x}}_{\text{oh},l}\|^2} \tag{2.27}$$

其中，$\tilde{\boldsymbol{x}}_{\text{oh},l}=\left(\boldsymbol{H}^{\text{T}}\boldsymbol{H}\right)^{-1}\boldsymbol{H}^{\text{T}}\boldsymbol{y}$。

DetNet 在深度学习的应用方面无疑取得了巨大的成功，仿真结果（参考文献 [9]）表明，在 20 根发送天线、30 根接收天线的 QPSK 调制场景下，它的 SER 性能可以逼近 SD 算法的 SER 性能。但是 DetNet 的缺陷也非常明显，首先因为采用了全连接神经网络，它的参数数量非常多，并且随着天线规模和调制阶数的增加还会进一步增加，这导致了它的计算复杂度会比较高，且训练速度很慢。更重要的是，在高阶调制的场景下，其 SER 性能增益会明显下降，具体 SER 性能比较图像将在 2.3.5 小节给出。

2.3 基于ScNet的MIMO信号检测算法

2.2 节提到，DetNet 采用全连接神经网络与独热编码映射的方式来替代投影梯度下降算法中的投影算子，并利用深度展开技术构造神经网络。虽然 DetNet 具有不错的性能，但是全连接神经网络引入了大量的参数，提高了网络的计算复杂度，增加了训练时间。并且在高阶调制场景下，DetNet 的 SER 性能增益会有所下降。Gao 等学者对 DetNet 的结构进行了优化改进（参考文献 [8]），优化后的网络称为 ScNet。除了对网络的连接做出优化之外，ScNet 还对 DetNet 的结构进行了简化，具体可以分为 3 个方面。首先，ScNet 对 DetNet 的损失函数进行了优化。其次，ScNet 简化了 DetNet 网络的输入，在式（2.26）中，向量 x_k 与 v_k 同是网络每层的输入与输出，但 v_k 并没有任何关于发送符号的信息，它的作用类似于网络中的偏置，却引入了大量的计算，因此ScNet将向量v_k从网络中剔除。最后，ScNet 将层与层之间的连接结构改为稀疏连接，避免了 DetNet 全连接层的稠密连接所引入的大量计算。下面对 ScNet 的优化与简化内容进行详细的介绍。

2.3.1 损失函数优化

损失函数是神经网络的重要组成部分，用来估计模型的理想值和估计值之间的不一致程度。损失函数是一个非负的函数，一般而言，损失函数的值越小，神经网络的性能越好。损失函数是神经网络训练过程中的目标函数，神经网络训练的过程就是最小化目标函数的过程。损失函数是经验风险函数的核心，也是结构风险函数的重要组成部分。一般而言，模型的结构风险函数由经验风险项和正则化项组成，可以表示如下：

$$
\begin{aligned}
\theta^* &= \arg\min_{\theta} L(\theta) + \lambda \Phi(\theta) \\
&= \arg\min_{\theta} \frac{1}{n}\sum_{i=1}^{n} L(y^{(i)}, \hat{y}^{(i)}) + \lambda \Phi(\theta) \\
&= \arg\min_{\theta} \frac{1}{n}\sum_{i=1}^{n} L(y^{(i)}, f(\boldsymbol{x}^{(i)}, \theta)) + \lambda \Phi(\theta)
\end{aligned} \tag{2.28}
$$

其中，第二项表示正则化项，$\boldsymbol{x}^{(i)} = \left\{x_1^{(i)}, x_2^{(i)}, \cdots, x_m^{(i)}\right\}\left(x^{(i)} \in \mathbb{R}^m\right)$表示训练样本，$\theta$是待学习的参数，$f(\cdot)$表示激活函数。这里只关心经验风险项（也就是损失函数），具体如下：

$$
L(\theta) = \frac{1}{n}\sum_{i=1}^{n} L(y^{(i)}, f(\boldsymbol{x}^{(i)}, \theta)) \tag{2.29}
$$

损失函数能够影响神经网络收敛速度和最终的收敛性能，因此损失函数是影响神经网络性能的关键因素之一。神经网络领域常用的几种损失函数有均方误差（Mean Squared Error，MSE）函数、均方对数误差（Mean Squared Logarithmic Error，MSLE）函数和交叉熵（Cross Entropy，CE）函数等，分别如式（2.30）、式（2.31）和式（2.32）所示。

$$
L_{\text{MSE}} = \frac{1}{n}\sum_{i=1}^{n} (y^{(i)} - \hat{y}^{(i)})^2 \tag{2.30}
$$

$$
L_{\text{MSLE}} = \frac{1}{n}\sum_{i=1}^{n} \left[\log(y^{(i)}+1) - \log(\hat{y}^{(i)}+1)\right]^2 \tag{2.31}
$$

$$
L_{\text{CE}} = -\frac{1}{n}\sum_{i=1}^{n} [y^{(i)}\log(\hat{y}^{(i)}) + (1-y^{(i)})\log(1-y^{(i)})] \tag{2.32}
$$

DetNet 的损失函数采用了 MSE 与 CE 相结合的方式，如式（2.27）所示，类似于 MSLE。值得注意的是，在 MSE 的计算中，DetNet 加入了正则化项，即式（2.27）中的 $\boldsymbol{x}_{\text{oh}} - \hat{\boldsymbol{x}}_{\text{oh},l}$。实际上，正则化项的结果是一个与噪声相关的量，推导过程如下。

对式（2.1）两侧同时乘$(\boldsymbol{H}^{\text{T}}\boldsymbol{H})^{-1}$，得到

$$(\boldsymbol{H}\boldsymbol{H}^{\mathrm{T}})^{-1}\boldsymbol{H}^{\mathrm{T}}\boldsymbol{y}=\boldsymbol{x}+(\boldsymbol{H}\boldsymbol{H}^{\mathrm{T}})^{-1}\boldsymbol{H}^{\mathrm{T}}\boldsymbol{n} \tag{2.33}$$

对式（2.33）进行整理得到

$$-(\boldsymbol{H}\boldsymbol{H}^{\mathrm{T}})^{-1}\boldsymbol{H}^{\mathrm{T}}\boldsymbol{n}=\boldsymbol{x}-(\boldsymbol{H}\boldsymbol{H}^{\mathrm{T}})^{-1}\boldsymbol{H}^{\mathrm{T}}\boldsymbol{y} \tag{2.34}$$

等式的右侧即正则化项，正则化的结果与 $-(\boldsymbol{H}\boldsymbol{H}^{\mathrm{T}})^{-1}\boldsymbol{H}^{\mathrm{T}}\boldsymbol{n}$ 等价。因此 DetNet 的损失函数还可以写为

$$L_{\mathrm{DetNet}}(\boldsymbol{x}_{\mathrm{oh}};\hat{\boldsymbol{x}}_{\mathrm{oh}}(\boldsymbol{H},\boldsymbol{y};\theta))=\sum_{l=1}^{L}\log(l)\frac{\|\boldsymbol{x}_{\mathrm{oh}}-\hat{\boldsymbol{x}}_{\mathrm{oh},l}\|^2}{\|(\boldsymbol{H}\boldsymbol{H}^{\mathrm{T}})^{-1}\boldsymbol{H}^{\mathrm{T}}\boldsymbol{n}\|^2} \tag{2.35}$$

在式（2.35）中，分母为正则化项，可以看出正则化项是与噪声有关的项，而噪声是一个波动的随机值，具有非常高的不确定性，因此会影响损失函数在训练过程中的收敛性。且在 DetNet 中，损失函数的意义在于最小化 DetNet 估计值与理想值之间的差距，而正则化项的存在会在 DetNet 估计值与理想值之间引入误差。另一个大的问题是，在独立同分布的信道中，$\boldsymbol{H}$ 是随机矩阵，$\boldsymbol{H}\boldsymbol{H}^{\mathrm{T}}$ 并不一定满足矩阵满秩条件，且在大规模 MIMO 系统中，发送天线 / 接收天线的数目众多，因此信道矩阵 $\boldsymbol{H}$ 会变得非常大，而计算像 $\boldsymbol{H}\boldsymbol{H}^{\mathrm{T}}$ 这样的高维矩阵的逆矩阵是一个复杂度非常高的操作。基于上述的诸多原因，考虑在计算中将正则化项去掉，降低复杂度，提高网络性能，避免由于矩阵不可逆而导致的问题出现，优化之后的最终损失函数如下：

$$L_{\mathrm{DetNet}}\left(\boldsymbol{x}_{\mathrm{oh}};\hat{\boldsymbol{x}}_{\mathrm{oh}}\left(\boldsymbol{H},\boldsymbol{y};\theta\right)\right)=\sum_{l=1}^{L}\log(l)\|\boldsymbol{x}_{\mathrm{oh}}-\hat{\boldsymbol{x}}_{\mathrm{oh},l}\|^2 \tag{2.36}$$

将优化后的损失函数代入 DetNet 网络，其他条件不变，测试网络的性能，图 2.5 为优化损失函数后 DetNet 的性能与 DetNet 的性能对比。测试是在发送天线数目为 20（Tx20）、接收天线数目为 30（Rx30），噪声均值为 0、方差为 1 的高斯白噪声的环境下进行的。图 2.5 中的曲线 DetNet Base Line（原始 DetNet 的性能曲线）表示 DetNet 在优化损失函数前的性能，而曲线 DetNet Improved Loss Function（优化损失函数后的性能曲线）则表示 DetNet 在优化损失函数之后的性能。

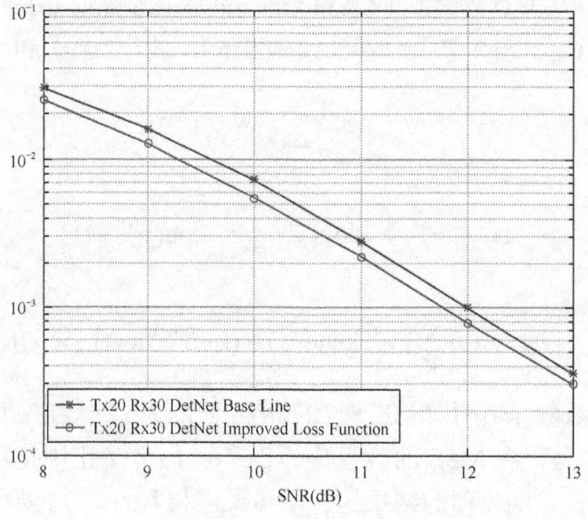

图 2.5 优化损失函数后的网络性能（BER 表示误比特率）

如图 2.5 所示，通过优化损失函数，ScNet 的检测性能要优于现有的 DetNet 的检测性能。这是因为在 DetNet 的损失函数式（2.35）中，其分母引入了 ZF 检测后的噪声，该噪声的大小受信道矩阵 $\boldsymbol{H}$ 分布的影响。当某些信道矩阵 $\boldsymbol{H}$ 的条件数较大时，ZF 算法会显著放大噪声，进而影响训练的稳定性，劣化 DetNet 检测的性能。在优化损失函数之后，ScNet 的计算复杂度要低于 DetNet 的，尽管性能的提升不是非常明显，但是这是在降低复杂度，且在增加网络稳健性的前提下，因此这个改进非常有意义。

2.3.2 网络输入简化

在传统的神经网络中，网络的输入端采集实际样本或对实际样本进行抽象，而在 DetNet 输入端的设计中，存在两个在网络接收到待检测符号时并不存在的向量 $\boldsymbol{x}$、$\boldsymbol{v}$。在进行 DetNet 检测时，在网络第一个单元的输入端，这两个向量都初始化为零向量。随着网络的不断迭代，这两个向量才逐渐变化，趋近于某一特定向量。其中 $\boldsymbol{x}$ 是网络对发送符号的估计值，也就是对接收信号的检测结果；而 $\boldsymbol{v}$ 是用于扩充输入向量的维度，它的意义是作为网络的偏置，充当在模型中没有考虑的非线性因素。

网络输入简化是去掉每一个单元的输入向量 $\boldsymbol{v}$，这样的简化基于 3 点原因。首先，$\boldsymbol{v}$ 的作用是作为网络的偏置，但是神经网络的特点就是非线性，且目前所有的激活函数都为非线性函数，从这一点来看，$\boldsymbol{v}$ 就是一个冗余的存在。其次，在检测过程中，网络的目标是最小化损失函数，而在损失函数式（2.36）中，仅包含与 $\boldsymbol{x}$ 有关的项，并不包含 $\boldsymbol{v}$，因此从逻辑上分析，$\boldsymbol{v}$ 这个输入向量对于最终网络损失函数的计算影响很小（之所以影响很小，是因为在最后一个单元之前，网络是全连接结构，每一个单元输出层的所有神经元都会受到输入层的影响），没有很大的作用。最后，$\boldsymbol{v}$ 这个输入向量的存在，大幅度提升了网络复杂度，如果去掉每个单元输入层和输出层的 $\boldsymbol{v}$，DetNet 可以减少 1/2 的网络连边数目，这意味着会减少一半的训练权值。基于上述 3 点原因，考虑将 $\boldsymbol{v}$ 这个输入向量去掉。图 2.6 中的左图是原始 DetNet 的网络连接结构，右图是简化后的网络连接结构。

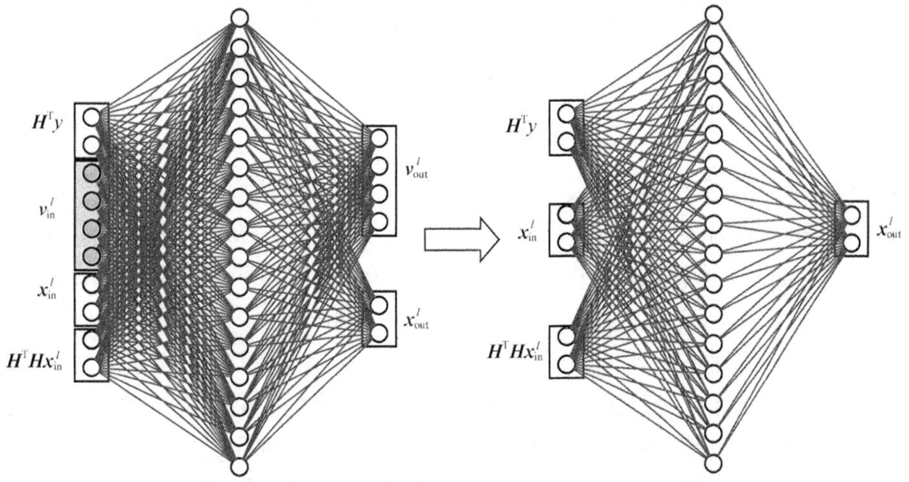

图 2.6 原始和简化后 DetNet 的网络连接结构

从图 2.6 中可以看出，在去掉 $\boldsymbol{v}$ 之后，网络的复杂度得到了大幅降低。对在 DetNet 中的一个单元的网络连边数目进行分析，发送天线的数目为 N，即输入向量 $\boldsymbol{x}$ 的神经元数目为 N，中间隐藏层的网络节点数目为 $8N$，输入的节点数目为 $5N$，其中 $\boldsymbol{v}$ 的节点数目为 $2N$，同时考虑到单元输出层与隐藏层的连边关系，原始 DetNet 结构每个单元的连边数目为 $64N^2$，而去掉 $\boldsymbol{v}$ 之后的连边数目为 $32N^2$，网络的连边数目减少了一半，意味着在训练阶段，只需要训练原始网络的一半参数。下面比较一下去掉输入向量 $\boldsymbol{v}$ 前后的网络性能，还是以 Tx20、Rx30 为例。

图 2.7 中，DetNet Base Line 是原始 DetNet 的性能曲线，DetNet Simplified Input 是简化网络输入之后的性能曲线。可以看出，DetNet 经过简化之后在低 SNR 区域性能还略有提升，但是在高 SNR 区域，简化前后性能几乎一致，造成这种现象的原因可能是在低 SNR 区域噪声的功率较大，而原始的 DetNet 由于引入并没有携带任何信道信息的 $\boldsymbol{v}$，网络更加难以收敛，因此网络性能相对于去掉 $\boldsymbol{v}$ 之后的略差。总之，在本小节中针对 DetNet 的网络输入进行简化，在将复杂度降低了一半的前提下，网络性能还略有提升。

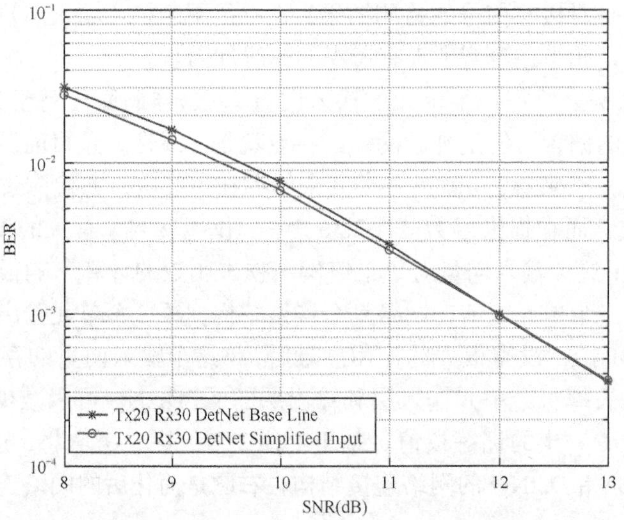

图2.7 去掉 v 之后的网络性能对比

2.3.3 网络连接优化

DetNet 的设计借鉴了传统检测方式的思想，其核心思想类似 ML 的，因此 DetNet 具备较好的性能，但 DetNet 的网络设计还存在并不符合 DetNet 所依赖的传统检测原理之处。原始的 DetNet 连接结构如图 2.4 所示，这样设计的原因是网络需要被设计成迭代的结构，因此输入和输出的向量维度与意义应该相同，$\boldsymbol{v}$、$\boldsymbol{x}$ 为迭代过程中需要被优化的迭代变量。网络的输入和输出确定之后，就需要确定网络的连接结构，DetNet 将输入向量信息进行相互结合是通过一个节点数目较多的隐藏层来进行的。网络的隐藏层的设计在神经网络领域其实是一个非常热门的研究方向，而且到目前为止其实并没有成熟的理论来指导网络的隐藏层应该如何设计，包括隐藏层的结构是什么样的、隐藏层应该包含几层等问题。一般而言线性单元是默认的设计，也就是说，可以将隐藏层描述为 $\boldsymbol{z}=\boldsymbol{W}^{\mathrm{T}}\boldsymbol{x}+\boldsymbol{b}$，之后用一个非线性函数 $g(\boldsymbol{z})$ 进行输出。DetNet 的隐藏层也是这样的，网络的每一个单元接收的输入数据经过一个线性隐藏层，之后经过激活函数，将隐藏层数据经过连边传输到输出层。

从式（2.24）中可以看出，网络进行迭代时，$\hat{\boldsymbol{x}}$ 能逐渐趋近于发送符号向量 x，主要是由于采用了传统通信的理论来挖掘 $\boldsymbol{H}$、$\boldsymbol{y}$ 之间的关系，即

$$\hat{\boldsymbol{x}}_{k+1}=\prod\left[\hat{\boldsymbol{x}}_k-\delta_k\boldsymbol{H}^{\mathrm{T}}\boldsymbol{y}+\delta_k\boldsymbol{H}^{\mathrm{T}}\boldsymbol{H}\boldsymbol{x}_k\right] \tag{2.37}$$

可以看出，$\hat{\boldsymbol{x}}_k$、$\boldsymbol{H}^{\mathrm{T}}\boldsymbol{y}$ 和 $\boldsymbol{H}^{\mathrm{T}}\boldsymbol{H}\boldsymbol{x}_k$ 这 3 个向量都是经过线性操作得到一次迭代的输出。其实并不需要经过全连接的隐藏层便可以发现这几个输入向量之间的简单关系，它们之间进行的都是线性相加减的运算。向量之间的线性操作的特点可以从图 2.8 中看出。

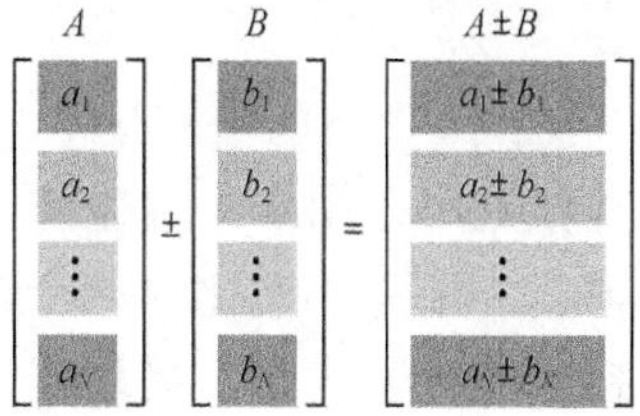

图 2.8 向量之间的线性操作

向量之间的线性相加减只发生在对应索引的元素之间，与这个向量的其他元素并没有关系。图 2.8 中向量 $\boldsymbol{A}=\left[a_1,a_2,\cdots,a_N\right]^{\mathrm{T}}$、向量 $\boldsymbol{B}=\left[b_1,b_2,\cdots,b_N\right]^{\mathrm{T}}$，两者相加减，得到的结果为 $c_i=a_i\pm b_i$，其中 i 表示向量的索引。对于式（2.37），设 $\boldsymbol{B}=\boldsymbol{H}^{\mathrm{T}}\boldsymbol{y}$，$\boldsymbol{S}=\boldsymbol{H}^{\mathrm{T}}\boldsymbol{H}\boldsymbol{x}_k$，则 $\hat{\boldsymbol{x}}_{k+1}^i=\hat{\boldsymbol{x}}_k^i-\delta_k b^i+\delta_k s_k^i$，$\hat{\boldsymbol{x}}_k,\boldsymbol{B},\boldsymbol{S}$ 这 3 个向量之间只有对应索引之间的元素可以交换信息。对于神经网络的设计可以利用这个特点，在原始 DetNet 中，需要借助于隐藏层对输入层的所有节点输入进行信息交互，而根据向量之间线性相加减的特点，可以将 DetNet 单元中的隐藏层去掉，并将输入层的每个输入向量对应索引的神经元直接与输出向量对应索引的神经元相连。因此，新的网络的连接顺序设计如图 2.9 所示（以发送天线数目为 2 举例）。

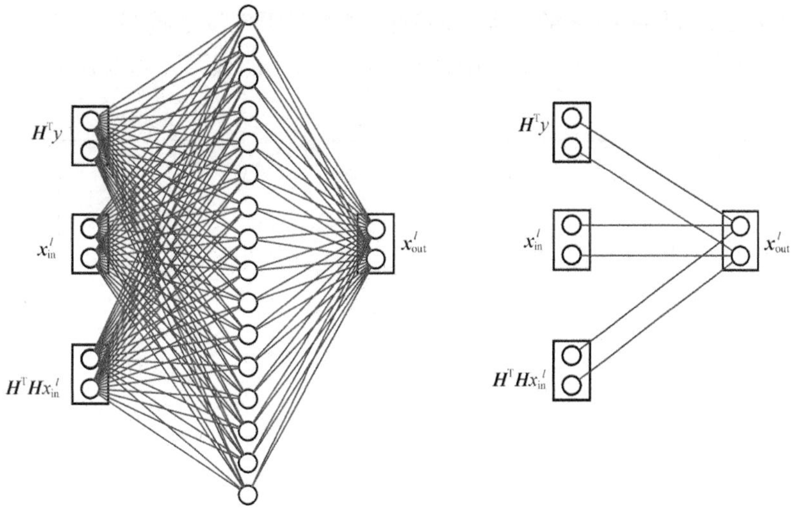

图 2.9 优化网络连接后的网络结构

图 2.9 左边是去掉输入向量 $\boldsymbol{v}$ 之后的网络结构，右边是去掉隐藏层并且优化网络连接后的网络结构。在优化前，输入层与输出层之间包含一个隐藏层，且输入层与隐藏层、隐藏层与输出层之间都是采用的全连接神经网络，即单个神经元会与隐藏层的所有神经元连接。优化后的网络连接是稀疏连接。从图 2.9 中可以看出，输入的 3 个向量 $\boldsymbol{H}^{\mathrm{T}}\boldsymbol{y}$、$\boldsymbol{x}_{\mathrm{in}}^l$、$\boldsymbol{H}^{\mathrm{T}}\boldsymbol{H}\boldsymbol{x}_{\mathrm{in}}^l$ 与输出层之间并没有隐藏层，且只有具有相同索引的元素才会相连。2 发 2 收的

MIMO 系统的权值连接矩阵 $\boldsymbol{w}$ 如式（2.38）所示。

$$\boldsymbol{w}_N = \begin{bmatrix} \boldsymbol{I} \\ \boldsymbol{I} \\ \boldsymbol{I} \end{bmatrix}, \boldsymbol{w} = \begin{bmatrix} 1 & 0 \\ 0 & 1 \\ 1 & 0 \\ 0 & 1 \\ 1 & 0 \\ 0 & 1 \end{bmatrix} \tag{2.38}$$

式（2.38）中左边的公式为稀疏连接结构的权值连接矩阵通用的表示形式，该权值连接矩阵是由 3 个单位阵组成的；右边公式中的 $\boldsymbol{w}$ 是以 Tx 为 2 配置的 MIMO 系统的权值连接矩阵。对比这两个矩阵的结构，$\boldsymbol{w}$ 不仅去掉了中间的隐藏层，而且也对网络的连接形式做了优化，网络连接边数的减少意味着网络需要训练权值数目的减少。简化（去掉输入向量 $\boldsymbol{v}$）前，每一个单元的网络连边数目为 $32N^2$；简化后，每一个单元的网络连边数目为 $3N$。

图 2.10 所示是优化网络连接结构之后的仿真结果，3 条性能曲线的天线配置都为 Tx20、Rx30，这 3 条曲线从上到下分别表示基础的 DetNet 检测结果、优化 DetNet 输入的检测结果、在优化 DetNet 输入的基础上优化 DetNet 连接的检测结果。从仿真结果可以看到，经过网络连接优化的网络性能仍有提升，原因是在优化方法中，始终以信号模型为基础，以信号处理算法为参考，设计了满足式（2.37）的网络连接结构，遵循了向量元素之间信息传递的原则，去除了中间层复杂的信息交互，从而得到了较好的检测效果。相比只是去掉 $\boldsymbol{v}$ 的结构，随着 SNR 的增大，两者的性能差距也越来越明显，当误比特率（Bit Error Ratio，BER）等于 10^{-3} 时，优化网络连接后网络性能提升大约 0.7dB。

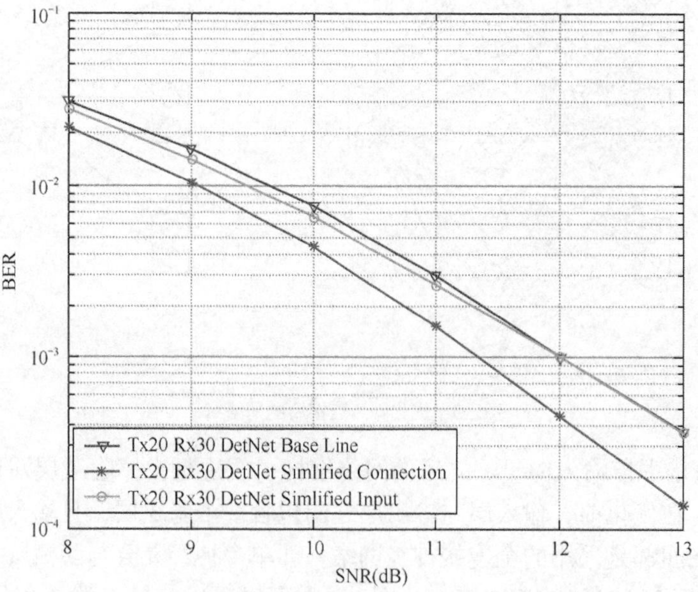

图 2.10 优化网络连接结构后的仿真结果

2.3.4 ScNet高阶调制信号检测

ScNet 高阶调制信号检测的问题

在传统的大规模 MIMO 检测中，对于高阶调制信号的检测已经存在诸多模型，例如 Sidiropoulos 和 Luo 提出了一种基于半定松弛（Semidefinite Relaxation，SDR）的改进算法，该算法能够较好地适用于高阶调制的大规模 MIMO 检测，当然 ZF 和 MMSE 检测算法也能适用于这种场景，但是性能较差。然而在机器学习领域，由于大规模 MIMO 检测的研究时间较短，因此对于高阶调制的大规模 MIMO 检测并不存在成熟的模型，包括基于 DetNet 改进的 ScNet，都不能直接用于大规模 MIMO 的高阶调制检测，这不仅是因为该网络的激活函数是二分类函数，还与模型本身有关。

当高阶调制信号模型为复信号模型时，复信号模型可以描述为

$$\boldsymbol{y}_{\mathrm{c}} = \boldsymbol{H}_{\mathrm{c}}\boldsymbol{x}_{\mathrm{c}} + \boldsymbol{n}_{\mathrm{c}} \tag{2.39}$$

式（2.39）中的参数均为复向量，$\boldsymbol{H}_{\mathrm{c}}\left(\boldsymbol{H}_{\mathrm{c}} \in \mathbb{C}^{M\times N}\right)$ 表示信道响应矩阵，$h_{ij}^{\mathrm{c}} \sim \mathcal{CN}\left(0,1\right)$ 表示从第 j 个用户到第 i 根天线矩阵的信道响应，$\boldsymbol{n}_{\mathrm{c}}$ 中的每个元素均服从独立同分布的复高斯分布。

采用神经网络的方法去解决高阶调制信号的大规模 MIMO 检测面临两个主要的问题。图 2.11 表示复信道矩阵的共轭转置。图 2.11 中的两个虚线框内分别描述了这两个问题，左边所描述的问题是如何采用神经网络处理各种复信号，复信号的处理在神经网络中比较少见，现在成熟的深度学习框架，如 TensorFlow、Caffe、Keras 等都没有针对复数数据的处理方案，因此本章中给出的解决方案是对复信号进行简单的变换，避免直接对复信号进行大规模 MIMO 的高阶调制检测。为了接下来方便描述 ScNet 的扩展模型，这里将式（2.39）描述的复信号模型转换到实数域中，如式（2.40）所示。

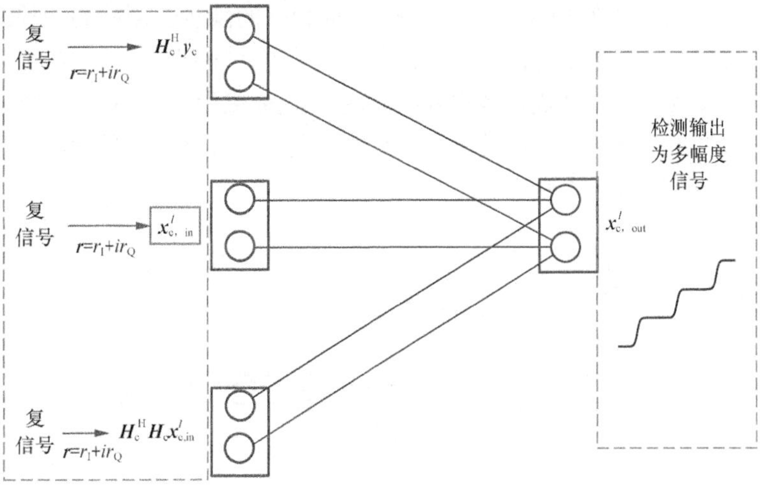

图2.11 复信道矩阵的共轭转置

$$\hat{\boldsymbol{y}} = \hat{\boldsymbol{H}}\boldsymbol{x} + \boldsymbol{n} \tag{2.40}$$

其中，$\hat{\boldsymbol{y}} \overset{\text{def}}{=} \begin{bmatrix} \mathrm{Re}(\boldsymbol{y}_{\mathrm{c}}) \\ \mathrm{Im}(\boldsymbol{y}_{\mathrm{c}}) \end{bmatrix}$，$\hat{\boldsymbol{x}} \overset{def}{=} \begin{bmatrix} \mathrm{Re}(\boldsymbol{x}_{c}) \\ \mathrm{Im}(\boldsymbol{x}_{c}) \end{bmatrix}$，$\hat{\boldsymbol{n}} \overset{\text{def}}{=} \begin{bmatrix} \mathrm{Re}(\boldsymbol{n}_{\mathrm{c}}) \\ \mathrm{Im}(\boldsymbol{n}_{\mathrm{c}}) \end{bmatrix}$，$\hat{\boldsymbol{H}} \overset{def}{=} \begin{bmatrix} \mathrm{Re}(\boldsymbol{H}_{c}) - \mathrm{Im}(\boldsymbol{H}_{c}) \\ \mathrm{Im}(\boldsymbol{H}_{c}) - \mathrm{Re}(\boldsymbol{H}_{c}) \end{bmatrix}$

$\mathrm{Re}(\cdot)$ 和 $\mathrm{Im}(\cdot)$ 分别表示取实部和取虚部操作。在 ScNet 扩展模型中，将所有的参数统一化为实数向量，将 I、Q 两路信号进行拆分，即一个复信号在检测阶段被拆分成两个实信号，从而避免使用复数进行信号处理。

图 2.11 右边描述的另一个问题是：神经网络中的输出都是二进制信号，如何才能表示高阶调制中的多进制信号。针对这个问题，一种可行的解决方法是将星座点的坐标统一成二进制的形式。这样做的主要原因是在神经网络中，不存在多段的激活函数，也就是网络的输出非 0 即 1，因此可以采用一个多维的二进制向量来表示一个高阶调制的符号。在采用的单位向量中，用不同位置的 1 对应的索引来表示不同的星座点，例如 16QAM 的幅度实部可以表示为

$$
\begin{aligned}
s_1 &= -3 \leftrightarrow u_1 = [1 \quad 0 \quad 0 \quad 0] \\
s_2 &= -1 \leftrightarrow u_2 = [0 \quad 1 \quad 0 \quad 0] \\
s_3 &= 1 \leftrightarrow u_3 = [0 \quad 0 \quad 1 \quad 0] \\
s_4 &= 3 \leftrightarrow u_4 = [0 \quad 0 \quad 0 \quad 1]
\end{aligned} \tag{2.41}
$$

在式（2.41），任意两个 S_i 组合就可以表示一个高阶调制的符号，也就是在检测结果中，两个不同的单位向量组合，可以映射为一个高阶调制符号。在式（2.41）中，4 个不同的 S_i 共可以组成 16 个复信号。根据向量中 1 的位置来确定调制符号的幅度，这也是在神经网络中处理多分类问题常用的方法。因为神经网络擅长处理非线性问题，采用这种方法进行数据的等效转换，只需要增加一个隐藏层来进行多元符号的非线性映射，在训练数据足够多的情况下，也能够取得不错的效果。

ScNet 高阶调制符号检测扩展模型

在图 2.12 中，模块①的功能是完成大规模 MIMO 的高阶调制检测，检测结果采用二进制向量的形式表示。具体而言，模块①也可以分为两个小部分，虚线框外的部分完成的主要功能是分离天线信息，也就是将输入向量的信息按照天线进行拆分，将不同天线的信息归结到代表天线的部分神经元；模块①虚线框内的部分完成的功能是将检测到的不同天线的信息整理成二进制向量的形式输出。

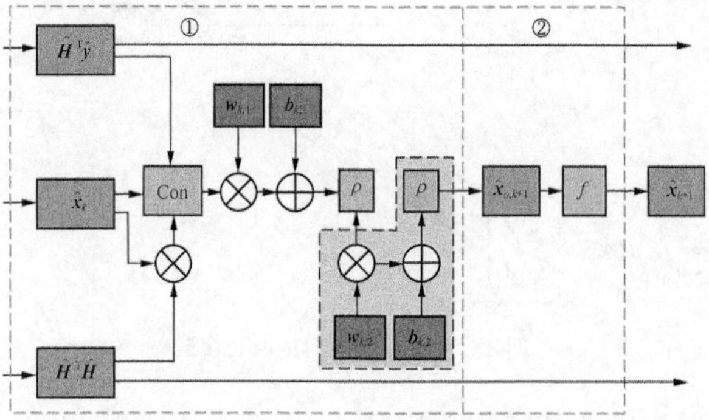

图2.12 ScNet高阶调制符号检测扩展模型单元结构

ScNet 是基于信息传递特征而建立的稀疏连接模型，在高阶调制符号检测模型中，这里也遵循信息传递的原则构建网络。下面以天线配置为 2 发 2 收、调制方式为 QPSK 举例，进行 ScNet 扩展模型的讲解。图 2.13 是图 2.12 中模块①的展开结构。QPSK 包含两路信号 I、Q，每一路信号的一次输入都包含两根发送天线的信息，ScNet 扩展模型包含 3 个输入向量 $\hat{\boldsymbol{H}}^{\mathrm{T}}\hat{\boldsymbol{y}}$ 、$\hat{\boldsymbol{x}}_k$ 和 $\hat{\boldsymbol{H}}^{\mathrm{T}}\boldsymbol{H}\hat{\boldsymbol{x}}_k$ ，3 个输入向量的维度相同。由于包含两根发送天线，每根天线包含两路信号，因此 3 个输入向量都是 4 维向量，即 4 个神经元。在图 2.13 中的输入向量部分，相同颜色的神经元表示同一根天线的信息。

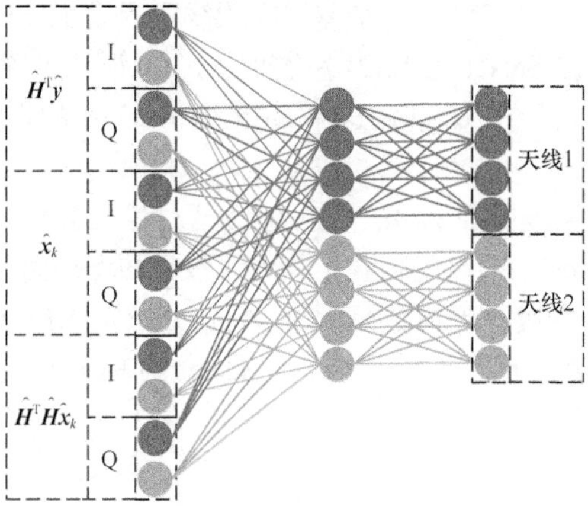

图2.13　2发2收QPSK调制的ScNet符号检测扩展模型模块①的展开结构

在 $\hat{\boldsymbol{H}}^{\mathrm{T}}\hat{\boldsymbol{y}}$ 、$\hat{\boldsymbol{x}}_k$ 和 $\hat{\boldsymbol{H}}^{\mathrm{T}}\hat{\boldsymbol{H}}\hat{\boldsymbol{x}}_k$ 的 4 个神经元中，I、Q 两路信号分别有两个神经元，若 I、Q 两路神经元索引相同则表示来自同一根天线。如在 $\hat{\boldsymbol{H}}^{\mathrm{T}}\hat{\boldsymbol{y}}$ 的 4 个神经元中，I 路的第一个神经元和 Q 路的第一个神经元，分别表示第一根发送天线的 I 路信号和 Q 路信号，$\hat{\boldsymbol{x}}_k$ 和 $\hat{\boldsymbol{H}}^{\mathrm{T}}\hat{\boldsymbol{H}}\hat{\boldsymbol{x}}_k$ 中神经元的含义与 $\hat{\boldsymbol{H}}^{\mathrm{T}}\hat{\boldsymbol{y}}$ 中的相同。在图 2.13 的中间层，上面 4 个神经元表示第一根发送天线的信息，下面 4 个神经元表示第二根发送天线的信息。因此，在进行网络连接时，将输入层表示第一根天线的神经元与中间层表示第一根天线的神经元进行全连接。在图 2.13 左侧的连接线中，浅灰色的线表示第一根发送天线的连接线，深灰色的线表示第二根发送天线的连接线。

为了完成高阶调制符号到二进制向量的转换，这里在中间层之后增加了一层。高阶调制符号到二进制向量的转换原则，已经在前面进行了阐述。根据前面描述的转换原则，QPSK 符号存在 4 个星座点，因此采用 4 维的二进制向量表示一根天线的 QPSK 符号。故图 2.13 中的输出层包含 8 个神经元，前 4 个神经元表示第一根天线的 QPSK 符号，后 4 个神经元表示第二根天线的 QPSK 符号。将中间层与输出层表示相同天线信息的神经元进行全连接，故这里将中间层的前 4 个神经元与输出层的前 4 个神经元全连接，中间层的后 4 个神经元与输出层的后 4 个神经元全连接，最终图 2.12 中模块①的展开结构为图 2.13，其中中间层和输出层的激活函数都为 Sigmoid 函数。

2.3.5　ScNet性能分析与仿真

本小节首先对低阶调制条件下 ScNet 的检测性能和复杂度进行分析。假设接收端具有理想的信道估计，即能够精确地掌握信道的状态，但是噪声功率对接收端是不可知的。在训练阶段，每发送一组数据，SNR 均在 [7,14]dB 中随机选取，DetNet 和 ScNet 初始阶段的 $\boldsymbol{v}$ 和 $\boldsymbol{x}$ 都是零向量，$\boldsymbol{v}$ 的维度等于 $2N$，网格的单元数都为 90 层，采用的残差网络的残差系数为 0.9。在训练阶段，一次迭代的批大小（batch size）为 5000，训练的迭代次数为 5000 次。网络训练完成之后，在性能测试阶段，依次测试网络在 SNR 为 [8,13] dB 下的性能。

图 2.14 为 3 种检测算法在 Tx20 Rx30 和 Tx40 Rx80 两种天线配置下的仿真结果 3 种检测算法分别是 MMSE、DetNet 和 ScNet。从图 2.14 中可以看出，3 种检测算法中 ScNet 性能最强、DetNet 次之、MMSE 最差。在天线配置为 Tx40 Rx80 时，观察 ScNet 和 DetNet 的 SNR，可以看出 ScNet 在 12dB 左右时 BER（误比特率）就已经达到 10^{-4}，而 DetNet 在 13dB 时 BER 才达到 10^{-4}，在这一 BER 处，ScNet 的性能比 DetNet 的性能提升了 1dB。

图 2.15 展示了发送天线数目为 40，接收天线数目不同时，ScNet 的检测性能对比。从图 2.15 中可以看出，ScNet 的性能随着接收天线数目的增加而得到改善。在发送天线数目等于 40 的条件下，如果接收天线数目大于 40，ScNet 的 BER 性能随着 SNR 的增加能够迅速得到改善。如果接收天线数目小于 40，ScNet 的 BER 性能下降的速率较小，该性能随 SNR 增加改善的空间有限。

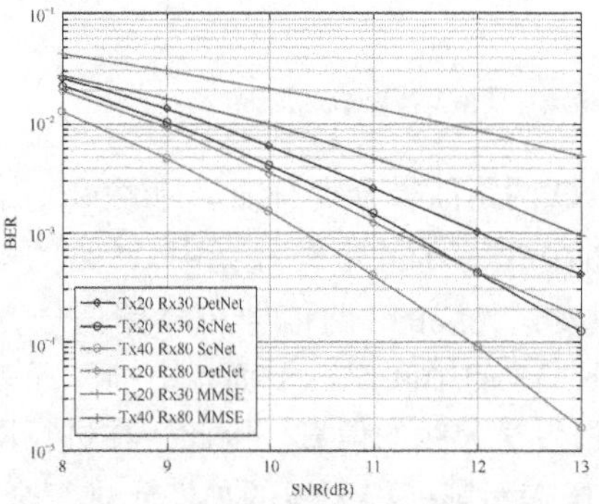

图 2.14 ScNet 与 DetNet 仿真结果对比

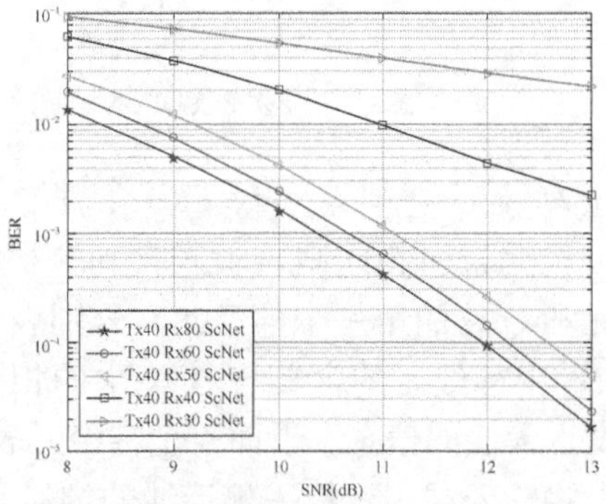

图 2.15 接收天线数目不同时 ScNet 性能的对比

图 2.16 是 ScNet 和 DetNet 的性能收敛图，同样包含 Tx20 Rx30 和 Tx40 Rx80 两种天线配置。其中：横坐标为网络的迭代次数；纵坐标为 BER，对于图中的某一个坐标点而言，它表示在某一次迭代下的 BER，而这个 BER 所对应的 SNR 是 [10,11]dB 之间的一个随机数，所以图中的曲线波动比较明显。在图 2.16 中，对比 ScNet 与 DetNet 的收敛速度，可以看出在迭代次数为 800 左右时，ScNet 和 DetNet 都进入了低谷，之后的波动比较平稳，说明在迭代 800 次左右时，网络已经基本收敛，即 ScNet 的 3 个优化并没有使得网络的收敛速度变慢，但是相比于 DetNet，ScNet 每一次迭代所需的训练时间却大大减少。

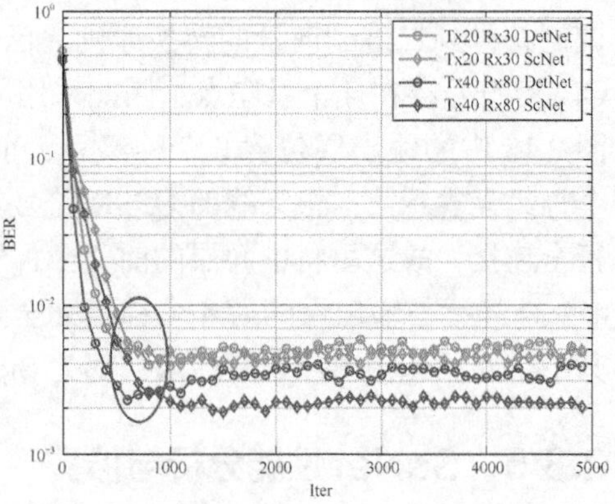

图 2.16 ScNet 和 DetNet 的性能收敛图

尽管在神经网络中涉及的运算非常多，但是仍可以从一个比较宏观的角度来评价 ScNet 与 DetNet 的复杂度。对于神经网络而言，主要的计算包含几个方面：在前向传播阶段，节点间的信息传递涉及矩阵的乘法，但是从节点输出却需要进行非线性操作（激活函数），很多都是对数级别的操作；在后向传播阶段，涉及的主要计算是微分操作和矩阵的线性操作。如果以浮点数目的计算次数为指标来评价一个网络的复杂度，则统计方式过于复杂，目前也没有相关的评价模型，比较通用的评价方式是计算网络的神经元数目和网络的连边数目。一般认为神经元的数目和连边数目能够比较准确地反映网络的复杂度，神经元数目和连边数目越多，网络越复杂。在进行 ScNet 和 DetNet 的复杂度比较时，这里也主要比较的是网络的连边数目。下面对两个网络的神经元数目和连边数目进行详细的对比，如表 2.1 所示。

表 2.1　网络复杂度对比

天线配置	网络类型	单元神经元数目	单元连边数目
Tx20 Rx30	DetNet	240	25600
	ScNet	80	60
Tx40 Rx80	DetNet	480	102400
	ScNet	160	120

表 2.1 描述的数据分析的是 DetNet、ScNet 中一个单元的网络复杂度。这只是对于两种天线配置（Tx20 Rx30 和 Tx40 Rx80）的神经元数目和连边数目的统计。从表 2.1 中可以看出，当天线配置为 Tx40 Rx80 时，对比 DetNet 与 ScNet，网络中每个单元的连边数目下降了接近 3 个数量级，有 1000 倍左右的差距。从理论上讲，DetNet 每个单元的神经元数目为 $12N$，连边数目为 $64N^2$；ScNet 每个单元的神经元数目为 $4N$，连边数目为 $3N$，神经元的数目是 DetNet 的 1/3，而网络的连边数目减少了约 $15/16N$。尽管网络的复杂度与神经元的数目和连边数目不是线性的关系，但是两者的数据对比，也能够比较客观地反映网络复杂度的高低。在相同的天线配置下，ScNet 的训练时间明显短于 DetNet 的训练时间。

下面对 ScNet 检测算法在高阶调制下的检测性能进行分析，主要包含以下 3 个方面：一是在相同的天线配置和调制方式下，对比 ScNet 扩展模型与其他检测算法的 SER；二是在相同的天线配置和调制方式下，对比不同单元数目的 ScNet 的性能，探索神经元的数目对网络的影响；三是观察采用 ScNet 扩展模型的网络随着训练次数的增加，网络的收敛速度的变化。

在图 2.17 所示的结果中，所有的检测算法天线配置都是 15 发 25 收，信号的调制方式为 16QAM，ScNet 的网络单元数目为 30；在进行 ScNet 训练时，无噪训练 5000 轮，有噪训练 20000 轮，信道矩阵采用随机矩阵。对比图 2.17 中 ScNet、AMP（Approximate Message Passing，近似消息传递）和 ZF 这 3 种算法的误符号率（SER），其中性能最优的是 ScNet，在 13dB 处，其 SER 就能接近 10^{-3}，而且 ScNet 的性能要明显高于 AMP 和 ZF 的性能。

图 2.18 是针对 QPSK 调制方式的检测性能对比，包含 ScNet、SD、AMP 这 3 种检测算法，其中 ScNet 包含 ScNet30 和 ScNet90，这两种算法分别表示网络的单元数目是 30 和 90。从图 2.18 中可以看出 AMP 检测算法的性能曲线和 ScNet30 的基本重合，而 ScNet90 的性能比 ScNet30 的高出了大约 0.3dB，SD 的性能要比 ScNet90 和高出大约 0.2dB。

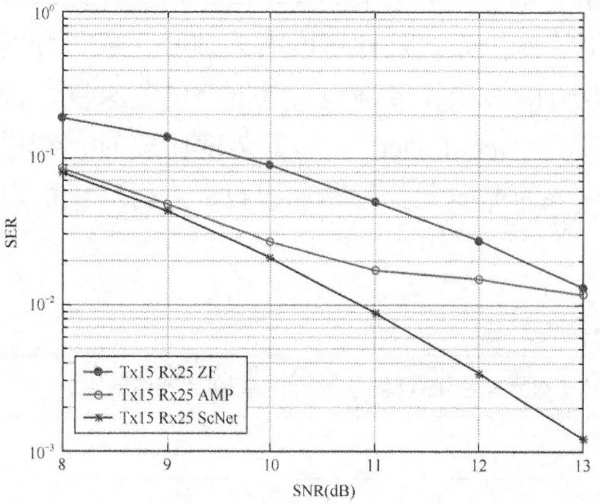

图2.17 16QAM 性能曲线对比

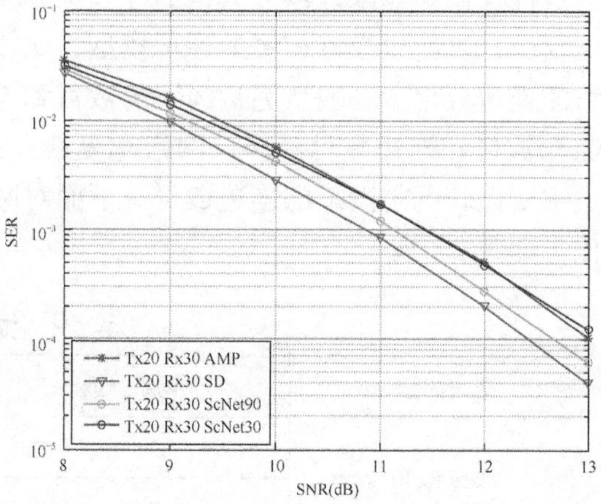

图2.18 QPSK 性能对比曲线

图 2.19 展示了天线配置为 20 发 30 收、调制方式为 QPSK 的网络收敛速度，两条曲线分别对应单元数目为 30 和 90 的 ScNet 扩展模型。从图 2.19 中可以看出，在前 5000 次迭代（5000 批进行训练）中，网络的收敛速度较快，而 5000 次以后收敛速度减缓，到 10000 次之后，网络基本收敛；而对比两个不同单元数目的网络，可以发现网络单元数目的增多不会提高网络的收敛速度，且两个网络的波动差距并没有在测试中固定 SNR 的差距大，主要的原因可能是随着网络层数的增多，网络参数增加，模型能够处理的非线性特征就会增多。

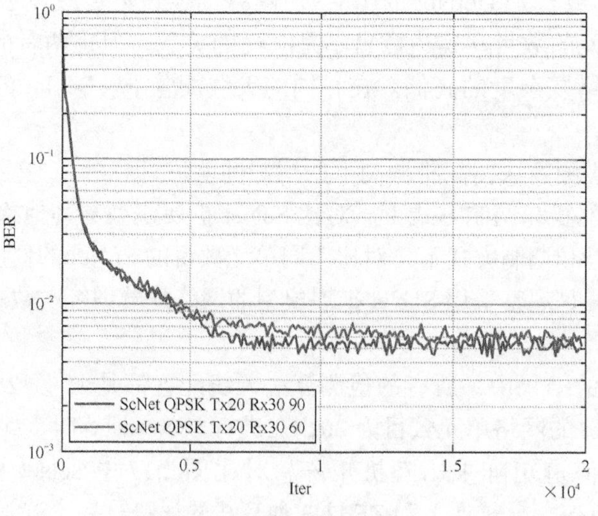

图2.19 网络的收敛速度

对比低阶调制发现，在进行高阶调制的大规模 MIMO 检测时，网络收敛所需要的迭代次数明显增加。出现这个现象的原因一方面是高阶调制会大量增加网络的神经元的数目，同时单元内网络的层数有所增加，网络需要训练的参数因而增多，从而使得网络的收敛速度变慢；另一方面是 ScNet 的扩展模型会使单元增加一个二进制向量映射层，这一层的输出会影响下一层的输入，二进制向量映射层的输出不会一开始就非常精确，需要随着网络的训练而不断接近理想值，若二进制向量映射层的输出不准确，会引起连锁反应，从而导致整个网络的收敛速度减缓，这也是进行无噪训练的主要原因。

下面对 ScNet 扩展模型进行复杂度分析，根据单元网络的连边数目和神经元数目来评估网络的复杂度。网络的详细结构已经在 2.3.4 小节进行了详细的讲解，它可分为两个模块：模块①内都是神经网络的结构，网络需要进行训练的参数都在这个部分；而模块②的作用是完成软信息的融合，这部分的计算都是矩阵的线性运算。相比于网络参数的训练，矩阵的线性运算复杂度可以忽略，因此只需要考虑模块①。每一个单元的输入存在实部和虚部两个部分，因此输入神经元的数目为 $6N$（N 为系统发送天线数目）。模块①的中间层和输出层的神经元数目与发送天线的数目和调制阶数呈线性关系，设高阶调制方式为 MQAM，那么模块①中间层与输出层的神经元数目都为 MN，因此单元网络的神经元总数为 $6N+2MN$。单元网络输入层的每个神经元的连边数目为 M，因此模块①第一层的神经元连边数目为 $6MN$。第二层每个神经元的连边数目为 M，第二层与第三层之间的神经元连边数目为 M^2N，单元网络的总连边数目为 $6MN+2M^2N$。表 2.2 所示为具体的单元网络的神经元数目和连边数目。

表 2.2 网络复杂度对比

天线配置	网络类型	单元网络神经元数目	单元网络连边数目
Tx15 Rx25	QPSK	210	600
	16QAM	570	5280
Tx20 Rx30	QPSK	280	800
	16QAM	760	7040

2.4 基于 DetNet 的其他改进算法 SimDetNet 和基于动量梯度下降的 MIMO 信号检测算法

除 2.3 节中介绍的 ScNet 检测算法外，Cai 等学者同样对 DetNet 进行了改进，这主要体现在两个方面。首先，他们在网络中添加了 Softmax 激活函数，Softmax 激活函数可以将输入的向量转化为概率向量，该向量的元素之和为 1，这样可以帮助网络输出一个合格的独热编码估计值。其次，他们还为网络添加了注意力机制，使得网络可以考虑到每一层的输出结果，以得到一个更好的估计结果。具体来说，他们在网络的最后添加了注意力模块，该模块会针对网络的每一层输出一个权重。最后，网络对每一层的输出结果进行加权求和来完成最终的估计。仿真结果表明，在注意力机制的加持下，DetNet 的 SER 性能会有所提升。

前人对 DetNet 的优化主要是优化全连接神经网络结构和添加注意力机制以同时考虑所有层的输出，他们并没有触及 DetNet 的全连接神经网络本身。DetNet 参数多、计算量大的问题主要来自用全连接神经网络作为投影算子的替代结构，因此可以对投影算子结构本身进行优化。

2.4.1 基于双曲正切函数的DetNet简化

通过观察原始投影算子的图像和方程——图 2.3 和式（2.22），可发现投影算子实际上就是阶跃函数的错位叠加，这与深度学习中的另一个激活函数——双曲正切函数 tanh 非常类似。双曲正切函数如式（2.42）所示，其图像如图（2.20）所示。

$$\tanh(x)=\frac{e^{x}-e^{-x}}{e^{x}+e^{-x}} \tag{2.42}$$

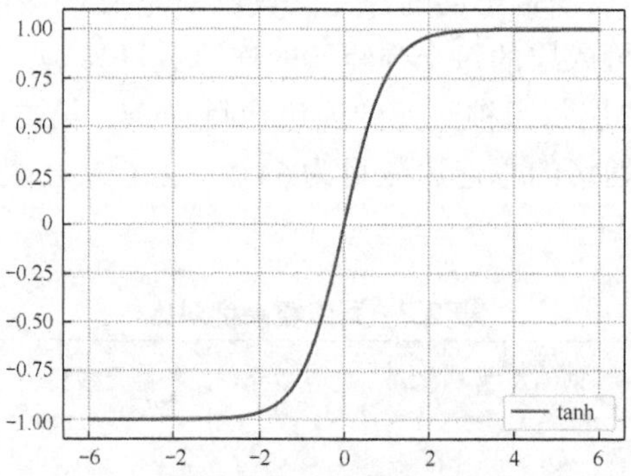

图2.20 双曲正切函数图像

双曲正切函数本质上是将整个实数区间映射到 -1 ～ 1，它的函数图像与阶跃函数的图像非常相近，而且它本身是可导的，满足网络的要求，因此可以用叠加的双曲正切函数来替换原始的投影算子。以式（2.22）为基础，基于双曲正切函数的投影算子如式（2.43）所示：

$$\phi_{\mathbb{S}}(x;\theta,\gamma)=\sum_{i=1}^{|\mathbb{S}|-1}\rho_i\tanh\left(\theta\left(x-\gamma\tau_i\right)\right)$$

$$\rho_i=\frac{c_{i+1}-c_i}{2},\ i=1,2,\cdots,|\mathbb{S}|-1 \tag{2.43}$$

$$\tau_i=\frac{c_{i+1}+c_i}{2},\ i=1,2,\cdots,|\mathbb{S}|-1$$

其中：c_i 表示字母表 $\mathbb{S}$ 中的第 i 个元素，且满足 $c_i<c_{i+1}$；ρ_i 和 τ_i 分别表示错位叠加的步长和缩放因子。除了将阶跃函数替换为双曲正切函数，这里还额外添加了 θ 和 γ 两个参数，其中 θ 负责控制双曲正切函数跳变时的斜率，θ 越大则斜率越大，双曲正切函数就越接近阶跃函数。γ 参数负责对错位步长进行缩放。举例来说，在以 4PAM 为字母表的实数信号等效系统中，叠加双曲正切函数的函数如式（2.44）所示。

$$\phi_{\mathbb{S}}(x;\theta,\gamma)=\tanh\left(\theta(x+2\gamma)\right)+\tanh\left(\theta(x)\right)+\tanh\left(\theta(x-2\gamma)\right) \tag{2.44}$$

对于不同的 θ 和 γ 参数，函数图像有不同的表现。如图 2.21 所示，图中既包含式（2.44）在不同 θ 和 γ 参数下的函数图像，也包含原始的不可微的投影算子的图像。观察图像，可以发现随着叠加双曲正切函数 θ 参数的不断变大，叠加双曲正切函数会越来越接近原始的投影算子，并且双曲正切函数可以直接完成由软值符号到硬值符号的映射，而不像全连接神经网络那样需要通过独热编码来辅助完成。

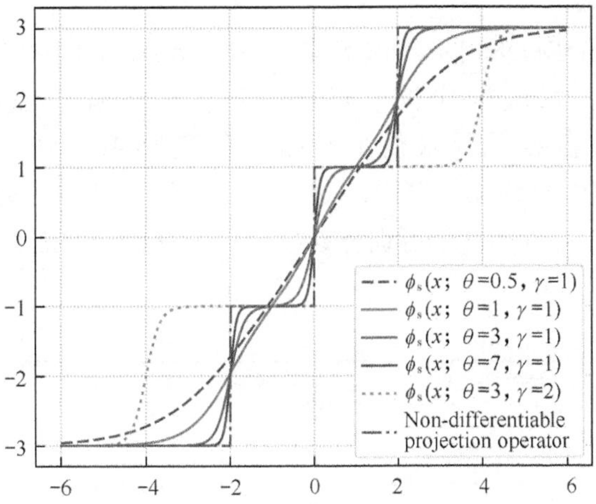

图 2.21 叠加双曲正切函数图像（Non-differentiable projection operator 表示不可微投影算子）

相比于原始的投影算子，叠加双曲正切函数是可微的，也就是说，它可以直接写入网络，作为投影算子的替代结构。除了具有投影算子的功能之外，双曲正切函数还有参数数量少、计算复杂度低的优点。观察式（2.44）可知，双曲正切函数仅包含两个可变参数 θ 和 γ，并且这两个参数与系统的天线规模或者调制阶数都无关，也就是说，参数数量不随天线规模和调制阶数的变化而变化，这对于大规模 MIMO 场景是非常具有吸引力的。

鉴于双曲正切函数的以上优点，可以用双曲正切函数替换掉 DetNet 中用全连接神经网络和独热编码映射设计的投影算子，来简化 DetNet 的结构，并称其为 SimDetNet。简化后的算法迭代方程如式（2.45）所示。

$$\hat{\boldsymbol{x}}_{k+1}=\phi_{\mathbb{S}}\left(\hat{\boldsymbol{x}}_k-\delta_{1,k}\boldsymbol{H}^{\mathrm{T}}\boldsymbol{y}-\delta_{2,k}\ \boldsymbol{H}^{\mathrm{T}}\boldsymbol{H}\hat{\boldsymbol{x}}_k;\theta_k,\gamma_k\right) \tag{2.45}$$

式 (2.45) 中，$\boldsymbol{H}^{\mathrm{T}}\boldsymbol{y}$ 和 $\boldsymbol{H}^{\mathrm{T}}\boldsymbol{H}\hat{\boldsymbol{x}}_k$ 表示目标函数关于 $\hat{\boldsymbol{x}}_k$ 的导数。为了增加网络的自由度，同 DetNet 一样，SimDetNet 也对梯度的两个部分分别配置了不同的学习率 $\delta_{1,k}$ 和 $\delta_{2,k}$，下标 k 表示它们是第 k 次迭代的两个不同的学习率，也就是说，在网络中每次迭代都有独特的学习率。因为 θ 和 γ 会对叠加双曲正切函数造成影响，所以这里将它们也设为可训练参数，进一步增加网络的表达能力，同时避免手动设置带来的性能损失。算法 1 总结了 SimDetNet 的算法流程，SimDetNet 以零向量为初值，给定输入 $\boldsymbol{H}^{\mathrm{T}}\boldsymbol{y}$ 和 $\boldsymbol{H}^{\mathrm{T}}\boldsymbol{H}$ 便可迭代完成估计。

算法 1 SimDetNet（用于 MIMO 检测）

Input：$\boldsymbol{H}^{\mathrm{T}}\boldsymbol{y}$，$\boldsymbol{H}^{\mathrm{T}}\boldsymbol{H}$

Output：$\hat{\boldsymbol{x}}_L$.

1：Initialization：$\hat{\boldsymbol{x}}_0 = 0$

2：**for** k=0：L − 1 **do**

3：　$\hat{\boldsymbol{x}}_{k+1} = \phi_{\mathbb{S}}\left(\boldsymbol{x}_k - \delta_{1,k}\boldsymbol{H}^{\mathrm{T}}\boldsymbol{y} - \delta_{2,k}\boldsymbol{H}^{\mathrm{T}}\boldsymbol{H}\boldsymbol{x}_k;\theta_k,\gamma_k\right)$

4：**end for**

图 2.22 描述了 SimDetNet 的算法框图。在 SimDetNet 当中，可训练参数包括 $\Omega=\{\delta_{1,k},\delta_{2,k},\theta_k,\gamma_k\}_{k=0}^{L-1}$，每次迭代仅仅需要 2 个学习率和 2 个控制叠加双曲正切函数的因子，共计 4 个参数，所以整个网络仅仅包括 4L 个可训练参数，其中 L 代表层数（或者说迭代次数）。然而，通过分析式（2.45），整个 DetNet 总计包括 $(N|\mathbb{S}|\times(N|\mathbb{S}|+6N+2)+2N)+2$ 个可训练参数，其中 N 代表发送天线的数目，$|\mathbb{S}|$ 代表字母表的元素数目。

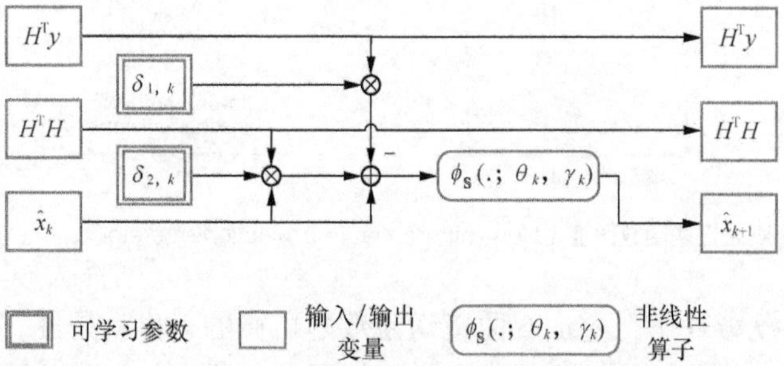

图2.22 SimDetNet算法框图

DetNet 中可训练参数的数目与发送天线数目和调制阶数乘积的二次方成正比，导致 DetNet 在大规模 MIMO 高阶调制的场景下拥有极大数量的参数，大大增加了前向计算的开销及训练的难度。与之相反，SimDetNet 并没有这方面的缺陷，在大规模 MIMO 高阶调制的场景下，SimDetNet 在参数数量方面更具优势。

这里通过分析统计信号检测算法中乘法的次数来表征 SimDetNet 的复杂度。表 2.3 给出了矩阵、向量运算涉及的乘法次数统计方法，其中 $\boldsymbol{A}$ 代表实数矩阵，$\boldsymbol{b}$ 和 $\boldsymbol{x}$ 代表实数向量，字母下标代表它们的维度，δ 表示一个实数，$\mathbb{S}$ 和 $\bar{\mathbb{S}}$ 分别表示实数星座图和复数星座图。

表 2.3 乘法次数统计方法

类型	乘法次数
$\boldsymbol{A}_{N\times N}\boldsymbol{b}_{N\times 1}$	$N\times N$
$\delta\times\boldsymbol{A}_{N\times N}$	$N\times N$
$\delta\times\boldsymbol{b}_{N\times 1}$	$N\times 1$

续表

类型	乘法次数
$\phi_{\mathbb{S}}\left(\boldsymbol{x}_{N\times1};\theta,\gamma\right)$	$2N\lvert\mathbb{S}\rvert$
$f_{\text{oh}}\left(\boldsymbol{x}_{N\lvert\bar{\mathbb{S}}\rvert\times1}\right)$	$N\lvert\bar{\mathbb{S}}\rvert$

利用表 2.3 所示的统计方法，这里统计出 DetNet 每次迭代需要 $N^2(\lvert\bar{\mathbb{S}}\rvert^2+6\lvert\bar{\mathbb{S}}\rvert+4)+N(\lvert\bar{\mathbb{S}}\rvert+4)$ 次乘法，然而 SimDetNet 每次迭代仅需要 $4N^2+4N\lvert\bar{\mathbb{S}}\rvert+4N$ 次乘法。通常在大规模 MIMO 场景下，发送天线数目 N 要大于字母表元素数目 $\lvert\bar{\mathbb{S}}\rvert$，也就是说，$N^2$ 要大于 $N\lvert\bar{\mathbb{S}}\rvert$，所以可以通过比较 N^2 的系数来对两者需要的乘法次数进行对比。SimDetNet 乘法次数中 N^2 的系数固定为 4，而 DetNet 乘法次数中 N^2 的系数是一个关于自变量 $\lvert\bar{\mathbb{S}}\rvert$ 的一元二次方程，换句话说，调制阶数越大，则 N^2 的系数就越大。显而易见，SimDetNet 在乘法次数方面比 DetNet 更胜一筹，并且其计算次数受调制阶数的影响较小，因此在复杂度方面，在大规模 MIMO 及高阶调制的场景下，SimDetNet 相比 DetNet 也更具优势。

在复杂度方面，除了对比 DetNet 之外，这里还分析了 ADMM-Net（参考文献[10]）的计算复杂度，通过表 2.3 所示的统计方法，可得知 ADMM-Net 每次迭代需要 $8MN+4N\lvert\bar{\mathbb{S}}\rvert+6M+2N+2$ 次乘法，其中 M 代表系统接收天线的数目，通常接收天线数目 M 会大于发送天线数目 N，所以 MN 会大于 N^2。对比 SimDetNet 乘法次数中 N^2 的系数和 ADMM-Net 乘法次数中 MN 的系数可知，SimDetNet 的乘法次数要少于 ADMM-Net 乘法次数的一半。

无论从可训练参数数量的角度还是从计算复杂度的角度来说，SimDetNet 相比于 DetNet 都展现出了巨大的优势，在后文的仿真结果中将会看到 SimDetNet 的 SER 性能同样超越了 DetNet。

SimDetNet 吸收了 DetNet 在损失函数设计方面的经验，其损失函数同样考虑了每一层的输出结果，具体如式（2.46）所示。其中 $\boldsymbol{x}_l$ 表示第 l 次迭代输出的发送符号估计向量，该损失函数试图缩小每一次迭代所输出的发送符号估计向量与发送符号真实向量之间的差距，同时深层的估计向量也会占有更大的比重。

$$L_{\text{SimDetNet}}\left(\boldsymbol{x};\hat{\boldsymbol{x}}\right)=\sum_{l=1}^{L}\log\left(l\right)\|\boldsymbol{x}-\boldsymbol{x}_l\|^2 \tag{2.46}$$

2.4.2 动量梯度下降

回顾 2.4.1 小节，SimDetNet 主要对 DetNet 中的投影算子结构做了替换，将原来由全连接神经网络和独热编码映射组合而成的投影算子替换为由叠加双曲正切函数构造的投影算子。然而无论是 SimDetNet 还是 DetNet，它们的核心思想都是对投影梯度下降算法进行深度展开来构造深度神经网络，唯一区别在于在进行深度展开时对不可求导的原始投影算子采用了不同的结构进行替代。下面从投影梯度下降算法本身入手，对算法进行进一步的优化。

投影梯度下降算法本质上就是通过计算目标函数 [式（2.19）] 关于发送符号向量的导数，来迭代更新发送符号估计向量，并在每次更新后将发送符号估计向量由软值映射为硬值。梯度下降算法是一种常见的求解最小值的迭代方法，普通的梯度下降算法在寻找最优解的过程中，由于每次代入的估计向量不同，梯度方向会不断变化，即梯度出现振荡，如图 2.23（a）所示，这在一定程度上会减慢算法收敛的速度。对此，如果在更新时能够把之前的梯度也纳入考量，则可以一定程度上解决振荡的问题，这样便引出了动量梯度下降算法。动量（参考文献 [6]）综合了本次计算的梯度和历史上每次计算的梯度，具体来说如式（2.47）所示。

$$\boldsymbol{m}_{k+1} = \beta \boldsymbol{m}_k + (1-\beta)\boldsymbol{w} \tag{2.47}$$

其中，$\boldsymbol{m}_{k+1}$ 表示本次动量，$\boldsymbol{m}_k$ 表示上次动量，β 表示指数平均因子，$\boldsymbol{w}$ 表示新计算出的梯度。动量将历次计算获得的梯度进行指数平均，由此获得用于更新的梯度。当本次梯度下降方向与上次更新的梯度下降方向之间的夹角小于或等于 180° 时，上次的梯度会对本次的梯度起到一个正向加速的作用；当本次梯度下降方向与上次更新的梯度下降方向夹角大于 180° 时，上次的梯度会对本次的梯度起到一个减速的作用。像这样通过考虑历史上的梯度，就可以减小梯度振荡，保证梯度下降的大方向不变，使得网络收敛更加迅速、平稳。添加动量后的振荡示意如图 2.23（b）所示。

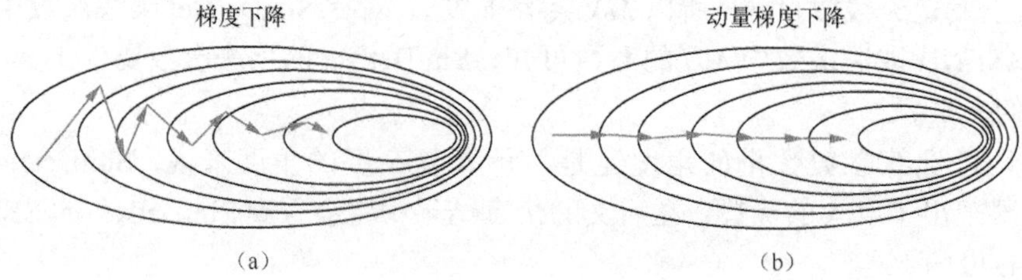

图2.23 动量示意

通过以上分析，可以在 SimDetNet 中引入动量来进一步优化它的 SER 性能。结合式（2.47）与式（2.45），得到式（2.48）。

$$\begin{aligned} \boldsymbol{m}_{k+1} &= \beta_k \boldsymbol{m}_k + (1-\beta_k)\left(\eta_{1,k}\boldsymbol{H}^{\mathrm{T}}\boldsymbol{H}\hat{\boldsymbol{x}}_k - \eta_{2,k}\boldsymbol{H}^{\mathrm{T}}\boldsymbol{y}\right) \\ \hat{\boldsymbol{x}}_{k+1} &= \phi_{\mathrm{S}}\left(\boldsymbol{x}_k - \delta_k \boldsymbol{m}_{k+1}; \theta_k, \gamma_k\right) \end{aligned} \tag{2.48}$$

其中，$\boldsymbol{m}_{k+1}$ 表示动量，它由当前梯度和上一次的动量 $\boldsymbol{m}_k$ 加权求和而来。为了提高网络的自由度和表达能力，这里将动量中用来计算指数平均的参数 β 作为一个可训练的参数。以上便是基于动量梯度下降的 MIMO 信号检测算法的梗概（见算法 2），它是在 DetNet 的基础上经过一系列优化得来的，可将其简称为 GDM-Net。

算法 2 基于动量梯度下降的 MIMO 信号检测算法

Input: $\boldsymbol{H}^{\mathrm{T}}\boldsymbol{y}, \boldsymbol{H}^{\mathrm{T}}\boldsymbol{H}$

Output: $\hat{\boldsymbol{x}}_L$

1：Initialization: $\hat{\boldsymbol{x}}_0 = \boldsymbol{0}, \boldsymbol{m}_0 = \boldsymbol{0}$

for $k=0:L-1$ **do**

$\boldsymbol{m}_{k+1}=\beta_k\boldsymbol{m}_k+(1-\beta_k)\left(\eta_{1,k}\boldsymbol{H}^{\mathrm{T}}\boldsymbol{H}\hat{\boldsymbol{x}}_k-\eta_{2,k}\boldsymbol{H}^{\mathrm{T}}\boldsymbol{y}\right)$

$\hat{\boldsymbol{x}}_{k+1}=\phi_{\mathrm{s}}\left(\boldsymbol{x}_k-\delta_k\boldsymbol{m}_{k+1};\theta_k,\gamma_k\right)$

end for

图 2.24 给出了 GDM-Net 每一层（或者说每一次迭代）的算法框图。GDM-Net 的可训练参数包括 $\Omega=\{\eta_{1,k},\eta_{2,k},\delta_k,\beta_k,\theta_k,\gamma_k\}_{k=0}^{L-1}$，GDM-Net 每次迭代仅包含 6 个参数。同 SimDetNet 一样，GDM-Net 的可训练参数数量与天线规模或者调制阶数都无关，仅与网络层数有关。

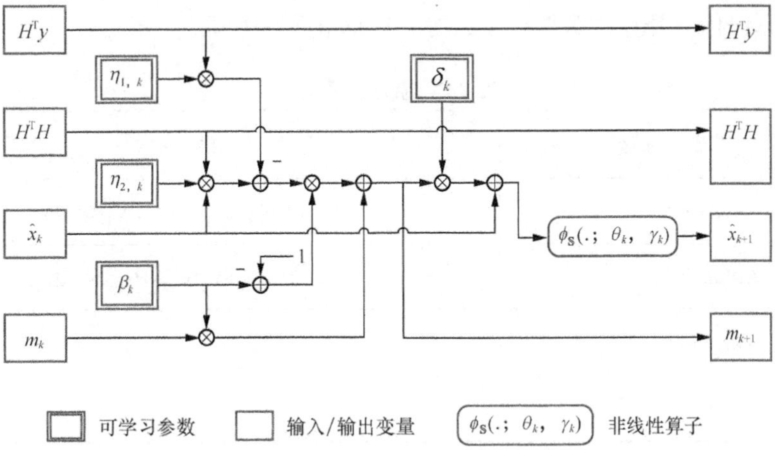

图 2.24 GDM-Net 算法框图

为了进一步比较 GDM-Net、SimDetNet 和 DetNet 间可训练参数的关系，表 2.4 总结了 3 种算法每次迭代时所包含的所有可训练参数数量，并列出了常见场景下 3 种算法所包含的可训练参数数量。如表 2.4 所示，在配备 20 根发送天线、25 根接收天线且采用 QPSK 调制的系统中，DetNet 包含总计 486060 个可训练参数，而在配备 15 根发送天线、25 根接收天线且采用 16QAM 调制的系统中，DetNet 包含总计 2391360 个可训练参数。对比两种场景，在发送天线数目几乎不变（实际上减少了 5 根）的情况下，仅仅由 QPSK 调制换成 16QAM 调制，DetNet 的可训练参数数量就增加约 4 倍。反观 SimDetNet 和 GDM-Net，无论是哪种场景，两种算法的可训练参数数量始终为 120 和 180，SimDetNet 和 GDM-Net 百量级的可训练参数数量与 DetNet 百万量级的可训练参数数量形成鲜明的对比，并且前两者的可训练参数数量不随天线规模与调制阶数的变化而变化，这使得它们两者在大规模 MIMO 和高阶调制的场景下具备极大的优势。

表 2.4 可训练参数数量对比

算法	可训练参数数量（每层）	20 发 25 收 QPSK 调制可训练参数数量（30 层）	15 发 25 收 16QAM 调制可训练参数数量（30 层）
DetNet	$N\lvert\mathbb{S}\rvert\times(N\lvert\overline{\mathbb{S}}\rvert+6N+2)+2N+2$	486060	2391360
GDM-Net	6	180	180

续表

算法	可训练参数数量（每层）	20 发 25 收 QPSK 调制可训练参数数量（30 层）	15 发 25 收 16QAM 调制可训练参数数量（30 层）
SimDetNet	4	120	120

此处使用表 2.3 中统计乘法次数的方法对 GDM-Net 进行了统计，结果表明，GDM-Net 每次迭代需要计算 $4N^2+4N|\bar{\mathbb{S}}|+10N$ 次乘法，这个结果与 SimDetNet 的结果基本相同。表 2.5 中列出了 DetNet、ADMM-Net、SimDetNet 和 GDM-Net 的乘法次数统计结果。从表 2.5 中可以看出，GDM-Net 的乘法次数比 SimDetNet 多 $6N$，$6N$ 相比于 N^2，在大规模 MIMO 场景下是一个非常小的数字。通过比较 ADMM-Net 中 MN 的系数和 GDM-Net 中 N^2 的系数，可以认为 GDM-Net 的乘法次数要少于 ADMM-Net 的乘法次数的一半。

表 2.5　乘法次数对比

算法	乘法次数
DetNet	$N^2\left(\|\bar{\mathbb{S}}\|^2+6\|\bar{\mathbb{S}}\|+4\right)+N\left(\|\bar{\mathbb{S}}\|+4\right)$
ADMM-Net	$8MN+4N\|\bar{\mathbb{S}}\|+6M+2N+2$
GDM-Net	$4N^2+4N\|\bar{\mathbb{S}}\|+10N$
SimDetNet	$4N^2+4N\|\bar{\mathbb{S}}\|+4N$

GDM-Net 的损失函数设置与 SimDetNet 一样，如式（2.46）所示。与 SimDetNet 相比，GDM-Net 在参数数量和乘法次数上仅有微弱的增加，然而，2.4.3 小节中的仿真对比实验结果表明，GDM-Net 的 SER 性能是优于 SimDetNet 的。

2.4.3 性能分析与仿真

本小节对 DetNet、ADMM-Net、SimDetNet 和 GDM-Net 的 SER 性能及运行时间进行仿真与结果分析。仿真的信噪比（SNR）定义为接收信号的平均功率与噪声平均功率的比值，其计算公式如式（2.49）所示。

$$SNR=\frac{\mathbb{E}\left[\|\boldsymbol{Hx}\|_2^2\right]}{\mathbb{E}\left[\|\boldsymbol{n}\|_2^2\right]}=\frac{\mathbb{E}\left[\operatorname{tr}\left(\boldsymbol{Hx}(\boldsymbol{Hx})^{\mathrm{H}}\right)\right]}{\mathbb{E}\left[\operatorname{tr}\left(\boldsymbol{nn}^{\mathrm{H}}\right)\right]}=\frac{\operatorname{tr}\left(\boldsymbol{H}\mathbb{E}\left[\boldsymbol{xx}^{\mathrm{H}}\right]\boldsymbol{H}^{\mathrm{H}}\right)}{\operatorname{tr}\left(\mathbb{E}\left[\boldsymbol{nn}^{\mathrm{H}}\right]\right)}=\frac{\operatorname{tr}\left(\boldsymbol{HH}^{\mathrm{H}}\right)}{N_{\mathrm{r}}\times\sigma^2} \tag{2.49}$$

DetNet、ADMM-Net、SimDetNet 和 GDM-Net 这 4 种网络都是由深度展开而构造的，其中 DetNet 和 SimDetNet 针对的是投影梯度下降算法，ADMM-Net 针对的是交替方向乘子法（Alternating Direction Method of Multipliers，ADMM），GDM-Net 针对的是动量梯度下降算法。它们具备一个共同的特点，那就是网络的层数可变，在前文中统计的可训练参数数量和乘法次数都是以层为基本单位的，可以通过层数设置来权衡网络的 SER 性能和计算复杂度，即既可以设置为多层来提升 SER 性能，也可以设置为少层来降低计算复杂度。此处综合了其他学者的仿真实验设置，为了方便对比，将 4 种网络的层数全部设置为 30。

在神经网络的训练过程中，此处采用 Adam 优化器（参考文献 [5]）。Adam 是目前神经网络训练中一种常用的优化器，Adam 优化器在优化中同时利用一阶动量和二阶动量，具有收敛迅速、易调参的优点。在实验中，此处将 Adam 优化器的参数设置为 $\beta_1 = 0.9$、$\beta_2 = 0.999$。初始的学习率设置为 0.001，它将会随着训练而不断变小，具体来说，每经过 1000 个训练步骤，学习率将缩减为原来的 0.97。为了公平地对比不同算法的 SER 性能，此处对 SimDetNet、GDM-Net 和 ADMM-Net 均训练 40000 个步骤，批大小设置为 5000，即每个训练步骤会用 5000 个样本来完成一次更新。对于 DetNet，因为它的参数数量众多，所以收敛得非常慢，因此这里将其训练步骤设置为 200000。

在 SER 性能仿真实验当中，主要对 4 种检测网络——DetNet、SimDetNet、GDM-Net 和 ADMM-Net，以及传统的 ZF 算法和球译码算法的 SER 性能进行比较。图 2.25 给出了配备 30 根发送天线和 60 根接收天线且采用 QPSK 调制的系统中多种信号检测算法的 SER 性能曲线。这里通常将这种发送天线数目是接收天线数目的一半的场景称为半载场景。图 2.26 给出了配备 30 根发送天线和 60 根接收天线且采用 16QAM 调制的系统中多种信号检测算法的 SER 性能曲线。

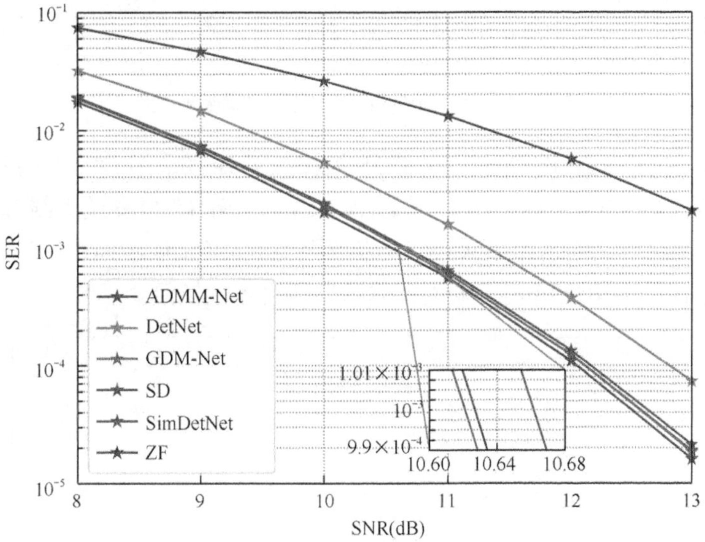

图 2.25 30 发 60 收 QPSK 调制模式

如图 2.25 和图 2.26 所示，首先 DetNet、SimDetNet、GDM-Net 和 ADMM-Net 算法的 SER 性能都要远超 ZF 算法并低于 SD 算法。在 30 根发送天线、60 根接收天线的半载场景下，无论采用 QPSK 调制模式还是 16QAM 调制模式，SimDetNet 的 SER 性能都比 DetNet 的 SER 性能高。具体来说，在 QPSK 调制下，SimDetNet 的 SER 性能高出 DetNet 约 0.5dB，在 16QAM 调制下则高出约 2dB。当调制模式由 QPSK 扩大到 16QAM，DetNet 的 SER 性能明显下降，它与 SD 算法的 SER 性能差距由 0.6dB 扩大到 2.2dB，然而 SimDetNet 与 SD 算法的 SER 性能差距仅有微小的扩大。具体来说，QPSK 调制下 SimDetNet 与 SD 算法的 SER 性能差距约为 0.1dB，而 16QAM 调制下 SimDetNet 与 SD 算法的 SER 性能差距约为 0.2dB，SimDetNet 与 SD 算法的 SER 性能差距并没有因为调制阶数的增加而显著扩大，这表明 SimDetNet 一定程度上填补了 DetNet 在高阶调制下的缺陷。

在图 2.25 和图 2.26 中，SimDetNet、GDM-Net 和 ADMM-Net 算法的 SER 性能非常接近。但是值得注意的是，经过前文的分析可知，SimDetNet 是 3 种算法当中计算复杂度最低的，也是可训练参数数量最少的。

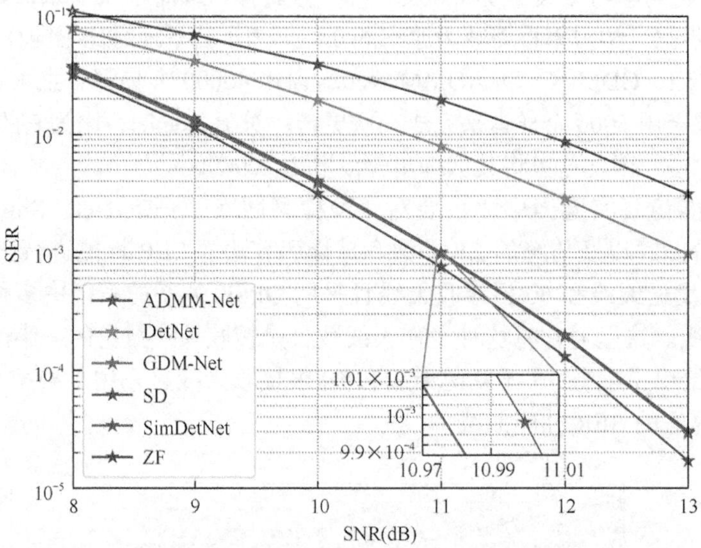

图2.26 30发60收16QAM调制模式

图 2.27 给出了配备 20 根发送天线和 25 根接收天线且采用 QPSK 调制模式的系统中多种信号检测算法的 SER 性能曲线。图 2.28 给出了配备 15 根发送天线和 25 根接收天线且采用 16QAM 调制模式的系统中多种信号检测算法的 SER 性能曲线。这里通常将这种发送天线数目接近，但不超过接收天线数目的场景称为重载场景。

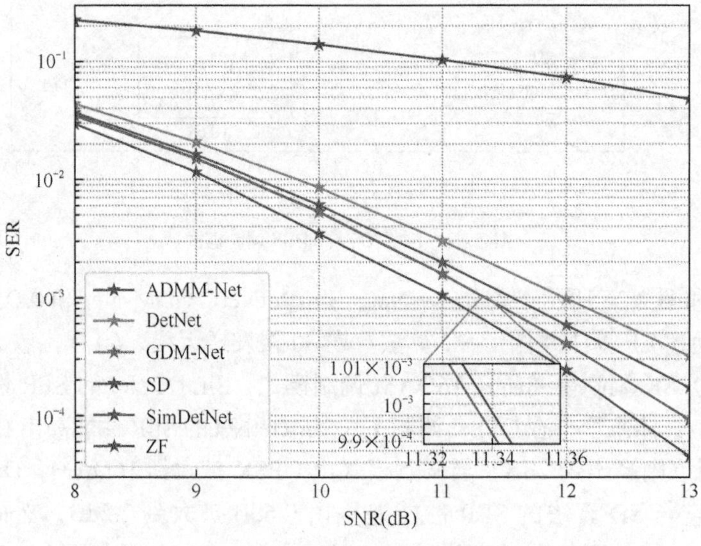

图2.27 20发25收QPSK调制模式

如图 2.27 和图 2.28 所示，首先与前文相同，4 种算法的 SER 性能都要远超 ZF 算法并低于 SD 算法。在此处仿真的两种重载场景中，无论是 QPSK 调制还是 16QAM 调制，SimDetNet 的 SER 性能仍然要比 DetNet 的 SER 性能高。具体来说，在 QPSK 调制下两者的 SER 性能差距约为 0.3dB，在 16QAM 调制下两者的 SER 性能差距约为 1dB，可见随着调制阶数的增加，相比于 DetNet，SimDetNet 的 SER 性能优势会逐渐扩大。同重载场景相同，DetNet 与 SD 算法的 SER 性能差距会随着调制阶数的增加而大幅升高，而 SimDetNet 与 SD 算法的 SER 性能差距随着调制阶数的增加仅有微弱提升。具体来说，在 QPSK 调制下，DetNet 与 SD 算法的 SER 性能差距为 1dB，在 16QAM 调制下差距扩大至 1.8dB；而 SimDetNet 在 QPSK 调制下与 SD 算法的 SER 性能差距为 0.6dB，在 16QAM 调制下差距仅扩大至 0.7dB。在重载场景下，随着调制阶数的增加，SimDetNet 仍然能够“死死咬住”它与 SD 算法之间的 SER 性能差距，说明它确实弥补了 DetNet 在高阶调制下的缺陷。

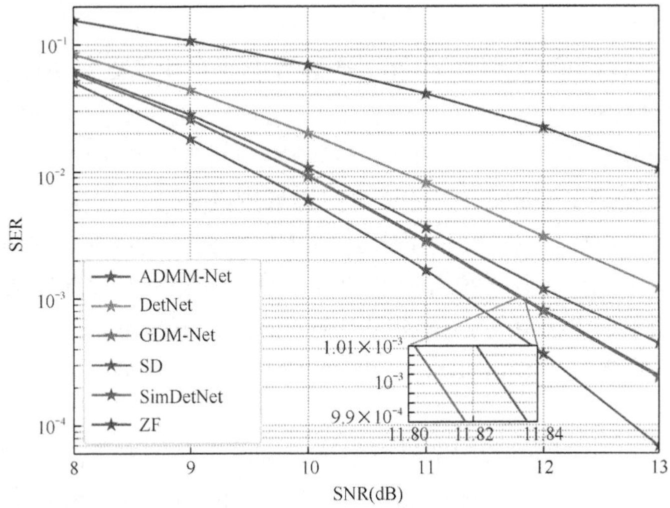

图2.28 15发25收16QAM调制模式

在图 2.27 和图 2.28 的重载场景中，SimDetNet、GDM-Net 和 ADMM-Net 算法的 SER 性能不再完全相同，此时，GDM-Net 和 ADMM-Net 的 SER 性能几乎相同，相比 SimDetNet 算法要更胜一筹，无论是 QPSK 调制模式还是 16QAM 调制模式，前两者的 SER 性能都要比后者高出约 0.3dB。这说明 GDM-Net 在动量上的优化，使得其比 SimDetNet 更能适应重载场景。虽然 GDM-Net 和 ADMM-Net 的 SER 性能非常接近，但是值得一提的是，在 2.4.2 小节的分析中，GDM-Net 的计算复杂度不到 ADMM-Net 计算复杂度的一半。

为了进一步对比不同算法的复杂度，此处对不同算法在批大小分别为 5000 和 10000 的场景下进行信号检测所需的时间进行测试，结果如表 2.6 所示。

表 2.6 信号检测时间对比

调制模式	批大小	不同算法信号检测时间				
		ZF	DerNet	ADMM-Net	SimDetNet	GDM-Net
QPSK 20 发 25 收	5000	0.207	0.474	0.332	0.216	0.251
	10000	0.429	0.911	0.656	0.429	0.464

续表

调制模式	批大小	不同算法信号检测时间				
		ZF	DerNet	ADMM-Net	SimDetNet	GDM-Net
16QAM 15 发 25 收	5000	0.149	0.775	0.349	0.247	0.256
	10000	0.311	1.556	0.577	0.390	0.411

从表 2.6 中的测试结果可以看出，5 种算法里，处理相同的数据量，DetNet 的运行时间是最长的，ZF 算法的运行时间是最短的，SimDetNet 和 GDM-Net 的运行时间接近，且均比 ADMM-Net 的运行时间短。令人惊讶的是，在 QPSK 调制模式下，SimDetNet 的运行时间竟然与 ZF 算法不相上下。在 16QAM 调制模式下，SimDetNet 的运行时间仅为 DetNet 的 1/4。

回顾所有的仿真结果，无论是在 SER 性能方面还是在计算复杂度方面，SimDetNet 相比 DetNet 都更具优势，除此之外，SimDetNet 的参数数量更少，训练时长也更短。在 SER 性能方面，SimDetNet 并不会像 DetNet 样随着调制阶数的增加，SER 性能大幅下降，可以说 SimDetNet 克服了 DetNet 在高阶调制场景中的缺陷，这主要得益于投影算子的优化；叠加双曲正切函数的投影算子相比于 DetNet 中由全连接神经网络和独热编码映射组合而成的投影算子能更有效地拟合原始的投影算子，能更高效地完成软值符号向量到硬值符号向量的映射，并且在可训练参数 θ 和 γ 的加持下，投影算子也有很强的自由度和表达能力，这一切促成了 SimDetNet SER 性能好、复杂度低、参数少、训练快等一众优良特性。

GDM-Net 相比 SimDetNet 添加了动量因子，从仿真结果来看，GDM-Net 能更好地适应重载的场景，并且从前文的计算复杂度分析和运行时间仿真结果来看，GDM-Net 在计算复杂度方面相比 SimDetNet 仅有微小提升，以微弱的代价增加了重载场景下 0.3dB 的 SER 性能增益，这无疑是非常有价值的改进。

2.5 基于OAMP-Net的MIMO信号检测算法

本节介绍一种模型驱动的 MIMO 信号检测网络，这种深度学习网络的结构是将正交近似消息传递（Orthogonal Approximate Message Passing，OAMP）算法的迭代过程展开并添加一些可调的参数而实现的。这种算法利用深度学习的方法来优化网络中的参数，从而提高网络的检测性能。

2.5.1 OAMP算法

OAMP 算法最早应用于解决压缩感知中稀疏的线性逆问题。考虑式（2.40）中的实信号模型，这种算法的原理是通过迭代的方式将后验概率 $p\left(\boldsymbol{x}\mid\boldsymbol{y},\boldsymbol{H}\right)$ 分解为一系列的 $p\left(x_i\mid\boldsymbol{y},\boldsymbol{H}\right)$，$\left(i=1,2,\cdots,2N\right)$。给定接收信号 $\boldsymbol{y}$、信道矩阵 $\boldsymbol{H}$、噪声方差 σ^2，并初始化 $\tau_t=1,\hat{\boldsymbol{x}}_t=0$。OAMP 算法的流程可以总结如下：

$$\boldsymbol{r}_t = \hat{\boldsymbol{x}}_t + \boldsymbol{W}_t\left(\boldsymbol{y} - \boldsymbol{H}\boldsymbol{x}_t\right) \tag{2.50}$$

$$\hat{\boldsymbol{x}}_{t+1} = \mathbb{E}\left\{\boldsymbol{x} \mid \boldsymbol{r}_t, \tau_t\right\} \tag{2.51}$$

$$v_t^2 = \frac{\left\|\boldsymbol{y} - \boldsymbol{H}\hat{\boldsymbol{x}}_t\right\|_2^2 - M\sigma^2}{\operatorname{tr}\left(\boldsymbol{H}^{\mathrm{T}}\boldsymbol{H}\right)} \tag{2.52}$$

$$\tau_t^2 = \frac{1}{2N}\operatorname{tr}\left(\boldsymbol{B}_t\boldsymbol{B}_t^{\mathrm{T}}\right)v_t^2 + \frac{1}{4N}\operatorname{tr}\left(\boldsymbol{W}_t\boldsymbol{W}_t^{\mathrm{T}}\right)\sigma^2 \tag{2.53}$$

其中，v_t^2和τ_t^2代表真实的误差方差$\left(\overline{v}_t^2 = \dfrac{\mathbb{E}\left[\left\|\boldsymbol{q}_t\right\|_2^2\right]}{2N}, \overline{\tau}_t^2 = \dfrac{\mathbb{E}\left[\left\|\boldsymbol{p}_t\right\|_2^2\right]}{2N}, \boldsymbol{q}_t = \hat{\boldsymbol{x}}_t - \boldsymbol{x}, \boldsymbol{p}_t = \boldsymbol{r}_t - \boldsymbol{x}\right)$，$\boldsymbol{W}_t$的最优选择为

$$\boldsymbol{W}_t = \frac{2N}{\operatorname{tr}\left(\hat{\boldsymbol{W}}_t\boldsymbol{H}\right)}\hat{\boldsymbol{W}}_t \tag{2.54}$$

其中，$\hat{\boldsymbol{W}}_t = v_t^2\boldsymbol{H}^{\mathrm{T}}\left(v_t^2\boldsymbol{H}\boldsymbol{H}^{\mathrm{T}} + \dfrac{\sigma^2}{2}\boldsymbol{I}\right)^{-1}$。定义$\boldsymbol{B}_t = \boldsymbol{I} - \boldsymbol{W}_t\boldsymbol{H}$，如果$\operatorname{tr}\left(\boldsymbol{B}_t\right) = 0$，则称$\boldsymbol{W}_t$去相关（De-correlated）的。$\boldsymbol{W}_t$的去相关性使得$\boldsymbol{p}_t$中的元素和$x$中的元素是不相关的。同时，$\boldsymbol{p}_t$中的元素之间也是互不相关的，且均值为 0，方差相同。

式（2.51）中的后验均值估计可以看作关于下面的等效加性高斯白噪声（Additive White Gaussian Noise，AWGN）信道。

$$\boldsymbol{r}_t = \boldsymbol{x} + \boldsymbol{n}_t \tag{2.55}$$

其中，$\boldsymbol{n}_t \sim \mathcal{N}\left(\boldsymbol{x}; \boldsymbol{0}, \tau_t^2\boldsymbol{I}\right)$为高斯白噪声向量，这里用$\mathcal{N}_{\mathbb{C}}(z;\mu,\boldsymbol{\Omega}) = \dfrac{1}{\det\left(\pi\boldsymbol{\Omega}\right)}e^{-(z-\mu)^H\boldsymbol{\Omega}^{-1}(z-\mu)}$表示均值为$\mu$、协方差为$\boldsymbol{\Omega}$的复高斯概率密度函数。假设$x$中的每一个符号都从集合$\mathcal{S} = \left\{s_1, s_2, \cdots, s_{\sqrt{P}}\right\}$中取值，则可以得到每一个符号的后验均值估计为

$$\mathbb{E}\left\{x_i \mid r_i, \tau_t\right\} = \frac{\sum_{s_i} s_i\mathcal{N}\left(s_i; r_i, \tau_t^2\right)p\left(s_i\right)}{\sum_{s_i}\mathcal{N}\left(s_i; r_i, \tau_t^2\right)p\left(s_i\right)} \tag{2.56}$$

感知矩阵是酉不变的情况下，式（2.51）中的后验均值估计（通常是非线性的）和式（2.54）中的线性估计是统计正交的。此外，OAMP 算法是贝叶斯最优的，这是因为它将系统的线性混合模型分解成N个平行的等效 AWGN 信道，并且用式（2.51）中的后验均值估计来获得对的贝叶斯最小均方误差（Minimum Mean Squared Error，MMSE）估计。

可以看出，$\boldsymbol{r}_t$和$\hat{\boldsymbol{o}}_t^2$分别是先验的均值和方差，它们影响着$\hat{\boldsymbol{x}}_{t+1}$的准确性。OAMP 算法用迭代的方法计算并更新$\boldsymbol{r}_t$和$\hat{\boldsymbol{o}}_t^2$，每次迭代中更新的步长会影响最后的性能。2.5.2 小节将介绍一种深度学习的方法。这种方法通过对大量的数据进行学习来确定合适的更新步长，从而提高检测的性能。

2.5.2 OAMP-Net

将 OAMP 算法的迭代过程展开，并在每一次迭代中添加参数 γ_t 和 θ_t ，得到 OAMP-Net 的网络结构如图 2.29 所示。

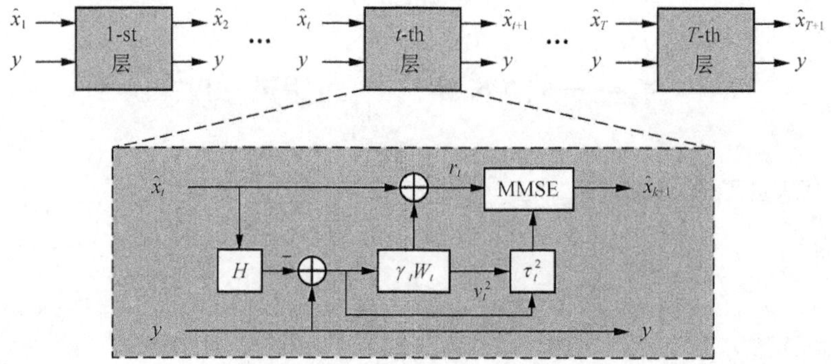

图 2.29 OAMP-Net 的网络结构

该网络包含 T 层，每一层的结构相同，都包含 MMSE 除噪器、误差方差 $\hat{\boldsymbol{o}}_t^2$ 和权重。网络的输入是接收信号 $\boldsymbol{y}$ 和初始化的 $\hat{\boldsymbol{x}}_t = 0$ ，输出是对 $\boldsymbol{x}$ 最后的估计 $\hat{\boldsymbol{x}}_{T+1}$。对第 t 层而言，输入是从第 t-1 层得到的估计值 $\hat{\boldsymbol{x}}_t$ 和接收信号 $\boldsymbol{y}$ 。检测过程如下：

$$\boldsymbol{r}_t = \hat{\boldsymbol{x}}_t + \gamma_t \boldsymbol{W}_t \left(\boldsymbol{y} - \boldsymbol{H}\boldsymbol{x}_t\right) \tag{2.57}$$

$$\hat{\boldsymbol{x}}_{t+1} = \mathbb{E}\left\{\boldsymbol{x} \middle| \boldsymbol{r}_t, \tau_t\right\} \tag{2.58}$$

$$v_t^2 = \frac{\left\|\boldsymbol{y} - \boldsymbol{H}\hat{\boldsymbol{x}}_t\right\|_2^2 - M\sigma^2}{\operatorname{tr}\left(\boldsymbol{H}^{\mathrm{T}}\boldsymbol{H}\right)} \tag{2.59}$$

$$\tau_t^2 = \frac{1}{2N}\operatorname{tr}\left(\boldsymbol{C}_t\boldsymbol{C}_t^{\mathrm{T}}\right)v_t^2 + \frac{\theta_t^2}{4N}\operatorname{tr}\left(\boldsymbol{W}_t\boldsymbol{W}_t^{\mathrm{T}}\right)\sigma^2 \tag{2.60}$$

其中，$\boldsymbol{C}_t = \boldsymbol{I} - \theta_t \boldsymbol{W}_t \boldsymbol{H}$ 。可以看出 τ_t^2 同时受 v_t^2 和 θ_t 的影响。需要注意的是，如果式（2.59）的计算结果是负数，则用 $\max\left(v_t^2, \varepsilon\right)$ 来替代（其中 ε 是一个很小的正数）。可以看出，OAMP-Net 和 OAMP 算法基本相同，只是额外添加了可训练的参数 γ_t 和 θ_t ，这两个参数在网络中发挥着重要的作用。

网络的每一层只有两个参数，参数的总数为 2T。这样的网络易于训练，训练时间较短，收敛速度快，稳定性强。OAMP-Net 每一个迭代周期的计算复杂度为 $O(N^3)$ ，和 OAMP 算法的复杂度相似。同时，由于参数的数量和天线的数量无关，这也使得 OAMP-Net 在高维 MIMO 信号检测中有很大的优势。此外，使用该网络很容易实现软判决，这更适合现代的无线通信系统。

OAMP-Net 的训练和性能如下。

训练数据集由一些随机生成的 $(\boldsymbol{x}, \boldsymbol{y})$ 组成，其中 $\boldsymbol{x}$ 中每一个元素的值是从 QPSK 调制符号中随机选取的。训练的 epoch（轮次）设置为 10000。每个 epoch 中，训练集和验证集分别包含 5000 和 1000 个样本。验证集用于在每个 epoch 中选择表现最好的网络。对于测试集，持续生成测试数据，直到错误比特数超过 1000 后停止。在训练中使用随机梯度下降法和 Adam 优化器。学习速率设置为 0.001。批大小设置为 1000。此外，设置 $\varepsilon = 19^{-9}$ 来避免出现数值不稳定的问题。

首先观察 OAMP-Net 在瑞利信道下的误比特率（BER）性能。考虑一个有 N 根发送天线和 M 根接收天线的 MIMO 系统。信道矩阵 H 是时变的，并且矩阵中的每一个元素都服从 $\mathcal{N}_{\mathbb{C}}\left(0,1/M\right)$。系统的 SNR 定义如下：

$$SNR = \frac{\mathbb{E}\|\boldsymbol{Hx}\|_2^2}{\mathbb{E}\|\boldsymbol{n}\|_2^2} \tag{2.61}$$

图 2.30 比较了 OAMP 算法和 OAMP-Net 的 BER 性能。

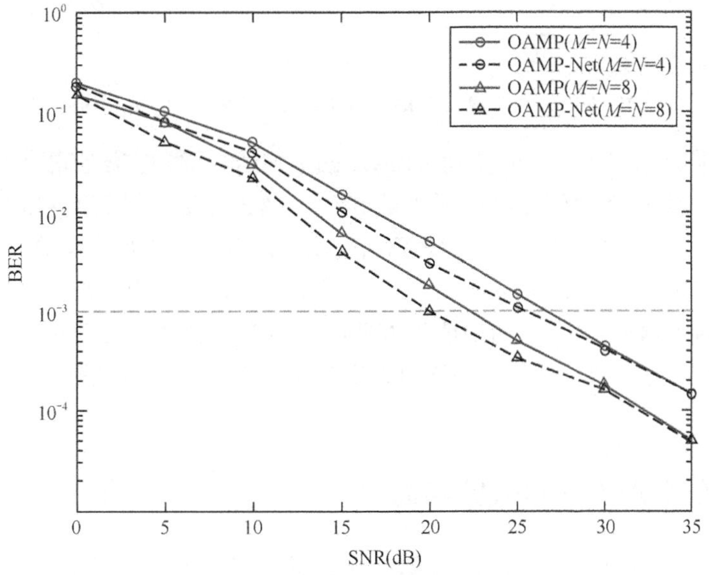

图2.30　OAMP算法和OAMP-Net的BER性能比较

根据图 2.30 中的仿真结果，OAMP-Net 的 BER 性能在两种设置下都优于 OAMP 算法的 BER 性能，这说明用深度学习的方法可以改进基于 OAMP 算法的检测器的性能。例如：当 $M = N = 4$，BER 为 10^{-3} 时，比较两种算法所需的 SNR，使用深度学习可以产生约 1.38dB 的增益；当 $M = N = 8$ 时，增益约为 2.97dB。

在相关信道下，使用 Kronecker（克罗内克）模型来描述 MIMO 信道的矩阵，如式（2.62）所示。

$$\boldsymbol{H} = \boldsymbol{R}_{\mathrm{R}}^{1/2}\boldsymbol{A}\boldsymbol{R}_{\mathrm{T}}^{1/2} \tag{2.62}$$

其中，$\boldsymbol{R}_{\mathrm{R}}$ 和 $\boldsymbol{R}_{\mathrm{T}}$ 分别是接收端和发送端的空间相关矩阵，$\boldsymbol{A}$ 是瑞利衰落信道矩阵。图 2.31 展示了 M=N=4 的 MIMO 系统中 OAMP-Net 和 OAMP 算法在瑞利的 MIMO 信道和相关（Correlated）的 MIMO 信道下的 BER 性能。

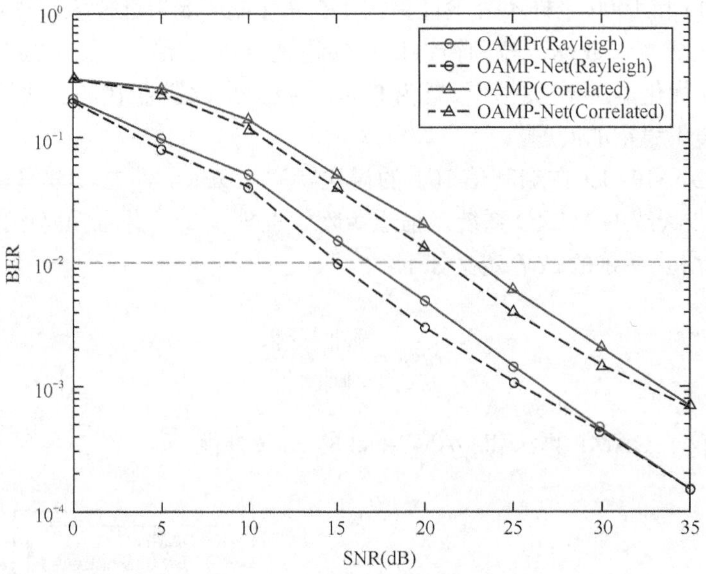

图 2.31 OAMP-Net 和 OAMP 算法在瑞利的 MIMO 信道和相关的 MIMO 信道下的 BER 性能

图 2.31 表明，相较于独立的瑞利（Rayleigh）信道，两种方法在相关信道下都有性能损失。例如，观察 BER 达到 10^{-2} 时所需的 SNR，两种方法分别有 6.34dB 和 6.05dB 的性能损失。在相关信道下，相较于 OAMP 算法，OAMP-Net 依然有性能增益。

在 OAMP 算法中，可以认为 $\gamma_t=\theta_t=1$。而在 OAMP-Net 中，每一层的 γ_t 和 θ_t 改为可训练的参数，为 MMSE 除噪器的均值和方差的更新提供合适的更新步长。这些可训练的参数使得算法变得更灵活，也使得网络可以适应实际信道并且通过补偿估计错误来提高检测性能。

2.5.3 改进的 OAMP-Net 的结构

通过在网络中添加更多可训练的参数，可以进一步改进 OAMP-Net。在每一层添加参数 ξ_t 和 ϕ_t，将非线性检测修改为

$$\hat{\boldsymbol{x}}_{t+1}=\phi_t\left(\mathbb{E}\left\{\boldsymbol{x}|\ \boldsymbol{r}_t,\tau_t\right\}-\xi_t\boldsymbol{r}_t\right) \tag{2.63}$$

检测过程中其他部分保持不变，修改后的检测过程如下：

$$\boldsymbol{r}_t=\hat{\boldsymbol{x}}_t+\gamma_t\boldsymbol{W}_t\left(\boldsymbol{y}-\boldsymbol{H}\hat{\boldsymbol{x}}_t\right) \tag{2.64}$$

$$\hat{\boldsymbol{x}}_{t+1}=\phi_t\left(\mathbb{E}\left\{\boldsymbol{x}|\ \boldsymbol{r}_t,\tau_t\right\}-\xi_t\boldsymbol{r}_t\right) \tag{2.65}$$

$$v_t^2=\frac{\left\|\boldsymbol{y}-\boldsymbol{H}\hat{\boldsymbol{x}}_t\right\|_2^2-M\sigma^2}{\mathrm{tr}\left(\boldsymbol{H}^{\mathrm{T}}\boldsymbol{H}\right)} \tag{2.66}$$

$$\tau_t^2=\frac{1}{2N}\mathrm{tr}\left(\boldsymbol{C}_t\boldsymbol{C}_t^{\mathrm{T}}\right)v_t^2+\frac{\theta_t^2}{4N}\mathrm{tr}\left(\boldsymbol{W}_t\boldsymbol{W}_t^{\mathrm{T}}\right)\sigma^2 \tag{2.67}$$

可以认为 OAMP 算法是改进后的 OAMP-Net 中 $\xi_t = 0$、$\phi_t = 1$ 的一个特殊情况。可训练的参数 ξ_t 和 ϕ_t 在非线性检测器中起着重要的作用。现在的非线性检测器同时考虑了线性检测器的检测结果 $\boldsymbol{r}_t$，这使得改进后的非线性检测器具有无发散（Divergence-free）的特性。

改进后的网络中参数的总数为 4T。较少的参数使得网络依然具有易于训练、训练时间较短、收敛速度快、稳定性强的特点。

训练数据集由一些随机生成的 $(\boldsymbol{x}, \boldsymbol{y})$ 组成。其中，x 中每一个元素的值是从 P-QAM 调制符号中随机选取的。训练中，设置 epoch 的数目为 1000。每个 epoch 中，训练集和验证集分别包含 5000 和 1000 个样本。测试时，持续生成测试数据，直到错误比特数超过 10000 后停止。批大小设置为 100。学习速率设置为 0.0001。在训练中使用随机梯度下降法和 Adam 优化器，并设置 $\varepsilon = 10^{-9}$ 来避免出现数值不稳定的问题。

首先，观察改进后的 OAMP-Net 在瑞利信道下的性能。考虑一个有 N 根发送天线和 M 根接收天线的 MIMO 系统。信道矩阵 $\boldsymbol{H}$ 是时变的，并且矩阵中的每一个元素都服从 $\mathcal{N}_{\mathbb{C}}(0,1/M)$。系统的 SNR 定义同式（2.61）。

图 2.32 和图 2.33 分别展示了在 M=N=4 和 M=N=8，瑞利衰落 MIMO 信道下，OAMP 算法、OAMP-Net 和改进后的 OAMP-Net（OAMP-Net Advanced）在不同调制下的 BER 性能。

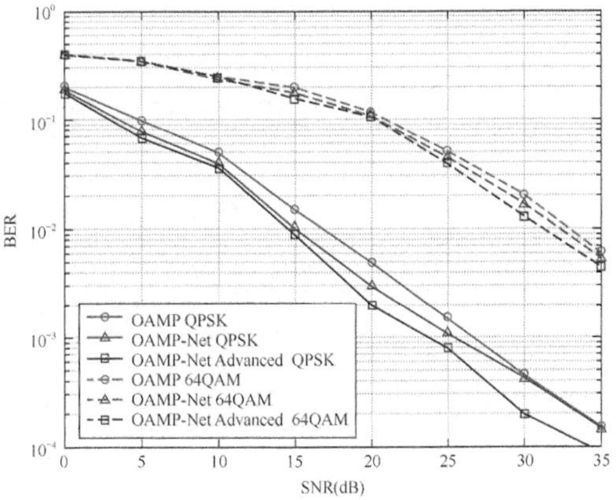

图 2.32 M=N=4，OAMP 算法和改进后的 OAMP-Net 的 BER 性能比较

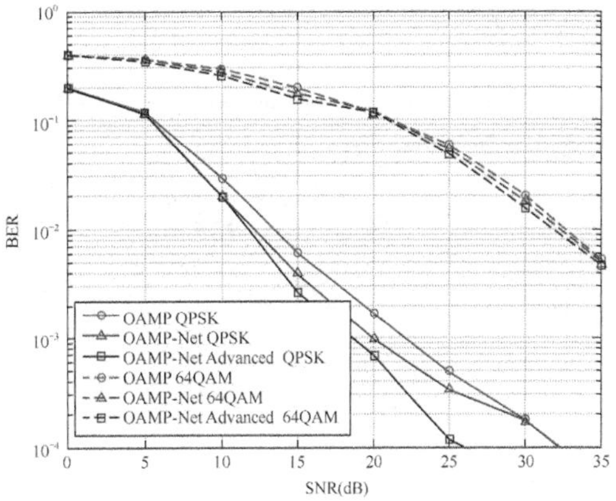

图 2.33 M=N=8，OAMP 算法和改进后的 OAMP-Net 的 BER 性能比较

在 QPSK 调制下，相较于 2.5.2 小节中的 OAMP-Net，改进后的 OAMP-Net 有着更显著的性能增益。例如，相较于 M=N=4 的 MIMO 系统中 OAMP 算法的表现，在 BER 为 10^{-2} 时，OAMP-Net 有 1.5dB 的性能增益，而改进后的 OAMP-Net 有 2.1dB 的性能增益。但是，在 64QAM 调制下，两种 OAMP-Net 性能增益有限。

由于改进后的 OAMP-Net 用训练后的参数 ξ_t 和 ϕ_t 来使得非线性检测器具有无发散的特性，在更高维度的 MIMO 系统中，改进的 OAMP-Net 同样有较好的性能增益，如图 2.34 和图 2.35 所示。

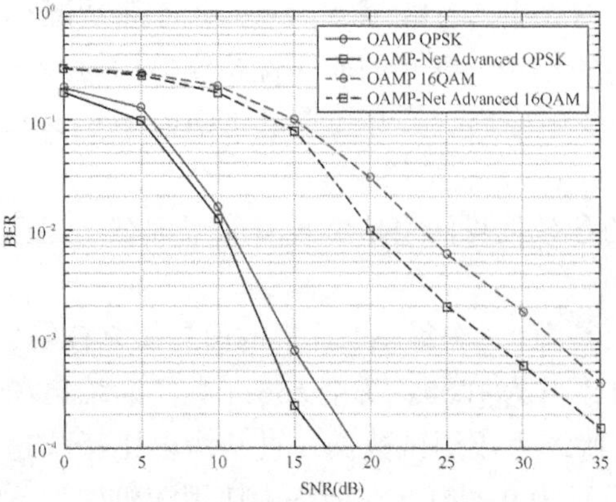

图2.34 M=N=16，OAMP 算法和改进后的 OAMP-Net 的 BER 性能比较

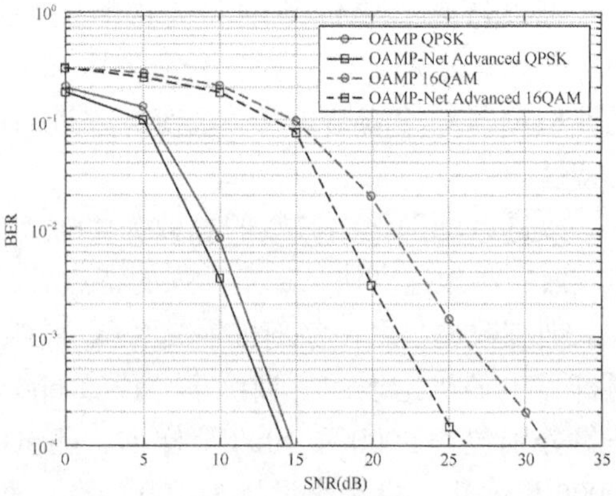

图2.35 M=N=32，OAMP 算法和改进后的 OAMP-Net 的 BER 性能比较

在相关信道下，仍然使用式（2.62）中的 Kronecker 模型来描述 MIMO 信道的矩阵，仿真结果如图 2.36 和图 2.37 所示。相较于独立的瑞利信道，OAMP 算法和改进后的 OAMP-Net 在相关信道下都有性能损失。但是相较于 OAMP 算法，改进后的 OAMP-Net 依然有性能增益，而且在 M=N=8 的 MIMO 系统中有更高的增益。例如，观察 BER 为 10^{-3} 时两种方法所需的 SNR。M=N=4 的 MIMO 系统中增益为 1.8dB，而在 M=N=8 的 MIMO 系统中增益为 2.2dB。此外，可以看出，OAMP-Net 的性能增益随着调制阶数的增加而下降。

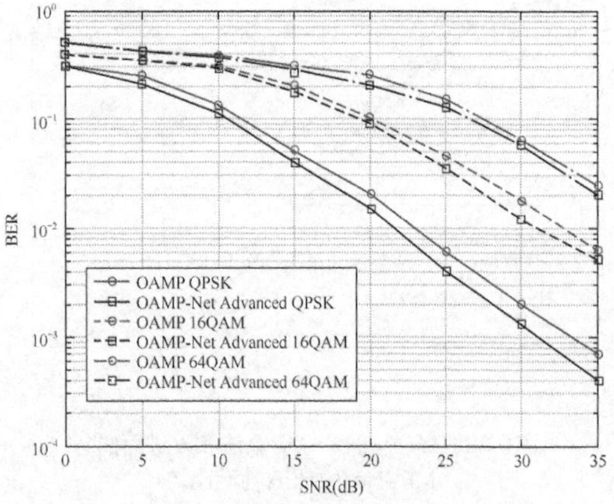

图2.36 M=N=4，OAMP 算法和改进后的 OAMP-Net 的 BER 性能比较

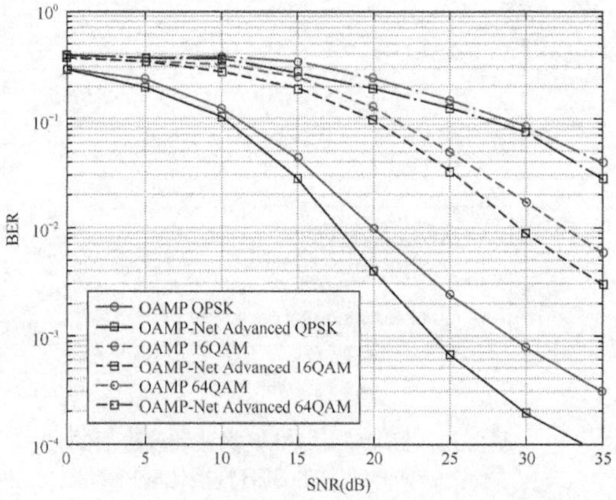

图2.37 M=N=8，OAMP 算法和改进后的 OAMP-Net 的 BER 性能比较

2.6 本章小结

本章分 5 部分系统地介绍了基于深度学习的 MIMO 信号检测算法。第一部分对 MIMO 信号检测系统数学模型（即相关概念）进行了概述，并详细介绍了几种传统的信号检测算法，包括 ML 检测算法、MF 检测算法、ZF 检测算法、MMSE 检测算法和 SD 检测

算法。

第二部分介绍了一种基于深度学习的 MIMO 信号检测网络——DetNet，系统介绍了 DetNet 的核心思想——深度展开，以及其如何解决不可导的投影算子的问题。

第三部分介绍了 DetNet 的优化检测算法——ScNet，并详细讨论了其在高阶调制符号检测中的问题。

第四部分介绍了基于 DetNet 的其他改进算法 SimDetNet 和基于动量梯度下降的 MIMO 信号检测算法。SimDetNet 主要优化了 DetNet 的投影算子结构，GDM-Net 在 SimDetNet 的基础上添加了动量因子。

第五部分介绍了基于 OAMP-Net 的检测算法，其通过将 OAMP 的迭代过程展开并优化网络参数，从而提高网络的检测能力。

参考文献

[1] AGRELL E, et al. Closest point search in lattices[J]. IEEE transactions on information theory,2002,48（8）: 2201-2214.

[2] ZHAN G,NILSSON P. Algorithm and implementation of the K-best sphere decoding for MIMO detection[J]. IEEE Journal on selected areas in communications,2006,24(3)：491-503.

[3] SIDIROPOULOS N D,LUO Z-Q. A semidefinite relaxation approach to MIMO detection for high-order QAM constellations[J]. IEEE signal processing letters,2006,13(9)：525-528.

[4] CHOCKALINGAM A,RAJAN B S. Large MIMO systems[M].Cambridge: Cambridge University Press, 2014.

[5] KINGMA D P,B A. Adam: A method for stochastic optimization. arXiv preprint arXiv,2014,1412(6980).

[6] RUDER S. An overview of gradient descent optimization algorithms. arXiv preprint arXiv, 2016, 1609 (04747).

[7] SUH,BARRY J R Barry. Reduced-complexity MIMO detection via a slicing breadth-first tree search[J]. IEEE Transactions on Wireless Communications, 2017, 16(3): 1782-1790.

[8] GAO G L,DONG Ch, NIU K. Sparsely connected neural network for massive MIMO detection 2018 IEEE 4th International Conference on Computer and Communications (ICCC)[C].New York IEEE, 2018.

[9] SAMUEL N, DISKIN T Diskin, WIESEL. Learning to detect[J]. IEEE Transactions on Signal Processing, 2019, 67 (10): 2554-2564.

[10] KIM M, PAPK D. Learnable MIMO detection networks based on inexact ADMM[J]. IEEE Transactions on Wireless Communications, 2020, 20(1) 565-576.

第 3 章

基于深度学习的 MIMO-OFDM 信道估计

3.1 OFDM系统原理与传统信道估计算法

3.1.1 OFDM信道估计概述

正交频分复用（Orthogonal Frequency Division Multiplexing, OFDM，参考文献 [2]）技术是多载波传输技术的一种，与多载波传输技术相对的是单载波传输技术，它们各有优势。单载波传输技术简单，并且在平坦衰落的信道条件下非常高效，但是单载波传输框架并不适用于大带宽、高速率的传输，因为它需要复杂度更高的信道均衡器去对抗多径效应码间干扰，或者说，去对抗频率选择性衰落。相反，多载波传输框架就很适用于大带宽、高速率的传输，并且不需要复杂的信道均衡器。在多载波传输的框架下，OFDM 技术与普通的多载波频分复用技术相比，区别在于如何将频带分割为子带。普通的多载波频分复用技术使用滤波器来分割不同的子载波；相反，OFDM 在分割频带时并不需要使用滤波器，因为它的子载波之间保持着正交性，但是它需要用一定宽度的保护带宽来避免造成带外扩展。因为 OFDM 技术的子载波之间存在一定的交叉，所以它具有更高的频谱效率。一个完整的 OFDM 系统发送与接收的流程框图如图 3.1 所示。

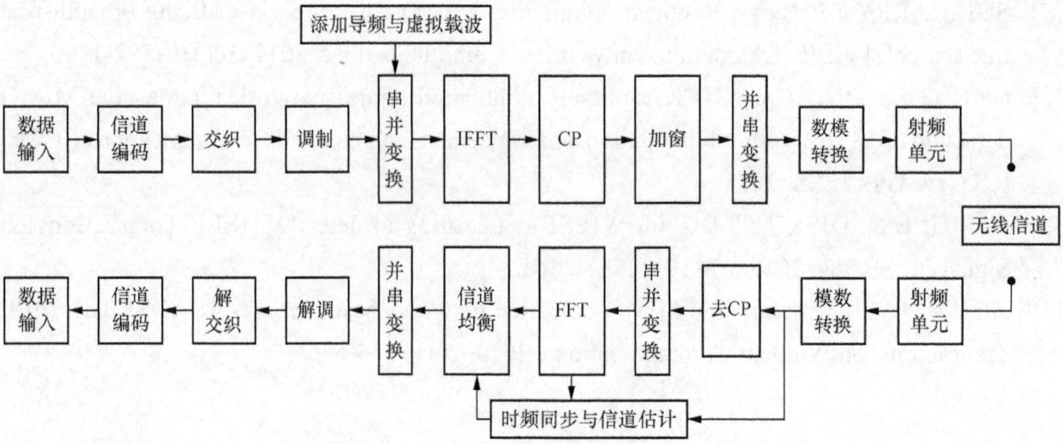

图 3.1　OFDM系统发送与接收流程框图

图 3.1 中，发送端信道编码模块首先在比特码流中加入冗余，提高容错率；交织模块将编码码流打乱，减小相邻比特之间的相关性；调制模块负责将送入的码流映射成符号；串并变换模块将送入的符号由串行变换为并行， 因为 OFDM 系统会同时发送很多符号，具体数目与子载波数量有关；IFFT（Inverse Fast Fourier Transform，快速傅里叶逆变换）模块负责将送入的并行频域符号执行傅里叶逆变换，将其变换为时域 OFDM 符号，通常，假设子载波数目 N_{sub} 为 2 的幂（这样方便进行快速傅里叶逆变换），那么对并行频域符号进行 N_{sub} 点的快速傅里叶逆变换，得到的则是一个时域 OFDM 符号的 N_{sub} 点采样；CP（Cyclic Prefix，循环前缀）模块负责给送入的 OFDM 符号添加循环前缀，具体来说，就是将时域 OFDM 符号的最后一段复制到最前面，比如，将时域 OFDM 符号 N_{sub} 点采样中的最后 N_{cp} 点复制到最开始，就获得了 $N_{cp} + N_{sub}$ 点的时域 OFDM 符号采样。添加循环前缀可以有效对抗多径效应，当循环前缀的长度大于最大多径时延 τ_{max} 时，前一个时域 OFDM 符号由多径效应产生的拖尾就不会影响到后一个时域 OFDM 符号，同时循环前缀还保证了子载波间的正交性，避免了载波间干扰。加窗模块负责给时域 OFDM 符号加窗，加窗可以进一步减小 OFDM 系统的带外扩展，降低功率的带外泄漏，减少对带外其他无线通信系统造成的干扰。加窗后的时域 OFDM 符号再经过并串交换和数模转换模块便由发送天线发送。

接收端首先对接收信号进行模数变换，提取导频进行信道估计、时域频域同步等操作；去 CP 模块负责去掉时域信号的循环前缀；串并变换模块将串行的时域 OFDM 符号采样转换为并行；FFT 模块通过快速傅里叶变换将送入的时域 OFDM 符号并行采样变换为频域符号；信道均衡模块负责依据信道估计的结果消除信道对频域符号的影响；并串变换模块将送入的并行频域调制符号变换为串行；最后串行的调制符号将经过解调、解交织、信道译码变回比特码流。

在 OFDM 系统中，发送端将比特码流调制为 PSK 或者 QAM 符号，经过快速傅里叶逆变换转变频域符号为时域符号，再将其发送至无线信道中传输。受信道特性影响，接收符号通常会产生衰落。为了恢复发送端传输的比特码流，接收端必须估计并补偿信道的影响。在 OFDM 系统中，只要没有子载波间干扰，即保证子载波间的正交性，那么每个子载波就可以看作一个独立的信道。子载波间的正交性使得每个子载波上的接收符号可以解释为该子载波上的发送符号与该子载波上的频域信道响应的乘积与频域噪声之和，如式（3.1）所示。

$$Y[k] = H[k]X[k] + W[k] \tag{3.1}$$

因为在频域上每个子载波被看作一个独立的信道，所以每个子载波上的发送符号就可以通过估计对应子载波上的频域信道响应来恢复。一般来讲，可以使用接收机与发送机都知道的导频符号来估计频域信道，然后通过各种各样的插值算法来估计导频之间的频域信道响应。为了选择所考虑的 OFDM 系统的信道估计技术，必须考虑到许多不同方面的实现，包括所需的性能、计算复杂度和信道的时间变化。

3.1.2 系统模型

训练符号可用于信道估计，通常能提供良好的性能。然而，导频符号会占用之前用来发送数据符号的位置，因此导频数目开销是信道估计算法的一个重要考量。假设所有的子载波之间是正交的，即不存在子载波间干扰，那么，N个子载波上的导频符号就可以用一个对角矩阵来表示，如式（3.2）所示。

$$\boldsymbol{X}=\begin{bmatrix} X[0] & 0 & \dots & 0 \\ 0 & X[1] & \dots & 0 \\ \vdots & \vdots & \dots & \vdots \\ 0 & 0 & \dots & X[N-1] \end{bmatrix} \tag{3.2}$$

其中，$X[k]$（k=0,1,⋯, N−1）代表着第k个导频符号。需要注意的是，导频数目N要比子载波数目N_{sub}小，所以第k个导频符号并不一定放置在第k个子载波上，具体位置关系与导频排布的方式有关，通常导频符号是均匀排布在所有的子载波上的。图 3.2 给出了 OFDM 系统的一种导频符号均匀排布的示例，其中 24 个子载波中均匀分布了 6 个导频符号，每 4 个子载波中有一个子载波上排有导频符号，可以明确地看到导频符号与载波之间的序数关系，此处仅考虑了频域，没有考虑时域。

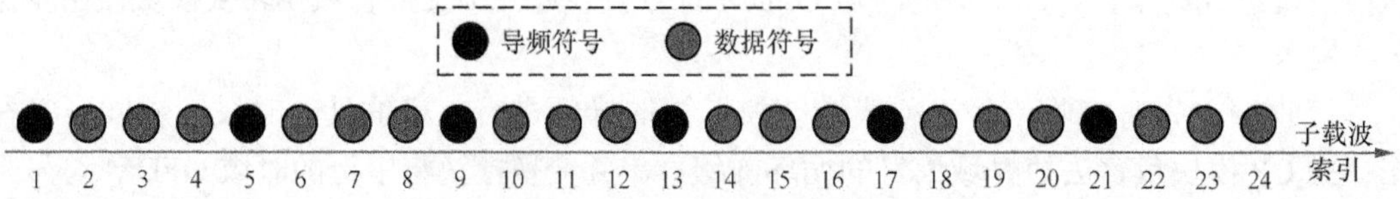

图 3.2 OFDM系统导频符号排布示例

接收符号可以表示为

$$\boldsymbol{Y}\overset{\text{def}}{=}\begin{bmatrix} Y[0] \\ Y[1] \\ \vdots \\ Y[N-1] \end{bmatrix}=\begin{bmatrix} X[0] & 0 & \dots & 0 \\ 0 & X[1] & \dots & 0 \\ \vdots & \vdots & \dots & \vdots \\ 0 & 0 & \dots & X[N] \end{bmatrix}\begin{bmatrix} H[0] \\ H[1] \\ \vdots \\ H[N-1] \end{bmatrix}+\begin{bmatrix} Z[0] \\ Z[1] \\ \vdots \\ Z[N-1] \end{bmatrix}=\boldsymbol{XH}+\boldsymbol{Z} \tag{3.3}$$

其中：频域信道响应向量 $\boldsymbol{H}=[H[0],H[1],\cdots,H[N-1]]^{\mathrm{T}}$ 代表安插了导频符号的对应子载波上的频域信道响应；噪声向量 $\boldsymbol{Z}=[Z[0],Z[1],\cdots,Z[N-1]]^{\mathrm{T}}$ 代表安插了导频符号的子载波上对应的频域噪声，噪声是均值满足 $E\{Z[k]\}=0$、方差满足 $Var\{Z[k]\}=\sigma^2$ 的复高斯随机变量，其中 k=0,1,⋯, N−1，即 $Z[k]\sim CN(0,\sigma^2)$。

MIMO-OFDM 系统是 MIMO 技术与 OFDM 技术结合的产物。OFDM 本身是一种频分复用的方式，在频域上用多个子载波同时传输多个调制符号。MIMO 技术则是一种空分复用的方式，在空间上用多根天线同时发送多路信号。MIMO-OFDM 系统结合了 MIMO 的空分复用和 OFDM 的频分复用，可以达到更高的传输速率。在信道估计问题上，与单发单收（SISO）的 OFDM 系统相同，MIMO-OFDM 系统也可以用基于导频的方式进行估计，只是导频的排布与 SISO-OFDM 系统有所区别。对于 MIMO-OFDM 系统来说，针对信道估计问题，可以简单地将其看作多个 SISO-OFDM 系统，也就是说把它看作多条频域信道，则式（3.1）所示的系统模型可以改写为

$$Y_{i,j}=X_{i,j}H_{i,j}+Z_{i,j} \tag{3.4}$$

其中，下标 i，j 分别对应第 i 根发送天线和第 j 根个接收天线，例如 $\boldsymbol{Y}_{i,j}$ 表示的是由第 i 根发送天线发送并由第 j 根接收天线接收到的频域符号。但是一般而言，第 j 根接收天线还会收到来自其他发送天线发送来的符号。如何保证第 j 根接收天线仅接收到第 i 根天线发送的符号呢？这涉及导频符号的排布方式，具体来说，只要在该条信道排布了导频符号的子载波上，其他信道保持静默，该条信道的导频子载波就不会受到其他信道的干扰了，这也是式（3.4）成立的前提。图 3.3 给出了配备 2 根发送天线和 2 根接收天线的 MIMO-OFDM 系统中在 24 个子载波中均匀插入 6 个导频符号的示例。同图 3.2 一样，图 3.3 也没有考虑时域，而仅考虑了空域和频域。如图 3.3 所示，在发送天线 1(Tx1) 排布导频符号的子载波上，其他发送天线均保持静默，其他排布导频符号的子载波也一样，只有一根发送天线发送导频符号，而其他发送天线都保持静默。这样就保证了在该子载波上，所有的接收天线都只能接收到来自 Tx1 的导频符号，这样就可以估计出在该子载波上 Tx1 至所有接收天线的频域信道响应。

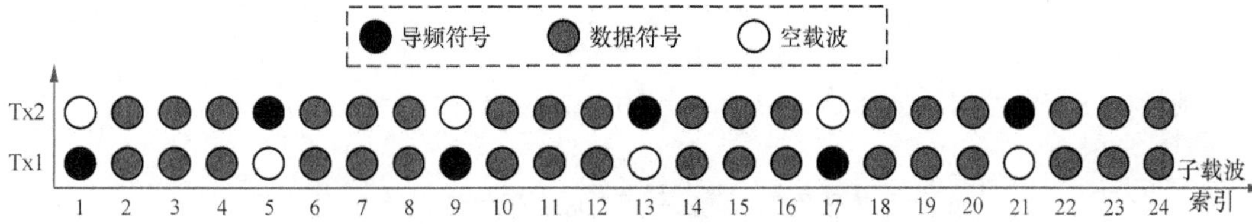

图 3.3 MIMO-OFDM 系统导频符号排布示例

3.1.3 最小二乘信道估计算法

最小二乘（Least-Square，LS）信道估计算法的目标函数如式（3.5）所示。该算法通过最小化其目标函数来获得频域信道响应的估计 $\tilde{\boldsymbol{H}}$ 。

$$J(\hat{\boldsymbol{H}}) = \| \boldsymbol{Y} - \boldsymbol{X}\boldsymbol{H} \|^2 \tag{3.5}$$

通过令目标函数关于 $\tilde{\boldsymbol{H}}$ 的导数为 0，可得：

$$\frac{\partial J(\hat{\boldsymbol{H}})}{\partial \hat{\boldsymbol{H}}} = -2(\boldsymbol{X}^{\mathrm{H}}\boldsymbol{Y})^* + 2(\boldsymbol{X}^{\mathrm{H}}\boldsymbol{X}\hat{\boldsymbol{H}})^* = 0 \tag{3.6}$$

解 $\boldsymbol{X}^{\mathrm{H}}\boldsymbol{X}\hat{\boldsymbol{H}} = \boldsymbol{X}^{\mathrm{H}}\boldsymbol{Y}$ 可得最小二乘信道估计算法的解：

$$\hat{\boldsymbol{H}}_{\mathrm{LS}} = (\boldsymbol{X}^{\mathrm{H}}\boldsymbol{X})^{-1}\boldsymbol{X}^{\mathrm{H}}\boldsymbol{Y} = \boldsymbol{X}^{-1}\boldsymbol{Y} \tag{3.7}$$

以 $\hat{H}_{\mathrm{LS}}[k](k = 0,1,2,\cdots,N-1)$ 表示 $\hat{H}_{\mathrm{LS}}$ 的元素。因为 X 是一个对角矩阵，它的逆矩阵非常容易求得，就是矩阵中对角元素取倒数，所以针对每个子载波上的频域信道响应，式（3.7）可以简化为

$$\hat{\boldsymbol{H}}_{\mathrm{LS}}[k] = \frac{\boldsymbol{Y}[k]}{\boldsymbol{X}[k]},\ k = 0,1,2,\cdots,N-1 \tag{3.8}$$

式（3.8）即每个子载波上频域信道响应的估计方程，仅计算一次除法即可，非常简单，因此最小二乘信道估计算法应用得非常广泛。

3.1.4 最小均方误差信道估计算法

MMSE 信道估计算法在最小二乘信道估计算法的基础上做出了改进，它首先对最小二乘信道估计算法的估计结果进行线性变换，记 $\hat{\boldsymbol{H}}_{\mathrm{LS}}$ 为 $\tilde{\boldsymbol{H}}$，具体地，乘上一个权重矩阵 W 作为频域信道响应的估计，即 $\hat{\boldsymbol{H}}=\boldsymbol{W}\boldsymbol{H}_{\mathrm{LS}}=\boldsymbol{W}\tilde{\boldsymbol{H}}$，然后通过最小化频域信道响应与其估计值的均方误差，如式（3.9）所示，来获得最优的权重矩阵 $\boldsymbol{W}$。

$$J(\hat{\boldsymbol{H}})=E\{\|\boldsymbol{e}\|^2\}=E\{\|\boldsymbol{H}-\boldsymbol{H}\|^2\} \tag{3.9}$$

正交性原理指明估计误差向量 $\boldsymbol{e}=\boldsymbol{H}-\hat{\boldsymbol{H}}$ 与 $\tilde{\boldsymbol{H}}$ 是正交的，即

$$E\{e\tilde{\boldsymbol{H}}^{\mathrm{H}}\}=E\{\boldsymbol{H}\tilde{\boldsymbol{H}}^{\mathrm{H}}\}-\boldsymbol{W}E\{\tilde{\boldsymbol{H}}\tilde{\boldsymbol{H}}^{\mathrm{H}}\}=\boldsymbol{R}_{\boldsymbol{H}\tilde{\boldsymbol{H}}}-\boldsymbol{W}\boldsymbol{R}_{\tilde{\boldsymbol{H}}\tilde{\boldsymbol{H}}}=0 \tag{3.10}$$

其中 $\boldsymbol{R}_{\boldsymbol{H}\tilde{\boldsymbol{H}}}$ 是一个 $N\times N$ 的互相关矩阵，$\tilde{\boldsymbol{H}}$ 表示最小二乘信道估计算法获得的估计值，求解式（3.10）即可获得权重矩阵的最优值，如式（3.11）所示。

$$\boldsymbol{W}=\boldsymbol{R}_{\boldsymbol{H}\tilde{\boldsymbol{H}}}\boldsymbol{R}_{\tilde{\boldsymbol{H}}\tilde{\boldsymbol{H}}}^{-1} \tag{3.11}$$

则最小均方误差信道估计算法的估计值 $\hat{\boldsymbol{H}}_{\mathrm{MMSE}}$ 可以写为

$$\hat{\boldsymbol{H}}_{\mathrm{MMSE}}=\boldsymbol{W}\tilde{\boldsymbol{H}}=\boldsymbol{R}_{\boldsymbol{H}\tilde{\boldsymbol{H}}}\boldsymbol{R}_{\tilde{\boldsymbol{H}}\tilde{\boldsymbol{H}}}^{-1}\tilde{\boldsymbol{H}}=\boldsymbol{R}_{\boldsymbol{H}\tilde{\boldsymbol{H}}}\left(\boldsymbol{R}_{\boldsymbol{H}\boldsymbol{H}}+\frac{\sigma_z^2}{\sigma_x^2}I\right)^{-1}\boldsymbol{H}_{\mathrm{LS}} \tag{3.12}$$

3.2 基于深度学习的信道估计算法

在本节中，首先简要介绍所使用的导频符号排布模式和框架结构，然后详细说明基于深度学习的信道估计算法的框架，并阐明输入数据的形式和神经网络中的数据流，最后讨论神经网络模型训练的问题。

3.2.1 导频符号框架结构

这里使用均匀的网状导频符号排布框架，如图 3.4 所示，在配备 N_{t} 根发送天线，N_{sub} 个子载波的 MIMO-OFDM 系统的一个 OFDM 符号中，N_{p} 个导频符号平均分配给所有的发送天线，这些导频符号均匀分布在所有的子载波上。在同一根发送天线上，两个导频符号之间间隔为 D，每个导频符号会有自己的导频索引 k，满足 $0\leqslant k\leqslant N_{\mathrm{p}}//N_{\mathrm{t}}-1$。为了区别 MIMO 信道中的不同发送天线，每一根发送天线被分配到一个初始子载波相位 v_i，$1\leqslant i\leqslant N_{\mathrm{t}}$。一根发送天线在某子载波上发送导频符号时，其他天线上对应的子载波会保持静默以保证导频符号间的正交，因此在整个空频资源块上共有 $(N_{\mathrm{t}}-1)N_{\mathrm{p}}$ 个子载波为静默子载波。整个空频资源块上的导频开销为 $N_{\mathrm{ptotal}}=N_{\mathrm{t}}\times N_{\mathrm{p}}$，其中 N_{p} 个子载波放置导频符号，$(N_{\mathrm{t}}-1)N_{\mathrm{p}}$ 个子载波保持静默。此处设所有导频符号为 1，综上，第 i 根发送天线上第 k 个导频符号所处的子载波索引为

$$I_k^i=\upsilon_i+kD,\ 0\leqslant k\leqslant N_{\mathrm{p}}//N_{\mathrm{t}}-1 \tag{3.13}$$

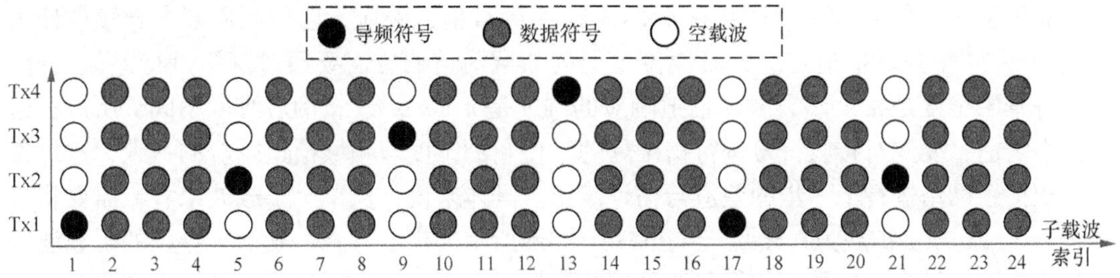

图3.4 网状导频符号排布框架示例

3.2.2 基于卷积神经网络的信道估计算法

卷积神经网络在处理信号时能够充分考虑位置信息，并且参数数量少、训练效率高，因此在图像领域获得了广泛的应用。在信道估计问题中，信道响应矩阵也可以看作一种图像，所以有学者将卷积神经网络引入信道估计问题，如 Liao 等学者提出的 ChanEstNet（参考文献 [4]），他们针对 SISO-OFDM 场景，利用一维卷积层完成时域插值并利用 LSTM（长短期记忆）网络完成频域上的估计。Liao 等学者又提出了 ChanEstNet 的改进版本（参考文献 [3]），他们针对 MIMO-OFDM 场景，提出了在空、时、频 3 个域上进行信道估计的网络，同样利用了卷积神经网络和 LSTM 网络。考虑到一些场景下仅需要对单个 OFDM 符号内的信道进行估计，且并没有连续 OFDM 符号做支撑，所以这里仅考虑单个 OFDM 符号内的频域信道估计。

由系统模型 [式（3.4）] 可知，每个 OFDM 频域接收符号 Y 的维度为 $n_{\mathrm{r}} \times n_{\mathrm{sub}}$，需要通过接收符号来获得频域信道响应矩阵。首先通过最小二乘信道估计算法获得导频子载波上的信道响应估计值，由式（3.8）可知，最小二乘信道估计算法只要用排布了导频符号的子载波上的接收符号除以导频符号即可，又因为设置导频符号为 1，所以接收符号可以直接作为最小二乘信道估计算法的估计结果，这样省掉了一部分除法运算。采用最小二乘信道估计算法，即可得到一部分子载波上的信道。举例来说，在配备了 4 根发送天线、4 根接收天线、24 个子载波的 MIMO-OFDM 系统中，发送符号为图 3.4 所示的导频排布方式，那么接收符号的最小二乘信道估计算法结果如图 3.5 所示。其中 $h_{i,j}$ 表示由第 i 根发送天线到第 j 根接收天线的频域信道响应。

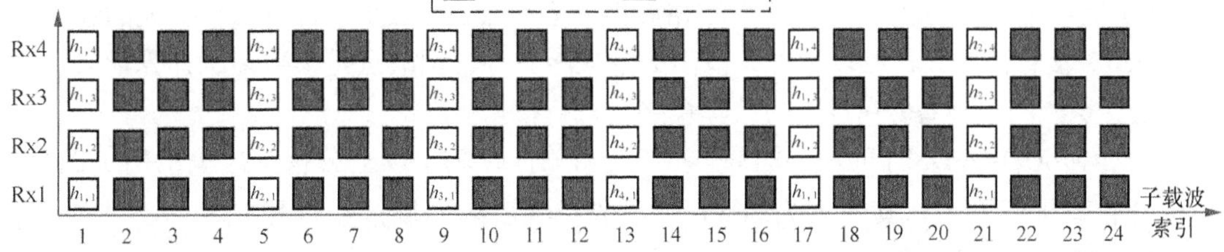

图3.5 最小二乘信道估计算法结果示例

对于例子中的系统，总计共有 $4\times4\times24$ 个频域信道响应，已经利用 6 个导频估计出了其中的 24 个频域信道响应，其他位置上的频域信道响应需要通过网络进行差值估计。接收符号的维度是 $n_{\mathrm{r}}\times n_{\mathrm{sub}}$，频域信道响应的维度是 $n_{\mathrm{r}}\times n_{\mathrm{t}}\times n_{\mathrm{sub}}$，两者维度不同，所以在送入网络之前，要先对接收符号进行扩维处理，使它的维度与频域信道响应的一致，这样方便卷积神经网络进行下一步的差值与估计修正。具体来说，从单个子载波来看，需要将接收符号 $\boldsymbol{Y}$ 由 $n_{\mathrm{r}}\times1$ 扩展为 $n_{\mathrm{r}}\times n_{\mathrm{t}}$。这里采用图 3.6 所示的扩展方式，安插了导频的子载波采用补零扩展。没有安插导频的子载波采用复制扩展。之所以进行复制，是因为这些非导频符号的接收符号中也包含信道信息，直接置零会损失掉这部分信息。将扩维后的接收符号记为 $\tilde{\boldsymbol{Y}}$。

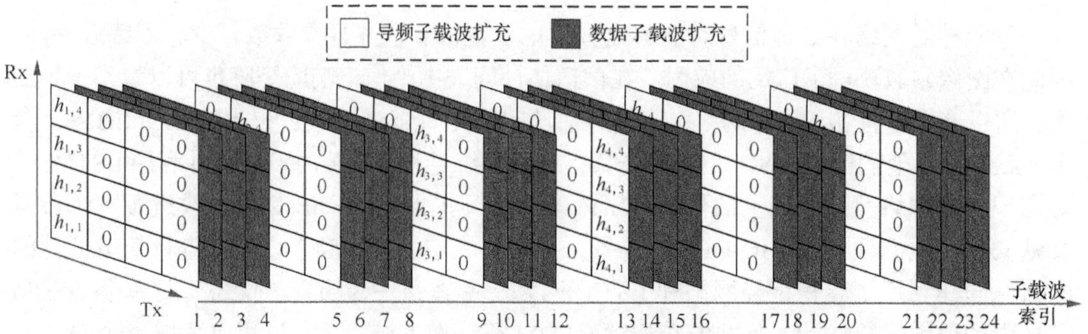

图3.6 最小二乘信道估计扩维示例

频域信道响应在空域和频域上都具有一定的相关性。举例来说，由于相关性的存在，在对第 i 根发送天线到第 j 根接收天线在第 k 个子载波上的频域信道响应 $h_{i,j}^{k}$ 进行估计时，应该充分利用其他位置上的频域信道响应 $h_{m,n}^{o}$ $(o=1,2,\cdots,n_{\mathrm{sub}},o\neq k$；$m=1,2,\cdots,n_{\mathrm{t}},m\neq i$；$n=1,2,\cdots,n_{\mathrm{r}},n\neq j)$ 所包含的关于 $h_{i,j}^{k}$ 的信息。卷积层非常适合用于处理元素间包含相关性的输入，以 $4\times4\times24$ 的输入为例，卷积层的卷积估计方式如图 3.7 所示，该卷积层包含 24 个卷积核，每个卷积核包括 2×2 个权重，w_i 表示由第 i 个卷积核的权重排列成的列向量，x_i 表示由第 i 个卷积核覆盖的输入元素排列成的列向量。在对目标位置进行估计时，首先每个卷积核完成对自身覆盖范围内的输入的加权求和，然后对每个卷积核的输出结果进行加权求和，将其作为目标位置的估计结果。这样在估计的过程中，就可以充分考虑到目标位置周围的元素，以及其他子载波上相应位置的元素，便能够充分利用到频域信道响应空域上和频域上的相关性。卷积核的大小决定了其覆盖范围的大小，小的卷积核（如 2×2）覆盖范围小，只能考虑小范围内的空域相关性，但优点是参数少、计算量小；大的卷积核（如 6×6）覆盖范围大，可以考虑大范围的空域相关性，但缺点是参数多、计算量大。所以确定卷积核的大小需要在性能与计算量之间进行权衡。

针对 MIMO-OFDM 信道空域和频域上的相关性，基于以上分析，这里给出了图 3.8 所示的卷积神经网络。其输入为图 3.6 所示的扩维后的频域接收符号 $\tilde{\boldsymbol{Y}}(\tilde{\boldsymbol{Y}}\in\mathbb{R}^{n_{\mathrm{r}}\times n_{\mathrm{t}}\times2n_{\mathrm{sub}}})$，输出为频域信道响应的估计 $\hat{\boldsymbol{H}}(\boldsymbol{H}\in\mathbb{R}^{n_{\mathrm{r}}\times n_{\mathrm{t}}\times2n_{\mathrm{sub}}})$。

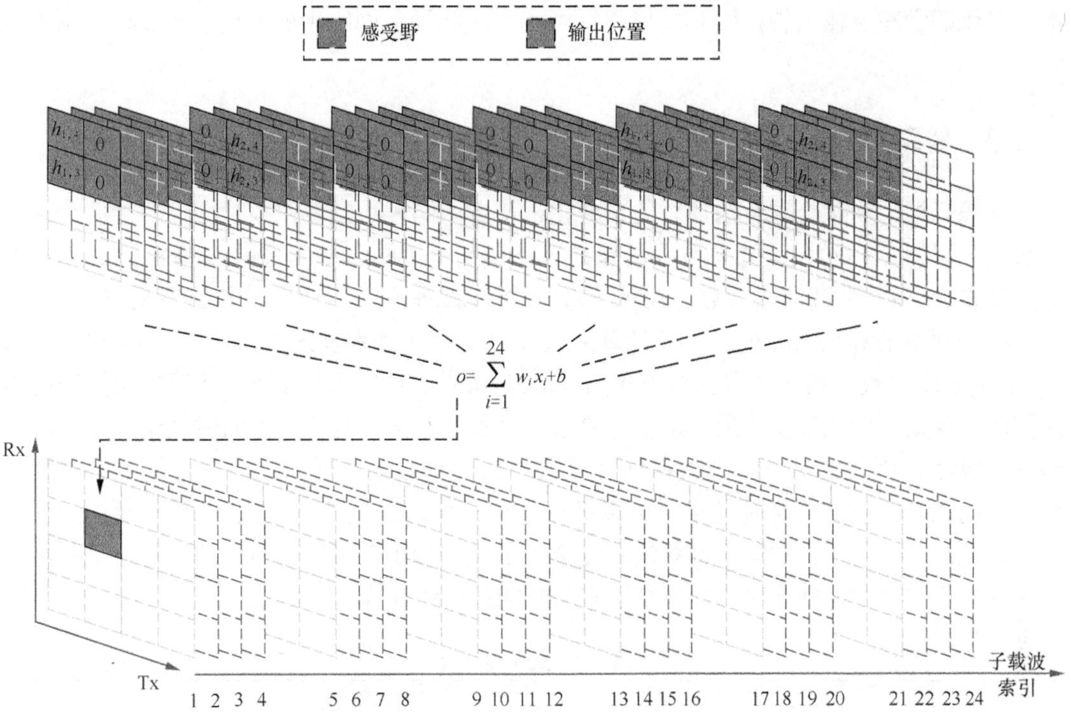

图3.7 卷积估计示例

之所以最后一个维度是 $2n_{\text{sub}}$ 而非 n_{sub}，是因为实部与虚部分离，并在子载波维度上进行了叠加。

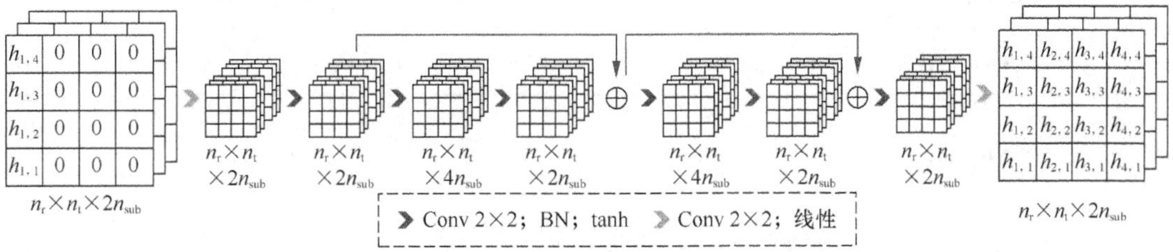

图3.8 卷积神经网络结构

这里给出的网络由多个级联的卷积层组成。如图 3.8 所示，网络的输入首先被送入一个线性的卷积层，它没有设置激活函数，线性的卷积层可以起到线性插值的作用。紧接着，插值输出会被送入一个非线性的卷积层，它可以分解为一个线性的卷积子层、一个批量归一化（Batch Normalization，BN）子层和一个 tanh 激活函数，经过 3 个子层的处理，非线性的卷积层完成对整体信道的初步估计。在这之后，两个残差网络将对初步估计不断修正。残差网络由两个非线性的卷积层组成，每个卷积层都由线性卷积子层、BN 子层和 tanh 激活函数组成。在残差网络中，为了提取到更加细致的特征来完成修正，第一个非线性的卷积层会将输入的子载波维度由 $2n_{\text{sub}}$ 扩大到 $4n_{\text{sub}}$，然后由第二个非线性的卷积层将输入的子载波维度由 $4n_{\text{sub}}$ 缩小回 $2n_{\text{sub}}$。通过子载波维度的扩充与缩减，残差网络可以得到更精确的误差，最后将误差与初步估计相加，完成对初步估计的修正。网络的最后一层是一个线性的卷积层，它负责完成最终的估计。在网络中，所有的卷积层都采用补零的方法，以保证卷积层输入特征图和输出特征图的大小相同。网络中的 BN 层负责将数据进行归一化。

3.2.3 复杂度分析

天线规模的变化会导致信道域关系变化，使用不同大小的卷积核对网络的性能会有一定影响，同时不同卷积核的参数数量和计算复杂度也不同，举例来说，一个 $k \times n$ 大小的卷积核包含 $k \times n$ 个可训练参数，在计算过程中有 $k \times n$ 次乘法计算。表 3.1 中比较了基于卷积神经网络的算法与传统算法的计算复杂度，其中 n_{t} 表示发送天线，n_{r} 表示接收天线，n_{sub} 表示子载波数，网络的卷积核大小为 2×2。从表 3.1 中可以看到，基于卷积神经网络的算法计算复杂度比最小二乘信道估计算法的计算复杂度高很多，但同时低于最小均方误差估计算法，因为在最小均方误差估计算法中会计算矩阵的逆，这通常会引入大量的计算。除此之外，在应用神经网络时可以进行并行运算，这会进一步减少网络的运算时间。总体来说，基于卷积神经网络的算法的复杂度虽然比最小二乘信道估计算法高，但仍然在可接受的范围内，这种算法的优势在于它的性能要比传统算法性能强。

表 3.1 复杂度对比

算法	乘除法次数 加减法次数 时间复杂度
基于卷积神经网络的算法	$192n_{\mathrm{t}}n_{\mathrm{r}}n_{\mathrm{t}}n_{\mathrm{sub}}^2$ $48n_{\mathrm{t}}n_{\mathrm{r}}n_{\mathrm{sub}}^2$ $O(n_{\mathrm{t}}n_{\mathrm{r}}n_{\mathrm{sub}}^2)$
最小均方误差估计算法	$n_{\mathrm{t}}n_{\mathrm{r}}(n_{\mathrm{sub}}^3+3n_{\mathrm{sub}}^2+3n_{\mathrm{sub}})$ $n_{\mathrm{t}}n_{\mathrm{r}}(5n_{\mathrm{sub}}^2+n_{\mathrm{sub}})$ $O(n_{\mathrm{t}}n_{\mathrm{r}}n_{\mathrm{sub}}^3)$
最小二乘信道估计算法	$3n_{\mathrm{t}}n_{\mathrm{r}}n_{\mathrm{sub}}$ $n_{\mathrm{t}}n_{\mathrm{r}}n_{\mathrm{sub}}$ $O(n_{\mathrm{t}}n_{\mathrm{r}}n_{\mathrm{sub}})$

3.2.4 模型训练

在模型训练方面，卷积神经网络在训练阶段和测试阶段中并没有固定的训练数据集或者测试数据集。在训练阶段用到的信道响应样本都是由确定分布随机生成的，或者由确定的信道模型随机生成的；测试阶段用到的信道响应样本同样是依据模型随机生成的。卷积神经网络采用监督学习的训练方式，以真实频域信道响应和其估计值之间的均方误差为损失函数，如式（3.14）所示。

$$L = E\left[\|\boldsymbol{H} - \hat{\boldsymbol{H}}\|^2\right] \tag{3.14}$$

这里使用 Adam 优化器对网络进行优化，训练阶段包括 200 个 epoch，每个 epoch 包含 200 个 step，每个训练步骤采用的批大小为 10。测试阶段在每个 SNR 下会对网络进行 500 个 step 的测试，同样，每个 step 的批大小为 10。网络优化的初始学习率设置为 3e-4，此后每经过 1000 个 step，学习率会变为原来的 0.97。同时采用了早停的训练方式，在训练中，如果网络的 LOSS 最小值在连续 10 个 epoch 内都没有更新，那么训练就会提前结束，并保存 LOSS 值最小的那个 epoch 完成后的结果。网络的性能评估指标为归一化均方误差

（Normalized Mean Square Error，NMSE），其计算公式如式（3.15）所示。

$$NMSE = \frac{E\left[\| \boldsymbol{H} - \hat{\boldsymbol{H}} \|^2\right]}{E\left[\| \boldsymbol{H} \|^2\right]} \tag{3.15}$$

仿真中的 SNR 指标定义为比特能量与噪声方差的比值，如式（3.16）所示。

$$SNR = \frac{E_b}{N_0} \tag{3.16}$$

下面对基于深度学习的信道估计算法进行仿真和分析。首先考虑平坦衰落的空域相关信道，在不考虑多径信道的情况下，每条空域信道的频域信道响应在子载波维度是相同的，即

$$h_{i,j}(k_1) = h_{i,j}(k_2)(k_1 = 1, 2, \cdots, n_{\text{sub}};\ k_2 = 1, 2, \cdots, n_{\text{sub}}) \tag{3.17}$$

其中，$h_{i,j}(k)$ 表示由第 i 根发送天线到第 j 根接收天线的空域信道上第 k 个子载波上的频域信道响应。空域相关的信道生成方法由式 (3.18) 给出。

$$\bar{\boldsymbol{H}} = \boldsymbol{R}_{\text{RX}}^{1/2} \bar{\boldsymbol{H}}_w \boldsymbol{R}_{\text{TX}}^{1/2} \tag{3.18}$$

其中：$\bar{\boldsymbol{H}}_w$ 的每一个元素相互独立，且服从均值为 0、方差为 1 的复高斯随机分布；$\boldsymbol{R}_{\text{RX}}$ 和 $\boldsymbol{R}_{\text{TX}}$ 分别是发送端和接收端的相关矩阵。为了区别不同相关矩阵对系统的影响，这里将相关矩阵建模为单一参数 ρ 的特普利茨矩阵结构（参考文献 [1]），如式（3.19）所示。

$$\boldsymbol{R}_{\text{RX}} = \begin{bmatrix} 1 & \rho & \rho^4 & \cdots & \rho^{(n_\text{r}-1)^2} \\ \rho & 1 & \rho & \cdots & \rho^{(n_\text{r}-2)^2} \\ \rho^4 & \rho & 1 & \cdots & \rho^{(n_\text{r}-3)^2} \\ \vdots & \vdots & \vdots & \cdots & \vdots \\ \rho^{(n_\text{r}-1)^2} & \cdots & \cdots & \cdots & 1 \end{bmatrix} \in \mathbb{R}^{n_\text{r} \times n_\text{r}} \tag{3.19}$$

$\boldsymbol{R}_{\text{TX}}$ 的结构和 $\boldsymbol{R}_{\text{RX}}$ 的结构类似，只是将其中的 n_r 替换为 n_t，综上，$\boldsymbol{R}_{\text{RX}}$ 和 $\boldsymbol{R}_{\text{TX}}$ 分别是 $n_\text{r} \times n_\text{r}$ 和 $n_\text{t} \times n_\text{t}$ 的方阵，通过特征值分解可以很方便地求得矩阵的二分之一次幂。为了简便，这里将 $\boldsymbol{R}_{\text{RX}}$ 和 $\boldsymbol{R}_{\text{TX}}$ 的 ρ 参数设置为同一个。当 ρ=0 时，表示复信道 $\bar{\boldsymbol{H}}$ 中的元素是独立同分布的，没有相关性的。当 ρ=1 时，表示天线之间有非常强的相关性。

在平坦衰落的空间相关信道下，此处分别对配备 20 根发送天线、30 根接收天线（20 发 30 收）和 1200 个子载波的 MIMO-OFDM 系统在 QPSK 调制和 16QAM 调制下的性能进行仿真，结果分别如图 3.9 和图 3.10 所示，其中 N_p（应写为 N_p）表示导频数目，两图对比了最小二乘信道估计与线性插值组合的算法（简记为 LS）和基于卷积神经网络的算法在不同导频数目下的估计性能，并将后者简记为 CE-Net。此处将空间相关信道的相关因子 ρ 设置为 0.1。在 QPSK 调制模式下，如图 3.9 所示，LS 的估计性能和 CE-Net 的估计性能都会随着导频数目的增加而获得提升，尤其是 CE-Net，在导频数目增加时，估计性能的提升非常显著，而此时 LS 估计性能的提升却非常有限，这可能是平坦衰落的原因。除此之外，可以看到 CE-Net 在 60 个导频条件下的估计性能也会比 LS 在 240 个导频

条件下的估计性能要强，这一点展现了神经网络强大的估计性能优势。如图 3.10 所示，在 16QAM 调制下，LS 与 CE-Net 的性能和它们在 QPSK 调制模式下的性能差异不大，这是因为无论是 QPSK 调制模式还是 16QAM 调制模式，系统采用的导频符号均为 1，所以两种调制模式的区别仅在数据符号的接收上，而数据符号的接收本身对估计性能的影响很小，所以在两种调制模式下算法的估计性能几乎没有改变。后文将主要针对 QPSK 调制模式进行仿真。

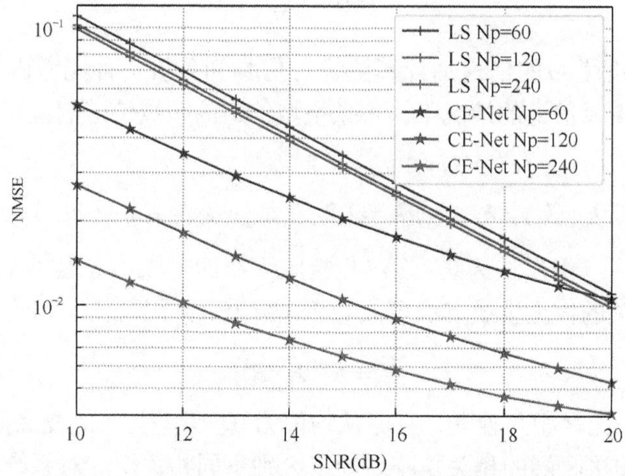

图3.9 20发30收1200个子载波QPSK调制模式仿真结果

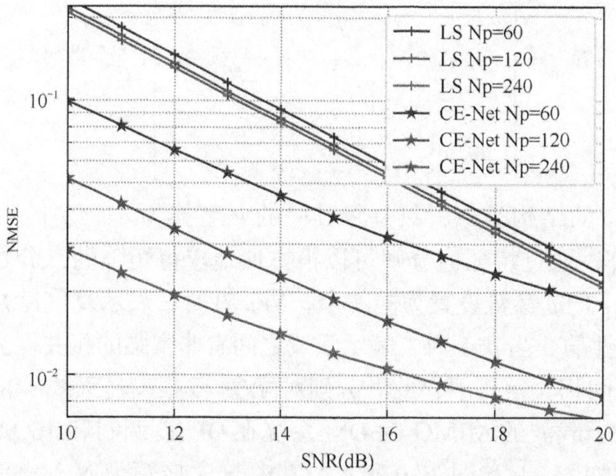

图3.10 20发30收1200个子载波16QAN调制模式仿真结果

除了 20 根发送天线、30 根接收天线的重载 MIMO 场景，这里还分别对配备 10 根发送天线、10 根接收天线（10 发 10 收）和 1200 个子载波的满载 MIMO-OFDM 系统在 QPSK 调制下的性能进行了仿真，同样，这里将空域相关信道的相关因子 ρ 设置为 0.1。仿真结果如图 3.11 所示，可以看出，在 10 发 10 收的场景下，两种算法的性能表现趋势与 20 发 30 收场景下的性能表现趋势几乎相同，CE-Net 的估计性能较 LS 仍有较大优势，且 CE-Net 在少量导频下的估计性能就能超过 LS 在大量导频下的估计性能，并且 CE-Net

的估计性能随导频数目的增加而显著提高。

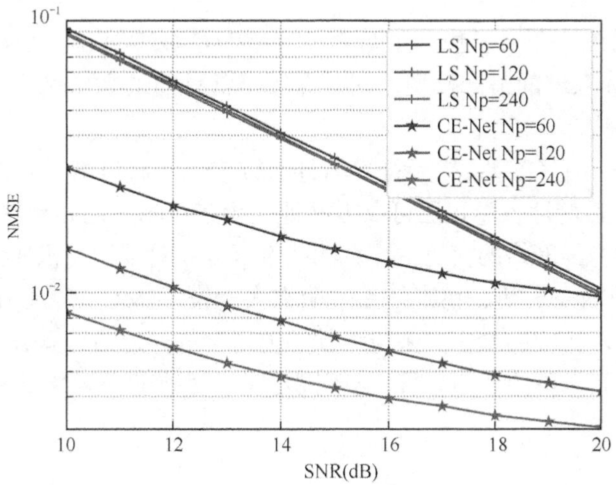

图3.11 10发10收1200个子载波QPSK调制模式仿真结果

除此之外，此处还仿真了网络卷积核大小对算法估计性能的影响，这里将空域相关信道的相关因子 ρ 设置为 0.6。仿真结果如图 3.12 所示，图中给出了 8 根发送天线、8 根接收天线、（8 发 8 收）256 个子载波和 64 导频的 MIMO-OFDM 场景下的仿真结果，这里将网络的卷积核大小分别设置为 2×2、4×4 和 6×6。由仿真结果可见，卷积核设置为 6×6 时，算法的估计性能最好，设置为 4×4 时次之，设置为 2×2 时最差，这反映了算法的性能会随着卷积核的变大而增强。这是因为更大的卷积核有更大的视野，可以考虑到更多的信道相关性，但是同时，更大的卷积核也带来了更多的参数和更高的计算复杂度。

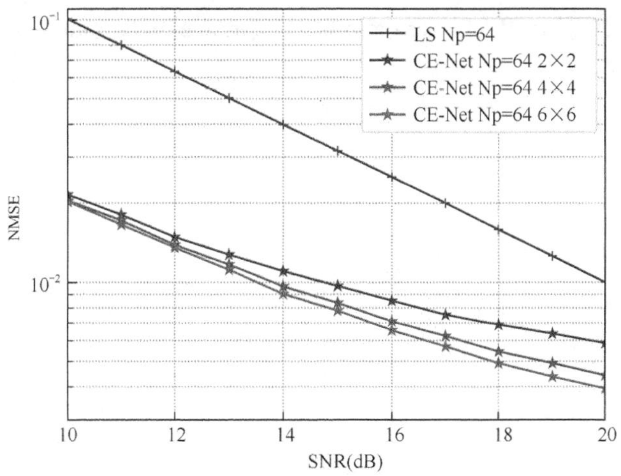

图3.12 8发8收256个子载波QPSK调制模式仿真结果

3.3 本章小结

本章分两部分系统地介绍了基于深度学习的 MIMO-OFDM 信道估计算法。第一部分介绍了 MIMO-OFDM 系统的信号模型，同时介绍了常见的最小二乘信道估计算法和最小均方误差信道估计算法。

第二部分首先介绍了 OFDM 导频符号的排布方式，然后讨论了包含空域和频域相关性的信道与卷积层的适配性，卷积层可以很好地利用空域相关性和频域相关性进行插值，由此介绍了基于卷积神经网络的信道估计算法。本部分还对基于卷积神经网络的信道估计算法 NMSE 的性能进行了分析，仿真结果表明在大规模 MIMO 的场景下，这种基于卷积神经网络的算法性能较传统的最小二乘与线性插值组合的信道估计算法有显著的优势。除此之外，本部分也仿真了不同导频数目、不同卷积核大小条件下网络的性能。

参考文献

[1] ZELST A V , HAMMERSCHMIDT JS. A single coefficient spatial correlation model for multiple-input multiple-output (MIMO) radio channels: Proc. 27th General Assembly of the Int. Union of Radio Science (URSI)[C]. 2002.

[2] CHO Y S，et al. MIMO-OFDM wireless communications with MATLAB [M].New York：John Wiley & Sons, 2010.

[3] LIAO Y, HUA Y X, CAI Y L. Deep learning based channel estimation algorithm for fast time-varying MIMO-OFDM systems [J]. IEEE Communications Letters, 2019, 24（3）: 572-576.

[4] LIAO L, et al. ChanEstNet: A deep learning based channel estimation for high-speed scenarios: ICC 2019-2019 IEEE international conference on communications (ICC)[C].New York: IEEE，2019.

第 4 章

基于深度学习的链路自适应和信道测量反馈

4.1 基于深度学习的链路自适应技术

链路自适应通过自适应地选择调制阶数和编码速率，在保持目标可靠性的同时最大限度地提高吞吐率，即

$$\arg\max_{i}\left\{R_i : PER_i \leqslant PER_{\text{target}}\right\} \tag{4.1}$$

其中，i 表示调制与编码方案（Modulation and Coding Scheme，MCS）等级，PER（Packet Error Rate）表示分组错误率。然而，由于在使用二进制信道编码、比特交织、MIMO 处理和具有实际信道损伤的通信系统中很难预测错误率，因此链路自适应是极具挑战性的。近年来，由于计算能力的飞速提升，深度学习技术得到了广泛的应用，已经在人脸识别、机器翻译等领域取得巨大成功。深度学习技术也被用于链路自适应，能够取得比传统方法更优的性能。下面以 MIMO-OFDM 系统为例，讲解基于深度学习的链路自适应技术。考虑一个具有 N_t 根发送天线、N_r 根接收天线和 N_s 个数据流的 MIMO-OFDM 系统，则经过 FFT 后，在接收端，第 n 个子载波、第 m 个 OFDM 符号的接收数据可以表示为

$$\mathbf{y}[m,n] = \sqrt{E_s}\,\boldsymbol{H}[m,n]\boldsymbol{x}[m,n] + \boldsymbol{z}[m,n] \tag{4.2}$$

其中，$\boldsymbol{x}[m,n]$ 是发送符号，$\boldsymbol{H}[m,n]$ 是频域信道响应矩阵，$\boldsymbol{z}[m,n]$ 是均值为 0、方差为 N_0 的复高斯变量。

为了进行链路自适应，需要估计链路的质量，链路质量的评估指标有互信息、检测后 SNR 等。当接收端采用线性检测器时，如迫零（ZF）检测器，不考虑接收符号的索引，则第 k 流的检测后 SNR 可以表述为

$$\gamma[k] = \frac{E_s}{\sigma^2 \sum_{k'=1}^{N_s} \left|\left[\boldsymbol{G}_{\text{ZF}}\right]_{k,k}\right|^2} \tag{4.3}$$

其中，$\boldsymbol{G}_{\text{ZF}} = (\boldsymbol{H}^{\text{H}}\boldsymbol{H})^{-1}\boldsymbol{H}^{\text{H}}$。在得到每个子载波的检测后 SNR 后，需要把多个子载波的 SNR 映射为一个有效 SNR，即 SNR_{eff}，并且尽量满足：

$$BLER(\{SNR_s, s \in [1,2,\cdots,S]\}) \approx BLER_{\text{AWGN}}(SNR_{\text{eff}}) \tag{4.4}$$

其中，$BLER(\cdot)$ 表示对应 SNR 条件下的误块率（Block Error Rate），S 表示子载波的总数，$BLER_{\text{AWGN}}(\cdot)$ 表示在该 SNR、加性高斯白噪声（Additive White Gaussian Noise，AWGN）信

道下的误块率。为了实现该方案，可以采用两种有效 SINR 信干噪比映射（Effective SNR Mapping，ESM）方法，即 EESM（指数 ESM）和 MIESM（互信息 ESM）。其中 EESM 使用指数函数将多个子载波的 SNR 映射为一个有效 SNR，公式如下：

$$SINR_{\text{eff}} = -\alpha \ln\left(\frac{1}{S}\sum_{s=1}^{S}\exp\left(-\frac{SINR_s}{\alpha}\right)\right) \tag{4.5}$$

其中，α 是一个可优化的参数，目的是通过链路级仿真优化更加准确地估计链路的性能，该参数和调制阶数、码率有关。这种方法需要优化相关的参数，且无法很好地应用于非线性检测接收机。

MIESM 则使用互信息压缩函数，首先将每个子载波的 SNR 送入 SNR-MI 映射器中得到对应的互信息，然后根据这些互信息计算（如取平均）一个有效互信息，最后再反向折算成有效 SNR。

MIESM 分为两个度量，其中一个是接收比特互信息速率（Received Bit Mutual Information Rate，RBIR）度量。假设有 S 个子载波，第 $s(s\in[1,2,\cdots,S])$ 个子载波的 SINR 为 γ_s，则第 s 个子载波的符号互信息为

$$\Lambda(\gamma_s, M_s) = \log_2 M_s - \frac{1}{M}\sum_{m=1}^{M_s} E_n\left\{\log_2\left(1+\sum_{k=1,k\neq m}^{M_s}\exp\left[-\frac{\left|X_k - S_m + n\right|^2 - \left|n\right|^2}{1/\gamma_s}\right]\right)\right\} \tag{4.6}$$

其中：$n \in \mathcal{CN}\left(0, 1/\left(2\gamma_s\right)\right)$，它是均值为 0、方差为 $1/(2\gamma_s)$ 的复高斯噪声；M_s 是第 s 个子载波采用的调制阶数。则归一化的 RBIR 为

$$RBIR = \frac{\sum_{s=1}^{S}\Lambda(\gamma_s, M_s)}{\sum_{s=1}^{S} M_s} \tag{4.7}$$

对于每一种调制阶数，可以通过仿真获得 SNR- 符号互信息查找表，在使用时可以通过插值的方式获得 SNR 对应的符号互信息。

另一个是平均每比特互信息（Mutual Information per Bit，MIB）度量，MIB 定义如下：

$$I(b;l) = \frac{1}{M}\sum_{m=1}^{M} I(b_m; l_m) \tag{4.8}$$

其中，$I(b_m;l_m)$ 表示调制器的第 m 个比特与检测器输出的对应比特似然比之间的互信息，其计算公式如下：

$$I(b_m;l_m) = \sum_{b\in\{0,1\}}\int_{-\infty}^{+\infty} p(l_m \mid b)p(b)\log_2\frac{p(l_m \mid b)}{\sum_{b'\in\{0,1\}} p(l_m \mid b')p(b')}\,\mathrm{d}l_m \tag{4.9}$$

互信息函数 $I(b_m;l_m)$ 是似然比的函数，既可以表示为 $I(b_m;l_m)$，也可表示为 $I_m(\gamma)$。对于有 S 个子载波的 OFDM 系统，则 MIB 可以写成

$$I = \frac{1}{SM}\sum_{s=1}^{S}\sum_{m=1}^{M} I^s(b_m;l_m) = \frac{1}{SM}\sum_{s=1}^{S}\sum_{m=1}^{M} I_m^s\left(\gamma_s\right) \tag{4.10}$$

上述 EESM 和 MIESM 方法都需要通过链路级仿真获得相关的最优参数，较为复杂且

不够准确。

4.1.1 线性检测

当接收端有线性检测器时，检测后 SNR/SINR 可以根据信道状态信息直接计算得出。此外，通过线性检测，可以将 MIMO 信道分解成多个独立的 SISO 信道。因此，对于采用线性检测器的系统，通常以检测后 SNR/SINR 作为深度学习训练的输入数据集。

MLP 结构

参考文献 [6] 利用多层感知器（Multilayer Perceptron，MLP）直接获得从信道状态信息（Channel State Information，CSI）到 MCS 等级的映射规则，即

$$\{z_w\} \Rightarrow \{i(w)\} \tag{4.11}$$

$$z_w = \left[\{\gamma_w[k,n]\}_{k\in\{1,\cdots,N_s\},n\in\{1,N\}} \right]^{\mathrm{T}} \tag{4.12}$$

其中，w（$w \in \{1,\ \cdots,\ w\}$）是训练集中每个样本的索引，$i(w)$ 是满足式（4.11）的 MCS 等级，γ_w 是对应子载波和数据流的检测后 SNR/SINR。

对于每一个信道实现，通过遍历所有的 MCS 等级获得满足式（4.11）的 MCS 等级，即训练集的标签。而训练集的输入数据则是降序排列的检测后 SNR/SINR。为了降低输入数据的维度，减小网络规模，对所有的检测后 SNR/SINR 进行采样，只取一部分作为神经网络的输入。

图 4.1 展示的是自适应调制与编码（Adaptive Modulation and Coding，AMC）分类的 MLP 网络结构。在将训练数据送入网络之前，在第一阶段，将输入数据归一化为 -1 和 1 的值。在第二阶段，通过逆归一化运算得到归一化神经网络输出 i'，i' 可能是非整数。在第三阶段，将逆归一化的值舍入为两个整数，第一个值为 $\hat{i}_1 = \lceil i' \rceil$，第二个值为 $\hat{i}_2 = \lfloor i' \rfloor$。如果 $\hat{i}_1$ 和 $\hat{i}_2$ 均为有效 MCS 等级，则选择更小的值 $\hat{i}_2$，目的是保证系统的可靠性。

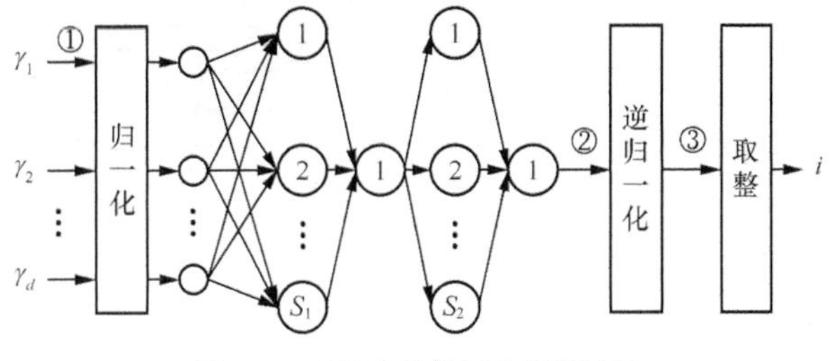

图 4.1 AMC 分类的 MLP 网络结构

通过离线训练上述网络，MLP 网络在特征集和类标签之间进行非线性函数映射，即

$$i(w) = f(z_w) \tag{4.13}$$

其中，$f(\cdot)$ 表示神经网络模型的非线性函数。在训练过程中，根据 Levenberg-Marquardt（利文贝格 - 马夸特，LM）算法（参考文献 [4]）对网络中的权重进行更新，以最大限度地减小每个输出值与其目标值之间的误差。当权重收敛到一个足够小的值后，停止训练。

为了评估该方法的性能，下面给出仿真结果。仿真使用 2 根发送天线、2 根接收天线和 2 个空间流的 MIMO-OFDM 系统。使用的 MCS 等级如表 4.1 所示。

表 4.1 MCS 等级

MCS_i	调利阶数 M	编码码率 C	码率 R_i/（Mbit/s）
$i=8$	2	1/2	13.0
$i=9$	4	1/2	26.0
$i=10$	4	3/4	39.0
$i=10$	4	3/4	39.0
$i=11$	16	1/2	52.0
$i=12$	16	3/4	78.0
$i=13$	64	2/3	104.0
$i=14$	64	3/4	117.0
$i=15$	64	5/6	130.0

系统假设每个数据包的数据长度为 128B、数据子载波 N 的数目是 52、FFT 大小是 64、带宽是 20MHz。系统假设拥有完美的频率同步和符号定时，采用理想信道估计。接收机采用软输出 ZF 空间均衡。训练集的样本量为 32000，为了减小输入数据大小，只选取 4 个子载波处的检测后 SNR，即

$$z=[\gamma_6,\gamma_{13},\gamma_{24},\gamma_{56}]^{\mathrm{T}} \tag{4.14}$$

MLP 采用 3 个隐藏层，每一层的神经元数分别为 5、1、5。隐藏层激活函数采用 tansig 函数，输出层采用纯线性函数，损失函数采用均方误差，选择的学习规则是 LM 反向传播算法。

图 4.2 展示了在具有 4 抽头的频率选择信道中应用 k-NN AMC 和 MLP AMC 时，PER 随平均 SNR 变化的曲线（Ideal AMC 为理想 AMC，可作为参照）。平均 SNR 对应于使用式（4.3）的所有子载波和空间流上的平均后处理 SNR 值。当平均 SNR 大于 8.6dB 时，两种分类器均满足 PER 约束，MLP-AMC 的性能优于 k-NN AMC。

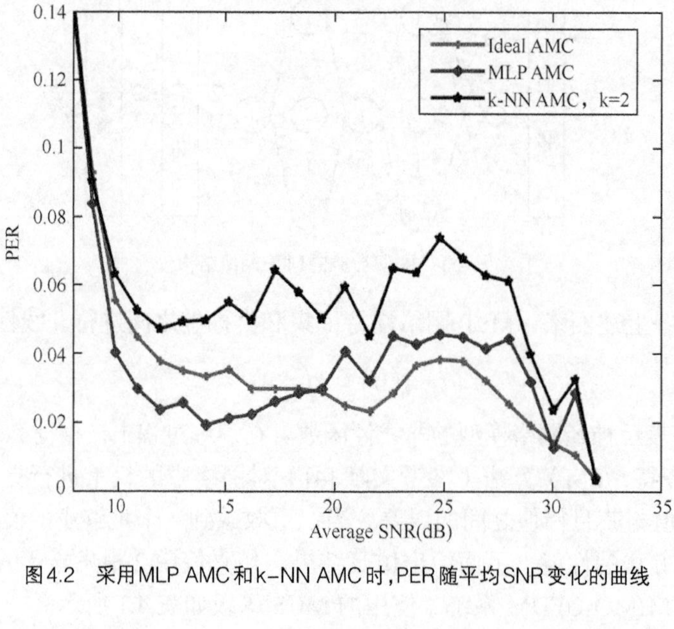

图4.2 采用MLP AMC和k-NN AMC时，PER随平均SNR变化的曲线

CNN 结构

除了 MLP 结构外，卷积神经网络（Convolution Neural Network，CNN）结构也被用于链路自适应。参考文献 [10] 提出了一个新的深度卷积神经网络（Deep Convolution Neural Network，DCNN）方法，用于 MIMO-OFDM 系统中的 AMC，这种方法考虑到接收机的实际损伤（定时同步、载波频率偏移和信道估计），不需要复杂的特征缩减。估计的信道系数和估计的噪声标准差被用作训练 DCNN 的输入。DCNN 提取 MIMO-OFDM 特性并预测合适的 MCS。将 MIMO-OFDM 中的 AMC 看作一个多分类问题，每个类代表一个特定的 MCS，它定义了 QAM 调制阶数 M、差错控制编码码率 C 和空间流的个数 L_s。使用估计的 MIMO-OFDM 信道系数的实际值和噪声均方误差作为训练 DCNN 的特征。这样做保留了整个 MIMO-OFDM 系统的特性，并让 DCNN 直接学习不同空间流的信道系数、OFDM 子载波和相邻子载波之间的相关性之间的函数关系。

训练集

为了训练 DCNN，需要构建训练集。一个包含 D 个训练样本的训练集定义为 $\{f^d, i^d\}_{d=1}^{D}$，其中 f^d 为特征集，i^d 为分类标签。第 d 个训练样本的特征包含所有子载波的相应估计的 MIMO-OFDM 信道系数和估计的接收机噪声均方误差 σ_d。第 d 个训练样本的子载波 n 的估计信道矩阵由式（4.15）给出：

$$\hat{G}^d[n]=\begin{bmatrix} g_{1,1}^d[n] & g_{1,2}^d[n] & \cdots & g_{1,L_{st}}^d[n] \\ g_{2,1}^d[n] & g_{2,2}^d[n] & \cdots & g_{2,L_{st}}^d[n] \\ \vdots & \vdots & & \vdots \\ g_{N_r,1}^d[n] & g_{N_r,1}^d[n] & \cdots & g_{N_r,L_{st}}^d[n] \end{bmatrix} \tag{4.15}$$

其中，$g_{N_r,\mathrm{Lst}}^d[n]$ 是估计的信道系数，其包括从第 l 空间时间流到第 n 子载波的第 n_r 根接收天线的路径的空间映射和频率选择性衰落信道的影响。将矩阵 $\hat{G}^d[n]$ 展开，可以获得 $1\times N_rL_s$ 维的向量 $a^d[n]$：

$$\begin{aligned} a^d[n]=\Big[&\left|g_{1,1}^d[n]\right|,\cdots,\left|g_{N_r,1}^d[n]\right|,\left|g_{1,2}^d[n]\right|,\cdots, \\ &\left|g_{N_r,2}^d[n]\right|,\cdots,\left|g_{1,L_{st}}^d[n]\right|,\cdots,\left|g_{N_r,L_{st}}^d[n]\right|\Big] \end{aligned} \tag{4.16}$$

然后，通过将所有子载波 $N(N\in\{1,2,\cdots,N_c\})$ 和估计噪声均方误差 $\hat{\sigma}^d\left(\sigma^d\in d\right)$，串联所有向量 $a^d[n]$，构造训练样本 d 的特征集向量 f^d：

$$f^d=\left[a^d[1],a^d[2],\cdots,a^d[N_c],\hat{\sigma}^d\right] \tag{4.17}$$

训练样本根据吞吐率和 PER 进行分类；训练样本 d 的类标签 i^d 是达到最大吞吐率并满足预定义 PER 约束的 MCS，即根据式（4.1）得到。

网络结构和训练

DCNN 包括卷积层、平均池化层和全连接层。第一隐藏层是具有 16 个卷积核的卷积层。第二隐藏层是由 32 个卷积核组成的卷积层。接着是大小为 4 的平均池化层。然后，第三个卷积层有 64 个卷积核。之后是大小为 2 的平均池化层。第四个卷积层由 32 个卷积核组成。然后是大小为 2 的平均池化层。第五个卷积层有 16 个卷积核。对于所有卷积层，每个滤波器的尺寸为 5×1，并使用了 ReLU 激活函数。在 5 个卷积层之后，有 2 个全连接层。第一个全连接层包含 100 个具有 ReLU 激活函数的神经元。第二个全连接层有 μ 个神经元，等于允许的类的数目，即 MCS 的数目，采用 softmax 激活函数。两个全连接层利用第二范数正则化来消除过拟合的影响。Adam 优化器和分类交叉熵损失函数用于训练 DCNN。DCNN 训练 100 个 epoch，批大小为 100。DCNN 训练完成后，被部署在接收机中，用于预测合适的 MCS。

下面对 DCNN AMC 方案的性能进行仿真评估，并以 k-NN AMC（参考文献 [6]）、线性核 SVM AMC（参考文献 [10]）和全连通 DNN 框架（参考文献 [2]）为基准。k-NN AMC 需要计算输入特征向量和所有训练数据的特征向量之间的距离，以找到距离输入向量最近的 k 个向量。然后，它将在 k 个最近向量之间执行多数表决，以确定输入向量的 MCS（标签）。对 IEEE 802.11n—2009 的 2×2 MIMO-OFDM 系统进行仿真，其中有 52 个数据子载波和 4 个导频子载波。假设保护间隔较长，其中循环前缀长度是 800ns。载频为 5.25GHz，模拟了具有 9 个抽头和 80ns 最大延迟的频率选择性衰落信道。发送机和接收机之间的距离为 10m，信道带宽为 20MHz。数据包长度设置为 128B。目标 PER 为 0.1，假设直接空间映射，这意味着每个时空流被映射到不同的发送天线。因此，时空流的数目等于发送天线的数目，$L_{st}=N_t=2$。训练样本 $\{f^d, i^d\}_{d=1}^{D}$ 为 MIMO-OFDM 系统在 8 ～ 40dB 的不同 SNR 下生成。

图 4.3 和图 4.4 展示的是 DCNN AMC、k-NN AMC、SVM AMC 和 DNN AMC 的平均 PER 和平均吞吐率（Average Throughput），其中“proposed features”（所提特征）表示的是使用特征集 f^d 作为网络的输入数据，“sorted SNRs features”（排序后的 SNR 特征）表示使用排序的检测后 SNR 作为网络输入。在下文中，简洁起见，使用术语吞吐率和 PER 来分别表示特定 SNR 值的吞吐率和 PER 的平均值。与 k-NN AMC、SVM AMC 和 DNN AMC 方案相比，基于“proposed features”的 DCNN 具有最佳的 PER 和吞吐率性能，其吞吐率非常接近理想情况，同时满足预定义的 PER 约束。具体来说，从图 4.3 中可以看出，在平均 SNR 小于 26.5dB 时，基于“proposed features”的 k-NN AMC 的 PER 大于

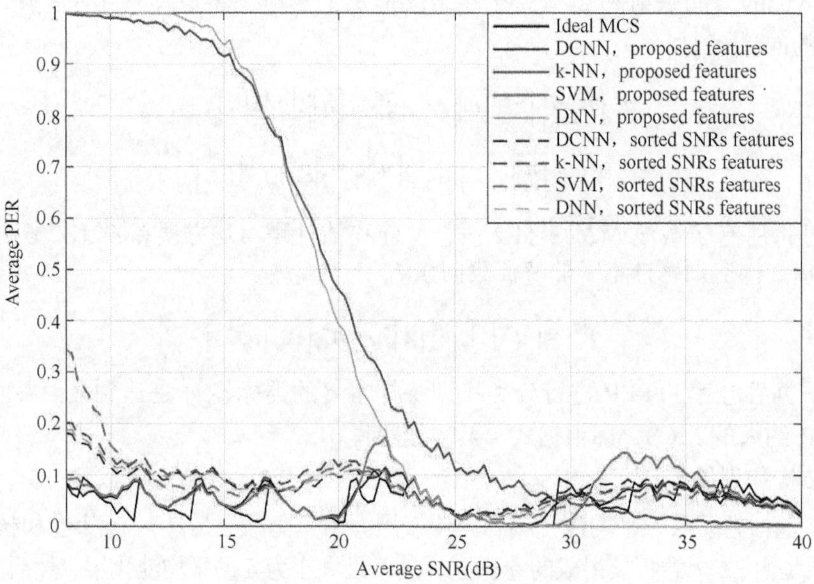

图4.3 DCNN AMC、k-NN AMC、SVM AMC和DNN AMC与“proposed features”“sorted SNRs features”的平均PER对比

0.1。同时，基于“sorted SNRs features”的 k-NN AMC 的 PER，平均 SNR 在 [8,13.75]dB 和 [18.5,22]dB 范围内，PER 大于 0.1。平均 SNR 在 [21.25,22.75]dB 和 [31.5,35]dB 范围内，基于“proposed features”的 SVM AMC 的 PER 大于 0.1。平均 SNR 在 [8,11.5]dB 范围内，基于“sorted SNRs features”的 SVM AMC 的 PER 大于 0.1。另外，DCNN AMC 在满足 PER 约束的前提下具有最佳的 PER 性能。图 4.4 描述了与其他方案相比，基于“proposed features”的 DCNN AMC 能够十分接近理想情况的最高吞吐率。

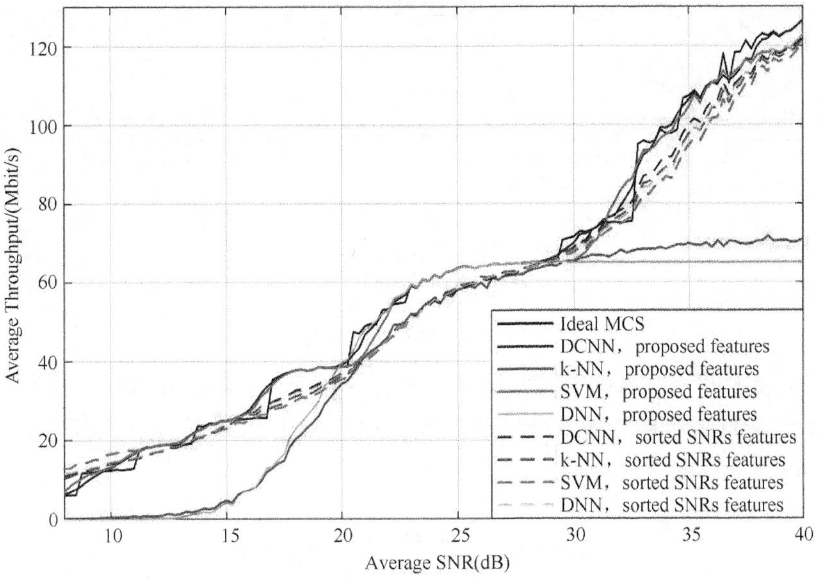

图4.4 DCNN AMC、k-NN AMC、SVM AMC和DNN AMC与“proposed features”“sorted SNRs features”的平均吞吐量对比

4.1.2 非线性检测

从前文的介绍可以看出，无论是 EESM 方法，还是 MIESM 方法，都需要检测后 SNR/SINR，然而不存在非线性检测后 SNR/SINR 的解析表达式，因此无法直接将这两种方法应用于非线性接收机系统。并且，MIMO 信道可以被线性检测器分解成多个等效的 SISO 信道，因此可以分别求出每个等效 SISO 信道的链路性能。而对于非线性接收机，由于其采用多天线联合检测，无法像线性检测那样将 MIMO 信道分解为多个等效 SISO 信道，这进一步增加了非线性接收机链路自适应的难度。4.1.1 小节介绍的两种基于深度学习的方法将链路自适应问题看成广义的分类问题，因此它们要与特定的 MCS 集合耦合，当改变 MCS 集合后，将导致已训练的模型无法使用。并且，以上两种方法都需要遍历 MCS 等级才能获得相应的标签，复杂度较大。

下面介绍一种采用非线性接收机系统的链路自适应方法。该方法利用神经网络获取非线性接收机的非线性特征，学习从信道状态信息到互信息的映射规则。因此该方法不与特定的 MCS 集合耦合，可以看成一个广义的拟合问题。

标签及训练集

前文介绍的深度学习方法都以 MCS 等级作为神经网络标签，而本小节介绍的深度学习方法则以平均互信息作为神经网络标签。通常，基于互信息的度量的精度还取决于定义该度量的等效信道。例如，调制约束容量度量是“符号信道”（即仅由符号星座约束）的互信息。通过归一化该受限容量（即除以调制阶数）（参考文献 [1]），可以从符号信道获得 MIB 度量。然而，如果使用比特交织器，则可以通过在二进制编码器、解码器级别定义信息信道来获得与实际性能最接近的近似值，如图 4.5 所示。将信道分解成 m 个等效比特信道，如将 16QAM 调制分解成 4 个比特信道。

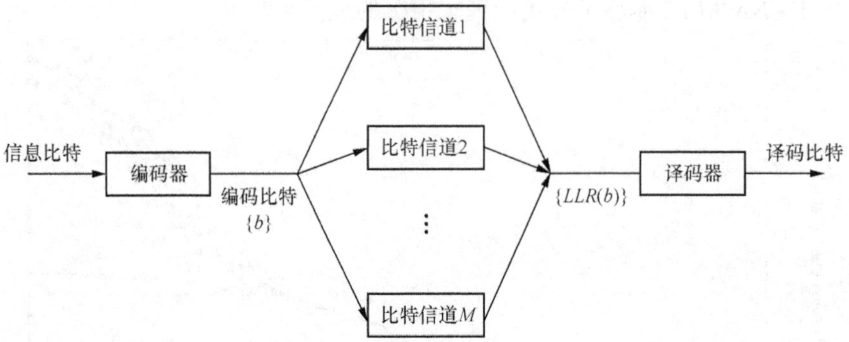

图 4.5 比特输入、LLR 输出信道

由于调制映射的不对称性，调制符号中的每个比特位置经历不同的“等效”比特信道。如果发送端发送的比特是等概率随机产生的，那么 MIB 可以通过对所有等效比特信道的互信息取平均得到，即

$$I(b;LLR)=\frac{1}{m}\sum_{i=1}^{m}I\left(b_i;LLR\left(b_i\right)\right) \tag{4.18}$$

其中，$I(b;LLR)$ 是调整映射器第 i 位对应的 QAM 映射器的输入比特和检测器输出对数似然比（Log-Likelihood Ratio，LLR）之间的互信息。因此对于整个链路而言，对应的平均每比特互信息（Mean Mutual Information per Bit，MMIB）可以表示为

$$I=\frac{1}{mN}\sum_{n=1}^{N}\sum_{i=1}^{m}I_n\left(b_i;LLR\left(b_i\right)\right) \tag{4.19}$$

其中，N 是链路资源的个数，如 OFDM 的子载波数。$I_n(b_i;LLR(b_i))$ 的计算如式（4.9）所示。由于不存在非线性检测后互信息的解析表达式，因此只能通过蒙特卡罗模拟，以数值积分的形式获取互信息。具体生成数据流程如图 4.6 所示，包含 5 个步骤，其中对于第五步，如果不需要换算成 SNR，则可以省略。详细步骤如下。

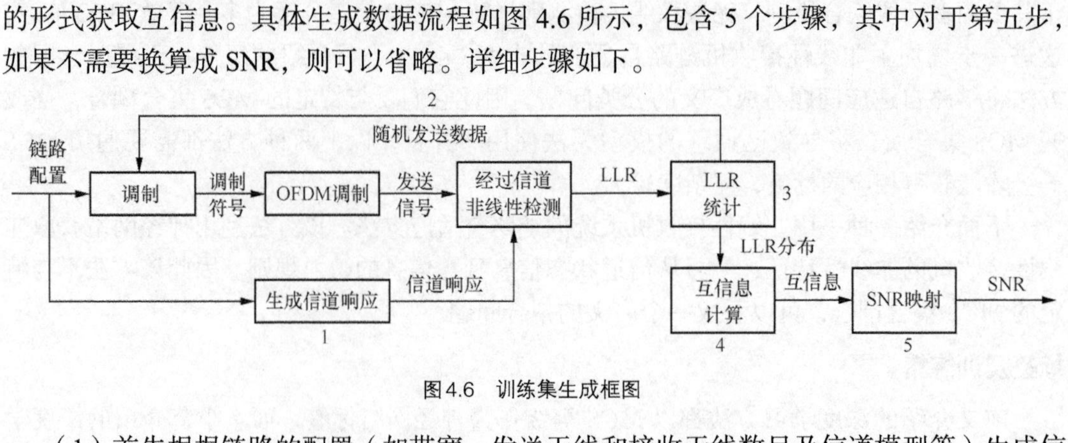

图 4.6 训练集生成框图

（1）首先根据链路的配置（如带宽、发送天线和接收天线数目及信道模型等）生成信

道响应 { H }，并保持不变。由于不同调制星座对应的 MIB 不同，因此需根据需要选择调制方式，并且还需要指定噪声功率 N_0。

（2）根据链路配置随机生成发送数据，接着，对这些数据进行星座调制和 OFDM 调制，得到发送符号，并送入步骤（1）中生成的信道；经过信道传输后，接收端输出接收符号，其中叠加的噪声根据功率 N_0 随机生成。重复上述过程多次，直到达到预定的仿真次数。

（3）对步骤（2）中的接收数据进行非线性检测，并统计检测后的比特 LLR，根据统计的 LLR 信息得到 LLR 的分布。

（4）根据步骤（3）得到的 LLR 分布信息，以数值积分的形式求解式（4.9），得到每个调制比特的互信息。

（5）根据比特互信息映射到对应调制方式、AWGN 信道下的 SNR，从而估计出信道响应所对应的非线性检测后 SNR。

步骤（5）在需要计算等效 SNR 时使用，如果不需要等效 SNR 可以省略。在上述方案中没有使用等效 SNR，是因为 MIB 的值为 0 ～ 1，神经网络更容易训练。SNR 和互信息之间的映射可以通过模拟获得，图 4.7 是 3 种不同调制方式在 AWGN 信道下，SNR（图 4.7 中为 Es/NO，表示符号信噪比，其他图中含义相同）和互信息（MI）之间的映射曲线，可以以一定的 SNR 间隔将其做成查找表，并通过插值的方式实现两者之间的转换。

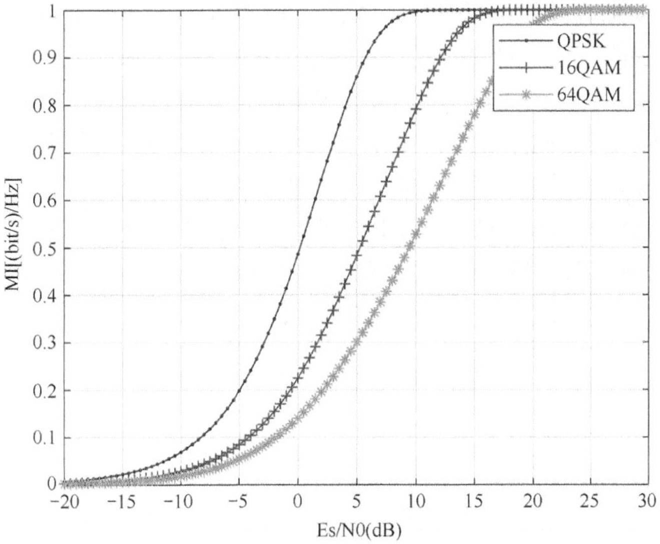

图 4.7 AWGN 条件下互信息（MI）与 SNR 映射曲线

在步骤（3）中进行 LLR 概率密度函数分布统计时，参照的是全带宽上的所有子载波的 LLR，而不是分别统计单个子载波的 LLR，这样做的好处是综合考虑了所有的子载波，据此估计的互信息能更准确地反映整个链路的性能。步骤（3）和步骤（4）进行 LLR 统计和数值积分的具体过程如下。

设调制阶数为 M、量化数为 K、量化间隔为 δ，统计得到比特 LLR 绝对值的最大值 $l_{\max}$，量化间隔为

$$\delta = \frac{l_{\max}}{K} \tag{4.20}$$

调制映射器第 m 个比特的 LLR 在第 k 个量化区间的条件概率密度为

$$p_{m,k,b}=\frac{S_{m,k,b}}{S_{m,b}\delta},0\leqslant m<M \tag{4.21}$$

其中，$S_{m,b}\delta$ 为第 m 个比特在发送比特为 $b\in\{0,1\}$ 的条件下 LLR 落在第 k 个量化区间的数量，$S_{m,b}$ 为调制符号的第 m 个比特发送比特 b 的总数。第 m 个比特的比特互信息为

$$I_m=\sum_{b\in\mathbb{B}}\sum_{k=1}^{K}p_{m,k,b}p(b)\log_2\frac{p_{m,k,b}}{\sum_{b'\in\mathbb{B}}p_{m,k,b'}(b')}\delta \tag{4.22}$$

神经网络结构

基于 MLP 的深度学习方案

首先采用 MLP 获取非线性接收机的性能，并建立从 CSI 到 MMIB 的高效、准确的映射。由于不同调制方式对应的 MMIB 不同，因此每一种调制方式下的 CSI 到 MMIB 的映射都需要通过训练得到。有两种实现从 CSI 到 MMIB 映射的方案。一种是对于每一种调制方式都训练一个神经网络，因此神经网络输入数据可以不包含调制信息。另一种是只训练一个神经网络，可通过将调制信息包含在输入数据中训练神经网络实现。

基于 MLP 结构的方案既可以用于单空间流 MIMO（不同天线的数据来自同一编码器）系统，也可以用于多空间流 MIMO 系统。在多空间流 MIMO 系统中，每一流可以采用不同的调制方式，由于接收端采用非线性接收机，不同流之间是联合检测的，不同调制方式组合对应的 MMIB 也不相同。对于一个有 S 个流、M 种调制方式的多空间流 MIMO 系统，有 M^S 种调制组合，如果对每一种组合都进行训练，则在训练阶段需要考虑的情况太多，因此在训练阶段只考虑每一流均采用相同调制方式的情况，这样可以将需要训练的调制组合减少到 M。

表 4.2 是基于 MLP 的神经网络结构和相关参数，其中 FCN 表示全卷积网络。以 S 流、N_t 根发送天线、N_r 根接收天线、n 个导频的 MIMO-OFDM 系统为例进行详细说明。

表 4.2 基于 MLP 的神经网络结构及相关参数

层	层类型	节点数	激活函数
输入层		N_0	
隐藏层 1	FCN	N_1	ReLU
隐藏层 2	FCN	N_2	ReLU
⋮	⋮	⋮	⋮
隐藏层 L	FCN	N_L	ReLU
输出层	FCN	S	Sigmoid

（1）输入层。输入层输入的数据是导频处的信道响应矩阵和一些额外信息。定义如下矩阵：

$$\boldsymbol{d}=[\boldsymbol{a}^1,\boldsymbol{a}^2,\cdots,\boldsymbol{a}^n] \tag{4.23}$$

其中，

$$\boldsymbol{a}^k=[\Re(h_{11}),\Im(h_{11}),\cdots,\Re\left(h_{N_\mathrm{r},N_\mathrm{t}}\right),\Im\left(h_{N_\mathrm{r},N_\mathrm{t}}\right)] \tag{4.24}$$

表示第 k 个导频处的信道响应矩阵 $\boldsymbol{H}$ 的展开向量，$\Re(\cdot)$和$\Im(\cdot)$分别表示取复数的实部和虚部，$h_{i,j}$ 表示矩阵 $\boldsymbol{H}$ 的第 i 行第 j 列元素。对于每种调制方式都训练一个神经网络的方案，输入向量为 $[\boldsymbol{d},N_0]$，大小为 $2\times n\times N_r\times N_t+1$；对于只训练一个神经网络的方案，输入向量为 $[\boldsymbol{d}, N_0, m]$，大小为 $2\times n\times N_r\times N_t+2$，其中 N_0 为噪声功率，m 为调制阶数。

（2）输出层。输出层输出的是每一流对应的 MMIB，因此输出层的维度为数据流数 S。由于 MMIB 的大小为 0 ～ 1，使用 Sigmoid 函数作为激活函数。

（3）损失函数。由于输出层采用 Sigmoid 函数，因此损失函数可以使用二进制交叉熵，也可以使用均方误差（MSE）。在实际的训练和吞吐率仿真中，两个损失函数的计算结果几乎没有差异。

基于高斯近似的深度学习方案

对于具有两根发送天线的单空间流特殊系统，还可以通过一种基于模型驱动思想的方案来减小神经网络规模，同时信道测量反馈性能几乎没有损失。该方案基于参考文献 [2] 中提出的模型，通过将 MIMO 最大似然检测后 LLR 的概率密度函数近似为混合高斯概率密度函数，并用一些可调参数来优化这种近似。利用这个模型，MIB 可以表示成信道矩阵的简单参数化函数。在参考文献 [2] 中，对于 QPSK 调制，MIB 被近似为

$$I_2(\lambda_{\min},\lambda_{\max},p_a)=\frac{1}{2}J\left(a\sqrt{\gamma(1)}\right)+\frac{1}{2}J\left(b\sqrt{\gamma(2)}\right) \tag{4.25}$$

通过优化，得到的参数为 a=0.85，b=1.19。对于 16QAM 和 64QAM 调制，MMIB 可以近似为

$$I_m(\lambda_{\min},\lambda_{\max},p_a)=\frac{1}{3}\left(J\left(a_m\sqrt{\gamma(1)}\right)+J\left(b_m\sqrt{\gamma(2)}\right)+J\left(c_m\sqrt{\gamma(3)}\right)\right) \tag{4.26}$$

其中，

$$J(x)=1-\int_{-\infty}^{+\infty}\frac{1}{\sqrt{2\pi x}}\mathrm{e}^{\frac{(z-\sigma^2/2)^2}{2x^2}}\log_2(1+\mathrm{e}^{-z})\mathrm{d}z \tag{4.27}$$

并可以近似为

$$J(x)\approx\begin{cases}a_1x^3+b_1x^2+c_1x & x\leqslant 1.6363\\ 1-\exp(a_2x^3+b_2x^2+c_2x+d_2) & 1.6363<x\leqslant\infty\end{cases} \tag{4.28}$$

其中，a_1=−0.0421，b_1=0.2093，c_1=−0.0064，a_2=0.0018，b_2=−0.1427，c_2=−0.0822，d_2=0.0550。γ 是一个升序排列的数组，具体为

$$\begin{aligned}\gamma=\frac{4}{N_0}\mathrm{sort}_{\mathrm{asc}}\{&\lambda_{\max}p_{\mathrm{a}}+\lambda_{\min}(1-p_{\mathrm{a}}),\lambda_{\min}p_{\mathrm{a}}+\lambda_{\max}(1-p_{\mathrm{a}}),\\ &\lambda_{\max}\left(1+2\sqrt{p_a(1-p_a)}\right)+\lambda_{\min}\left(1-2\sqrt{p_a(1-p_a)}\right),\\ &\lambda_{\max}\left(1-2\sqrt{p_a(1-p_a)}\right)+\lambda_{\min}\left(1+2\sqrt{p_a(1-p_a)}\right)\}\end{aligned} \tag{4.29}$$

其中，N_0 是噪声功率，$\lambda_{\max}$、$\lambda_{\min}$ 和 p_a 是由信道响应矩阵 $\boldsymbol{H}$ 的特征分解得到的，即 $\boldsymbol{H}^{\mathrm{H}}\boldsymbol{H}=\boldsymbol{V}\boldsymbol{D}\boldsymbol{V}^{\mathrm{H}}$，其中

$$D = \begin{pmatrix} \lambda_{\max} & 0 \\ 0 & \lambda_{\min} \end{pmatrix} \tag{4.30}$$

$$|V| \cdot |V| = \begin{pmatrix} p_a & 1-p_a \\ 1-p_a & p_a \end{pmatrix} \tag{4.31}$$

对于 16QAM 和 64QAM 调制，像 QPSK 那样对所有 SINR 和信道矩阵都有效的简单近似是不合适的。在参考文献 [2] 中，作者对不同调制方式的不同条件数 $\kappa = \lambda_{\max}/\lambda_{\min}$ 区间分别优化式（4.26）中的可调参数 a_m、b_m 和 c_m。然而这种方法过于粗糙，链路性能估计准确率不够高，并且在实验仿真中发现，对于 QPSK 调制，如果也像 16QAM 和 64QAM 那样，令可调参数随条件数变化，链路性能估计准确率会进一步提高。

为了解决上述问题，可以利用神经网络从信道矩阵中获取可调参数，然后利用式（4.26）获得 MMIB。为了使结构更加统一，对于 QPSK 调制，也采用式（4.26）计算 MMIB。图 4.8 是用于该方案的神经网络结构，在该神经网络中包含输入层、隐藏层、参数层、MIB 计算层和输出层。以 N_r 根接收天线、n 个导频的 MIMO-OFDM 系统为例说明。对于输入层，输入的数据为由信道响应矩阵展开得到的向量，大小为 $2 \times 2 \times n \times N_r$。参数层输出的是可调参数 a_m、b_m 和 c_m，因此输出维度为 $3 \times n$。接着是 MIB 计算层，该层根据式（4.26）计算每个信道矩阵的 MIB；与其他层不同，本层与前一层的连接方式不是全连接，而是与前一层中输出对应信道矩阵可调参数 a_m、b_m 和 c_m 的神经元连接，MIB 计算层神经元上方的短粗实线表示输入式（4.29）的 γ。最后，输出层对 MIB 计算层的输出取平均，获得评估该链路性能的 MMIB。隐藏层和参数层激活函数为 ReLU，MIB 计算层激活函数为式（4.26）。

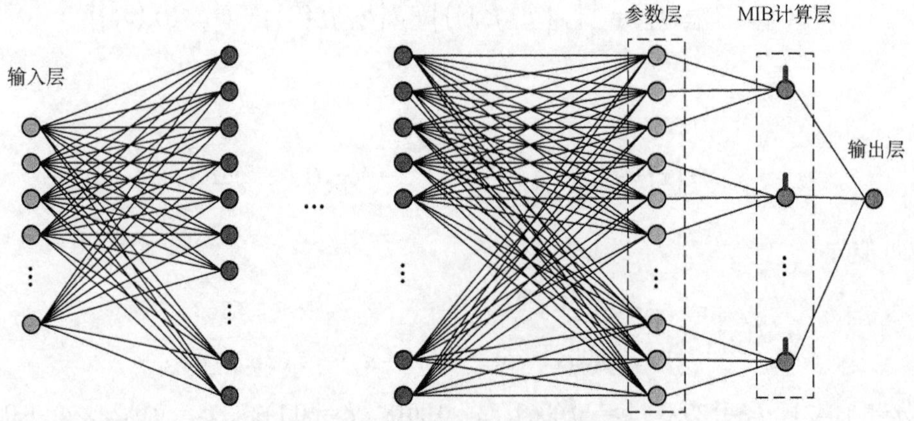

图4.8 基于混合高斯模型的神经网络结构

在线自适应编码调制

在离线训练完神经网络后，可以将已训练的神经网络部署到实际系统中。考虑一个有 N 个子载波的 MIMO-OFDM 系统，已训练的神经网络能够预测连续 K 个子载波的 MMIB。将 N 个子载波分成 G 组，则 $G = \lfloor N/K \rfloor$。然后利用已训练的神经网络分别估计这 G 组对应的 MMIB，最后对 G 个 MMIB 取平均得到 N 个子载波的 MMIB，即

$$I = \frac{1}{G}\sum_{g=1}^{G} I_g \tag{4.32}$$

其中，I_g 是神经网络估计的第 g 组的 MMIB。

接收端获得 MMIB 后，需要将其反馈给发送端，以选择合适的 MCS 等级，在长期演进技术（Long Term Evolution，LTE）系统中反馈的是根据链路质量指标计算得到的信道质量指示符（Channel Quality Indicator，CQI）。对于自适应编码调制，选择 MCS 的标准如式（4.1）所示，因此还需要每种调制方式在 AWGN 信道下的 MIB 与 BLER（PER）的映射关系。由于选择的标准是在满足小于给定 BLER（如 LTE 规定的 10%）条件下最大的 MCS 等级，因此查找表可以只存储每一种 MCS 等级、AWGN 信道下给定 BLER 对应的 MMIB。

对于多空间流 MIMO 系统，由于非线性接收机的联合检测特性，每一流的检测性能会受到其他流的影响，例如在第二流分别采用 QPSK 调制和 16QAM 调制时，第一流在相同的调制阶数下，非线性检测性能是不同的。为了准确地估计非线性接收机的性能，需要考虑每一流调制方式的组合，当数据流和调制方式较多时，需要考虑的组合呈指数增长，因此复杂度较高。为了降低复杂度，这里采用一种简化的方案。如前面所说，在训练阶段只训练所有数据流均采用相同调制方式的情况；在线测量反馈阶段，每一流独立选择合适的调制和编码方式，而假定其他流也选择了相同的调制方式。虽然通过简化会带来一定的性能损失，但仍然能够获得令人满意的性能，这是性能和复杂度之间的一个折中。

下面对基于深度学习的链路自适应方案进行仿真和分析。首先详细介绍实验配置，然后给出相关的实验仿真结果和分析。

仿真基于 LTE 链路传输系统，由于本章只关注自适应编码调制，因此系统不反馈秩指示符（Rank Indication，RI），且预编码矩阵索引（Precoding Matrix Indicator，PMI）始终选择 0。发送天线数和接收天线数均为 2，天线相关性为高，采用的信道模型为扩展行人 A（Extended Pedestrian A，EPA）模型（参考文献 [12]）。仿真使用的 1 个资源块（Resource Block，RB）由 14 个 OFDM 符号、12 个子载波构成，每个 RB 中有 16 个资源单元（Resource Element，RE）用于插入导频，2 个 OFDM 符号用于发送控制信息，发送数据信息占用 132 个 RE。信道编码采用 Turbo 码（参考文献 [3]），译码算法使用 BCJR 算法，进行 5 次迭代。MIMO 检测算法采用列表球译码。调制与编码方案表来自参考文献 [5]，调制方式有 QPSK、16QAM 和 64QAM 这 3 种。在吞吐率仿真实验中，自适应调制和编码的标准是选择 BLER 小于 10% 的最大 MCS 等级，没有直接计算反馈 CQI，对于每个 SNR 均仿真 100000 个帧，每一子帧的持续时间为 1ms。采用理想信道估计，在进行 AMC 时，没有反馈时延。

单空间流 MIMO 系统仿真结果与分析

对于单空间流 MIMO 系统，有两种链路性能估计网络结构：一种是直接利用全连接神经网络从信道状态信息中估计链路性能，这里将其称为“Type-Ⅰ”型结构；另外一种则是基于高斯近似方案，即先利用全连接神经网络获取优化参数，再利用式（4.26）计算 MIB，这里将其称为“Type-Ⅱ”型结构。每一种结构可以对每一种调制方式的数据单独训练一个神经网络，将其称为“Sep.”方案；也可以混合训练所有调制方式的数据，将其称为“Mix”方案。例如“Type-Ⅰ Sep.”表示采用“Type-Ⅰ”型结构，每一种调制方式的数据均训练一个神经网络的方案。

表 4.3 是不同深度学习方案对应的网络结构和需要训练的参数量。对于“Sep.”方案，如果没有指明调制方式，则表示 3 种调制方式网络结构相同。其中的“*n*RB”表示神经网

络一次能估计的链路性能对应的带宽为 n 个 RB 的带宽（1RB 对应的带宽为 180kHz），其中“1RB”网络的训练集中每个样本计算 MMIB 的仿真帧数为 800，“6RB”网络的训练集中每个样本计算 MMIB 的仿真帧数为 400。所有网络每一种调制方式的训练集大小均为 35000，测试集大小均为 15000。从表 4.3 中可以看出 Type-Ⅱ型结构的网络规模远小于 Type-Ⅰ型结构的网络规模。

表 4.3 不同深度学习方案的网络结构

方案类型	网络结构	训练参数量
Type-Ⅰ Sep. 1RB	QPSK: [256,128,64]	74497
	16QAM:[256,128,64,32,4]	76649
	64QAM:[256,512,128,64,32,4]	241001
Type-Ⅰ Mix 1RB	[256,128,64,32]	76801
Type-Ⅰ Sep. 6RB	[1538,384,192]	1849349
Type-Ⅱ Sep. 1RB	[64,32,16,48]	11680
Type-Ⅱ Mix 1RB	[64,32,16,32,48]	13056

图 4.9 展示的是使用“Type-Ⅱ Sep. 1RB”方案、单空间流 MIMO-OFDM 系统的 1RB 带宽的链路性能估计精度，图中的每一个散点均是在给定的 MCS 等级和信道响应下仿真 10000 帧得到的。图 4.9 中展示了 QPSK、16QAM 和 64QAM 这 3 种调制方式下，使用神经网络方案估计有效 SNR（Effective SNR）和 AWGN 信道下的参考曲线的对比。从图 4.9 中可以看出，在 QPSK 调制下，使用神经网络方案获得的散点与 AWGN 参考曲线十分接近，随着调制阶数的增加，估计精度也在下降，这是因为在高阶调制下，LLR 的概率密度函数会更加复杂，导致神经网络的拟合效果下降。“Type-Ⅰ”型结构的估计精度与“Type-Ⅱ”的几乎相同。

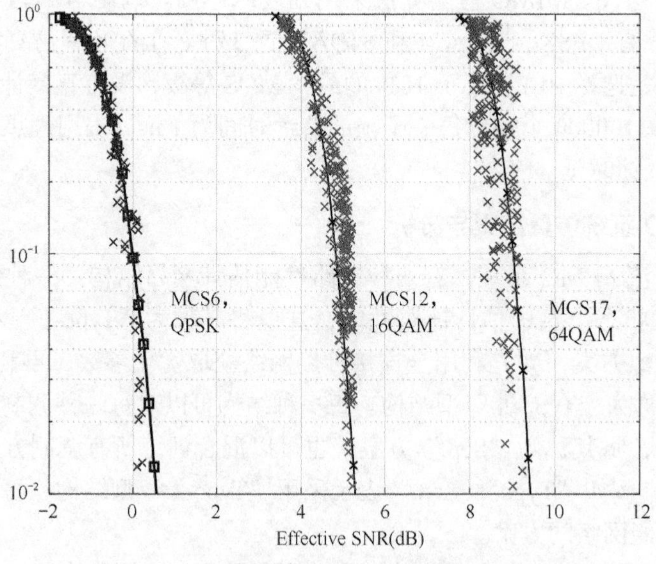

图 4.9 深度学习方案链路性能估计精度

图 4.10 展示了全连接神经网络方案在 QPSK、16QAM 和 64QAM 这 3 种调制方式下的测试集 MSE 随训练次数的变化曲线。从图 4.10 中可以看出，在 QPSK 调制下，混合训练的 MSE 相对于单独训练的 MSE 大，但是差距不明显，两种单独训练的 MSE 最后收敛到几乎相同的值，但是“Type-Ⅱ Sep. 1RB”的收敛速度相对于“Type-Ⅰ Sep. 1RB”较慢。对于 16QAM 调制，4 种方案的收敛速度和最终收敛的大小几乎相同。对于 64QAM 调制，“Type-Ⅱ Mix.1RB”的最终收敛的值相对于其他 3 种方案更小，收敛速度则基本一致。总之，从图 4.10 可以看出，4 种方案的收敛速度都比较快，最终 MSE 收敛的值都比较小，且相差不大。同时可以看出，随着调制阶数变大，MSE 最终收敛的值也在变大，这与图 4.9 的结果十分吻合。

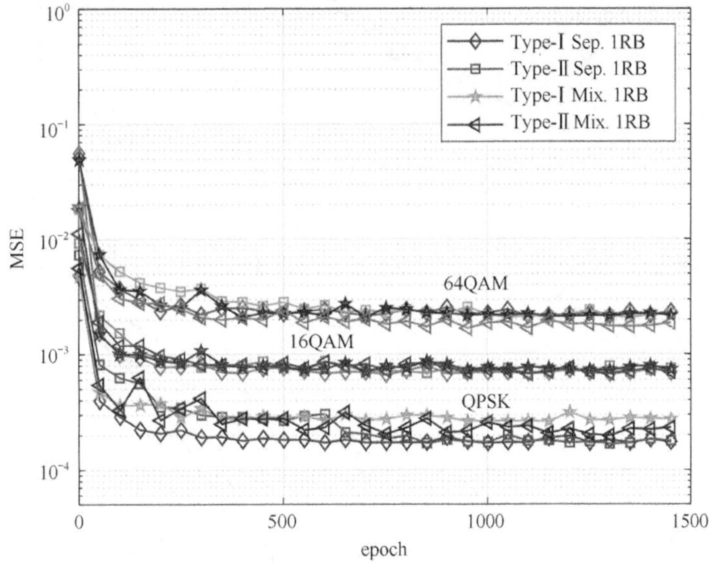

图4.10 单空间流MIMO-OFDM系统采用不同深度学习方案时测试集MSE随训练次数的变化曲线

图 4.11 和图 4.12 展示了采用不同方案实现链路性能估计并进行自适应编码调制的吞吐率仿真曲线，链路带宽为 6RB 对应的带宽（1080kHz）。其中“optimal”为最优方案，是通过遍历所有 MCS 等级得到的，即在给定信道响应和噪声功率下，遍历仿真所有 MCS 等级，并选择 BLER 小于 10% 的最大吞吐率。在每个 SNR 下选择了 100 组信道，每一个 MCS 等级仿真 1000 帧。从图 4.11 中可以看出，采用“Type-Ⅰ”结构的链路吞吐率与最优方案的吞吐率非常接近，尤其是在低（小于或等于 16dB）、高（大于或等于 32dB）SNR 条件下，在中 SNR［区间（16，32）dB］条件下有一定差距，但是差距较小。在 7（bit/s）/Hz，“Type-I Sep. 1RB”与最优方案的链路吞率相差不到 2.5dB，另一种深度学习方案差距更小。且“Type-Ⅰ Sep. 1RB”和“Type-Ⅰ Mix.1RB”两种方案的性能差距也非常小。图 4.12 展示的是使用“Type-Ⅱ”结构的吞吐率性能曲线，与图 4.11 的结果类似，在低、高 SNR 条件下深度学习方案与最优方案差距非常小，在中 SNR 条件下有一定差距，但差距不大，同时图 4.12 中的两种深度学习方案性能的差距更小。

图 4.13 展示的是不同深度学习方案 AMC 链路 BLER 性能对比。从图 4.13 中可以看出不同深度学习方案在大部分情况下 BLER 都在 10% 以下，少部分在中 SNR 条件下高于 10%，且与 10% 差距较小，最高仅为 0.17。在不同的深度学习方案中，“Type-Ⅰ Sep. 6RB”

方案的 BLER 基本都在 10% 以下，仅在 28dB 超过 10%，为 10.5%，因此整体性能最好。除此之外，“Type-Ⅰ Mix.1RB” 方案的 BLER 仅在 24dB 条件下超过 10%，为 12.7%。

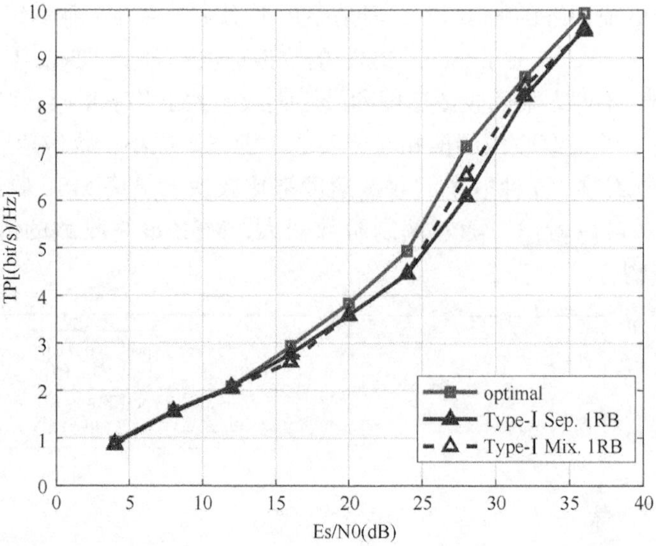

图4.11 单空间流 MIMO-OFDM 系统、Type-Ⅰ 结构 AMC 链路吞吐率性能

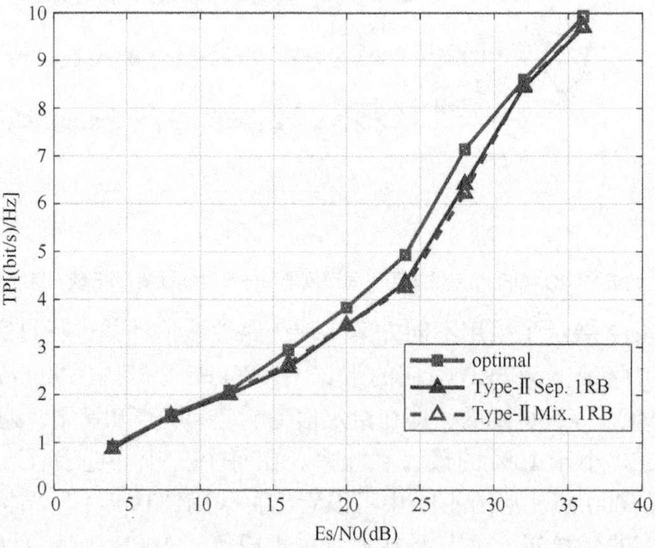

图4.12 单空间流 MIMO-OFDM 系统、Type-Ⅱ 结构 AMC 链路吞吐率性能

参考文献 [2] 提出了高斯近似方法，并设计了神经网络进行链路性能估计，这里将其称作“高斯近似”方案，本章介绍的方案称作“深度学习”方案。参考文献 [2] 提出的方法，对于不同的信道矩阵条件数，有不同的优化参数，因此这里对于不同的调制方式，分别选择了 $10 \leqslant \kappa \leqslant 100$ 和 $\kappa > 100$ 两个条件数范围，这是因为在实际系统中一般条件数都很大，尤其是天线相关性较高时。

为了对比准确，采用了单个信道响应，发送天线数和接收天线数均为 2，天线相关性为高。对于不同的条件数范围，采用 20000 个样本进行训练、5000 个样本进行测试，测试标准为预测的 MIB 和实际仿真的 MIB 之间的均方误差。其中高斯近似方案的优化参数

a_m、b_m和c_m通过神经网络优化得到，因此十分接近最优解。对于QPSK调制，当$10 \leqslant \kappa \leqslant 100$时，$a_m$=1.0248、$b_m$=0.6414、$c_m$=1.0330；当$\kappa > 100$时，$a_m$=1.1193、$b_m$=0.5389、$c_m$=1.0871。对于16QAM调制，当$10 \leqslant \kappa \leqslant 100$时，$a_m$=0.7301、$b_m$=0.3758、$c_m$=0.1405；当$\kappa > 100$时，$a_m$=0.9102、$b_m$=0.2204、$c_m$=0.0831。从表4.4所示不同方案估计MIB与实际仿真MIB之间的MSE对比可以看出，不同的条件数范围，优化后的估计精度不同，且随着条件数的增大，MSE上升。同时随着调制阶数的变大，两种方案的估计精度都随之下降，与前面给出的仿真结果十分吻合。无论哪种调制方式和条件数范围，深度学习方案的估计精度都明显优于高斯近似方案的估计精度。同时发现对于深度学习方案而言，在不同条件数范围，同一种调制方式的估计精度相差不大，因此深度学习方案的稳健性更好。

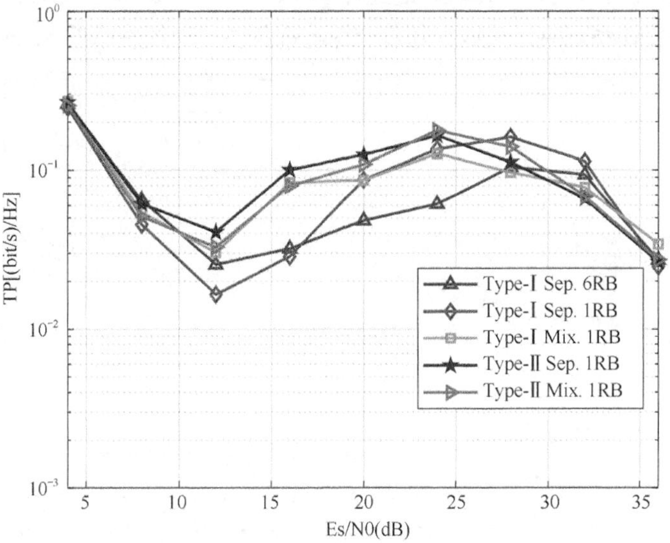

图4.13　不同深度学习方案AMC链路BLER性能对比

表4.4　不同方案估计MIB与实际仿真MIB之间的MSE对比

方案	$10 \leqslant \kappa \leqslant 100$时的MSE	$\kappa > 100$时的MSE
高斯近似	QPSK：7.163×10^{-4} 16QAM：3.736×10^{-3}	QPSK：3.473×10^{-3} 16QAM：7.497×10^{-3}
深度学习	QPSK：4.442×10^{-4} 16QAM：1.366×10^{-3}	QPSK：5.510×10^{-4} 16QAM：1.723×10^{-3}

两空间流MIMO系统仿真结果与分析

下面对用于两空间流MIMO-OFDM系统链路性能估计的深度学习方案进行仿真与分析。两空间流MIMO-OFDM系统与两根发送天线的HEC MIMO-OFDM系统不同，HEC MIMO-OFDM系统没有基于高斯近似的方案，只有通过全连接神经网络进行链路性能估计的方法。针对该方法，也有两种实现方案：一种是针对每一种调制方式的数据均训练一个神经网络，将其表示为“DL Sep.”方案；另一种是混合训练所有调制方式的数据以训练一个神经网络，将其表示为“DL Mix.”方案。这两种方案所使用的系统的数据流数的层数为 2，数据流数也为 2。两种方案一次能够估计的链路带宽为 1RB 对应的带宽，吞吐率性能仿真使用的链路带宽为 6RB 对应的带宽。其中："DL Sep." 方案每一种调制方式的神经网络隐藏层的节点数为 [256, 128, 64]，网络中有 74562 个可训练参数；"DL Mix." 方案的神经网络的隐藏层节点数为 [256, 128, 64, 32, 4]，网络中有 76910 个可训练参数。由于系统数据流数为 2，因此神经网络输出层节点数为 2。每一种调制方式的训练集有 35000 个样本，测试集有 15000 个样本，每个样本中每一流采用相同的调制方式。

图 4.14 是 1RB 对应带宽，QPSK、16QAM 和 64QAM 调制方式下 "DL Sep." 和 "DL Mix." 方案测试集损失函数 MSE 随训练次数的变化曲线。从图 4.14 中可以看出，在 QPSK 条件下 "DL Mix." 的 MSE 大于 "DL Sep." 的 MSE，而其他两种调制方式条件下最终收敛的 MSE 则相反。无论哪种方案，训练收敛的速度都比较快，在 500 次训练后，MSE 基本都稳定。与 VEC MIMO-OFDM 系统结果类似，随着调制阶数变大，神经网络的 MSE 损失也变大。

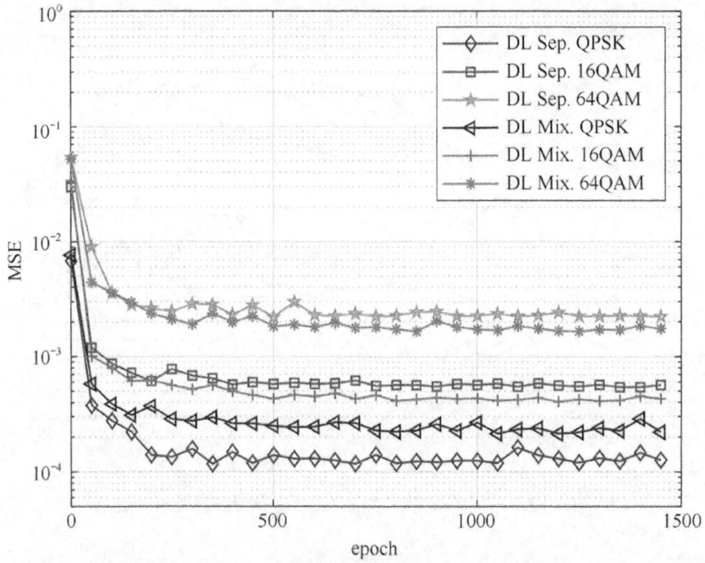

图4.14 1RB 对应带宽，不同调制方式下不同深度学习方案测试集 MSE 性能

图 4.15 是 6RB 对应带宽条件下，两种深度学习方案与 "MMSE" 方案的 AMC 链路吞吐率性能对比。其中 "MMSE" 方案指的是利用 MMSE 检测算法计算每一流、每个导频处的检测后 SINR，然后利用 RBIR 度量获得整个链路的等效 SINR，进而估计链路性能，进行自适应编码调制，统计链路的吞吐率时仍然使用最小显著差异（Least Significant Difference，LSD）算法进行检测。从图 4.15 可以看出，相对于 "MMSE" 方案而言，深度学习方案有明显的吞吐率性能提升。在 7（bit/s）/Hz 处，大约有 4dB 的性能提升。"DL Sep." 和 "DL Mix." 的性能差距不大，虽然 "DL Sep." 单个神经网络的规模小于 "DL Mix."，但是 "DL Mix." 只需要一个网络，因此存储复杂度相对更小。在低 SNR 条件下，"DL Sep." 具有更优的性能，而在中、高 SNR 条件下则相反，这与图 4.14 的结果一致，在 QPSK 调制方式下，"DL Sep." 具有更低的 MSE。虽然对 HEC MIMO-OFDM 系统的链路性能估计进行了一些简化，但是从仿真结果可以看出，简化后的方案依然有较大的性能提升。

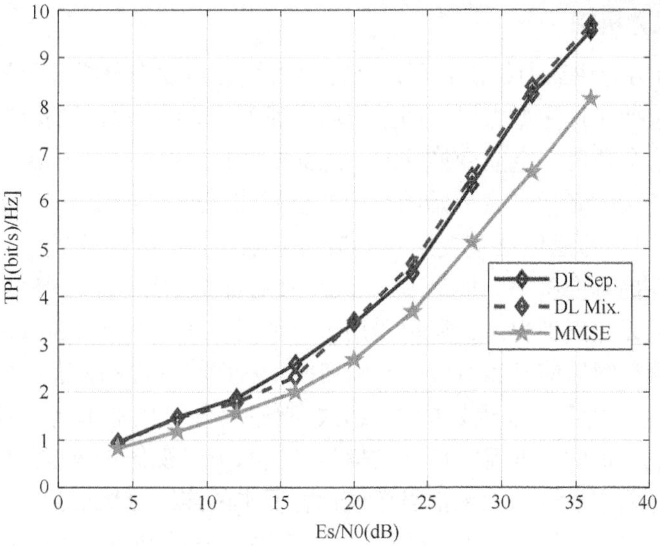

图4.15 两种深度学习方案与“MMSE”方案的AMC链路吞吐率性能对比

4.2 基于深度学习的多天线信道测量反馈和信号检测

目前5G网络在国内正如火如荼地建设，其地位已经提升到国家层面。4G带来的移动互联网大大方便了人们的生活，带来了极高的经济效益。5G网络建设的完成，必定会给人们的生活带来重大的改变，同时带来的经济效益也是不可估量的。相比4G，5G更加强调高速率、低时延、高可靠性这3个方面，而这些特性也是面对万物互联、云端计算这些场景的。为了达到5G通信的要求，大规模MIMO成为5G通信中的核心技术。

而对大规模MIMO系统而言，如果需要最大化频谱效率，进行高效、快速、可靠的数据传输，一方面需要获取信道状态信息，另一方面需要高效精确的信号检测算法。本节将针对这两方面，介绍基于深度学习的解决方案，并引入注意力机制。

4.2.1 深度学习中的注意力机制

随着深度学习算法的逐渐发展，基于注意力机制的神经网络结构由于额外开销小、性能提升明显，重要性愈加显著。这一方面是由于注意力机制的权重是由神经网络自主学习的，比传统手工特征更加高效；另一方面则是注意力机制往往能告知神经网络学习到的内容，也就是针对某个目标，神经网络的关注点在哪里。

近年来，将注意力机制和深度学习结合在一起的研究工作层出不穷，其中不少是使用掩码的方式来构成注意力机制。掩码的本质在于通过一个小型子网络，也就是另一层新的权重，将图片数据中关键的特征区域，通过学习训练由网络自主提取出来。这也让深度神经网络学到了每一张新图片中需要关注的区域，也就是和最终目标关联最紧密的区域，这也是注意力的形成机制。

CNN 结构的注意力机制

对于 CNN 结构的注意力机制，可以从注意力域的角度来分析几种注意力机制的实现方法，其中主要包括 3 种注意力域，即空间域、通道域和结合两者的混合域。

对于空间域这个角度，空间变换网络（Spatial Transformer Networks, STNS）模型通过注意力机制（参考文献 [9]），将原始图片中的空间域信息变换到另一个空间中并保留了关键信息。CNN 结构中的池化层直接用一些最大池化或者平均池化的方法，将图片信息压缩，减少运算量并提升准确率。但是 STN 认为池化的方法太过于"暴力"，直接将信息压缩会导致关键信息无法识别出来，所以采用了一个叫空间变换器（Spatial Transformer）的模块，将图片中的空间域信息做对应的空间变换，从而将关键的信息提取出来。

对于通道域这个角度，通道域的注意力机制原理可以从基本的信号变换的角度去理解。站在信号系统分析的角度看，任意的信号其实都可以视作正弦波的线性组合，经过时频变换之后，就可以用离散的频率信号数值代替原本的连续时域信号。在卷积神经网络的数据处理中，每张图片初始会由 R、G、B 这 3 个通道表示出来，经过不同的卷积核之后，每个通道又会生成新的变换信号，比如图片特征的每个通道使用 16 核卷积，就会产生 16 个新通道的矩阵 (H,W,16)，H、W 分别表示图片特征的高度和宽度。每个通道的特征其实就表示该图片在不同卷积核上的信号分量，这一过程可以类比到时频变换，而这里面用卷积核的卷积类似于信号做傅里叶变换，从而能够将这个特征一个通道的信息分解成 16 个卷积核上的信号分量。既然每个信号都可以被分解成卷积核上的分量，产生的新的 16 个通道对于关键信息的贡献肯定有多有少，如果给每个通道上的信号都增加一个权重来代表该通道与关键信息的相关度，这个权重越大，则表示相关度越高，也就是越需要去注意的通道。

通道域的注意力机制可以参考 SENet 的结构（参考文献 [11]），这也是在此处介绍的模型中所用的结构。

空间域的注意力机制忽略了通道域中的信息，将每个通道中的图片特征同等处理，这种做法会将空间域变换方法局限在原始图片特征提取阶段，应用在神经网络其他层的可解释性不强。而通道域的注意力机制是对一个通道内的信息直接全局平均池化，忽略每一个通道内的局部信息，这种做法其实也是比较"暴力"的行为。所以结合两种思路，就可以设计出混合域的注意力机制模型。

RNN 结构的注意力机制

自注意力机制被提出以来，其在各个领域中都有着广泛的应用，尤其是在自然语言处理（Natural Language Processing，NLP）领域，例如机器翻译、看图说话等。下面通过 Seq2Seq[7，8] 这一翻译模型来对注意力机制做简要概述。注意力机制的主体结构如图 4.16 所示。在图 4.16 中，英文句子"I am a student"被输入一个两层的 LSTM 编码网络（深色部分），经过编码后输入另外一个两层的 LSTM 解码网络（浅色部分）。当网络在按时刻进行翻译（解码）的时候，第一个时刻输出的就是图 4.16 中的 h_t。注意力机制可以视作和人的注意力类似，希望网络也能同人脑的思考过程一样，在依次解码每个时刻时，网络所"联想"到的都是与当前时刻最相关的映射。换句话说，在神经网络将"I am a student"翻译成中文的过程中，当解码到第一个时刻时，希望网络仅仅是将注意力集中到单词"I"上，而尽可能忽略其他单词的影响。

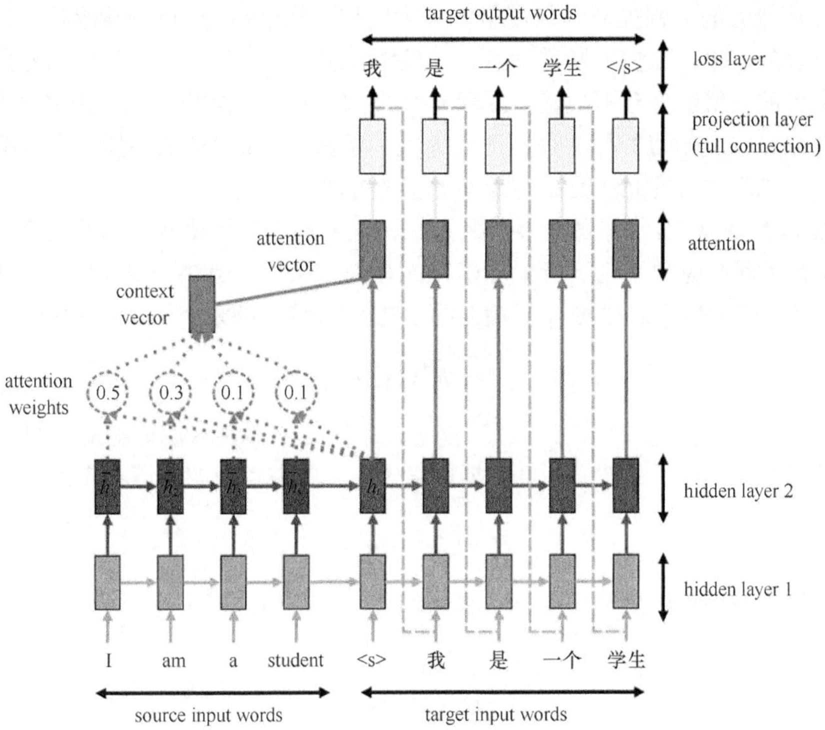

图4.16 注意力机制的主体结构

由于 h_t 是第一个解码时刻的隐藏状态，同时以“上帝视角”来看，与 h_t 最相关的部分应该是“I”对应的编码状态 $\bar{h}_t$，因此，只要网络在解码第一个时刻时，将注意力主要集中于$\bar{h}_t$，也就达到目的了。为了达到这一目的，此时的 h_t 与编码部分的隐藏状态都处于同一个 Embedding space（嵌入空间），所以可以通过相似度对比来告诉解码网络哪个编码时刻的隐藏状态与当前解码时刻的隐藏状态最为相似。这样，在解码当前时刻时，网络就能将“注意力”尽可能多地集中于对应编码时刻的隐藏状态。

通过相似度计算，得到掩码的初始值，再经过全连接网络的运算，进一步学习这些状态值，由此可以得到最终的掩码权重值，也就是注意力权重值。

通俗来说，注意力机制就是对于向量权重值的一个分配，让网络更聚焦于和最终任务相关的向量特征，这也是后文介绍的模型所使用的机制。

4.2.2 基于深度学习的CSI测量与反馈

背景与系统模型

传统 CSI 反馈主要是基于 CQI/PMI/RI 的反馈，目前有不少工作集中在通过使用 CSI 的时域、空域相关来降低反馈开销。特别是，具有相关性的 CSI 矩阵可以转换为不相关的稀疏向量。因此，可以使用基于压缩感知（Compressed Sensing，CS）的算法从不确定的线性系统中获得对稀疏矢量的足够准确的估计。由此，一些学者采用 CS 算法来进行 CSI 的压缩反馈，主要是基于 LASSO（Least Absolute Shrinkage and Selection Operator，最小绝对收缩和选择算法）、AMP（Approximate Message Passing，近似消息传递）等 CS 算法。

随着计算能力的大幅提升和数据量的大大增加，深度学习的算法得到了长足的发展，并取得了显著的成果，在多种场景下达到了最佳性能。深度学习在物理层信号处理方面也是有极大潜力的。目前也有不少基于深度学习的 CSI 反馈方面的研究，并取得了显著的成果。对比起来，深度学习的算法在性能也大大优于基于 CS 的算法性能。本小节主要探究在现阶段基于深度学习的 CSI 测量与反馈的主要方法。

大规模 MIMO 是 5G 场景的重要技术之一，能大幅提高传输效率和吞吐率。在此任务下，主要考虑的场景是单小区下行大规模 MIMO 信道条件。BS 端天线数为 N_t，UE 端只有单根天线。信号传输使用超过 N_c 个子载波的 OFDM 系统，第 n 个子载波的接收符号如下：

$$y_n = \tilde{\boldsymbol{h}}_n^{\mathrm{H}} \boldsymbol{v}_n x_n + z_n \tag{4.33}$$

其中，$\tilde{\boldsymbol{h}}_n \in \mathbb{C}^{N_t \times 1}$，$\boldsymbol{v}_n \in \mathbb{C}^{N_t \times 1}$，$x_n \in \mathbb{C}$，$z_n \in \mathbb{C}$，它们分别表示信道响应向量、预编码向量、数据符号和第 n 个子载波的加性高斯白噪声。由此空频域的信道响应为

$$\tilde{\boldsymbol{H}} = \left[\tilde{\boldsymbol{h}}_1, \cdots, \tilde{\boldsymbol{h}}_{N_c}\right]^{\mathrm{H}} \tag{4.34}$$

使用二维离散傅里叶变换（Discrete Fourier Transform，DFT）进行处理后变换到角时域如下：

$$\boldsymbol{H} = \boldsymbol{F}_d \tilde{\boldsymbol{H}} \boldsymbol{F}_a^{\mathrm{H}} \tag{4.35}$$

信道响应矩阵 $\boldsymbol{H}$ 比较稀疏，大量值都会趋近于 0。因此只保留前 N_c 行的值，得到维度为 $N_c \times N_t$ 的矩阵，矩阵所有值的个数为 $N=N_c \times N_t$。

使用编码器对 $\boldsymbol{H}$ 进行编码，得到压缩后的向量如下：

$$\boldsymbol{s} = f_{\mathrm{en}}\left(\boldsymbol{H}\right) \tag{4.36}$$

经过压缩后的元素个数为 M，则相应的压缩率为 $\gamma = M/N$。然后使用解码器对数据进行恢复：

$$\boldsymbol{H} = f_{\mathrm{de}}\left(\boldsymbol{s}\right) \tag{4.37}$$

这样形成了一套对信道矩阵进行压缩和恢复的结构。而在深度学习中，将编码器和解码器级联起来，可以形成一套端到端的系统，这样也便于整体的优化和性能的提升。

CsiNet 结构

由上文所述可知，压缩会大大降低 CSI 反馈所占用的信道带宽，提高通信的效率，同时也将 CSI 矩阵的处理分成了编码器和解码器两部分。

用于 CSI 矩阵的压缩反馈的网络结构中最基本的结构是 CsiNet。对于编码器，CsiNet 主要使用了基于全连接神经网络的自编码器结构，结构简单、易于实现。而对于 CSI 矩阵的解码器部分，考虑到卷积神经网络能够很好地利用信道信息的相关性，CsiNet 设计了如下网络对接收到的 CSI 进行恢复，如图 4.17 所示。第一层使用 2 个 3×3 卷积核，第二层使用 8 个 3×3 卷积核，第三层使用 16 个 3×3 卷积核，这样的网络通过残差网络的结构重复一次，其中每一层的数据处理都会使用 BN。BN 层的引入可以加速网络收敛，具有一定的防止过拟合的能力。

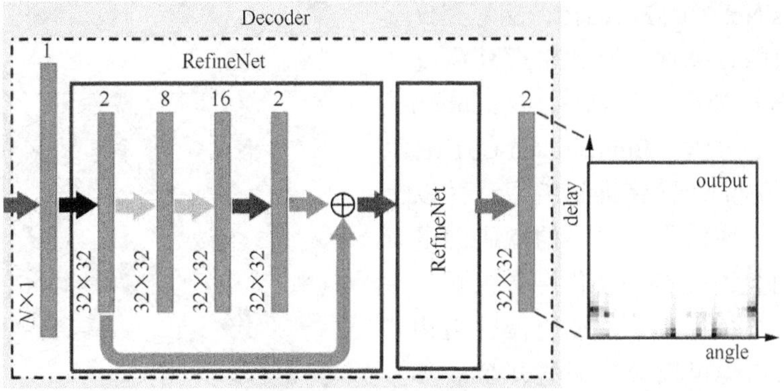

图4.17　CsiNet卷积结构解码器结构示意

最后网络输出的预测值和真值之间会使用 MSE 进行误差计算，并根据误差对网络进行反向传播和训练。损失函数如下：

$$L(\theta)=\frac{1}{T}\sum_{i=1}^{T}\left\|f(s_i;\theta)-\boldsymbol{H}_i\right\|_2^2 \tag{4.38}$$

CsiNet 输出结果的评价会使用 NMSE 作为标准：

$$NMSE=E\left\{\left\|\boldsymbol{H}-\hat{\boldsymbol{H}}\right\|_2^2/\left\|\boldsymbol{H}\right\|_2^2\right\} \tag{4.39}$$

式（4.39）同时使用相似度对 MSE 和 NMSE 进行了对比评价：

$$\rho=E\left\{\frac{1}{\tilde{N}_c}\sum_{n=1}^{\tilde{N}_c}\frac{\left|\hat{\tilde{\boldsymbol{h}}}_n^{\mathrm{H}}\tilde{\boldsymbol{h}}_n\right|}{\left\|\hat{\tilde{\boldsymbol{h}}}_n\right\|_2\left\|\tilde{\boldsymbol{h}}_n\right\|_2}\right\} \tag{4.40}$$

Attention CsiNet

在大规模 MIMO 场景中，为了适应信道特征并确保高可靠性和高通信速率，应将 CSI 发送回 BS 端。随着天线数量的增加，CSI 反馈的数量急剧增加，因此，确保通信性能并减少 CSI 反馈是一个充满挑战的研究方向。如上文所述，已经有一些学者提出了一些基于深度学习的模型来解决此问题，但是这些模型仍然存在一些问题，比如没有充分利用 CSI 之间的相关性。下面介绍一种改进的结构，该结构基于注意力机制，能更加充分地利用 CSI 之间的相关性，充分提取信道的特征。该结构不仅优于传统的 CS 算法，而且优于现有的基于深度学习的反馈网络，将其命名为 Attention CsiNet。从前面的论述中可以知道，CsiNet 的基本结构分为两部分，一部分是编码器网络，另一部分是解码器网络。在压缩结构部分，Attention CsiNet 使用了双向 LSTM 网络代替原有的全连接网络；在解码器网络部分，CNN 结构中引入了注意力机制。

CsiNet 使用完全连接的神经网络提取特征并将 CSI 矩阵压缩为维向量。图 4.18 显示了 CsiNet 中的编码器网络结构。CsiNet 忽略了子载波之间的相关性。受到 RNN 结构的启发，该网络结构在自然语言处理中对序列数据的处理具有良好的性能，能提取出序列数据之间的相互关联性，充分利用这一信息来达到良好的性能。Attention CsiNet 使用 LSTM 神经网络代替 CsiNet 中的 FC 结构，能够充分利用信道之间的相关性，以此来提高恢复质量，这种结构如图 4.19 所示。Attention CsiNet 使用双向 LSTM（Bidirectional-LSTM，Bi-LSTM）来获得两个 M 维的编码，并以这两个编码的平均值作为最终的编码向量进行反馈。而且，LSTM 网络共享相同的参数。因此，与 CsiNet 中的编码器网络相比，这一网络结构可以减少一些冗余的参数。如图 4.19 所示，这里将信道矩阵 $\boldsymbol{H}$ 转换为 s 个级联向量 $[\boldsymbol{h}_1, \boldsymbol{h}_2,\cdots,\boldsymbol{h}_s]$，并将 s 个向量输入 Bi-LSTM 网络中，同时 s 也是 LSTM 网络的时间步。最后，得到一个 M 维向量作为 CSI 的最终编码向量以进行反馈。

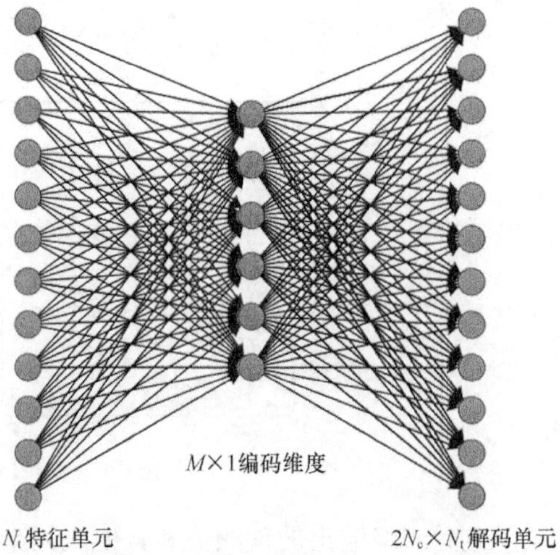

图 4.18 CsiNet 编码器网络结构

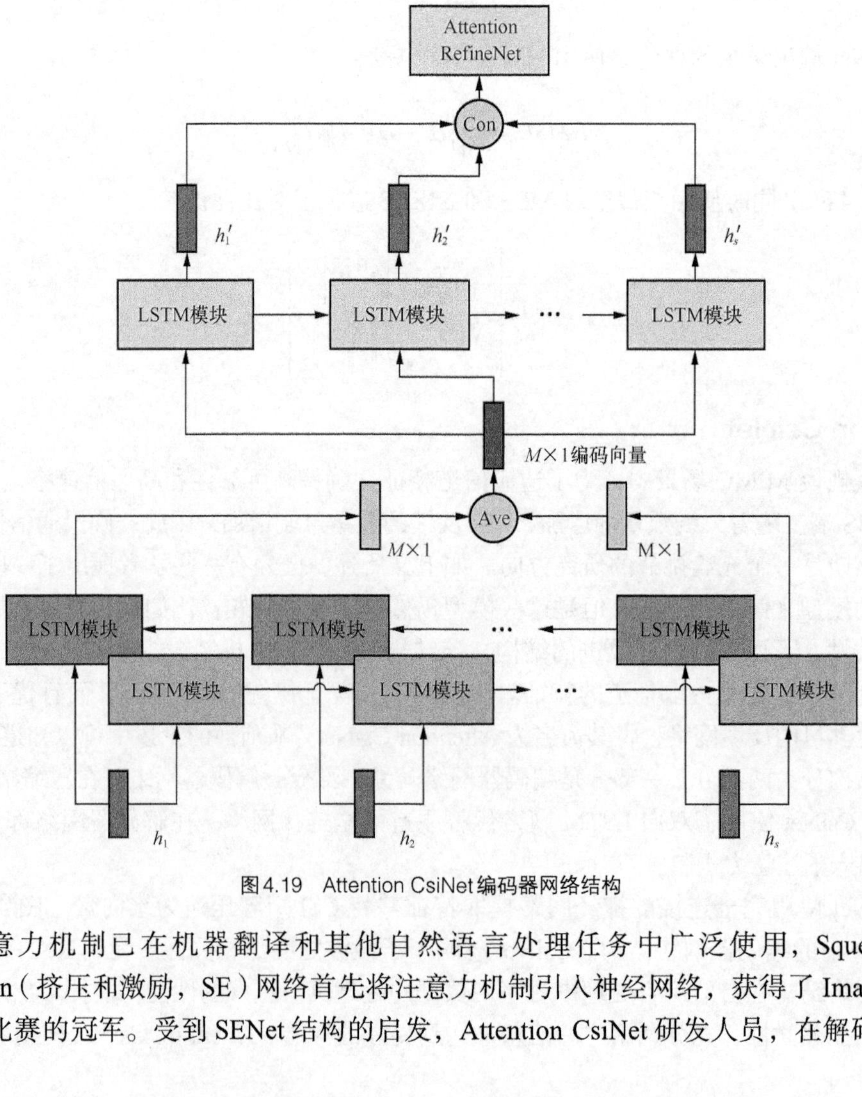

图 4.19 Attention CsiNet 编码器网络结构

注意力机制已在机器翻译和其他自然语言处理任务中广泛使用，Squeeze-and-Excitation（挤压和激励，SE）网络首先将注意力机制引入神经网络，获得了 ImageNet 图像分类比赛的冠军。受到 SENet 结构的启发，Attention CsiNet 研发人员，在解码器网络

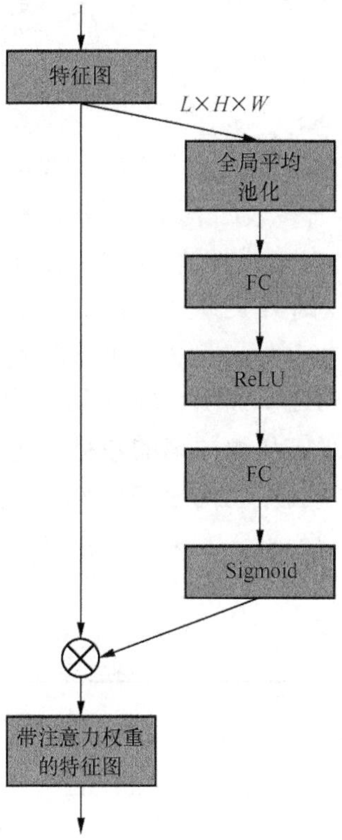

图4.20 基于注意力机制的CNN运算结构

的 CNN 结构中添加了注意力机制，以使解码器网络专注于不同通道的卷积特征图。基于注意力机制的 CNN 运算结构如图 4.20 所示。通过卷积计算得到 $L\times H\times W$ 的特征图，其中 L 为通道数目、H 为特征图高度、W 为特征图宽度。首先使用全局平均池化来获得 $L\times1\times2$ 的向量。然后使用 FC 结构对该向量进行降维，得到 $C\times1\times1$ 的向量。接下来仍然使用 FC 结构将这个 C 维向量重构为 $\mathrm{L}\times1\times1$ 的向量并经过 Sigmoid 激活函数。使用此 L 维向量与原始卷积特征图进行点乘，以获得最终的输出特征图。不同的 CSI 矩阵将在不同的特征图通道上获得不同的注意力权重。因此基于注意力机制的网络可以提取更多有用的信息，关注不同通道提取出的特征图的有效性，从而可以更好地恢复 CSI 矩阵。

CSI 压缩反馈恢复模型的整体结构和反馈机制如图 4.21 所示。首先将 CSI 矩阵 $\boldsymbol{H}$ 的实部和虚部作为网络输入的两个通道。第一层是卷积层，具有 3×3 的卷积核，并且经过 BN 层，BN 层可以加快训练速度并防止过拟合，该层将生成两个通道的特征图。然后，将特征图转换为 s 个向量，并将其送入 Bi-LSTM 神经网络以生成编码向量 $\boldsymbol{H}_e n$，它是 M 维向量。最后 UE 端将编码向量发送给 BS 端。

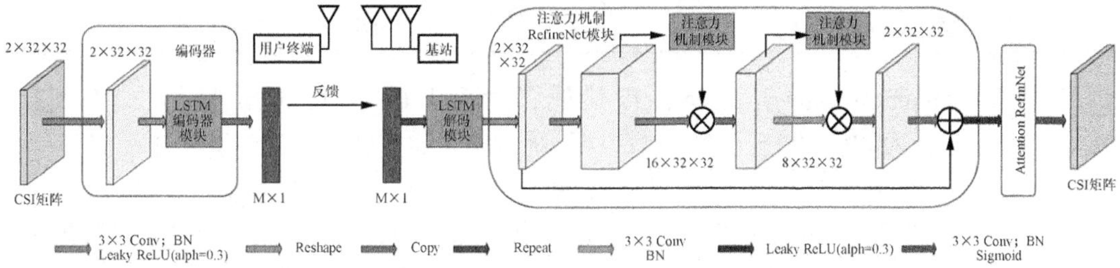

图4.21 CSI压缩反馈恢复模型的整体结构和反馈机制

一旦 BS 端得到了编码向量 $\boldsymbol{H}_e n$，便会使用 LSTM 解码器网络来初步重建信息。首先重复编码向量 s 次，并将这些向量发送到 LSTM 神经网络中以初步重建 CSI 矩阵 $\boldsymbol{H}$。然后 LSTM 的输出将被重构为 $2\times N_t\times N_t$ 的矩阵，并将该矩阵发送给两个级联的基于注意力机制的 RefineNet 模块，以完全重建 CSI 矩阵。一个 RefineNet 模块由具有 3×3 卷积核的 3 个卷积层组成。3 个积层通道数分别为 8、16 和 2，同时网络使用 Leaky ReLU 作为激活函数。此外，在第一卷积层和第二卷积层中添加注意力机制，可以帮助重建 CSI 矩阵。由于残差网络（Residual Network，ResNet）在图像分类和其他计算机视觉任务中表现良好，因此将残差结构保留在 RefineNet 中可以避免梯度消失问题出现，并在深度网络中保留更多信息。最终输出层通过 Sigmoid 函数激活，Sigmoid 可以将值缩放为 [0;1]。此外，为了获得更好的性能，可以使用端到端的模式来训练编码器和解码器网络的所有参数。为了更地拟合结果，CSI 矩阵数据会经过归一化处理到 [0;1]。

性能对比

为了与 CsiNet 进行比较，仿真使用相同的信道模型（COST 2100）来模拟 MIMO 信道并生成训练、验证和测试的 CSI 矩阵样本。该系统模型的详细参数如表 4.5 所示，模型在 20MHz 带宽上工作，有 1024 个子载波，并在 UE 端使用均匀线性阵列（Uniform Linear Array，ULA），BS 端有 32 根天线，UE 端有 1 根天线，则 $\boldsymbol{H}$ 的大小为 32 × 32。仿真了两种场景的情况：5.3 GHz 的室内情况，UE 速度 v = 0.0036km/h；300MHz 的室外情况，UE 速度 v = 3.24km/h。并在注意力机制模块中设置 C=L/2。训练、验证和测试集分别包含 100000、30000 和 20000 个样本。网络将不会在验证集和测试集的数据上进行训练，仅仅在这些数据上进行测试。网络训练的学习率和批大小分别设置为 0.001 和 200。为了避免过拟合，这里使用提前终止，这样迭代的 epochN_c=N_t=32h 从 700 到 1000 不等。

表 4.5 COST 2100 模型参数

带宽	20MHz	
子载波数	1024	
UE 速度	0.0036km/h	3.24km/h
载频	5.3GHz	300MHz
天线数	32 × 1	
批大小	200	
学习率	0.001	

下面对 Attention CsiNet、CsiNet 和其他 3 种基于 CS 的传统压缩方法（LASSO、TVAL3 和 BM3D-AMP）进行比较。和这些传统方法相比，CsiNet 已经获得了比较良好的性能，这也是 CSI 反馈中率先提出的基于深度学习的方法。LASSO 使用简单的稀疏先验，具有相对不错的性能。TVAL3 提供了出色的恢复质量，但计算量很大。BM3D-AMP 的恢复性能比其他方法的恢复性能差，但比其他基于 CS 的迭代方法运行更快。

在评测指标方面 Attention CsiNet 沿用了 CsiNet 中所使用的对比指标，即 NMSE 和余弦相似度 ρ。各方法 NMSE 和 ρ 的比较结果如表 4.6 所示。从表 4.6 中可以看出，Attention CsiNet 和 CsiNet 的性能明显优于其他基于 CS 的方法。无论在室内场景还是室外场景中，Attention CsiNet 在 NMSE 方面均优于 CsiNet 1 ～ 3dB，并且在所有方法中取得了最优的性能。当 CR（压缩率）= 1/64 或 1/32 时，Attention CsiNet 甚至可以比 CR = 1/32 或 1/16 的 CsiNet 表现更好。和传统方法相比，基于深度学习的 Attention CsiNet 和 CsiNet 都可以获得更优的性能。

表 4.6 Attention CsiNet、CsiNet 和基于 CS 的方法的 NMSE 与 ρ 的比较

CR	方法	室内		室外	
		NMSE	ρ	NMSE	ρ
1/4	LASSO	7.59	0.91	−5.08	0.82
	BM3D-AMP	−4.33	0.80	−1.33	0.52
	TVAL3	−14.87	0.97	−6.90	0.88
	CsiNet	−17.36	0.99	−8.75	0.91
	Attention CsiNet	−20.29	0.99	−10.43	0.94
1/16	LASSO	−2.72	0.70	−1.01	0.46
	BM3D-AMP	−0.26	0.16	0.55	0.11
	TVAL3	−2.61	0.66	−0.43	0.45
	CsiNet	−8.65	0.93	−4.51	0.79
	Attention CsiNet	−10.16	0.95	−6.11	0.85
1/32	LASSO	−1.03	0.48	−0.24	0.27
	BM3D-AMP	24.72	0.04	22.66	0.04
	TVAL3	−0.27	0.33	0.46	0.28
	CsiNet	−6.24	0.89	−2.81	0.67
	Attention CsiNet	−8.58	0.93	−4.57	0.79
1/64	LASSO	0.14	0.22	−0.06	0.12
	BM3D-AMP	0.22	0.04	25.45	0.03
	TVAL3	0.63	0.11	0.76	0.19
	CsiNet	−5.84	0.87	−1.93	0.59
	Attention CsiNet	−6.32	0.89	−3.27	0.71

图 4.22 进一步对 Attention CsiNet 和 CsiNet 的模型收敛速度进行了比较，并采用 $CR =$ 1/64 的室外场景。从图 4.22 中可以看到 Attention CsiNet 可以更快、更平滑地收敛。

此外，基于深度学习的方法还可以节省大量时间，这得益于图形处理单元（Graphics Processing Unit，GPU）加速。由于前馈和快速的矩阵矢量计算，基于深度学习的方法的执行速度比其他基于 CS 的方法的执行速度快数千倍，仿真时间结果如表 4.7 所示。

表 4.7 仿真结果

CR		LASSO	BM3D-AMP	TVAL3	CsiNet	Attention CsiNet
室外	1/16	0.2471	0.3454	0.3148	0.0001	0.0002
	1/32	0.2137	0.5556	0.3148	0.0001	0.0002
	1/64	0.2479	0.6047	0.3860	0.0001	0.0002
室内	1/16	0.2122	0.4210	0.3145	0.0001	0.0002
	1/32	0.2409	0.6031	0.2985	0.0001	0.0002
	1/64	0.0166	0.5980	0.2850	0.0001	0.0002

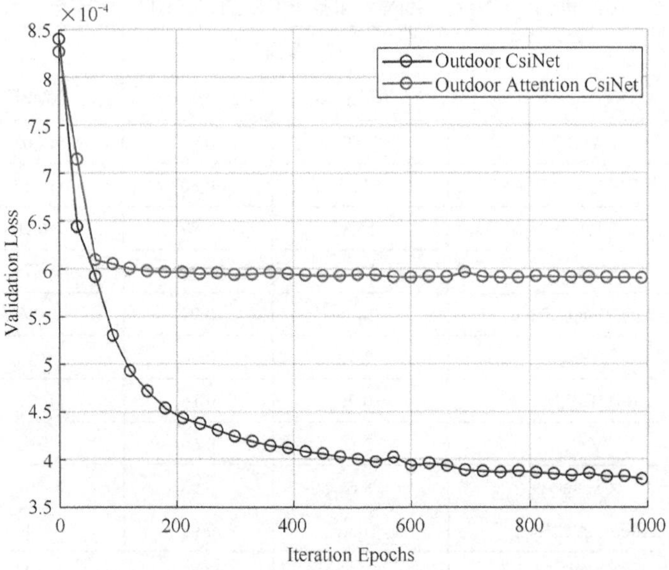

图4.22 室外（Outdoor）Attention CsiNet和CsiNet的模型收敛速度对比

从上面的对比可以看出，这里介绍的反馈恢复算法在运行速度上造成的额外开销不大，但是性能大大提升，网络收敛速度也有所提升。在 CsiNet 中引入注意力机制，并使用 Bi-LSTM 代替全连接的编码器，Attention CsiNet 实现了卓越的恢复性能并减少了训练步骤，它可以用于通信系统中的 CSI 反馈，并代替 CQI/PMI/RI 反馈这些只能将有限的信息发送回 BS 的传统方法。

4.2.3 基于注意力机制的多进制大规模MIMO检测

如今，越来越多的神经网络模型被设计用于 MIMO 检测，其性能也逐步向 SD 算法的性能靠近。前文讲述了几种基本的基于深度学习的 MIMO 检测结构，这证明了深度学习适用于 MIMO 检测。本小节将介绍一种基于注意力机制的简化神经网络模型，旨在简化网络结构，降低网络复杂度，使模型更适用于实际系统。

本小节所介绍的方法具有以下优点。首先，删除了现有网络的冗余部分，从而降低了网络的复杂度。其次，对于 MQAM 或多进制相移键控（Multiple Phase-Shift Keying，MPSK）的多天线检测问题，已经使用 Softmax 激活函数和独热处理每个天线的信号。因此，原始信号检测可以转换为多分类问题，并且可以适当地解决。最后，通过注意力机制将级联网络中每个模块的估计值发送到融合网络，以获得最终结果。因此，这里介绍的模型称为 Attention DetNet。

网络结构

原始 DetNet 存在一些缺点，可以改进。由于 DetNet 的结构是一种级联结构，每一级都会输出一个预测值，下一级在这个预测值的基础上进行优化，这样每一级的残差模块都会输出一个结果。将 DetNet 与神经网络中处理序列数据所使用的注意力机制相结合，这样可以充分利用每个序列的特征信息。下面详细描述这种改进结构的关键点。

原始 DetNet 的基本残差模块如图 4.23 所示。对原始 DetNet 改进的主要方面是优化了网络结构，去掉了网络的冗余部分；此外，也引入了注意力机制。这里将这种改进模型称作 Attention DetNet，其基本残差模块如图 4.24 所示。

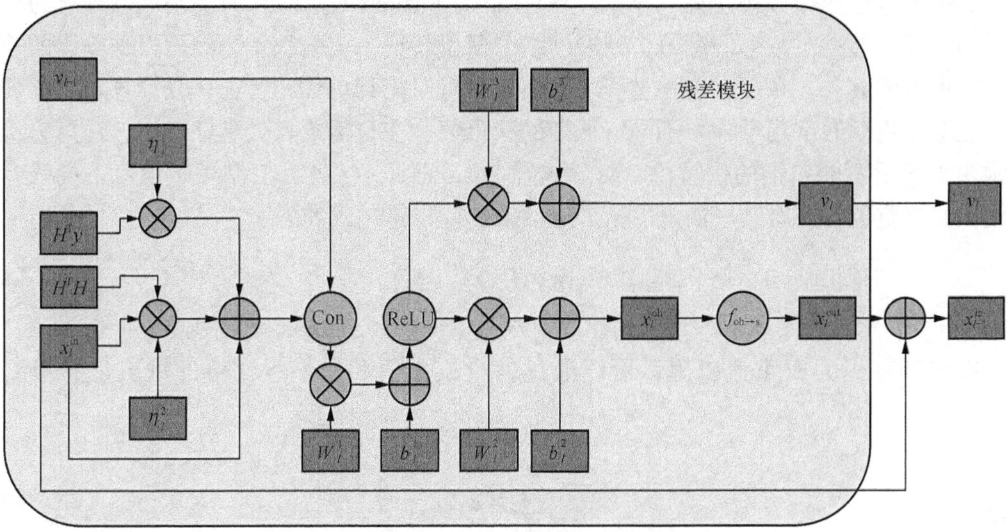

图 4.23 原始 DetNet 的基本残差模块

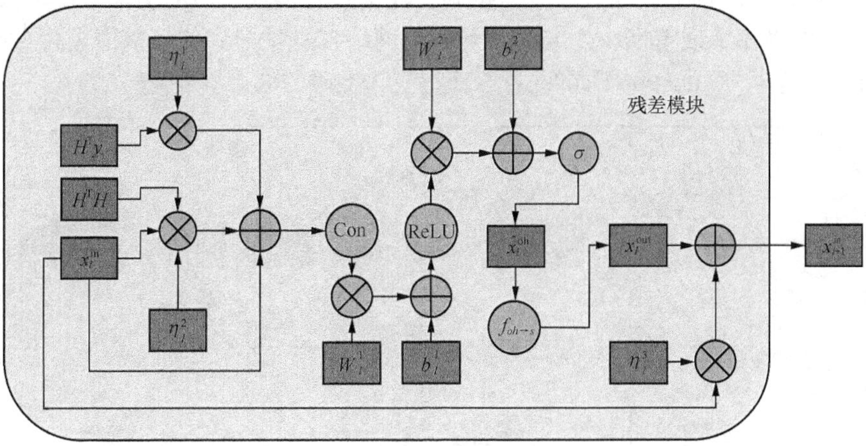

图 4.24 Attention DetNet 的基本残差模块

首先，对于向量 $\boldsymbol{v}$，它不包含有关检测值 $\boldsymbol{x}$ 的任何信息，就像偏置在神经网络中的作用一样。从互信息的角度看，$\boldsymbol{v}$ 对于最终结果的贡献非常有限。使用 $\boldsymbol{v}$，网络中的参数将变得更多，并且网络将变得更加难以训练，网络的复杂度也会大大提升。因此，向量 $\boldsymbol{v}$ 在 Attention DetNet 中被删除掉。删除以后，神经网络的参数数量减少了。在没有这样冗余的网络结构以后，网络可以以更少的计算资源进行训练，并且能更快地收敛。

其次，在原本的网络结构中，残差系数被视为固定值，该参数由人工确定，这种基于经验的结果很难达到最优的效果。在 Attention DetNet 中，这一参数是由神经网络自行学习拟合得到的。

然后，为了处理多进制调制，将调制符号映射为独热向量。这样，通过将检测问题转换为适合于神经网络的分类问题，可以轻松地处理多进制大规模 MIMO 检测问题。

最后，也是 Attention DetNet 的网络结构最核心的一点——注意力机制的引入。此前，注意力机制被广泛应用于计算机视觉和自然语言处理中，现在将这一机制引入大规模 MIMO 检测当中，并添加一个网络模块，称为 FusionNet。注意力机制可以理解为权重学习的过程。通过对数据的学习，神经网络会赋予特征一定的权重，然后根据输出的不同决定权重值的分布。在经过这一过程之后，通常可以得到更优的特征。在计算机视觉任务中，注意力机制通常用于学习不同特征图的权重值。在自然语言处理任务中，注意力机制通常用于学习不同单词的权重值。对于这种 FusionNet，注意力机制用于学习不同残差模块输出的权重值，并对这些输出的结果进行融合，具体过程如下：

$$\boldsymbol{W}_{\text{att}} = \sigma(\boldsymbol{W}_3 \boldsymbol{x}_l^{\text{in}} + \boldsymbol{b}_3) \tag{4.41}$$

其中，$\boldsymbol{W}_{\text{att}}$ 表示神经网络学习出来的注意力权重值，σ 为 Sigmoid 激活函数。

在得到注意力权重值以后，可以通过这个权重值和每一级网络的输出计算最终的结果：

$$\hat{\boldsymbol{x}} = \sum_{i=1}^{L} \boldsymbol{W}_{\text{att}}^{i} \boldsymbol{x}_{\text{oh}}^{i} \tag{4.42}$$

对应的 FusionNet 的结构如图 4.25 所示。对于特定的检测值，最深层的残差模块输出的结果不一定是最准确的。通过注意力机制，浅层残差模块输出的结果可用于校正偏差。FusionNet 可以将每个残差模块生成的估计值与网络自身学习到的权重值进行点乘，并输出最终结果。这样，Attention DetNet 可以获得更为准确的结果。

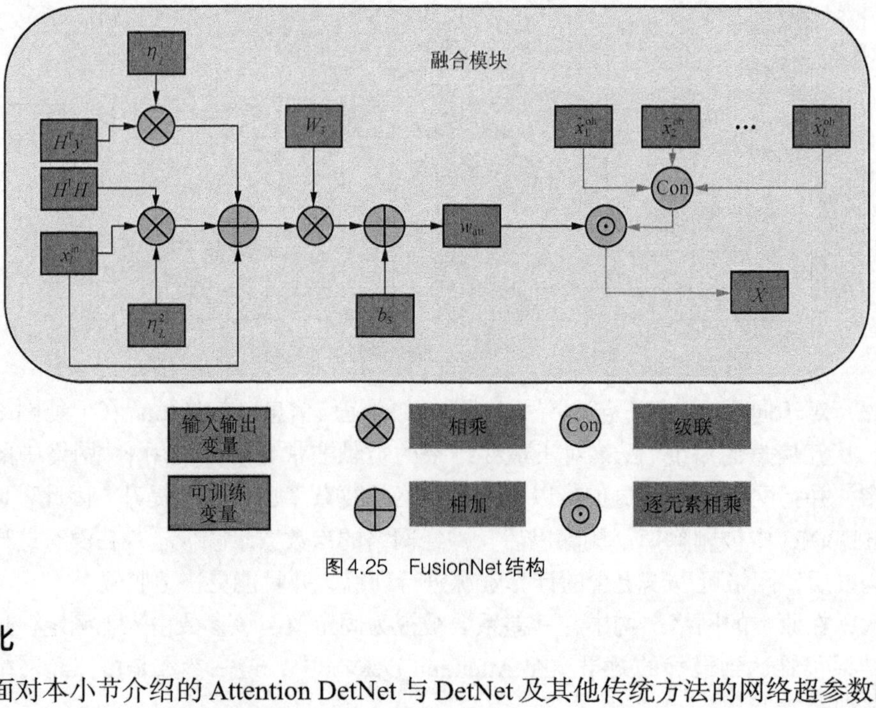

图 4.25 FusionNet 结构

性能对比

下面对本小节介绍的 Attention DetNet 与 DetNet 及其他传统方法的网络超参数的确定、SER 性能、收敛速度和复杂度等方面进行仿真比较。

残差模块的数量 L 是网络最重要的超参数。L 的确定过程会在后文中进行论述。为了寻求性能和复杂度之间的平衡，在所有其他的对比实验中设定 L 为 30。在训练步骤中，选择 Adam 优化器，并且设定 β_1=0.9 和 β_2=0.999。学习率均初始化为 0.001，每进行 1000 次迭代，学习率会乘 0.97。为了比较不同方法之间的性能，将批大小设置为 3000，将迭代次数统一设置为 50000。每个样本根据 $\boldsymbol{x}$、$\boldsymbol{H}$ 和 $\boldsymbol{n}$ 的统计独立特性从如下的公式中生成：

$$y = \frac{\boldsymbol{H} \times \sqrt{N_0}}{\sqrt{\operatorname{tr}(\boldsymbol{H}\boldsymbol{H}^{\mathrm{T}}) / (2 \times N)}} \boldsymbol{x} + \boldsymbol{n} \tag{4.43}$$

其中，tr 表示矩阵的迹，N 是发送天线的数目，$\boldsymbol{H}$（$\boldsymbol{H} \in \mathbb{R}^{2M \times 2N}$）是信道响应矩阵。此外，生成的数据使用的星座图是没有经过归一化的标准星座图。在这样的星座图上，神经网络可以更方便地获得最终结果。

超参数搜索

Attention DetNet 由 L 个残差模块组成。每个残差模块输出一个估计信号。直观地说，层数更多的残差模块会输出更准确的结果。当然，残差模块数量越少，在网络上进行训练和测试所需的时间会越少。首先训练了两个具有 50 个残差模块的深度神经网络，并计算了每个残差层的平均。从图 4.26 所示的结果可以看出，随着残差模块层数的增加，平均 SER 的下降呈阶梯状。只有在残差模块达到一定深度时，Attention DetNet 才能获得更好的性能。但是，随着残差模块层数的增加，性能增加的程度会降低，最终趋于平缓。

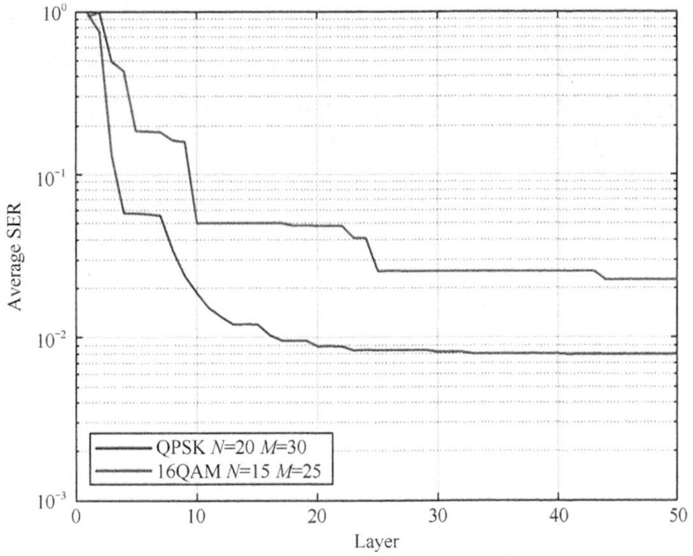

图 4.26 单个模型不同层数残差模块的输出平均 SER（Average SER）对比

之后通过训练一些神经网络来找到合适的参数 L，这些神经网络具有不同数量的残差模块，L = [10;20;30;35;40]。从图 4.27 所示的结果可以验证，随着残差模块数量的增加，网络的 SER 性能更优，这也是对于真实通信系统中 MIMO 检测算法有利的一项方面。在不同场景下，对于 SER 的性能要求、通信要求是不同的。通过调整网络的残差模块数量，可以轻松实现可靠性和速度之间的协调，更少的残差模块具有更小的复杂度。考虑到复杂度和性能之间的平衡，我们之后的实验的残差模块数 L 均设置为 30。

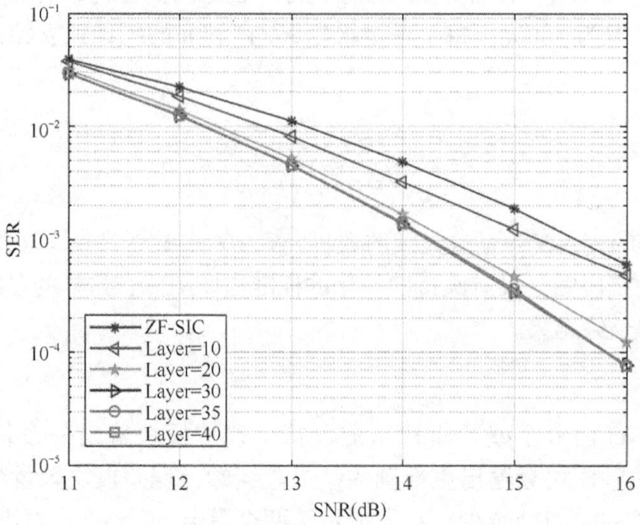

图4.27 不同数量残差模块的网络SER性能对比

多进制调制仿真结果

图 4.28 比较了各个算法在 20 发 30 收复信道及 QPSK 调制下的 SER 性能对比。在这种情况下，Attention DetNet 的 SER 性能要比 SDR 和 DFE 的好，比原始 DetNet 的更好，接近 SD 算法的 SER 性能，并且要比 ZF、MMSE 和 ZF-SIC 的 SRE 性能好得多。而在接收天线更少的情况下，如图 4.29 中 20 发 25 收的情况，Attention DetNet 相比 DetNet 的优势更加明显，性能增益开始显现，同时 Attention DetNet 和 DetNet 都和 SDR 算法性能较为接近，比 SD 算法性能稍差。

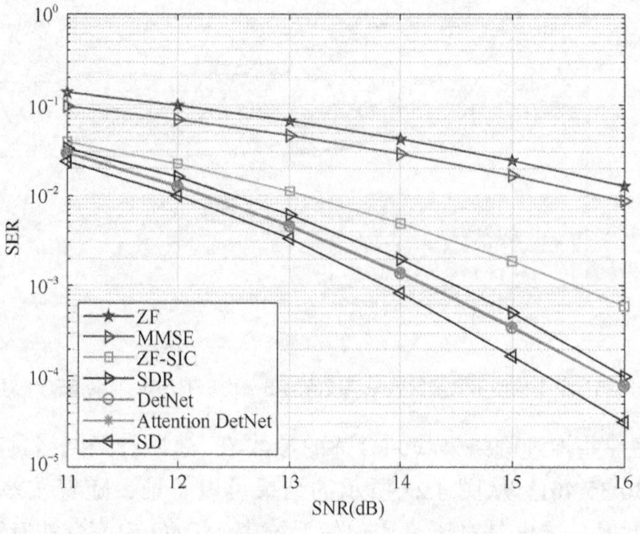

图4.28 20发30收及QPSK调制下算法SER性能对比

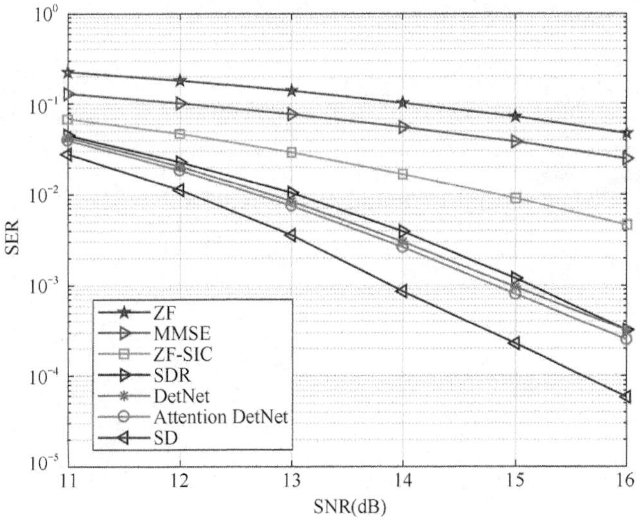

图4.29 20发25收及QPSK调制下算法SER性能对比

更高阶调制的结果如图 4.30 和图 4.31 所示，分别比较了 8PSK 在 15 发 20 收天线数下和 16QAM 在 15 发 20 收天线数下的复信道上的准确率。可以看到，在更高阶调制中，Attention DetNet 的性能仍然优于原始的 DetNet 和 SDR。在这些情况下，Attention DetNet 的优势更加明显。随着调制阶数的增加，Attention DetNet 和 DetNet 之间的差距越来越大。通过这两个调制方式的结果，可以观察到 Attention DetNet 达到的准确率仅次于 SD 算法，且和 SD 算法的准确率最为接近。Attention DetNet 进一步拉近了基于深度学习的检测算法和 SD 算法之间的距离。

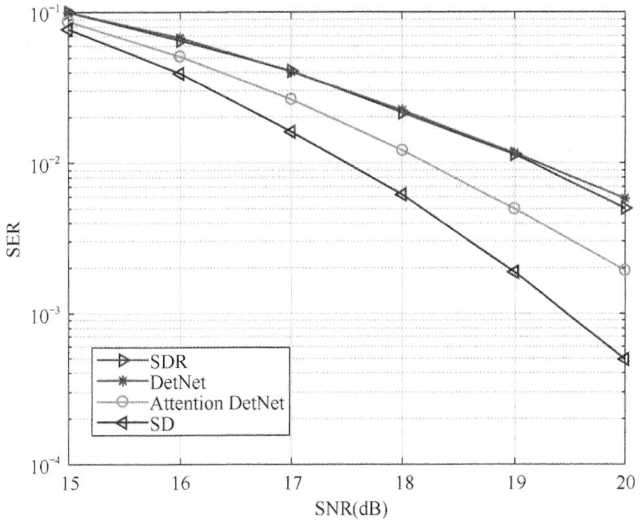

图4.30 15发20收及8PSK调制下算法SER性能对比

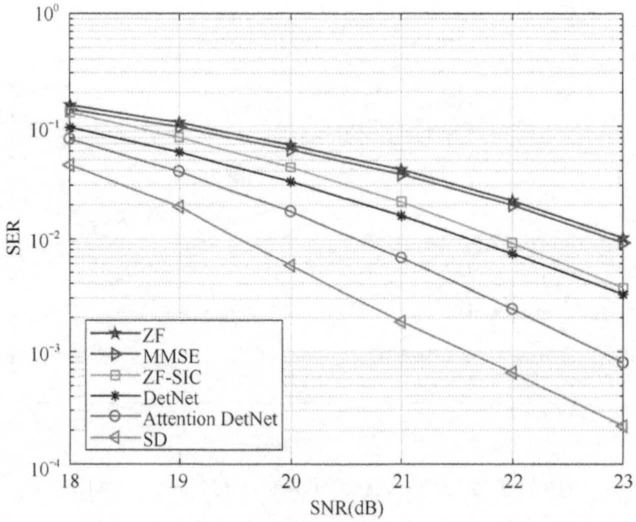

图4.31 15发20收及16QAM调制下算法SER性能对比

DetNet 的主要缺点是，很难处理接收器和发送器中的天线数量相同的情况。对于大多数 MIMO 检测探测器而言，这也是一个难题。而注意力网络可以缓解这个问题，结果显示在图 4.32 中。

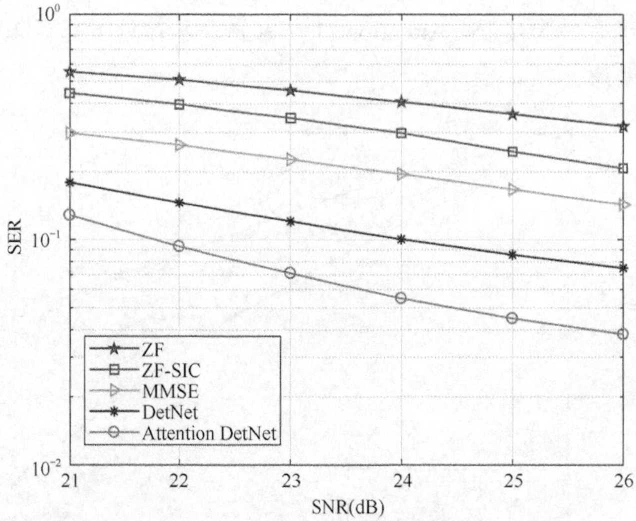

图4.32 16发16收及16QAM调制下算法SER性能对比

注意力机制权重

Attention DetNet 的关键结构是融合模块。根据前文的仿真结果，可以知道更深的残差模块能输出更准确的估计信号。因此，下面针对各种调制方式和天线传输方式比较了不同残差模块的融合模块的注意力机制的权重，如图 4.33 所示。浅层残差模块输出的结果的权重几乎都接近于 0，但深层残差模块的权重值相对较高，高权重值集中在第 25 至第 30 个残差模块的网络上，这同时意味着更深的残差模块能输出更为准确的结果，同时 FusionNet 也分配了更多的权重值，在最终输出结果的占比更高。

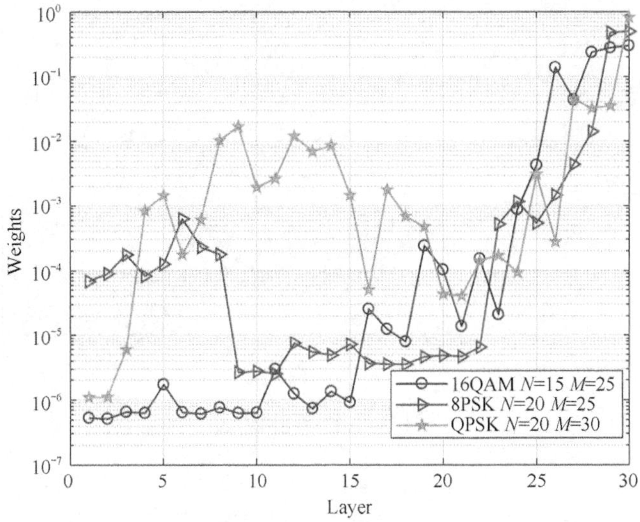

图 4.33　不同残差模块的输出值的权重（Weight）可视化图

收敛速度

下面比较 15 发 25 收的 16QAM 方案下，Attention DetNet 和 DetNet 的收敛速度。从图 4.34 和图 4.35 可以看出，Attention DetNet 能够更快、更平滑地收敛。Attention DetNet 可以在大约 20 000 次迭代内收敛，但是 DetNet 需要大约 40 000 次迭代甚至更多才能真正收敛。更少的迭代次数既可以完全训练注意力模型，也可以节省大量的计算资源。

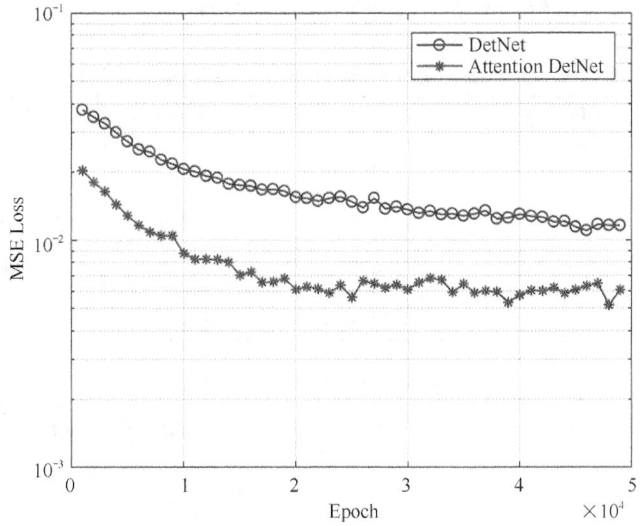

图 4.34　Loss 下降曲线

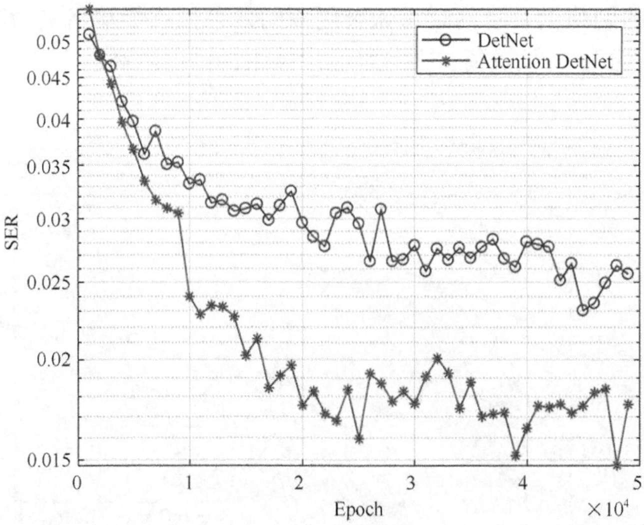

图 4.35 SER 下降曲线

复杂度对比

首先，比较基于 DetNet 和 Attention DetNet 的算法的时间复杂度。由于深度学习算法的计算是并行的，因此运行时间很难反映出该算法的时间复杂度。所以，这里直接比较两者的训练变量的参数量。如表 4.8 所示，与原始 DetNet 结构相比，Attention DetNet 节省了几乎一半的参数量，从而大大降低了算法的时间复杂度。

下面比较 DetNet 和传统的 MIMO 检测算法（SDR 和 SD）的时间复杂度。由于并行化，这里将批大小分别设置为 1、10、100。结果如表 4.9 所示。随着批大小的增加，神经网络算法的优势变得更加明显。与 SDR 算法相比，DetNet 具有更好的时间复杂度和性能。当将基于网络的算法、DetNet 和 Attention DetNet 并行化时，这意味着批大小足够大，与 SD 算法相比，DetNet 具有更好的时间复杂度和近似的性能。

表 4.8 DetNet 与 Attention DetNet 训练变量的参数量对比

调制方式		QPSK	8PSK	16QAM
DetNet 训练变量的参数量	10 发 10 收	118960	610220	1589260
	30 发 30 收	1052760	5449740	14233260
Attention DetNet 训练变量的参数量	10 发 10 收	72640	237360	845200
	30 发 30 收	635280	2103840	7546560

表 4.9 DetNet 与传统算法时间复杂度对比

调制方式	批大小	DetNet 时间复杂度	SDR 时间复杂度	SD 时间复杂度
8PSK 15 发 25 收	1	0.019	0.021	0.004
	10	0.0029	0.021	0.004
	100	0.0005	0.021	0.004

续表

调制方式	批大小	DetNet 时间复杂度	SDR 时间复杂度	SD 时间复杂度
16QAM 15 发 25 收	1	0.006	—	0.01
	10	0.0014	—	0.01
	100	0.0003	—	0.01

4.3 本章小结

本章分两部分详细介绍了基于深度学习的链路自适应和信道侧量反馈。第一部分介绍了基于深度学习的链路自适应技术，相比于传统算法，其可以获得显著的性能提升。

第二部分介绍了一种新型的带有注意力融合模块的用于多元调制 MIMO 检测的神经网络，这种网络能够更快地收敛，并以更快的速度和更少的计算资源获得更好的性能。

参考文献

[1] WAN L, TSAI, S ALMGREN M.A fading-insensitive performance metric for a unified link quality model: IEEE Wireless Communications and Networking Conference, 2006. WCNC 2006[C]. New York：IEEE，2006.4：2110-2114.

[2] SAYANA K, ZHUANG,J STEWART K.Short term link performance modeling for ML receivers with mutual information per bit metrics: IEEE GLOBECOM 2008-2008 IEEE Global Telecommunications Conference[C]. New York：IEEE，2008.

[3] 3GPP. Multiplexing and channel coding. Technical Specification (TS) 36.212. Release 8. 3rd Generation Partnership Project (3GPP), 2009.

[4] HAYKIN S.Neural networks and learning machines, 3/E[M]. Pearson Education India, 2009.

[5] 3GPP. Evolved Universal Terrestrial Radio Access (E-UTRA); Physical layer procedures. Technical Specification (TS) 36.212. Release 9, V9.1.0. 3rd Generation Partnership Project (3GPP), 2010.

[6] YIGIT H , KAVAK A.Adaptation using neural network in frequency selective MIMO-OFDM systems. IEEE 5th International Symposium on Wireless Pervasive Computing 2010[C].New York：IEEE，2010.

[7] HINTON G, et al. Deep neural networks for acoustic modeling in speech recognition: The shared views of four research groups[J]. IEEE Signal processing magazine ,2012, 29(6)：82-97.

[8] GRAVES' A，JAITLY N. Towards end-to-end speech recognition with recurrent neural networks:International conference on machine learning [C]. New York: PMLR，2014.

[9] JADERBERG M, SIMONYAN K, Zisserman A, et al. Spatial transformer networks：

Advances in neural information processing systems 28[C].2015.
[10] ELWEKEIL M， et al. Deep convolutional neural networks for link adaptations in MIMO-OFDM wireless systems [J]. IEEE Wireless Communications Letters 2018,8(3): 665-668.
[11] HU J, SHEN L, SUN G. Squeeze-and-excitation networks: Proceedings of the IEEE conference on computer vision and pattern recognition [C]. 2018.
[12] 3GPP. Evolved Universal Terrestrial Radio Access (E-UTRA); Base Station (BS) radio transmission and reception. Technical Specification (TS) Release 15, 36.104. Version 15.8.0. 3rd Generation Partnership Project (3GPP), 2019.

第 5 章 基于深度学习的信道译码

5.1 基于因子图的信道译码

基于因子图（Factor Graph，对称为 Tanner 图，参考文献 [1]）的和积算法（Sum-Product Algorithm，SPA，参考文献 [2]）的提出，为低复杂度迭代处理算法提供了一种通用且严谨的数学研究方法。因子图能够将复杂的问题或系统用“图”的方法表示出来，然后利用定义在因子图上的 SPA 有效地计算包含多个变量的全局函数的边缘函数。

低密度奇偶校验码（Low Density Parity Check Code，LDPC，参考文献 [2]）是一种译码复杂度低且性能优良的线性分组纠错码，由于具有优异的性能，LDPC 已成为 5G 标准（参考文献 [3]、[4]）中的数据信道编码方案。LDPC 的译码正是一种基于因子图进行的迭代译码方法。

LDPC 主要有两种形式，即矩阵和因子图。一个 LDPC 是由 $m \times n$ 的奇偶校验矩阵 $\boldsymbol{H}$ 的零空间给出的线性块码。LDPC 的因子图类似于卷积码的网格图，它提供了完整的码表示形式，有助于描述译码算法。因子图是二部图，即图的节点可以分为两种类型，其边仅连接不同类型的节点。因子图中的两种类型的节点是变量节点和校验节点，本章分别用 VNs 和 CNs 表示。LDPC 的因子图如图 5.1 所示。每当 $\boldsymbol{H}$ 中的元素 h_{ij} 为 1 时，CNi 连接到 VNj。从该规则中可以看出，因子图中有 m 个 CNs，对应每个校验方程；有 n 个 VNs，对应每个编码位。此外，$\boldsymbol{H}$ 的 m 行指定了 m 个 CN 连接，$\boldsymbol{H}$ 的 n 列指定了 n 个 VN 连接。因此，由 n 个 VN 表示的可允许的 n 比特字恰好是编码中的码字。这里将同时使用符号 CNi 连接到 VNj、符号 c_i 和符号 v_j。

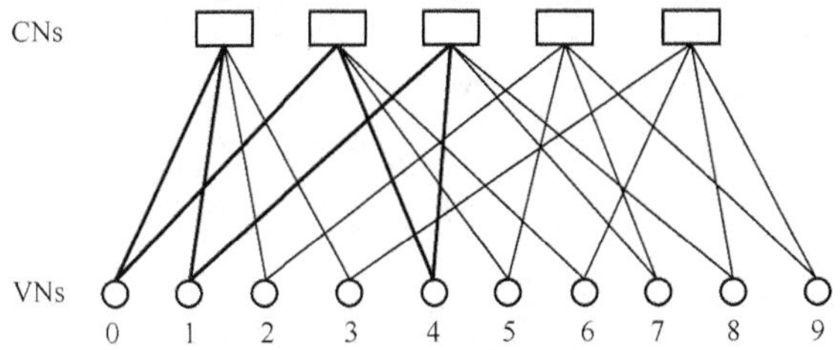

图 5.1　LDPC 码对应的因子图

下面给出一个示例 LDPC 码以便下文说明。考虑一个 (10,5) 的线性块码，其中 w_c=2，w_r=4，校验矩阵 $\boldsymbol{H}$ 如下：

$$H=\begin{bmatrix}1&1&1&1&0&0&0&0&0&0\\1&0&0&0&1&1&1&0&0&0\\0&1&0&0&1&0&0&1&1&0\\0&0&1&0&0&1&0&1&0&1\\0&0&0&1&0&0&1&0&1&1\end{bmatrix} \tag{5.1}$$

该校验矩阵对应的因子图如图 5.1 所示。观察发现 VN0、VN1、VN2 和 VN3 都与 CN0 相连，同时在 $\boldsymbol{H}$ 的第零行上有 $h_{00}=h_{01}=h_{02}=h_{03}$（其他全为 0）。LDPC 的因子图以以下方式充当迭代译码器的蓝图。每个节点充当本地操作的处理器，每个边充当将信息从给定节点传送到其每个相邻节点的线路。传递的信息通常是概率信息，例如，与变量节点对应的比特值有关的 LLR。LDPC 解码器由 n 个 VN 处理器接收的来自信道的 n 个 LLR 启动。在基本迭代译码算法的每个半迭代开始时，每个 VN 处理器都会从信道及其每个相邻 CN 处理器接收输入信息，并从这些计算中为其每个相邻 CN 处理器计算输出。在下一个半迭代中，每个 CN 处理器都从其每个相邻 VN 处理器获取输入，并从这些计算中为其每个相邻 VN 处理器计算输出。VN ↔ CN 迭代将持续进行，直到找到一个码字或达到预设的最大迭代次数为止。

SPA 是 LDPC 的准最优译码算法，但是其复杂度较高。为了降低复杂度，人们又提出了最小和算法（Min-Sum，MS，参考文献 [5]）及其衍生算法归一化最小和算法（Normalized Min-Sum，NMS，参考文献 [6]）和偏置最小和算法（Offset Min-Sum，NOMS，参考文献 [6]）在本节中采用归一化偏置最小和（Normalized Offset Min-Sum，NOMS）算法来说明基于因子图的 LDPC 迭代译码。NOMS 算法根据校验节点调度顺序又可分为洪泛（flooding）机制 NOMS 算法和分层（layered）机制 NOMS 算法（参考文献 [7]）。洪泛机制是指在一次迭代中将所有校验节点一起更新，并行度很高，译码速度快，但是在同样的迭代次数条件下译码性能不及分层机制；分层机制是指在一次迭代译码中串行调度校验节点，串行度高，译码速度较慢，译码性能随迭代次数快速收敛。另外，实际工程中通常使用原模图 LDPC，LDPC 适合更高效的编码译码实现。下面详细说明基于因子图的原模图 LDPC 的两种译码算法。

5.1.1 flooding NOMS算法

令 n 和 m 分别表示原模图 $\boldsymbol{H}_{\text{proto}}$ 中的校验节点数和变量节点数。译码器接收到来自信道的码字序列为 $y=(y_1,y_2,\cdots,y_{\text{N}})$，长度为 N，对其按照长度 Z_c 分组得到 $y=(y_1,y_2,\cdots,y_n)$，送入原模图 $\boldsymbol{H}_{\text{proto}}$ 的 n 个变量节点，其中 $N=Z_c\times n$，Z_c 表示提升因子。令 $L^l(q_{ij})$ 表示第 l 次迭代过程中，由第 i 个变量节点传递给第 j 个校验节点的外部信息，称为变量响应，其中 $i\in\{1,\cdots,n\}$，$j\in\{1,\cdots,m\}$；$\boldsymbol{L}^0(r_{ji})=\boldsymbol{L}(c_i)$ 表示第 l 次迭代过程中，由第 j 个校验节点传递给第 i 个变量节点的外部信息，称为校验响应。

flooding 消息传递方式在每次迭代中将因子图中的所有节点同时进行信息的迭代更新，具体步骤如下。

（1）初始化 $\boldsymbol{L}(c_i)=\dfrac{2\boldsymbol{y}_i}{\sigma^2}$，其中 σ^2 为噪声方差；初始化 $\boldsymbol{L}^0(q_{ij})=\boldsymbol{L}(c_i)$。

（2）CN 更新，同时更新计算每个 CN 的输出信息 $\boldsymbol{L}^l(r_{ji})$：

$L^{l-1}(q_{ij}) = \mathrm{Cl}(L^{l-1}(q_{ij}), H_{\text{proto}}(i,j))$；

$L^{l}(r_{ji}) = (\prod_{i' \in \Re j/i} \mathrm{sign}(L^{l-1}(q_{i'j})), \times \max(w_{ji} \times \min_{i' \in \Re_{j/i}} |L^{l-1}(q_{i'j})| - b_{ji}, 0)$；

$L^{l}(r_{ji}) = \mathrm{Cr}(L^{l}(r_{ji}), H_{\text{proto}}(i,j))$。

其中：$\mathrm{Cl}(L, H_{\text{proto}}(i,j))$ 和 $\mathrm{Cr}(L, H_{\text{proto}}(i,j))$ 分别表示对一维长度为 Z_c 的信息序 L 做循环左移和右移操作，循环移位的长度为 $H_{\text{proto}}(i,j)\%Z_c$；$\Re_{j/i}$ 和 $\Re_{i/j}$ 分别表示 H_{proto} 中校验节点 j 相邻的变量节点中除去变量节点 i 的集合，以及变量节点 i 相邻的校验节点中除去校验节点 j 的集合。

（3）VN 更新，计算 VN 的输出信息：

$$L^{l}(q_{ij}) = L(c_i) + \sum_{j' \in \Re_{i/j}} L^{l}(r_{j'i})$$

（4）硬判决。

得到软判决消息序列：$L^{l}(Q_i) = L(c_i) + \sum_{j' \in \Re_{i/j}} L(r_{j'i})$，其中 $L^{l}(Q_i)$ 表示第 l 次迭代过程中的软判决消息。

硬判决：$\hat{c} = \begin{cases} 1 & L^{l}(Q_i) < 0 \\ 0 & \text{else} \end{cases}$

（5）迭代译码终止判决：

如果满足 $\hat{\mathbf{c}} \cdot H^{\mathrm{T}} = 0$ 的条件，或者是迭代次数超过了最大迭代次数，则结束迭代到步骤（6）否则从步骤（2）开始继续进行下一次迭代运算且令 $L^{l}(Q_i) = L^{l-1}(Q_i)$。

（6）输出译码消息：

选取 $\hat{\mathbf{c}}$ 中前 $1 \sim k$ 个比特作为译码所得到的结果。

5.1.2 layered NOMS 算法

layered 消息传递方式在每次迭代中按因子图的行顺序进行信息的迭代更新，即按顺序逐个调度变量节点。在原模图 H_{proto} 的基础上进行 layered NOMS 译码，不必对 H 由 H_{proto} 扩展得到）逐行调度，而是在每次迭代更新时同时调度由 H_{proto} 中同一行扩展得到的 Z_c 行，因为这 Z_c 行两两正交。此时简化为在原模图上按顺序调度校验节点。算法具体步骤如下。

（1）初始化：

$$L(c_i) = \frac{2y_i}{\sigma^2}，\quad L^{1}(Q_i) = L(c_i)，\quad L^{0}(r_{ji}) = 0$$

（2）以 H_{proto} 的一行为一层，编号为 j，$j \in \{1, \cdots, m\}$，逐层进行迭代。

- 计算更新当前编号为 j 的子层的变量响应：

$$L^{l}(q_{ij}) = L^{l}(Q_i) - L^{l-1}(r_{ji})$$

- 计算更新当前编号为 j 的子层的校验响应：

$L^{l}(q_{ij}) = \mathrm{Cl}(L^{l}(q_{ij}), H_{\text{proto}}(i,j))$

$$L^l(r_{ji}) = (\prod_{i' \in \Re j/i} \text{sign}(L^{l-1}(q_{i'j})), \times \max(w_{ji} \times \min_{i' \in \Re_{j/i}} |L^{l-1}(q_{i'j})| - b_{ij}, 0)$$

$$L^l(r_{ji}) = \text{Cr}(L^l(r_{ji}), H_{\text{proto}}(i, j))$$

w_{ij} 是配置给原模图边 (i, j) 的权重，b_{ij} 是配置给原模图边 (j, i) 的偏置。

- 计算更新当前编号为 j 的子层的软判决消息：

$$L^l(Q_i) = L^l(q_{ij}) + L^l(r_{ji})$$

（3）硬判决。

得到软判决消息序列：

$$L(Q_i) = (L^l(Q_1), L^l(Q_2), \cdots, L^l(Q_n)) = (L(Q_1), L(Q_2), \cdots, L(Q_N))$$

硬判决：$\hat{c} = \begin{cases} 1 & L^l(Q_i) < 0 \\ 0 & \text{else} \end{cases}$

（4）迭代译码终止判决：

如果满足 $\hat{\mathbf{c}} \cdot H^{\mathrm{T}} = 0$ 的条件，或者是迭代次数超过了最大迭代次数，则结束迭代到步骤（5），否则从步骤（2）开始继续进行下一次迭代运算且令 $L^l(Q_i) = L^{l-1}(Q_i)$。

（5）输出译码消息：

选取 $\hat{\mathbf{c}}$ 中前 $1 \sim k$ 个比特作为译码所得到的结果。

5.2 从因子图到定制神经网络

从 LDPC 基于因子图的迭代译码中可以发现，译码过程中的消息传递网络和深度学习中的神经网络有很大相似性。利用这一点可以把 LDPC 码的迭代译码过程转化成一种定制神经网络，然后用深度学习的方法来优化迭代译码（参考文献 [8]、[9]、[10]）：分别把 flooding NOMS 算法和 layered NOMS 算法展开成定制的 flooding 译码神经网络（参考文献 [11]）和 layered 译码神经网络（参考文献 [12]），在网络中信息以前馈的形式传递。

5.2.1 flooding译码神经网络

基于原模图 LDPC flooding NOMS 算法的神经网络结构如图 5.2 所示。外部似然信息序列 L 由输入层输入，神经网络一共有 $2I_{\max}$ 层隐藏层，将隐藏层编号为 $1,2,3,\cdots,2I_{\max}-2,2I_{\max}-1,2I_{\max}$。奇数层称为变量节点更新层，因为它完成的主要计算是对变量节点的到校验节点的似然信息的计算。由更新公式可知，对除了第一个变量节点更新层的其他变量节点更新层都需要输入外部似然信息序列；事实上，由于在第一次迭代时 $L^0(r_{ji})$ 的初始值均为 0，所以第一个变量节点的更新层的计算可省略。偶数层称为校验节点更新层，它完成的主要计算是对校验节点到变量节点的似然信息的计算，还包括循环移位操作。每两层这样的隐藏层完成一次迭代译码。

在每次迭代译码后都会进行一次结果输出，即图 5.2 中的每个校验节点更新层都连接一个输出层，完成对每轮迭代译码后的输出似然信息序列的计算，以供判决器做译码判决。事实上本节介绍的神经网络具有复用性，当对每轮迭代译码中的权重 w_i 和偏置 b_i 进行优化时，不是所有轮迭代中的待学习系数同时进行训练，即不是每次都进行 I_{max} 轮迭代译码、判决、计算 loss，然后优化器优化反向传播梯度调整系数。对于本节介绍的神经网络，首先训练第一轮迭代中的权重 w_1 和偏置 b_1，进行一次迭代译码，只用神经网络的前两层隐藏层及其输出层，后面的层暂时不用，当训练好了第一轮迭代的权重 w_1 和偏置 b_1 后，把它们固定下来，它们不再是可学习变量；然后每次训练进行两轮迭代译码，神经网络采用前四层隐藏层，似然信息结果从第二轮迭代输出层输出，只对第二层的权重 w_2 和偏置 b_2 进行优化调整；如此递推，直到达到最大迭代译码次数 I_{max}。这样的训练策略不仅能够降低模型训练时的计算复杂度，而且能够避免梯度消失的问题。因为当所有层的系数同时进行训练时，不仅网络规模过大，而且待训练的系数过多，无法保证对轮次较少的权重 w_i 和偏置 b_i 进行优化。在这个训练策略下，优化算法能够在低轮次获得良好优化。在实际应用中，原模图 LDPC 的译码算法的迭代次数不会取得太多，所以对轮次较高的系数不必追求最优。

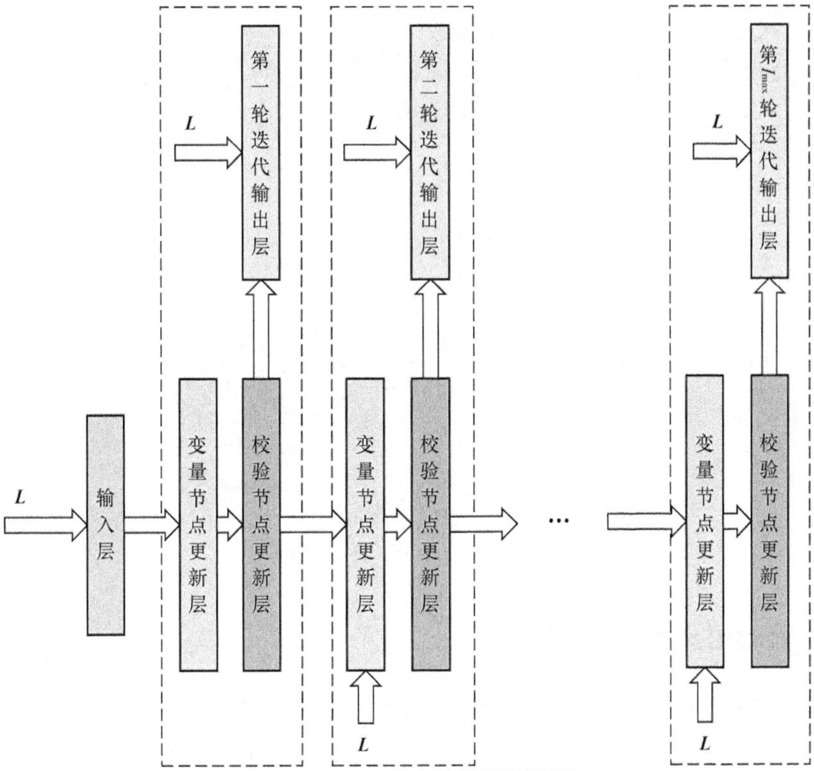

图 5.2　flooding 译码神经网络的结构

根据 CN 更新需要进行两次循环移位操作，这需要对神经网络进行复制和循环移位，得到完整的因子图对应的译码神经网络。左循环移位体现在对变量节点更新层到校验节点更新层的神经元连接线进行置换，右循环移位体现在对校验节点更新层到变量节点更新层的神经元连接线的进行置换（神经元对应因子图中的边，而连接线的主要作用是体现这些边的行列关系）。依据原模图构造的原理对神经网络先复制 Z_c 倍，即把复用神经元展开为 Z_c 个神经元，然后进行循环移位。

图 5.3 所示为基于原模图神经网络复制和连接置换（循环移位）的 flooding 译码神经网络。其中 E_b 为原模图中边的数目，每一层中大小为 E_b 的神经元组一共有 Z_c 组，代表 Z_c 倍的复制操作。然后依据基图中每条边对应的循环移位值来对神经网络中的连接线进行置换，一个置换单元为同一层编号相同的神经元。以图 5.3 中的 VN 更新层第一组中编号为"1"的 VN 更新神经元为例说明左循环移位：首先可以判断在置换之前，该神经元一定是与下一层第一组 CN 更新神经元 1；因为边置换不会改变编号的连接关系，同一编号的神经元均是由原模图神经网络中对应层同一编号的神经元复制而来的。而且该神经元的输出从第一组被传到了最后一组，可以判断编号为"1"的神经元左循环 1 位。

由于 flooding NOMS 算法中因子图所有边的信息一起更新，所以对应的译码神经网络具有很高的并行度。

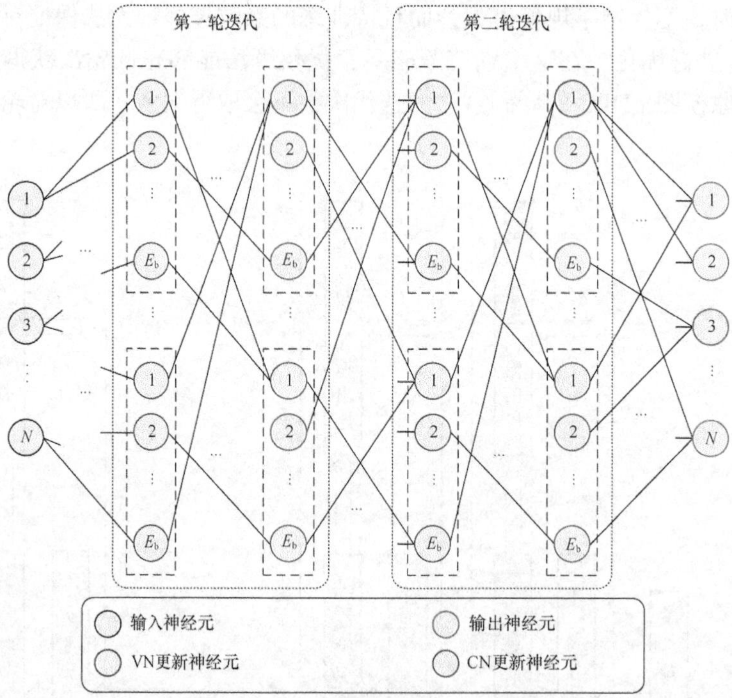

图 5.3　flooding 译码神经网络

5.2.2 layered 译码神经网络

在 layered 译码神经网络中，每一次译码迭代对应神经网络中的一层。按照校验节点调度的顺序，每一层又进一步分成变量节点子层、校验节点子层和判决子层。然后一定规模的可调整权重和偏置被配置到原模图的每条边上。由原模图同一条边复制得到的一组子边共享同一个权重和偏置。因此，这一对参数的数目等于原模图中边的数目，整个网络的参数量不会随码长的增长而增长。这种原模图 LDPC 译码神经网络将各奇偶校验矩阵每行的校验节点作为神经网络的一层译码层，构建包括至少一层译码层的译码神经网络。

一般的 layered 调度方式是串行调度，每次更新一个校验节点，虽然这样译码收敛加快，但是会导致神经网络的深度非常深，不利于进行深度学习。因此一般采用一个校验节点分组串行调度的方法，即根据校验矩阵每一行之间的相关性对校验节点进行分组。对于

m 行 n 列的矩阵形式的原模图，计算两个行向量之间的内积；根据内积计算结果确定两个行向量之间的相关性；根据两个行向量之间的相关性，按照聚类算法将各校验节点进行聚类，将同一类的校验节点分为一组，得到分组后的校验节点。

各校验节点进行聚类的原则是：同一组内的校验节点相关性低于预定低阈值，不同组的校验节点相关性高于预定高阈值。分组时，同一组内的校验节点相关性越低越好，这样能够实现与同一组内的校验节点相连接的变量节点的交集小、并集大，同一组内的校验节点完成迭代之后能够更新尽量多的变量节点；不同组的校验节点相关性越高越好，这样能够实现与不同组的校验节点相连接的变量节点的交集大、并集小，每组校验节点完成迭代之后能够更新尽量多的变量节点，加快译码收敛。

结合图 5.4，矩阵形式的原模图具有 m 个行向量，对应 m 个校验节点，计算两个行向量之间的内积，确定两个行向量之间的相关性。根据确定出的两个行向量之间的相关性，将 m 个校验节点分为 S 组，得到分组后的校验节点 $G_1,G_2,\cdots,G_S$，每组中校验节点的个数分别为 $a_1, a_2, \cdots, a_S$，且 $\sum_{i}^{S} a_i = m$，每组中的校验节点的个数可以相同或者不同。

结合图 5.5，输入层用于输入训练样本，本实例中，用于输入对数似然比信息序列；输出层用于输出经过各译码层进行译码处理后的译码结果。译码层的层数表示迭代译码的次数，每个译码层包括串行连接的 S 个组合子层，即第 1 个组合子层的输出是第 2 个组合子层的输入……第 S-1 个组合子层的输出是第 S 个组合子层的输入。每个组合子层包括变量节点更新子层、校验节点更新子层和判决子层，每个组合子层用于一组校验节点的更新过程，每个组合子层对应一组校验节点的并行调度，即一组内的所有校验节点都进行并行调度更新，一层译码层的各个组合子层对应各组校验节点的串行调度更新；对一组校验节点进行并行调度时，该组中的所有校验节点和相邻的变量节点按照特定的译码算法进行更新，变量节点更新子层用于完成变量节点的更新，校验节点更新子层用于完成校验节点的更新，判决子层用于更新迭代后的判决信息，得到迭代增益。

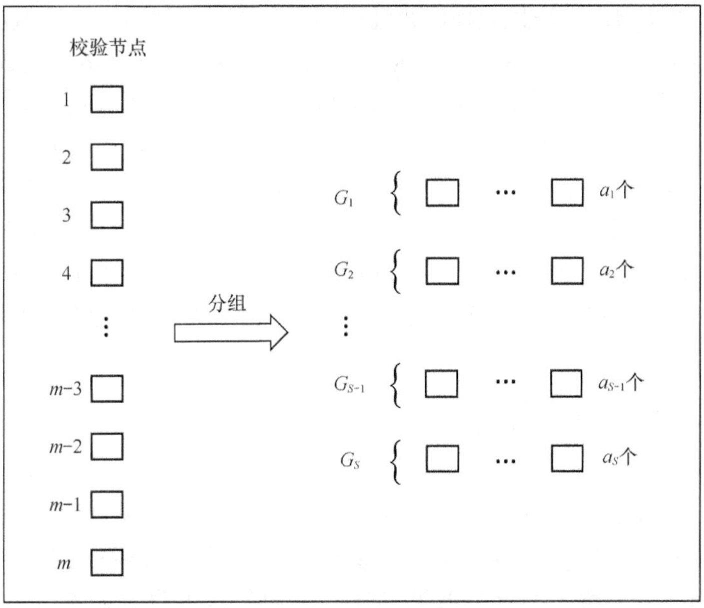

图 5.4 layered 译码神经网络 1

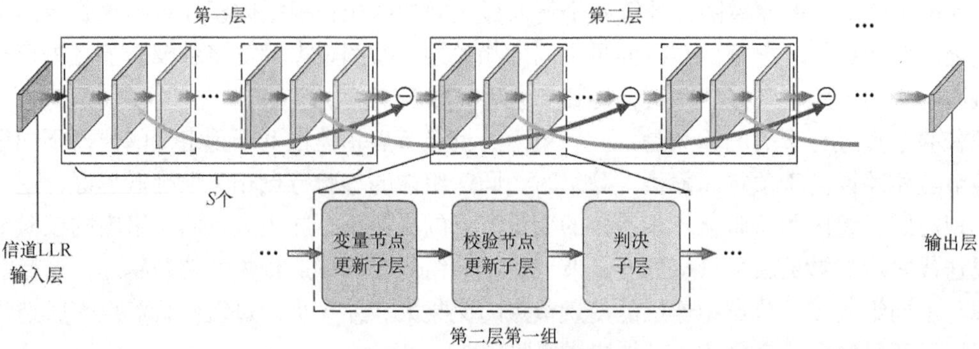

图 5.5 layered 译码神经网络 2

layered 译码神经网络的并行度不如 flooding 译码神经网络，但是前者的译码收敛速度更快。表 5.1 是两个神经网络的参数量对比，E_s 表示因子图中边的总数，E_m 表示一组校验节点中边的总数，可以看到一次迭代中，layered 译码神经网络的子层数目要远多于 flooding 译码神经网络的子层数目。

表 5.1 flooding 译码神经网络与 layered 译码神经网络参数量对比

具体参数	flooding 译码神经网络参数量	layered 译码神经网络参数量
一次迭代包含的子层数目	2	3m
VN、CN 更新子层神经元数目	E_s	E_m
判决子层神经元数目	无	n
输入层、输出层	n	n
一次迭代参数数目	$2E_s$	$2E_s$

为了能用深度学习的方法优化译码神经网络，还需要设置可学习变量。在校验节点更新公式中，可以添加权重和偏置，在普通 NOMS 算法中，这两个系数对每条边和在每次迭代中都是一样且固定的。可以让这两个系数可学习，将其配置到基图中的每条边，由该基本边扩展得到的边共用权重和偏置，并且不同层次迭代的系数是不同的，一组系数可适用于由同一基图得到的多个 LDPC。这样的系数配置方式在控制了系数规模的同时又增加了可调整性。权重和偏置的优化思路有两点：第一点是尽可能地线性拟合 SPA 算法中的校验节点更新公式；更为重要的第二点是利用权重和偏置的调整来优化似然信息在因子图中的传递，特别是尽量减少信息在短环上的循环，减小短环对迭代译码性能的影响。

5.3 译码神经网络优化方案

5.2 节介绍了 flooding 译码神经网络和 layered 译码神经网络，为了能够清楚地说明如何对这两种译码神经网络进行优化，本节将具体介绍译码神经网络优化方案。

基于深度学习的原模图 LDPC 码的 NOMS 译码算法的设计包括以下步骤：第一步，

建立原模图 LDPC 译码训练样本；第二步，建立神经网络训练模型；第三步，输入训练样本，采用随机梯度下降的训练方法对模型进行训练；第四步，取出训练好的参数并将其代入相应的译码算法中进行性能验证。图 5.6 所示为该译码神经网络优化训练的基本流程。对于训练样本的建立，就是选定码长，对信息序列进行编码和信道加噪处理；该 LDPC 深度学习译码模型的主体结构是非全连接的译码神经网络；与传统的深度学习有所不同的地方是，这里追求的是训练完成后的一组优化系数 $\boldsymbol{w}$ 和 $\boldsymbol{b}$，而不是整个模型，将系数代入已有的归一化偏置最小和译码算法即得到优化算法。

图5.6　译码神经网络优化训练基本流程

5.3.1　训练样本的建立

训练样本为信道输出的信息序列。这里的重点在于对原模图 LDPC 译码算法的优化（采用 5G LDPC）。图 5.7 所示为建立训练样本的基本流程，信源为随机等概率的 0、1 信源，调制方式为简单的二进制相移键控（Binary Phase-Shift Keying, BPSK）调制，信道采用高斯白噪声信道。建立训练样本的具体步骤如下。

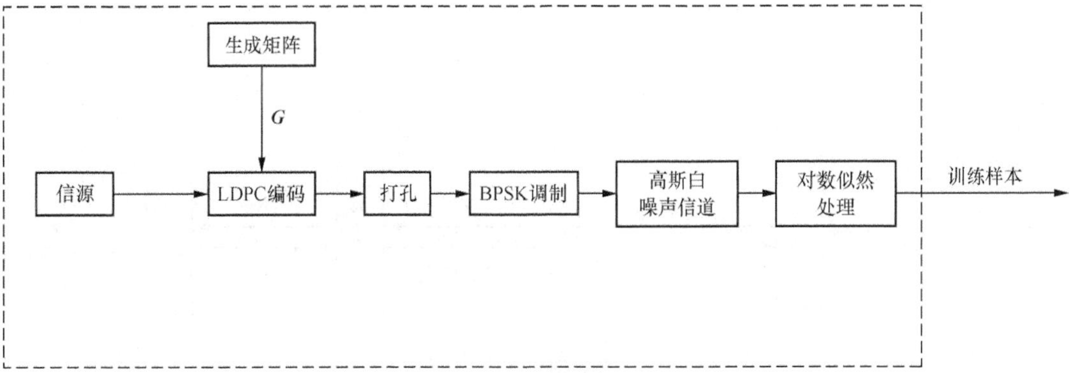

图5.7　建立训练样本的基本流程

首先，选择 5G LDPC 中的基图（基图有 BG1 和 BG2 两种），确定提升因子（Lifting Factor，表示在基图基础上扩展的倍数）Z_c，得到奇偶校验矩阵 $\boldsymbol{H}$，再得到对应的生成矩阵 G。等概率 0、1 信源比特信息序列 $\boldsymbol{x}$ 经过编码得到信息比特序列 $\boldsymbol{y}$，即 $\boldsymbol{y} = \boldsymbol{x}\boldsymbol{G}$。其中，对于任一个（$N, K$）的 LDPC，$N$ 为码字的长度，K 为信息位长度；相应的基图中校验节点数为 $m = (N - K)/Z_c$，变量节点数为 $n = N/Z_c$。其次，信息比特序列 $\boldsymbol{y}$ 经过 BPSK 调制后再加入高斯白噪声 $\boldsymbol{n}$，初始化后得到带高斯白噪声的信息序列 $\boldsymbol{s}$（$\boldsymbol{s}=\boldsymbol{y}+\boldsymbol{n}$）。最后，转化成相应的对数似然比（LLR）信息序列 $\boldsymbol{L}$，$\boldsymbol{L} = \dfrac{2\boldsymbol{y}}{\sigma^2}$，$\sigma^2$ 是噪声的方差，将 $\boldsymbol{L}$ 作为 LDPC 译码的训练样本。设定最大译码迭代次数为 $I_{\max}$，因为越后面的层的输出译码性能越好，为了保持每一层训练时的损失值一致，用于训练不同层的样本对应的高斯白噪声是不同的，每一层的训练样本加入高斯白噪声的大小是不同的，也就是 SNR 不同。具体体现为 SNR 的不同，取该码长 LDPC 在采用 SPA 迭代次数为在该层数下达到一定 BER 所需要的最小 SNR。

5.3.2 深度学习译码模型

基于深度学习的译码模型本质上是一个原模图 LDPC 译码器，其初始化译码算法是 NOMS 译码算法。原模图 LDPC 深度学习译码模型如图 5.8 所示。模型输入的数据为 $\boldsymbol{L}$，是经过 LDPC 编码、信道加噪和似然处理后的一组似然比信息序列；译码神经网络的结构设计的基础为原模图 LDPC 在原模图结构下的归一化偏置最小和译码算法，神经网络的层数与所追求的译码算法能达到的最大译码迭代次数 $I_{\max}$ 有关；译码神经网络的输出也为一组比信息序列 $\boldsymbol{L}_{\text{output}}$，可以用于判决器进行译码软判决；然后把编码输出的码字 x 输入损失估计器来计算损失值 loss；最后将损失值 loss 传给优化器进行梯度计算，再将梯度反向传播给译码神经网络，以此来调整优化可学习系数权重 $\boldsymbol{w}$ 和偏置 $\boldsymbol{b}$。

译码神经网络可以选择 flooding 译码神经网络和 layered 译码神经网络，网络的非全连接方式是基于基图结构的，因为对于同一基图下的原模图 LDPC，该译码神经网络的结构必须具有通用性。相比于全连接的神经网络，此神经网络有更强的结构特性，只适用于 SPA、最小和算法及其优化算法的译码，它们都基于置信度传播算法中似然信息在变量节点和校验节点之间迭代传递的原理，多次迭代时信息传递的路径正是此神经网络神经元之间所采用的连接方式的依据。另外该译码神经网络具有连接的稀疏性，大大降低了深度学习模型在训练时的计算复杂度。

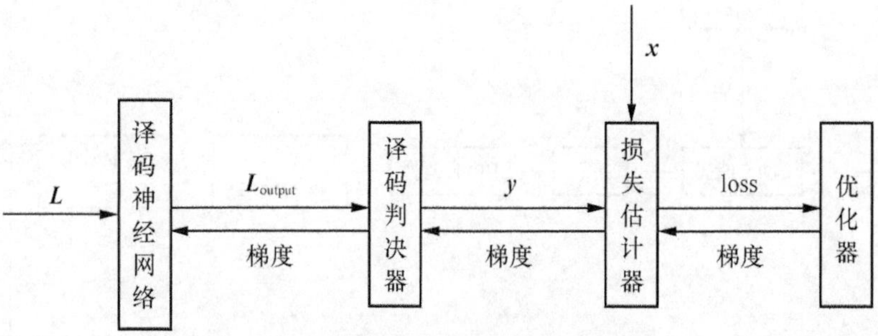

图5.8 原模图LDPC深度学习译码模型

5.3.3 泛化码长深度学习译码模型

通常，深度学习译码模型的训练样本的大小都是一样的，训练样本都是单一码长的 LDPC。但是问题在于训练好的权重 $\boldsymbol{w}$ 和偏置 $\boldsymbol{b}$ 是同一基图下的不同码长的 LDPC 进行译码时通用的，而训练样本只使用了一种码长的 LDPC，权重 $\boldsymbol{w}$ 和偏置 $\boldsymbol{b}$ 在不同码长上的通用性肯定不足，所以可以增加训练样本的码长种类。给定一个训练样本码长种类的 LOPC 集合 $\Im=\{C_0,C_1,\cdots\}$，这里取了 3 种码长，在硬件计算能力足够的情况下种类越多越好。

在整个连续训练过程中，神经网络的大小是不可变的，是无法通过设置可变参数去改变神经网络在不同轮次训练下的规模大小的。这意味着对一个神经网络只能输入一个码长，在多码长情况下必须搭建多个神经网络。图 5.9 所示为泛化码长深度学习译码模型，码长种类数为 3，3 个神经网络都是单码长译码神经网络，而且它们共用一组权重 $\boldsymbol{w}$ 和偏

置 $\boldsymbol{b}$，唯一的区别是它们能够处理的码长是不同的。

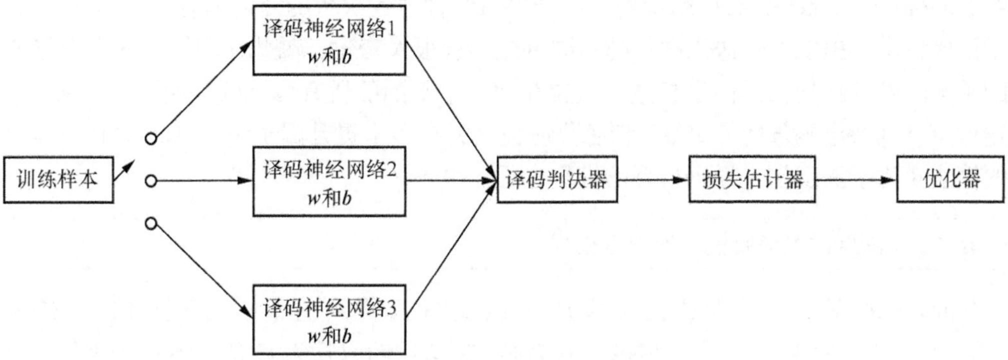

图5.9 泛化码长深度学习译码模型

5.4 网络训练

为了找到最佳的权重和偏置，一种简单的训练方法是在译码神经网络的基础上，将目标迭代次数设为 I_{max}，并同时对所迭代轮次中的权重和偏置进行调整，以最小化损失函数。梯度从第 I_{max} 次迭代的网络层传播到第一次迭代的网络层。对于实际的迭代次数 I_{max}（例如 20 或 50），译码神经网络结构相当深，并且在训练时会遇到梯度消失的问题。本节使用的方法是：建立网络并采用 iteration-by-iteration 训练策略，如图 5.10 所示。这种训练策略在训练完第一次迭代译码中的权重和偏置后，将在训练中固定相应的权重和偏置以进行后续迭代。译码神经网络从低层网络进行一次迭代发展为多层网络。每次只有最后一层的权重和偏置是可学习的。

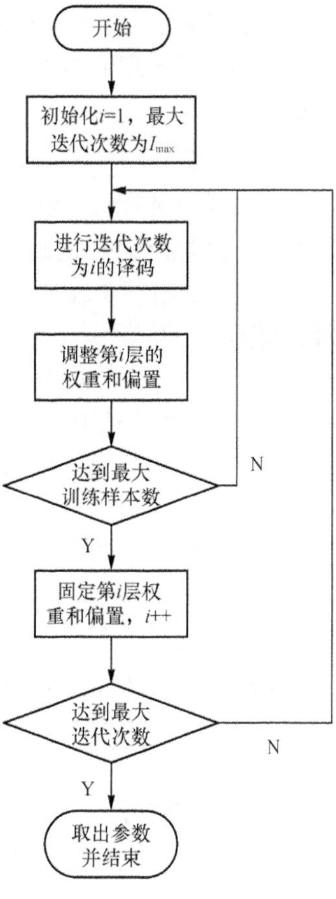

图5.10 iteration-by-iteration 训练策略流程

这种逐层训练的训练策略旨在尽可能地优化低层次迭代译码的性能。相比于对 I_{max} 次迭代中的权重和偏置直接进行优化的方法，当 I_{max} 达到一定程度时，这种贪婪的训练策略会导致译码性能下降。然而，在迭代译码器的实际实现中，迭代次数通常不是很多，以节省功耗并减少平均解码等待时间。iteration-by-iteration 训练策略通常采用早期终止机制：在每次迭代之后执行错误检测（例如循环冗余校验），一旦通过，译码过程将立即终止，这种训练策略非常适合这种提前终止译码。而且实际的训练网络始终是浅层结构，因此避免了梯度消失的问题。而且这种策略大大降低了训练的复杂度，不需要对不同迭代次数的译码进行单独训练，iteration-by-iteration 训练策略下的结果对各种迭代次数的译码都有不错的优化效果。由于误比特率（BER）随迭代次数的不同可能会有很大变化，因此在训练过程中应将 SNR 分配给不同的迭代轮次。由于权重和偏置在同一个基图的所有可能的扩展码之间共享，为防止过拟合到特定码长的 LDPC，训练集应包括具有多个提升因子 Z_c 的 LDPC 的样本。下面的算法 3 为了深度学习译码模型的训练过程。

算法 3 深度学习译码模型的训练过程

Input：基图 C_b，最大迭代次数 I_{max}，由基图 C_b 得到的不同码长的 LDPC 码集合 $\Im=\{C_0,C_1,\cdots\}$，SNR 表，其中 SNR(i, j) 为第 i 次迭代的码长为 C_j 的 LDPC 码训练样本对应的 SNR

Output：$\boldsymbol{w}_j$ 和 $\boldsymbol{b}_j$，$j=1,2,\cdots,I_{max}$

1：

2：**for** $k=1,2,\cdots,I_{max}$ **do**

3： 初始化一组神经网络译码器，分别对应于不同码长 $C_j\left(C_j\in\Im\right)$，它们共有权重 $\boldsymbol{w}_j$ 和偏置 $\boldsymbol{b}_j$，$j=1,2,\cdots,k$

4： 用训练好的权重和偏置初始化第 i 次迭代译码中的权重和偏置，其中 $i=1,2,\cdots,k-1$

5： 用一个合理值初始化最后一次迭代中的权重 $\boldsymbol{w}_k$ 和偏置 $\boldsymbol{b}_k$

6：

7： **repeat**

8：   随机选择一个码长 $C_j\left(C_j\in\Im\right)$

9：   随机产生 C_j 的码字 $\boldsymbol{x}$

10：   对 $\boldsymbol{x}$ 进行 **BPSK** 调制和高斯白噪声信道加噪，SNR 为 SNR(i,j)，最后进行似然计算，得到 $\boldsymbol{y}$

11：   把 $\boldsymbol{y}$ 输入 C_j 对应的神经网络译码器，得到输出 $\boldsymbol{s}$

12：   计算损失值 loss

13：   使用梯度下降算法调整 $\boldsymbol{w}_k$ 和 $\boldsymbol{b}_k$

14：

15： **until** 达到最大训练次数

16：

17： **end for**

return $\{\boldsymbol{w}_i\}$ 和 $\{\boldsymbol{b}_i\}$，$i=1,2,\cdots,I_{max}$。

5.5 性能评估

译码神经网络的主要作用是通过训练得到最优的权重和偏置。进行性能评估时，把最优的权重和偏置分别代入对应的 Neural NOMS 译码算法当中，在 AWGN 信道下进行性能评估。

5.5.1 Neural flooding NOMS译码算法性能评估

对优化译码算法进行仿真，测试其在不同码长和不同的迭代次数下的误码性能，并将其与和积译码算法（SPA）、最小和（min-sum）译码算法与偏置最小和（Offset min-sum）译码算法做比较。仿真时简化编译码流程，包含编码、调制、信道加噪和译码判决。具体参数如表 5.2 所示。

表 5.2 优化译码算法仿真测试参数

信源类型	0、1 等概信源		
LDPC 码长	(150, 30)		
调制方式	BPSK		
凿孔位置	前 6 个比特		
信道	高斯白噪声信道		
Offset min-sum 算法偏置值	0.347		
译码迭代次数	5	10	20

图 5.11 为码长为 (150, 30) 的 LDPC 在迭代次数为 5 时，不同译码算法译码性能的对比（图 5.11 中的 Eb/N0 表示比特倍噪比，其他图中含义相同）。在低 SNR 的条件下，SPA 算法的译码性能最优，其次为 Neural flooding NOMS 算法和 Offset min-sum 算法，两者在译码性能上差距不大，但都优于 min-sum 算法；在中 SNR 的条件下，Neural flooding NOMS 算法的译码性能已经好于 Offset min-sum 算法；在高 SNR 的条件下，Neural flooding NOMS 算

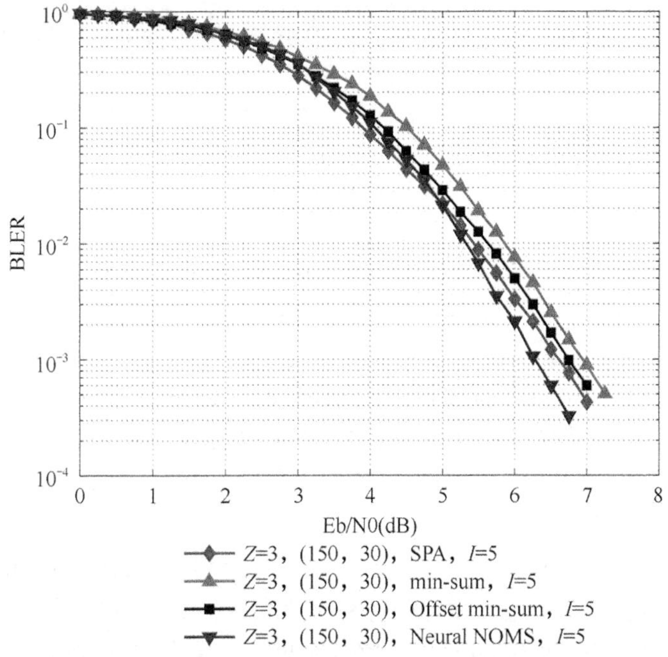

图5.11 $I = 5$，码长为（150,30）不同译码算法译码性能对比

法的 BLER 曲线下降得很快，其译码性能已经超过 SPA 算法 0.3dB 左右，此时 SPA 算法的译码性能相比 min-sum 算法的提升也不过 0.3dB 左右；并且在 BLER 为 2×10^{-2} 时，Neural flooding NOMS 算法开始优于 SPA 算法。通过以上对比分析可知，基于单码长训练的 Neural flooding NOMS 算法在高 SNR 和迭代次数为 5 的条件下译码性能取得了很大的增益，并且在中 SNR 时也有可观增益。

图 5.12 为码长为（150, 30）的 LDPC 码在迭代次数为 10 时，不同译码算法译码性能的对比。与迭代次数 I =5 时不同的是：在低 SNR 的条件下，Neural flooding NOMS 算法的译码性能要略差于 Offset min-sum 算法，但依然好于 min-sum 算法；在高 SNR 的条件下，Neural flooding NOMS 算法的译码性能超过 SPA 算法，但是不足 0.3dB，此时 SPA 算法的译码性能超过 min-sum 算法 0.6dB 左右；在 BLER 为 1.5×10^{-2} 时，Neural flooding NOMS 算法开始优于 SPA 算法。通过以上对比分析可知，基于单码长训练的 Neural flooding NOMS 算法在迭代次数为 10 的条件下译码性能依然保持较大增益。

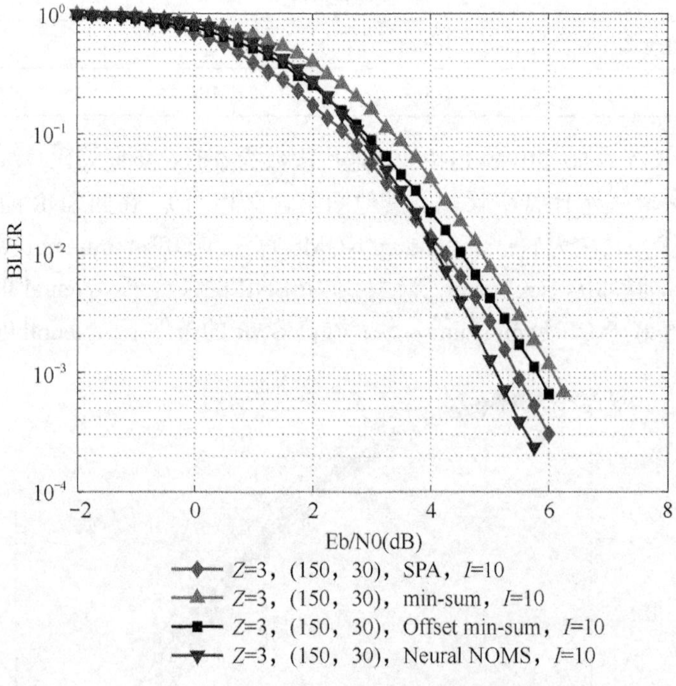

图 5.12　I = 10，码长为 (150, 30)，不同译码算法译码性能对比

图 5.13 为码长为 (150, 30) 的 LDPC 在迭代次数为 20 时，不同译码算法译码性能的对比。从图 5.13 中可以很明显地看出 Neural flooding NOMS 算法的译码性能增益区间缩小，在 BLER 为 7×10^{-3} 时才开始优于 SPA 算法，而且在 SNR 小于 4 的区间，其译码性能甚至不如 Offset min-sum 算法。

综合图 5.11、图 5.12 和图 5.13，随着迭代次数的增加，Neural flooding NOMS 算法在低 SNR 条件下的表现越来越差，并且在高 SNR 条件下相比于 SPA 算法的译码增益也不断减少，这正是 iteration-by-iteration 训练策略的结果，低层次的权重和偏置得到了尽可能的优化，而在高层次可优化空间被压缩，在大的 SNR 范围内难以取得均衡的增益。

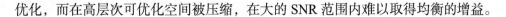

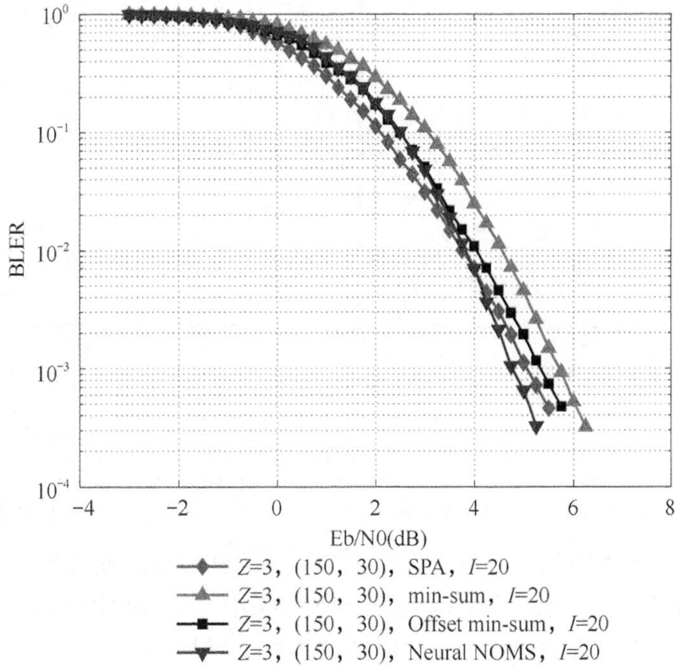

图 5.13 I= 20，码长为(150, 30)，不同译码算法译码性能对比

5.5.2 Neural layered NOMS 译码算法性能评估

本小节选择 5G LDPC 作为用来进行算法实现的具体原模图 LDPC 的实例，然后构造对应的 Neural NOMS 译码器。假设信号在 AWGN 信道或者在瑞利衰落信道上传递，调制方式为 BPSK 调制。

图 5.14 所示是 BG2 中的 (156, 30) 码（即 Z=3）的 BLER 性能包括最大迭代次数 $I_{\max}$=10 的 Neural layered NOMS 算法和最大迭代次数 $I_{\max}$=20 的标准 SP 算法。如图 5.14(a ）所示，在 AWGN 信道下 Neural layered NOMS 算法相比普通的 layered MS 算法有很大的性能增益。值得关注的是，自学习 min-sum 译码器在高 SNR 条件下甚至超过了 layered SP 算法的性能。Neural layered SP 算法的误码性能也是一个重要的比较对象。可以发现 Neural layered NOMS 算法能够达到和 Neural layered SP 算法相近的性能，但是前者的计算复杂度要高得多。另外也比较了 10 次迭代的 layered SP 算法和并行计算的 20 次迭代标准 SP 算法。可以明显地发现，分层这一校验节点调度方式加速了随迭代次数译码性能的收敛，从而使迭代次数减半。图 5.14（b）是瑞利衰落信道下的结果。而且在 AWGN 信道下训练的参数被直接用于瑞利衰落信道，没有进行二次训练。图 5.14（b）和图 5.14（a）中的各种对比结果是基本一致的，这说明了 Neural layered NOMS 算法的稳健性很强。

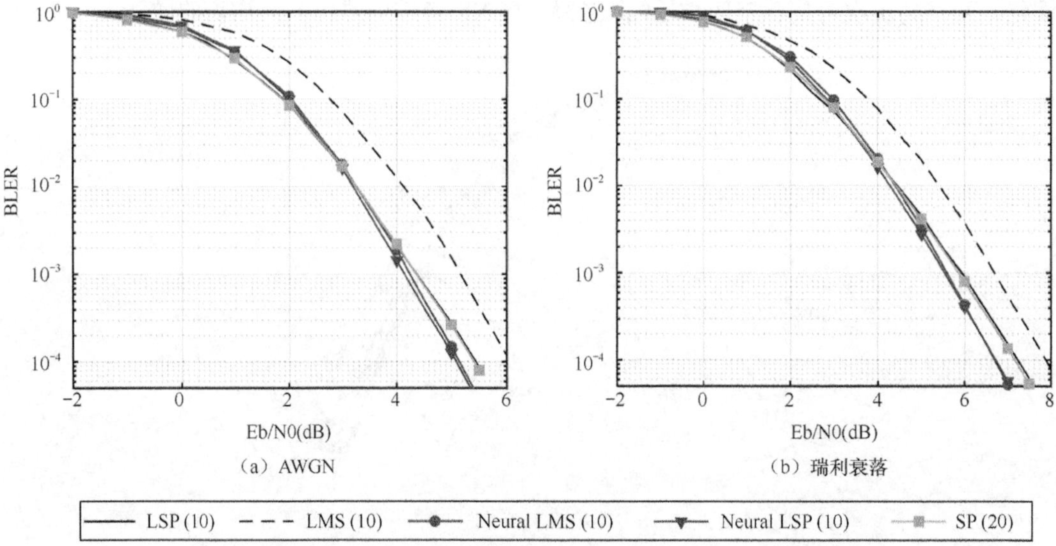

图 5.14 AWGN信道（a）和瑞利衰落信道（b）下$Z=3$的BG2码的BLER性能

图 5.15 展示了各种译码器在各个迭代次数下误码性能达到或者所需要最小的 SNR 曲线，迭代次数的范围为 3～15，$Z=3$。在图 5.15（a）中，在 AWGN 信道下，Neural layered NOMS 算法明显地好于普通的 layered NOMS 算法。当目标 BLER=10^{-2} 时，Neural layered NOMS 算法与 layered SP 算法有着很相近的表现。BLER=10^{-4} 时，Neural layered NOMS 算法甚至在迭代次数较少时超过了 layered SP 算法。另外，Neural layered NOMS 算法还提供了在 multi-loss 方法下训练的自学习分层最小和译码器的性能。与能够提早优化的逐层贪婪训练策略相比，multi-loss 训练方法倾向于优化特定迭代次数下的误码性能。因此，multi-loss 方法赶不上贪婪训练策略下的自学习分层最小和算法，除非在最后几次迭代。相似地，如图 5.15（b）所示，Neural layered NOMS 算法在瑞利衰落（Rayleigh fading）信道下的性能也很可观。这些结果说明 Neural layered NOMS 算法能够实现更快的迭代收敛。

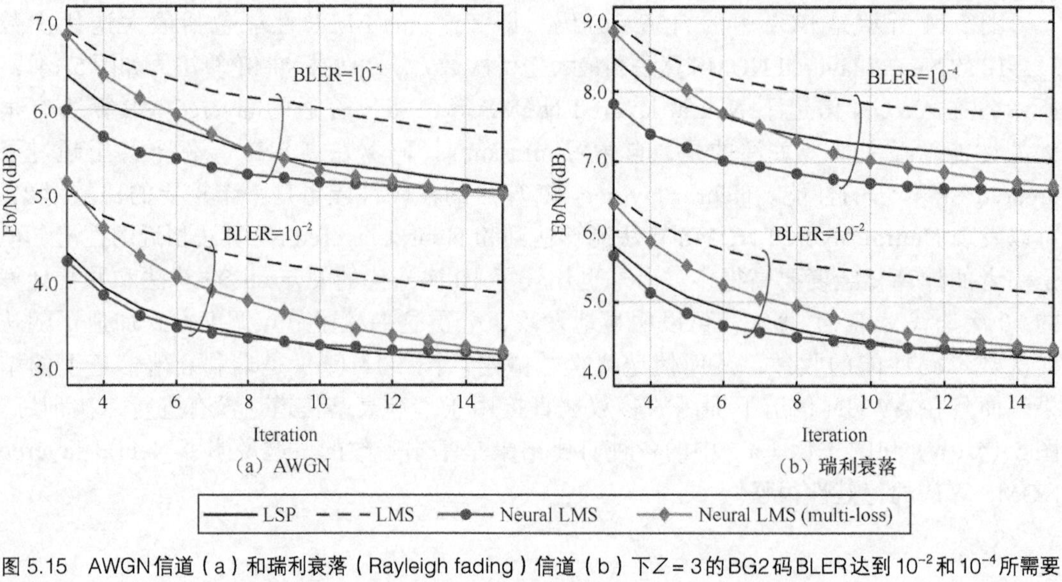

图 5.15 AWGN信道（a）和瑞利衰落（Rayleigh fading）信道（b）下$Z=3$的BG2码BLER达到10^{-2}和10^{-4}所需要的最小SNR

5.6 本章小结

本章主要介绍了通过 LDPC 码的因子图结构把迭代译码过程展开成神经网络，然后利用深度学习的方法来优化 LDPC 码的迭代译码算法。通过对 flooding NOMS 译码神经网络和 layered NOMS 译码神经网络的训练，我们得到了优化后的 Neural flooding NOMS 译码算法和 Neural layered NOMS 译码算法，两者均取得了可观的性能增益。Neural NOMS 译码算法的优异性能主要来自两个方面：一个是很好地学习到了最优的权重和偏置，使普通的最小和译码对 SP 算法做了很好的近似，这一点贡献了主要的增益；另一个是学习好的参数能够部分消除因子图中短环引起的有害影响，尤其在短码上。

参考文献

[1] TANNER R. A recursive approach to low complexity codes[J]. IEEE Trans. Information Theory, 1981, 27(9):533-547.

[2] GALLAGER R. Low-Density Parity-Check Codes[J]. IRE Transactions on information theory, 1962, 8(1): 21-28.

[3] RICHARDSON T, KUDEKAR S. Design of low-density parity check codes for 5G new radio[J]. IEEE Commun. Magazine, 2018, 56(3):28-34.

[4] Multiplexing and channel coding, Release 16, 3GPP Standard TS 38.212, V16.0.0, Dec. 2019.

[5] KSCHISCHANG F, FREY B, LOELIGER H. Factor graphs and the sum-product algorithm[J]. IEEE Trans. Info. Theory, 2001,47(2): 498-519.

[6] CHEN J, DHOLAKIA A, ELEFTHERIOU E, et al. “Reduced-complexity decoding of LDPC codes[J]. IEEE Trans. Commun., 2005, 53(8):1288-1299.

[7] HOCEVAR D E. A reduced complexity decoder architecture via layered decoding of LDPC codes[R]. IEEE Workshop on Signal Processing Systems, 2004:107-112.

[8] NACHMANI E, BEERY Y, BURSHTEIN D. Learning to decode linear codes using deep learning[R].Monticello: 54th Annu. Allerton Conf. Commun., 2016:341-346.

[9] LUGOSCH L, GROSS W J. Neural offset min-sum decoding [R]. Aachen: IEEE Int. Symp. Info. Theory, 2017:1361-1365.

[10] NACHMANI E, MARCIANO E, LUGOSCH L,et al. Deep learning methods for improved decoding of linear codes [J]. IEEE J. Sel. Topics Signal Process., 2018, 12(1):119-131.

[11] DAI J, TAN K, SI Z, et al. Learning to decode protograph LDPC codes[J].IEEE Journal on Selected Areas in Communications,2021,39(7):1983-1999.

[12] ZHANG D, DAI J, TAN K,et al. Neural layered min-sum decoding for protograph LDPC codes[R]. ICASSP IEEE International Conference on Acoustics, Speech and Signal Processing (ICASSP) , 2021.

第三篇

人工智能在无线通信组网技术中的应用

第 6 章 智能无线网络架构设计与分析

本章介绍智能无线网络的整体架构设计，讨论无线网络如何为基于机器学习的智能优化方案提供必要的数据与计算支撑，并先后介绍数据流架构和计算流架构。其中，数据流架构建立于无线大数据认知体系的基础上，旨在从数据驱动的角度明确无线数据在智能无线网络架构中的流动，以及如何作用于最终的智能决策；计算流架构则在数据驱动的基础上，基于现有的云计算与边缘计算体系，利用多机计算和联合学习的方式来提升智能优化方法的学习效率。此外，本章还将讨论架构中的模型与数据协同驱动机制，即利用传统模型到智能模型或智能模型之间的知识迁移来进一步提升智能优化方法的学习效率与稳定性。上述架构的设计与分析将为后续章节中介绍的方法提供基本思路。

6.1 技术背景

6.1.1 无线网络认知技术

认知无线网络的提出被认为是无线网络智能优化演进的开端（参考文献 [3]）。在传统无线网络中，网络个体对网络激励的反应是一种反射性的活动，即只有当问题发生的时候才会采取相应的应对措施。认知无线网络的提出则进一步赋予了无线网络主动观察、学习和优化自己的行为的能力（参考文献 [7]）。Sifalakis（参考文献 [5]）等最先给出了比较具体的认知网络的定义，即认知网络的主要目标是提高端到端的效能。认知网络不但能感知当前自身的情况，进行计划、判决和采取相应的自适应行为，而且能够从这些自适应行为中学习并将学习到的知识应用在未来的判决中。认知无线网络所强调的主动观察、学习和优化自己的行为的能力与新一代无线网络的自适应优化能力相一致。因此，无线网络认知技术被认为是支撑无线网络智能优化的重要技术之一（参考文献 [14]、[21]、[27]）。

6.1.2 移动云计算

以云无线电接入网（Cloud-Radio Access Network, C-RAN）为代表的移动云计算技术是支撑新一代无线网络智能优化的关键技术之一（参考文献 [28]）。在 C-RAN 架构中，传统的基站单元被拆分为两部分：分布式的远端射频头（Remote Radio Head, RRH）和集中化的基带处理单元（Base Band Unit, BBU）池。其中，RRH 配备有基本的无线电功能，部署在网络下层的各个分布式节点，用于支持不同区域内的通信业务；BBU 池聚集了海量的存储与计算资源，部署在网络上层的中心节点，负责对用户数据与业务请求等进行集中处理。BBU 池可通过通用公共无线接口（Common Public Radio Interface, CPRI）与 RRH 通信，从而协同调配不同 RRH 之间的资源，提高资源利用效率。同时，BBU 池也将从 RRH 收集并存储不同区域内的信息，并进行集中式的数据分析。C-RAN 的集中式架构可为新一代无线网络的大规模数据分析与智能优化提供充足且灵活的计算资源，但是，它也对无线网络的前程链路容量和传输时延提出了较高要求（参考文献 [12]、[20]）。

6.1.3 移动边缘计算

近年所提出的移动边缘计算通过将存储、计算功能迁移至无线网络的边缘（如基站端、设备端等），就近为用户提供内容与计算服务，从而缩短端到端时延和降低前程链路的通信压力（参考文献 [22]、[24]、[29]）。移动边缘计算的特点使其更适用于处理小规模计算问题，提供短时延的局域化服务，与移动云计算形成优势互补。不过，存储和计算资源的下沉也将使得边缘计算的资源管理与协同优化更为复杂。总体而言，移动边缘计算的相关技术仍处于发展阶段，但吸引了大量的研究人员关注（参考文献 [24]），在新一代无线网络中拥有光明的应用前景。

6.2 数据流架构

认知无线网络对环境或网络信息的采集、处理和分析体现在认知信息流的流动中。随着无线网络的数字化演进，这种信息流的流动可具象为数据流动，传统的认知流也将逐步进化至大数据时代的数据认知流。鉴于此，本节将首先介绍数据驱动下的认知过程所涉及的数据来源、效用函数和认知方法，并将其逐一归类，然后介绍无线大数据认知流架构，明确无线大数据作用于无线网络优化的整体流程。

6.2.1 认知数据与方法

数据来源分类

无线大数据主要具有以下特征。（1）多样性：无线大数据是从不同种类的传感器、网络设备和终端设备中收集得来的，数据来源众多，因而无线数据是多样化的。（2）动态性：无线环境和网络状态一直随时间和空间进行动态变化，因而无线大数据是动态的。例如，基站的能耗或负载数据会因为用户的移动而波动。（3）异构性：不同种类的无线网络共存于新一代无线网络中，因而无线大数据是异构的。例如，在 5G 网络中，宏基站的服务目标是增强覆盖，而微基站的服务目标是增加传输容量，因此，在宏基站和微基站侧收集到的性能数据将会不尽相同。

由于以上特征的存在，无线领域的数据相比于其他领域的数据更加复杂。为了提高认知过程收集、存储和分析数据的效率，本小节先对无线大数据进行分类，以方便智能无线网络架构对不同种类的数据进行分类处理。具体而言，根据无线大数据的来源，将其划分为用户域数据、无线域数据、网络域数据、政策域数据和智能域数据 5 种类别。图 6.1 列出了各域的代表性数据。在网络优化过程中，智能无线网络架构可对每域的数据进行独立分析，也可根据实际需求对多域数据进行联合分析。具体分类如下。

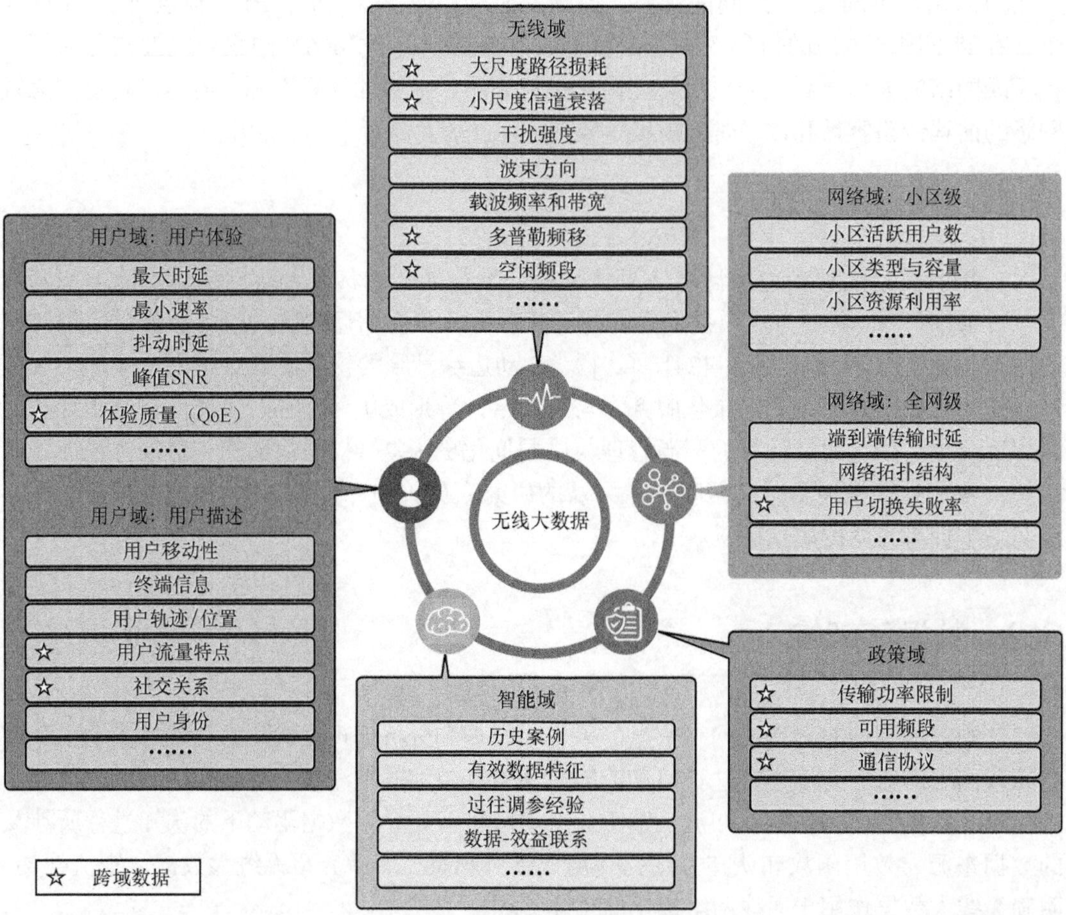

图6.1　无线大数据来源分类

用户域数据： 此类数据可进一步细分为用户描述数据和用户体验数据。其中用户描述数据（如用户移动性、终端信息和用户身份等）主要描述移动用户或智能终端的状态和特性，它可以帮助无线网络预先识别用户状态以调整服务策略。例如，根据用户的轨迹 / 位置数据，基站能够在接收到用户的切换请求之前就预留好频谱资源，并主动地触发切换过程以实现平滑的用户切换。另外，用户体验数据（如最小速率、最大时延和 QoE 等）主要反映用户体验到的链路性能和传输质量，它能帮助无线网络分析出用户对性能的需求，从而提供以用户为中心的服务方案，保证良好的用户体验。例如，在视频传输服务中，基站可根据用户侧的数据速率、时延、抖动和用户反馈，来推测潜在的传输性能瓶颈和用户对传输服务的需求，并自适应地调整传输方案以提升用户体验。大部分用户域数据主要来源于用户设备端的监测和上报。不过，部分用户域数据可来源于网络运营商（如用户轨迹 / 位置）或服务提供商（如时延、用户流量特点和用户社交关系）。

无线域数据： 此类数据有助于无线网络监控无线环境，并据此规划网络操作策略，以获得最佳的网络性能。它主要包括与无线环境相关的参数，如大规模路径损耗、小规模信道衰落、多普勒频移、载波频率和带宽等。无线域数据主要来源于终端 / 基站的监测和上报或专用传感器采集的信息。

网络域数据：此类数据反映了无线系统对无线网络内部状态的感知。网络域数据可进一步细分为小区级数据（如小区容量、每个小区的活跃用户数和每个小区的资源使用率等）和网络级数据（如用户切换失败率、网络拓扑结构和网络端到端传输延迟等）。网络域数据可以帮助无线网络识别自身的运行状态，进行网络过载或故障检测、修复网络故障等网络层级的优化操作，例如，每个小区可利用资源利用率数据来预测小区负载，从而避免流量过载。网络域数据主要来源于不同网络组件（如基站、网关、路由器和服务器）的监测和上报。

政策域数据：无线网络的相关政策限制了无线网络的行为，以避免不同网络或服务的恶性竞争和对无线环境的危害。因此，政策域数据关系到无线网络运营的安全性和合法性。此类数据包含对无线网络施加的限制或先决条件，如可用频段和传输功率限制等。政策域数据可来源于无线网络的监管机构或标准化组织起草的协议、规范和法规。

智能域数据：此类数据主要包括过往调参经验，可用于知识迁移以提高网络认知能力和加速无线网络智能化。智能域数据可来源于解决网络优化问题的成果案例，也可来源于通信专家的领域知识。

注意，某些种类的无线大数据可能同时分属两个或以上的数据域，如图 6.1 中所标出的跨域数据。同时，不同域之间的数据也可能存在较强的关联性。例如，用户域中的部分 QoE 数据可以从网络域数据和无线域数据中推断出来。

效用函数分类

无线网络的效用函数是衡量无线网络性能的指标，可用于评估无线网络优化的有效性。不同的标准化组织、供应商、运营商和移动用户对无线网络的效用函数有不同的要求。因此，无线网络存在大量的效用函数，它们可分别从不同的角度对无线网络的性能进行针对性评估。这里总结了一部分可用于评估智能无线网络性能的效用函数，如图 6.2 所示。

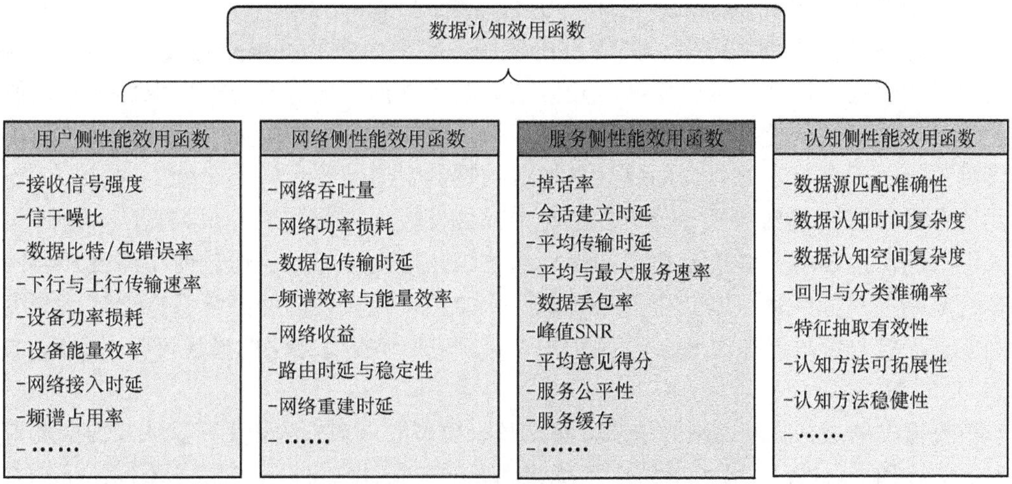

图6.2 智能无线网络的效用函数分类

这些效用函数被划分为 4 类：用户侧性能效用函数、网络侧性能效用函数、服务侧性能效用函数和认知侧性能效用函数。其中用户侧性能效用函数、网络侧性能效用函数和服务侧性能效用函数分别用于评估终端用户、网络运营商和服务提供商所关心的无线网络性能，而认知侧性能效用函数用于评估智能方法的认知性能。此外，无线网络的性能评估可能涉及多目标和跨层的效用函数，因此可以通过加权求和或矢量化建模等数学手段来构建综合效用函数。

认知方法分类

认知方法能从无线大数据中学习并将结果用于智能决策，现有的认知方法可划分为基于规则的认知方法、基于模型的认知方法和无模型认知方法，具体如下。

基于规则的认知方法是由许多 if-then 规则组成的。系统通过这些事先设立的规则来触发特定的决策或调控操作，这些规则可以在系统运行过程中逐步细化以实现更为精确的调控。if-then 规则本质上是直接利用专家知识或过往经验进行网络控制和管理。因此，当无线网络需要高灵敏性调控，或希望降低网络控制成本，或要求算法具有极低的复杂度时，基于规则的认知方法非常适合。

基于模型的认知方法通常先对目标问题进行数学建模，然后求最优解或次优解。一般来说，建模过程中，首先需要根据无线环境或网络进行假设以简化目标问题，并根据实际用户或网络需求建立带约束的数学模型。此外，部分网络参数通常被假定为已知（参考文献 [21]）。与基于规则的认知方法相比，基于模型的认知方法能够应对更复杂的场景，能够得到更精确的控制策略以达到最优或次优的性能。然而，基于模型的认知方法通常依赖于严格的数学理论来保证无线网络的可靠性和稳定性，所以基于模型的认知方法能否适用于目标场景，主要取决于理论模型的准确性。更多关于基于模型的认知方法的概述可（参考文献 [9]、[15]）。

无模型方法不依赖于特定的数学模型，而是基于历史数据进行归纳学习。在无模型方法中，如何行动或采取什么行动是根据对过去所采取的行动和由此产生的效用的分析而决定的。当网络模型很难用数学公式来精确描述，或者待求解问题需要经过复杂的优化过程且不能保证解的质量时，相较于基于模型的方法，无模型方法更加适用。机器学习技术中的监督学习方法和无监督学习方法属于典型的无模型方法。在监督学习方法中，使用标注数据来训练模型，其等价于使用一个对系统和环境有过往经验的“导师”来指导优化过程。例如，可以使用已知信号的波形数据来训练监督模型识别具有相似特性的信号。代表性的监督学习方法包括人工神经网络和核方法（如支持向量机、高斯过程模型）等。无监督学习方法的目标是挖掘数据的自有特征，常用于分类问题。代表性的无监督学习方法包括主成分分析方法、局部线性嵌入方法和各种聚类算法。此外，近年来流行的深度学习方法也是典型的无模型方法，深度学习方法通过使用深度神经网络来拟合复杂的目标函数，以获得更强大的泛化能力。代表性的深度学习方法包括深度置信网络、深度自编码器和深度强化学习等。更多关于无模型方法的概述可参考文献 [13]、[21]、[31] 和 [33]。

值得指出的是，基于规则的认知方法、基于模型的认知方法和无模型认知方法均有其各自的优势和局限性。考虑到无线网络优化问题的复杂性，可以组合使用不同的认知方法来获得最佳的网络优化性能。例如，可以将基于规则和基于模型的认知方法的领域知识迁移至无模型方法，以提升其学习效率；无模型认知方法的预测结果也可作为基于模型的认知方法的输入，实现组合型智能。后文将详细讨论组合使用不同的认知方法能带来的提升。

6.2.2 无线大数据认知流架构

为了全面而有效地在数据驱动的无线网络中应用认知技术，实现无线网络的自主学习和自适应优化，本小节介绍一种无线大数据认知流架构以实现智能无线网络的数据化认知（Data-Cognition-Empowered Intelligent Wireless Network，DCEIWN），如图 6.3 所示。该架构由 3 个主要模块组成：无线数据集成模块、数据认知大脑模块和自适应重配置模块。其中：无线数据集成模块负责不断从无线环境和无线网络中收集、合并、处理并存储多域数据；数据认知大脑模块负责建模数据驱动问题，选择并设计合适的优化算法，评估最终网络优化效果，以及更新知识库；自适应重配置模块负责依据数据认知大脑给出的优化方案，逐级传递控制信息并针对性地调整网络参数与结构，实现网络的智能适配。每个模块的具体功能如下。

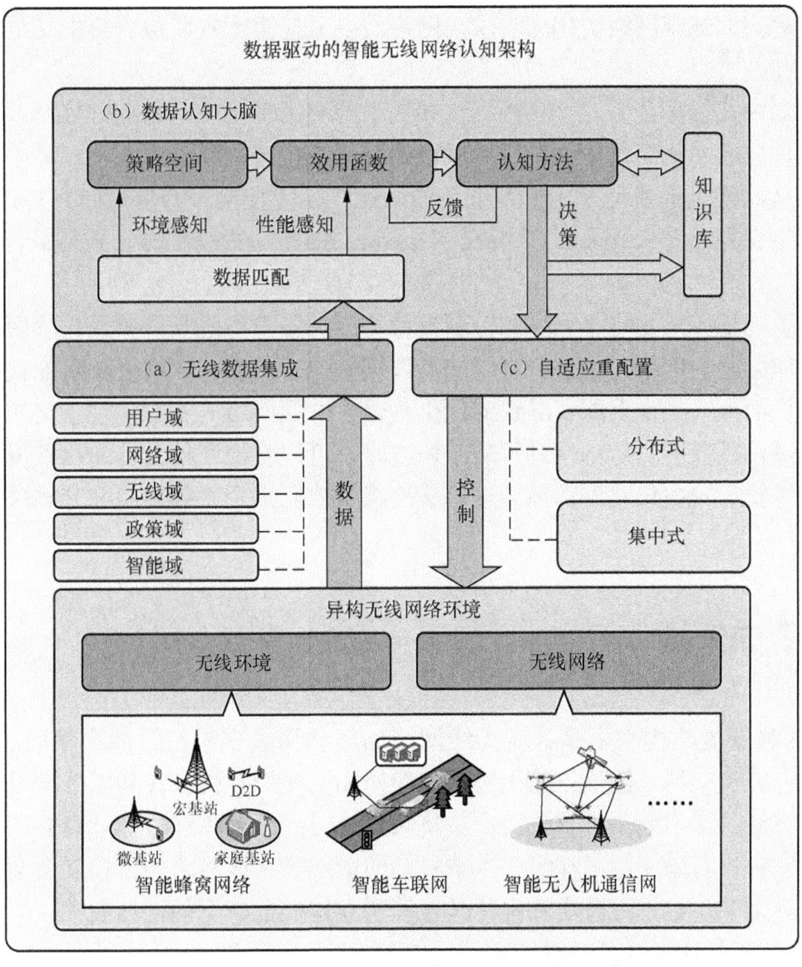

图 6.3　一种无线大数据认知流架构

无线数据集成模块负责处理具有多样性、动态性和异构性的多域无线数据。针对无线数据的动态性和异构性，该无线数据集成模块必须能快速响应无线网络的变化。为此，该模块可利用基于信源编码技术或者基于上下文内容的数据过滤或数据压缩来减轻数据存储和数据传输的压力。针对无线数据的多样性，该模块需要将收集到的多域无线数据清洗、组合并处理为结构更清晰的结构化数据，以加快数据检索、提取和管理的速度。

数据认知大脑模块负责挑选数据、认知方法和效用函数，并对优化问题进行建模分析。首先，并非所有的无线数据都有助于改善目标性能，因此数据认知大脑将进行数据匹配，选择出最相关的数据，以避免无关数据对建模分析的干扰。接着，数据认知大脑会根据可调度的网络资源、可配置的网络参数、各类环境和网络约束等，构造策略空间并选择对应的效用函数用于评估优化性能。最后，数据认知大脑会针对选择出的无线数据和效用函数挑选恰当的认知方法用于求解优化问题，并输出最优或次优的网络优化决策。此外，数据认知大脑将同时维护一个知识库，用于积累过往的网络优化经验。在解决新问题时，数据认知大脑可通过基于知识库的知识迁移来提高解决问题的效率。

自适应重配置模块将依据数据认知大脑输出的网络优化决策来重新适配网络结构或网络参数。考虑到大规模网络优化的需求，网络的自适应重配置将包含集中式重配置和分布式重配置两种方式。

其中，集中式重配置方式会将数据认知大脑的决策转换成网络控制信令，然后将控制信令传递到相应的网络组件中以进行针对性的网络结构或网络参数调整。集中式重配置的优点是可以从网络全局视角来把握系统调控力度，也方便实现跨层或跨组件的协同管理。例如，软件定义网络（Software Defined Network, SDN）技术可被用于支撑集中式的重配置方案。

分布式重配置方式是将总网络的控制信令传递到各个本地管理单元，然后各个本地管理单元对其辖区内的网络元素进行自组织型调整。这样一来，大规模的重配置需求可被分布式执行，从而大大减少重配置导致的优化延迟，方便网络的实时管理。例如，当无线网络需要对海量传感器的发射功率进行实时调整时，可以将控制信令传递给各传感器簇，然后让各簇并行执行簇内传感器功率调整，从而减少控制信令逐级传递和分解执行而导致的延迟。

6.3 计算流架构

6.2 节的数据流架构主要是针对无线网络如何利用数据进行智能决策而展开的讨论。本节将介绍计算流架构，明确智能无线网络架构如何使用多机计算和联合学习的方式来提升智能优化方法的学习效率。首先，本节将讨论现有的云计算和边缘计算体系如何为可拓展型计算模式提供基础支撑。接着，本节将归纳适用于无线网络的可拓展型学习框架，并重点讨论贝叶斯非参数学习算法和强化学习算法在这些框架下的可拓展性，同时给出其在新一代无线网络下可能的应用场景。

6.3.1 云计算与边缘计算

图 6.4 展示一种融合基于移动云计算的云端智能（In-cloud Intelligence）和基于移动边缘计算的端上智能（On-device Intelligence）的可拓展型智能无线网络架构。图 6.4 中的可拓展型学习框架将指定分布式个体之间具体的协作方式，可拓展型学习算法将指定每个本地个体如何从其收集的数据中学习，而知识迁移则能进一步提高每个智能体的学习效率。该架构将为后文的学习框架和学习算法提供基础支撑。云端智能和端上智能的具体内容如下。

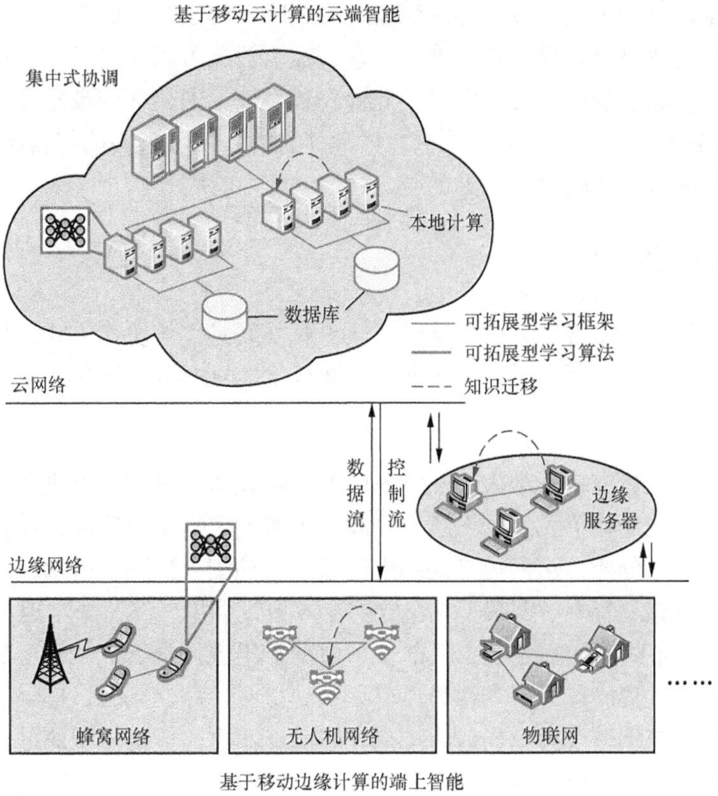

图6.4 基于移动云计算与移动边缘计算的可拓展型智能无线网络架构

云端智能

云端智能旨在统筹全网中的所有学习和管理任务，并从全局角度出发做出决策。云端智能可依托移动云计算来实现。具体而言，移动云计算会将强大的计算资源集中于一个中心区域，以便进行全局资源调配和全网联合优化。强大的云计算资源能使智能无线网络架构充分利用所有可用的计算资源，从而有能力使用海量无线数据训练复杂的机器学习模型，对网络进行更深入的分析。此外，集中式的云端环境可支持资源的按需分配和信息的高速传递，这也为大规模联合计算提供了良好的硬件基础。另外，云端智能可引入 SDN，以实现可编程管理和软件定义的网络重组，从而使得智能无线网络架构能更灵活地配置网络。

端上智能

端上智能旨在使智能更接近终端设备，而不依赖远程云端，因此其具有以下优点。第一，在本地设备上执行学习任务在很大程度上缩短了与远程云交互而造成的时延，这对于超可靠低时延通信（Ultra-Reliable and Low-Latency Communication, URLLC）等延迟敏感类应用至关重要。第二，在每台设备上安全并独立地存储个人数据，可以在很大程度上缓解隐私和安全问题，因为避免了隐私信息的传输。第三，本地端的学习过程减轻了对云连接的依赖，这使得端上智能在恶劣场景（如水下通信）下更加可靠。端上智能可依托新兴的边缘计算体系（参考文献 [24]）来构建，具体来说，边缘计算体系能使计算和存储能力更接近边缘设备，每一个边缘设备都能够通过局部感知建立自己的数据集，并通过训练本地学习模型来独立解决小规模问题。这样一来，端上智能可以通过牺牲一定的计算准确性来换取设备处理时延或响应时延的缩短。此外，边缘计算中相邻的设备之间还可以进行相互协作（如多智能体学习）来进化出更高级的集体智能。端上智能能与云端智能相辅相成，根据用户的实际需求为智能设备提供迅速、稳定、安全的服务。

6.3.2 可拓展型学习框架

下面讨论可拓展型学习框架，明确分布式设备之间具体的协作方式。根据计算单元的拓扑分布，可拓展型学习框架可分为两类，即并行化学习框架和全分布式学习框架。

并行化学习框架

并行化学习的目标是将一个大规模学习问题分解成多个更容易解决且规模更小的子问题，并交由多个本地计算单元并行求解。由此，求解大规模学习问题的计算负载可以由多个本地计算单元共同分摊，从而提高问题求解速度。如图 6.5（a）所示，并行化学习框架一般由上下两层组成。其中，框架下层包含多个本地计算单元，每个本地计算单元［图 6.5（a）中为本地机器］将基于完整数据集的一个数据子集进行学习；框架上层包含一个或多个全局计算单元，负责协调下层本地计算单元实现协同计算。同时，框架上层也负责将本地计算单元的计算结果融合为全局计算结果，并最终输出。值得注意的是，在使用并行化学习框架求解问题的过程中，全局计算单元和本地计算单元之间往往需要进行频繁的信息交换，因而对信息传递速率和带宽有一定要求。

本小节重点介绍 3 种能支撑大规模机器学习的并行化学习框架，即 ADMM（Alternating Direction Method of Multipliers, 交替方向乘子法）框架、PSGD（Parallel Stochastic Gradient Descent, 并行化随机梯度下降法）框架和 FL（Federated Learning, 联邦学习）框架。这 3 种并行化学习框架在计算机领域已经有了广泛的应用，在无线通信领域也受到越来越多的关注，具体介绍如下。

ADMM 诞生于 20 世纪 70 年代中期，它融合了对偶分解和增广拉格朗日方法（又称乘子法）在求解带约束优化问题中的优点（参考文献 [11]）。ADMM 采用了一种分解 - 协调的过程来并行化求解优化问题，其基本思想是为每个本地节点引入一套全局参数的副本，并通过本地计算进行迭代优化；同时，不同的本地节点将定期进行参数同步，使得各套本地参数能逐步收敛至一套相同的全局参数。其基本数学形式为

$$\min_{z,\{\theta_i\}} \sum_{i=1}^{K} l^{(i)}(\theta_i)$$
$$\text{s.t. } \theta_i - z = 0, i = 1, 2, \cdots, K \tag{6.1}$$

其中：$l^{(i)}(\theta_i)$ 为本地代价函数，其输入为一个数据子集；z 代表全局参数；K 表示本地计算单元的数目；θ_i（$i=1, 2, \cdots, K$）代表每个本地节点引入的全局参数的副本。一方面，ADMM 近年来被广泛用于解决各类与机器学习相关的优化问题，且能达到优异的性能（参考文献 [11]、[18]）；另一方面，数据驱动的无线网络优化需要利用机器学习技术从海量数据中学习，因而将需要频繁求解大规模优化问题，所以对于新一代智能无线网络来说，ADMM 具有重要的研究价值。

PSGD 因能解决大规模深度学习问题而受到了广泛的关注，它常常与参数服务器框架共同使用（参考文献 [16]）。参数服务器框架一般由两层组成，具体工作流程如下：框架下层的每个本地节点不断从完整数据集中抽样出小批量（Minibatch）数据，并用于计算、更新梯度；框架上层的全局节点负责收集各个本地节点计算出的更新梯度，并用于更新一套全局参数，所有本地节点的本地参数将定期与全局参数进行同步，保持参数的一致性。

PSGD 的最大缺点是，每个本地节点计算梯度的耗时不尽相同，因此，它每次都需要等待最慢的本地节点计算完梯度才能进行全局参数更新，并开启下一轮迭代。为了解决这个问题，研究人员开始了对 APSGD（Asynchronous Parallel Stochastic Gradient Descent，异步并行化随机梯度下降法）的研究。在 APSGD 中，参数服务器无须等待所有节点都计算完梯度就能进行全局参数的更新。

FL 是新兴的并行化学习框架，近年来也引起了学者的广泛关注。相比于前两种学习框架，联邦学习更强调用户对数据的唯一所有权和用户数据隐私的安全性。联邦学习可以通过 Canonical 公司的安全多方计算（Canonical Secure Multiparty Computation）、隐私差分化（Differential Privacy）、基于区块链的加密和解密等多种方案来实现对数据隐私的保护（参考文献 [19]）。同时，联邦学习本身就具有边缘计算的特点，因而与移动边缘计算体系高度兼容。此外，在处理相同结构的分布式数据时，联邦学习同样可以采用上述的 ADMM 或 PSGD 来进行算法更新。

全分布式学习框架

当无线网络本身就呈现全分布式的拓扑结构（如分布式无线传感器网络或自组织网络），而难以实现集中式的参数传递时，相较于并行化学习框架，全分布式学习框架会更加适用。如图 6.5（b）所示，全分布式学习框架不需要中心节点的存在，其假设各个分布式节点之间具有一定的连通关系（有时这种连通关系是时变的）。近年来，学者们在积极研究各类并行化学习框架的全分布式变体，如全分布式 ADMM（参考文献 [25]）和全分布式 PSGD（参考文献 [26]）等。值得一提的是，并行化学习框架的全分布式变体的性能有时会超过其并行版本（参考文献 [23]），这是一个值得关注的现象，可进行更深入的研究。

智能无线网络应同时支持并行化学习框架及其全分布式变体的运行，从而使其有能力根据实际网络的拓扑结构有针对性地适配学习框架的拓扑结构。这种能力将有效地提升智能无线网络的自适应能力。

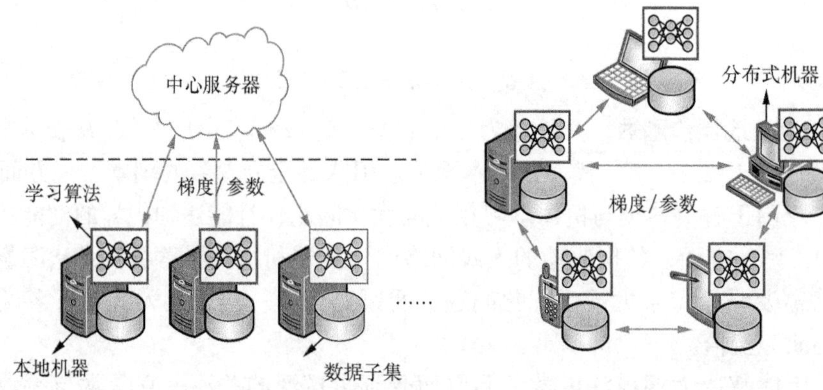

（a）并行化学习框架　　（b）全分布式学习框架

图6.5 可拓展型学习框架

6.3.3 可拓展型学习算法

可拓展型学习框架主要从全局视角出发指定所有分布式节点之间应如何协作，而本小节中讨论的可拓展型学习算则从局部视角出发指定每个节点如何从数据集中学习。同时，本小节也将分析所讨论的学习算法的可拓展性，它们均与 6.3.2 节讨论的可拓展型学习框架相兼容。

在智能无线网络中，每个智能设备都应具备一定的预测未来系统变化（例如流量变化和用户移动）的能力，以使其能进行自主决策和自适应优化。此外，机器学习算法拥有从过去的数据中发现规律，并将其用于未来决策的能力，因此机器学习技术被普遍认为是实现新一代无线网络的智能化的关键。机器学习在过去 5 年中的发展主要是以深度神经网络为中心的。然而，深度神经网络往往难以解释，而且难以度量输出结果的不确定性，这在很大程度上阻碍了其在智能无线网络中的应用。因此，本小节的目的之一是将公众的注意力从深度神经网络转移到贝叶斯非参数学习算法和强化学习算法上。其中：贝叶斯非参数学习算法能够利用较少的训练数据来达到极佳的训练效果，同时，它可以基于贝叶斯理论来度量输出结果的不确定性（参考文献 [17]）；强化学习算法则将对不确定性的度量融入模型的学习，通过最大化平均长期收益来逐渐适应环境的不确定性（参考文献 [30]）。这两种算法的特性及应用如表 6.1 所示，具体介绍与分析如下。

表 6.1 可拓展型学习算法的特性及应用

算法	贝叶斯非参数学习	强化学习
模型	高斯过程模型、深度贝叶斯神经网络等	Q-Learning、Actor-Critic、DDPG、A3C、PPO 等
可拓展性	基于 ADMM 的并行化或全分布式高斯过程	基于 PSGD 的并行化 DDPG、并行化 A3C 和并行化 PPO
应用场景	信道估计、多径信号传播估计、无线信号特征图、多域数据融合等	用户切换、无人机轨迹优化、网络资源管理、规避网络攻击等

贝叶斯非参数学习

贝叶斯非参数学习算法发展的黄金时代可以追溯到 20 世纪 90 年代。1992 年，戴维·麦凯（David J.C.Mackay）进行了关于贝叶斯神经网络的开创性工作（参考文献 [1]）。接着，雷福德・尼尔（Radford M.Neal）发现具有无限宽隐藏层和高斯先验的贝叶斯神经网络可以表示为一个高斯过程（参考文献 [2]）。最近，研究人员也发现了深度神经网络和高斯过程模型之间的相似性。根据（参考文献 [6]），高斯过程模型被定义为一个随机变量的集合，其中任意有限个元素均服从高斯分布，其数学形式可写为

$$f(\boldsymbol{x}) \sim \mathcal{GP}\left(m(\boldsymbol{x}), k(\boldsymbol{x}, \boldsymbol{x}')\right) \tag{6.2}$$

其中，$f(x)$ 表示待拟合的系统或函数，$m(x)$ 和 $k(x, x')$ 分别为高斯过程的均值函数和核函数。其中，核函数很大程度上决定了高斯过程模型的建模能力。为了构建一个具有强大表征能力且能自动适应数据分布的复合核函数，通用核（Universal Kernel）函数受到了广泛的关注。高级的通用核函数包括频域核（Spectral Kernel）函数，基于自动超参数搜索的线性多核（Linear Multiple Kernels with Automatic Hyper-parameter Search）函数，具有神经网络结构的深度核（Deep Kernel）函数，等等。

与所有现有的深度学习模型不同，基于贝叶斯的高斯过程模型能够很自然地度量结果的不确定性，因而更契合智能无线网络的自适应优化的需求。

除了上面介绍的高斯过程模型外，近年来深度贝叶斯神经网络的发展也很快。与传统的深度学习算法相比，贝叶斯模型是相当灵活的，因为它们不需要固定网络结构，即不需要事先设定隐藏层的数目和神经元的数目。因为通过非参数先验估计，这两个数目可以根据后验分布进行调整。模型的超参数则可以通过最大化变分贝叶斯的边际似然函数证据下界（Evidence Lower Bound，ELBO）来进行调整。

高斯过程模型可以进行分布式训练，因而能满足智能无线网络的可拓展性需求。例如，在高斯过程的训练阶段，每个节点可使用一个本地计算单元，用数据子集训练一个较小规模的高斯过程模型，并通过同步算法将局部超参数估计合并为全局超参数估计。在高斯过程的预测阶段，则可以将各个本地计算单元的局部预测结果合并为全局预测结果。此外，高斯过程模型也可使用在线流数据进行训练，并具有相当低的计算复杂度（参考文献 [4]）。

贝叶斯非参数学习算法在无线领域的代表性应用如下。首先，贝叶斯非参数学习算法拥有强大的表征复杂函数的能力，相较于超参数化深层神经网络，其训练更经济，也更适用，可用于估计 5G 和 V2X（Vehicle to Everything, 一种专用无线通信技术）的信道脉冲响应、多径无线信号传播、随时间和空间演化的无线特征图（例如信号质量、上 / 下行业务、无线资源需求 / 供应）、系统累计误差等。其次，贝叶斯非参数学习算法在系统表征、控制和集成等方面更易于使用。例如，高斯过程模型可以与传统的状态空间模型相结合，精确地表示和重建人类、自主车辆、无人机的运行轨迹。此外，贝叶斯神经网络、深度高斯过程模型可以与强化学习技术相结合，形成贝叶斯深度强化学习（Bayesian Deep Reinforcement Learning，BDRL）框架。此外，贝叶斯非参数学习算法能更自然地融合由不同传感器采集的多模态数据，包括智能手机运动传感器的原始感知数据、无人机超声波传感器的超声波数据、监控摄像机的图像数据和视频数据等。同时它也能以完全基于概率的方式进行参数传输和参数优化。

强化学习算法

强化学习的目的是找到能在未知环境下最大化累积报酬的最佳行动策略（参考文献[30]）。与监督学习不同，强化学习个体只根据环境的反馈（即收益信号）来修正行动策略，而不需要根据标签数据来进行训练。强化学习系统包含 4 个主要元素：（1）收益函数（Reward Function），它的设定取决于学习目标；（2）策略函数（Policy Function），它指定强化学习个体在环境的每个状态（State）下采取具体动作（Action）的概率，从而定义强化学习个体的行为；（3）值函数（Value Function），它刻画强化学习个体在给定初始状态和策略函数的条件下，累积到未来（至任务终止或无穷远）的收益总量；（4）环境（Environment）模型，它对于强化学习个体来说，通常是未知的。近年来流行的深度强化学习则将深度学习与强化学习相结合，极大地提高了强化学习个体在高维状态空间和动作空间里处理复杂任务时的泛化能力。

最成功的深度强化学习算法之一是无模型强化学习算法，它在不需要对环境建立显式模型的情况下优化策略，即将环境视为一个黑箱。无模型强化学习算法可以进一步分为基于值函数的强化学习算法、基于策略函数的强化学习算法和混合型强化学习算法。例如，Q 学习（Q-Learning）算法是一种具有代表性的基于值函数的强化学习算法，其 Q 函数刻画了给定初始状态 - 动作对和此后要遵循的策略函数时，未来能累积的奖励总量。Q 学习算法通过不断更新每个状态 - 动作对所对应的 Q 值，并贪婪地选择具有最大 Q 值的动作作为最优策略。Q 学习算法中的策略函数是通过 Q 函数指定的，没有明确的形式。基于策略函数的强化学习算法通过直接优化一个参数化的策略函数来选择动作，而不通过参考值函数（但是在计算、更新策略函数的梯度时，可能仍然需要参考值函数）。行动者 - 评价者（Actor-Critic, AC）算法是一种典型的混合型强化学习算法，它融合了基于值函数和基于策略函数两种算法的优点。其中，评价者负责估计 Q 函数，而行动者则根据评价者估计出的 Q 函数来更新策略函数的参数。深度强化学习算法则使用深度神经网络来近似值函数或策略函数或两者兼有，从而提升强化学习模型在复杂环境下的泛化能力。

深度强化学习的革命始于深度 Q 学习算法的诞生，深度 Q 学习算法利用深度神经网络来近似 Q 函数，即 Q 网络。深度 Q 学习算法的成功取决于两种创新性的训练技巧：（1）从一个离线的经验池中随机抽取样本来训练 Q 网络，以降低样本相关性；（2）通过跟踪一个领航 Q 网络（Target Q-network）来给 Q 网络的训练提供更稳定的学习目标。不过，尽管深度 Q 学习算法非常成功，但它只能用于处理离散和低维行为空间的问题。因此，随后研究者们将深度学习和 AC 算法相结合，来解决连续动作域上的深度强化学习问题。例如，深度确定性策略梯度（Deep Deterministic Policy Gradient，DDPG）算法将 AC 算法中的传统随机策略梯度替换为确定性策略梯度，以更有效地学习策略参数；（Asynchronous Advantage Actor-Critic，A3C）算法在多个环境实例上并行运行多个行动者，不使用离线的经验池，从而执行在线更新；近端策略优化（Proximal Policy Optimization，PPO）算法通过将策略更新幅度限制在一定范围内，来提高学习的稳健性。

深度强化学习算法可基于 PSGD 的并行学习框架进行并行训练。例如，每个分布式节点可以各自运行 AC 算法，行动者负责与环境交互并将经验存储在经验池中，评价者负责从经验池中随机抽取训练样本并计算更新梯度，每个分布式节点将其计算出的梯度传输到一个参数服务器，参数服务器利用收集到的梯度来更新一组全局参数，每个分布式节点的局部参数将与参数服务器的全局参数周期性地同步以保持一致。此外，A3C 和 PPO 算法也可进行并行训练，但不需要使用离线的经验池。

深度强化学习能有效解决智能无线网络优化中具有一定动态性和不确定性的系统控制问题。其成功应用的关键在于构造一个合适的马尔可夫决策过程（Markov Decision Process，MDP）模型，包括定义合适的状态、行为和收益函数等。下面将讨论深度强化学习算法的几个典型应用。

首先，深度强化学习算法有望应用于网络运行和维护的优化任务中，如用户切换管理、用户定位、无人机连接保障等。传统的网络运行和维护方法通常是预先对系统环境提出假设（如假设用户移动模式、网络拓扑结构等符合一定规律），以使网络操作、维护问题变得容易处理。但是，深度强化学习算法不需要预先对系统环境建立类似假设，而是与环境交互收集学习样本，并自主归纳出最优控制策略。因此，深度强化学习算法在复杂环境下（即不容易建立先验假设的情况下）具有更好的环境自适应能力。

其次，深度强化学习算法可以应用于网络资源管理，如波束赋形的控制、信道分配和网络缓存等。强化学习的动作可以定义为资源分配操作，例如增大或减小发射功率，而奖励函数可以根据性能度量或资源约束（例如网络吞吐量、通信延迟和服务质量）来定义。与传统的基于经典信息论分析的资源管理方法相比，基于深度强化学习的资源管理模型能够更好地在动态的系统条件下合理分配通信资源。此外，前文介绍的并行化学习框架也可以自然地用于支撑基于深度强化学习的大规模资源管理。

最后，深度强化学习算法也可以用于提高网络安全性。深度强化学习个体可在与环境的交互过程中识别攻击者的攻击意图。在深度强化学习的学习过程中，如果系统被攻击，可对深度强化学习个体施加一个负奖励作为惩罚，来鼓励深度强化学习个体去主动学习如何规避攻击。例如在干扰攻击问题中，攻击者的目标是发送高功率干扰信号，对信号接收机造成干扰，在这种情况下，深度强化学习个体可以根据接收到的惩罚，反向推断出攻击者的干扰策略，然后有针对性地设计防干扰策略。此外，FL 也能进一步提升深度强化学习的数据安全性。

6.4 模型与数据协同驱动机制

智能优化方法不仅应能从数据中学习，实现数据驱动的智能优化；还应能在模型间进行知识迁移，实现模型与数据的协同驱动的学习机制。模型间的知识迁移不仅能进一步提升模型的学习效率，还能有效增强无线网络的稳健性（如可将知识从受损设备迁移到备份设备）并提高数据利用效率（如将已有知识从现有设备迁移到新添加的设备）。本节将讨论知识迁移的两种实现方式。

传统模型与机器学习模型间的知识迁移

数据驱动的机器学习模型通过从数据中学习而进化出智能，然而当目标问题较为复杂，训练数据较多，或模型本身复杂度较高时，机器学习模型的收敛速度往往比较慢。与此同时，传统的基于经典信息论分析的模型蕴含着通信专家对问题的深入理解和丰富的领域知识。因此，数据驱动的智能优化方法在学习时不应从零开始，而是应该将相关知识从传统模型迁移至机器学习模型中，以提升学习效率。

具体而言，首先，传统模型中所蕴含的领域知识能够帮助机器学习模型更好地定义学习目标（例如强化学习中对奖励函数的定义），从而解决复杂场景中的学习问题。其次，传统模型也可指导机器学习模型的学习过程，以提高其学习效率。例如，强化学习个体可以在训练初期，通过模仿传统模型的决策行为，迅速达到与传统模型相似的性能，然后继续训练，来寻找更优解（参考文献 [32]）。

计算机领域一直在探索知识迁移相关技术（参考文献 [10]），但在无线通信领域，传统模型与机器学习模型之间的知识迁移属于新兴研究方向（参考文献 [35]），具有重要的研究意义和研究价值。

机器学习模型间的知识迁移

在可拓展型学习过程中，每个本地节点都在优化一个相似的机器学习模型，因此，机器学习模型之间同样可以进行知识迁移，以提高系统的整体学习效率。例如：可以将模型参数从原有网络节点中提取出来，用于初始化新加入的网络节点；或者将模型学习到的高维特征在多个网络节点间共享，使得各个节点能复用这些特征，而无须各自从零开始训练一套模型（参考文献 [8]），另外，最近流行的图神经网络（参考文献 [34]）还可挖掘 / 表示不同功能模块之间的关联。因此，机器学习模型可以基于图神经网络，对专项知识模块和通用知识模块分别建模，然后通过重用通用知识模块来减少模型的重复训练。

6.5 本章小结

本章介绍了智能无线网络的数据流架构和计算流架构。针对数据流架构，本章讨论了数据认知过程所涉及的数据来源、效用函数和认知方法，并引出无线大数据认知流。针对计算流架构，本章讨论了可拓展型计算模式与现有的云计算和边缘计算体系的关联，归纳了适用于无线网络的并行化学习框架与全分布式学习框架，并重点讨论了高斯过程模型和强化学习算法在这些计算框架下的可拓展性。最后，本章讨论了模型与数据的协同驱动机制，通过传统模型与机器学习模型之间或相似机器学习模型之间的知识迁移，进一步提升智能优化方法的学习效率与稳定性。

参考文献

[1] MACKAY D J C. A Practical Bayesian Framework for Backpropagation Networks[J]. Neural Computation , 1992, 4(3): 448-472.

[2] NEAL R M. Bayesian Learning via Stochastic Dynamics: Advances in Neural Information Processing Systems 6[C]. Burlington: Morgan-Kaufmann, 1993.

[3] MITOLA J, MAGUIRE G Q . Cognitive radio: making software radios more personal[J]. IEEE personal communications.

[4] CSATO L, OPPER M O. Sparse On-line Gaussian Processes[J]. Neural Computation , 2002,

14(3): 641-668.

[5] SIFALAKIS M, MAVRIKIS M, MAISTROS G. Adding reasoning and cognition to the Internet: Proceedings of the 3rd Hellenic Conference on Artificial Intelligence [C]. Citeseer, 2004.

[6] RASMUSSEN C E, WILLIAMS C I K. Gaussian Processes for Machine Learning[M]. Cambridge, MA: MIT Press, 2006.

[7] TENNENHOUSE D L, WETHERALL D J . Towards an active network architecture[J]. ACM SIGCOMM Computer Communication Review , 2007, 37(5): 81-94.

[8] TAYLOR M E, STONE P. Transfer Learning for Reinforcement Learning Domains: A Survey[J]. Mach. Learn. Res.,2009,10(1): 1633-1685.

[9] YUCEK T . ARSLAN H. A survey of spectrum sensing algorithms for cognitive radio applications[J]. IEEE Commun. Surveys Tuts. ,2009,11(1): 116-130.

[10] PAN S J , YANG Q. A Survey on Transfer Learning[J]. IEEE Trans. Knowl. Data Eng. , 2010,22(10): 1345-1359.

[11] BOYD S, et al. Distributed Optimization and Statistical Learning via the Alternating Direction Method of Multipli- ers.[J].Found. Trends Mach. Learn. , 2011,3(1): 1-122.

[12] China Mobile Research Institute. C-RAN: The Road Towards Green RAN.[R/OL].[2022-06-12] https://pdfs.semanticscholar.org/eaa3/ca62c9d5653e4f2318aed9ddb8992a505d3c.pdf.

[13] BKASSINY M, LI Y, JAYAWEERA S K. A Survey on Machine-Learning Techniques in Cognitive Radios [J] IEEE Commun. Surveys Tuts.,2012,15(3): 1136-1159.

[14] BKASSINY M, LI Y, JAYAWEERA S K. A Survey on Machine-Learning Techniques in Cognitive Radios[J].IEEE Commun. Surveys Tuts. ,2013,15(3): 1136-1159.

[15] ZHANG Z, LONG K, WANG J.Self-organization paradigms and optimization approaches for cognitive radio technologies: a survey [J]. IEEE Wireless Commun. ,2013,20(2): 36-42.

[16] LI M, et al. Scaling Distributed Machine Learning with the Parameter Server Proc. 11th USENIX Symp. Oper. Syst. Des. Implement. (OSDI [C]). Broomfield, 2014.

[17] ZOUBIN G. Probabilistic Machine Learning and Artificial Intelligence [J]. Nature ,2015,521(1): 452-459.

[18] HONG M, LUO Z Q, RAZAVIYAYN M . Convergence analysis of alternating direction method of multipliers for a family of nonconvex problems[J]. SIAM J. Optim. ,2016,26(1): 337-364.

[19] KONEČNỲ J, et al. Federated optimization: Distributed machine learning for on-device intelligence [D].arXiv:1610.02527 (Oct. 2016). https://arxiv.org/abs/1610.02527.

[20] PENG M, et al. Recent Advances in Cloud Radio Access Networks: System Architectures, Key Techniques, and Open Issues[J]. IEEE Commun. Surveys Tuts. ,2016,18(3): 2282-2308.

[21] WANG W, et al. A Survey on Applications of Model-Free Strategy Learning in Cognitive Wireless Networks [J]. IEEE Commun. Surveys Tuts.,2016,18(3). 1717-1757.

[22] ZEYDAN E, et al. Big data caching for networking: moving from cloud to edge [J]. IEEE Commun. Mag. ,2016,54(9):36-42.

[23] LIAN X R, et al. Can 12ntralized Algorithms Outperform Centralized Algorithms? A Case Study for 12ntralized Parallel Stochastic Gradient Descent: Proc. Adv. Neural Inf. Process. Syst. (NIPS) [C]. Long Beach, 2017.

[24] ABBAS N, et al. Mobile Edge Computing: A Survey[J]. IEEE Internet Things J. , 2018,5(1). 450-465.

[25] AYBAT N S, et al. Distributed Linearized Alternating Direction Method of Multipliers for Composite Convex Consensus Optimization[J]. IEEE Trans. Autom. Control , 2018,63(1): 5-20.

[26] LIAN X R, et al. Asynchronous decentralized parallel stochastic gradient descent [D]. arXiv preprint arXiv:1710.06952(Sept. 2018). https://arxiv.org/abs/1710.06952.

[27] MOHAMMADI M , AL-FUQAHA A. Enabling Cognitive Smart Cities Using Big Data and Machine Learning: Approaches and Challenges[J]. IEEE Commun. Mag, 2018, 56(2): 94-101.

[28] PAN C, et al. User-Centric C-RAN Architecture for Ultra-Dense 5G Networks: Challenges and Methodologies[J]. IEEE Commun. Mag. ,2018,56(6): 14-20.

[29] EL-SAYED H, et al. Edge of Things: The Big Picture on the Integration of Edge, IoT and the Cloud in a Distributed Computing Environment [J]. IEEE Access ,2018(6): 1706-1717.

[30] SUTTON R S, BARTO A G. Reinforcement learning: An introduction [M]. Cambridge, MA: MIT press, 2018.

[31] CHEN M, et al. Artificial Neural Networks-Based Machine Learning for Wireless Networks: A Tutorial[J]. IEEE Commun. Surveys Tuts. ,2019,21(4) : 3039-3071.

[32] SILVA F L D , COSTA A H R. A Survey on Transfer Learning for Multiagent Reinforcement Learning Systems [J]. Journal of Artificial Intelligence Research , 2019,64(1): 645-703.

[33] SUN Y, et al. Application of Machine Learning in Wireless Networks: Key Techniques and Open Issues[J]. IEEE Commun. Surveys Tuts. ,2019, 21(4): 3072-3108.

[34] ZAMBALDI V, et al. Deep reinforcement learning with relational inductive biases: International Conference on Learning Representations (ICLR) [C]. 2019.

[35] ZAPPONE A, RENZO M D, DEBBAH M. Wireless Networks Design in the Era of Deep Learning: Model-Based, AI-Based, or Both? [J]. IEEE Trans. Commun. , 2019, 67(10): 7331-7376.

第 7 章 基于单节点机器学习的负载优化

本章主要介绍基于单节点机器学习的负载优化，目标是实现新一代无线网络的单节点智能，解决有限规模的负载预测和负载均衡问题，并作为第 8 章和第 9 章分别介绍的多节点机器学习和多智能体强化学习的基础。

具体而言，本章将介绍两种具有不同特点的单节点智能负载优化方案。第一种是先预测后调优的组合型优化方案：基于单节点高斯过程的流量预测模型。该模型用于预测无线流量的未来变化趋势，可与传统的基站休眠算法相结合，实现负载自适应的基站休眠。第二种是集预测和调优于一体的优化方案：基于单节点深度强化学习的负载均衡模型。该模型可完成从数据处理、分析到决策的一系列操作，具备强大的自适应负载均衡能力。

此外，本章在上述方案的问题建模与方法设计中，引入传统模型的专家知识与领域知识，实现传统模型到智能模型的知识迁移，可作为第 6 章智能无线网络架构中模型与数据协同驱动机制的应用范例。

7.1 基于高斯过程的无线流量预测模型

高斯过程模型是后深度学习时代最具潜力的贝叶斯统计建模工具之一，天然具有数据驱动的特点和清晰的模型可解释性，近年来在各个领域都取得了优异的性能（参考文献 [13]、[24]、[25]）。高斯过程模型将领域 / 专家知识融合到核函数的设计中，并基于贝叶斯定理来优化模型超参数，从而极大地增强了模型和预测结果的可解释性。而且，高斯过程模型不仅可以预测未来的流量，还可以给出预测结果的后验方差，从而度量预测结果的不确定性，并用于提升无线网络优化的稳健性（参考文献 [16]、[29]）。此外，高斯过程模型是通过最大化所有可能的模型参数的边缘概率来选择最佳模型参数的，因此即使训练数据集的规模有限，高斯过程模型也能很好地避免模型过拟合问题，并能取得良好的训练效果。这个性质也更契合数据驱动的优化需求，因为在无线系统中（特别是在用户端）收集数据的代价通常很高，所以本地数据集的规模通常不大。考虑到高斯过程模型具有以上优势，本章主要研究基于高斯过程的无线流量预测模型。

7.1.1 高斯过程模型

与数学意义上的高斯分布不同，机器学习领域中的高斯过程模型是一种核方法，通常用于解决回归问题。常见的回归模型（例如线性回归）使用参数化的函数来拟合数据的分布，通过优化函数参数来逼近最优解。而高斯过程模型是非参数模型，它利用核函数来刻画数据点之间的关联性，通过优化核函数的超参数来逼近最优解。

具体而言，高斯过程模型所描述的是一系列随机变量的集合，其中任意的有限个元素都服从（多元）高斯分布。考虑如下的回归模型：

$$y = f(x) + e \tag{7.1}$$

其中：$y(y \in \mathbb{R}^1)$ 为输出项，是一个具有连续值的标量；e 为服从高斯分布的独立噪声项，其均值为 0，方差为 σ_e^2；$f(\boldsymbol{x})$ 为待拟合的回归函数，这里将其建模为如下高斯过程：

$$f(\boldsymbol{x}) \sim \mathcal{GP}(m(\boldsymbol{x}), k(\boldsymbol{x}, \boldsymbol{x}'; \boldsymbol{\theta}_{\mathrm{h}})) \tag{7.2}$$

其中：$m(x)$ 为均值函数，在实际应用中（特别是在没有先验知识的情况下）通常被假设为 0；$k(\boldsymbol{x}, \boldsymbol{x}'; \boldsymbol{\theta}_{\mathrm{h}})$ 为核函数，由核函数的超参数 $\boldsymbol{\theta}_{\mathrm{h}}$ 指定。模型待训练的超参数为 $\boldsymbol{\theta} \stackrel{\text{def}}{=} [\boldsymbol{\theta}_{\mathrm{h}}^{\mathrm{T}}, \sigma_e^2]^{\mathrm{T}}$。注意，尽管 σ_e^2 可与核函数的超参数 $\boldsymbol{\theta}_{\mathrm{h}}$ 一同训练，但这里主要聚焦于核函数的超参数 $\boldsymbol{\theta}_{\mathrm{h}}$ 的训练。在仿真中，使用其他模型，例如稳健平滑法（Robust Smoothing Method）（参考文献 [6]）来独立拟合 σ_e^2。这样一来，模型待训练的超参数将简化为 $\boldsymbol{\theta} \stackrel{\text{def}}{=} [\boldsymbol{\theta}_{\mathrm{h}}^{\mathrm{T}}]^{\mathrm{T}}$。

这里所考虑的流量预测任务可描述如下：给定训练集 $\mathcal{D} \stackrel{\text{def}}{=} \{\boldsymbol{X}, \boldsymbol{y}\}$，其中 $\boldsymbol{y} = [y_1, y_2, \cdots, y_n]^{\mathrm{T}}$ 为训练集输出值，$\boldsymbol{X} = [\boldsymbol{x}_1, \boldsymbol{x}_2, \cdots, \boldsymbol{x}_n]$ 为训练集输入值，目标是在给定测试集输入值 $\boldsymbol{X}_* = [\boldsymbol{x}_{*,1}, \boldsymbol{x}_{*,2}, \cdots, \boldsymbol{x}_{*,n_*}]$ 的情况下，估计测试集的后验概率分布函数 $p(\boldsymbol{y}_* | \mathcal{D}, \boldsymbol{X}_*; \boldsymbol{\theta})$，并预测测试集输出值 $\boldsymbol{y}_* = [y_{*,1}, y_{*,2}, \cdots, y_{*,n_*}]^{\mathrm{T}}$。根据高斯过程的定义，训练集输出值 y_* 和测试集输出值 y_* 的联合先验分布可以被表示为

$$\begin{bmatrix} \boldsymbol{y} \\ \boldsymbol{y}_* \end{bmatrix} \sim \mathcal{N}\left(\boldsymbol{0}, \begin{bmatrix} \boldsymbol{K} + \sigma_e^2 \boldsymbol{I}_n & \boldsymbol{k}_* \\ \boldsymbol{k}_*^T & \boldsymbol{k}_{**} \end{bmatrix}\right) \tag{7.3}$$

其中：$\boldsymbol{K} = \boldsymbol{K}(X, X; \boldsymbol{\theta})$，是一个 $n \times n$ 的矩阵，表示训练集的输入值 X 之间的关联；$\boldsymbol{k}_* = \boldsymbol{K}(X, X_*; \boldsymbol{\theta})$，是一个 $n \times n_*$ 的矩阵，表示训练集的输入值 X 和测试集的输入值 X_* 之间的关联，且 $\boldsymbol{k}_*^{\mathrm{T}} = \boldsymbol{K}(\boldsymbol{X}_*, \boldsymbol{X}; \boldsymbol{\theta}) = \boldsymbol{K}(\boldsymbol{X}, \boldsymbol{X}_*; \boldsymbol{\theta})^{\mathrm{T}}$；$\boldsymbol{k}_{**} = \boldsymbol{K}(\boldsymbol{X}_*, \boldsymbol{X}_*; \boldsymbol{\theta})$，是一个 $n_* \times n_*$ 的矩阵，表示测试集的输入值 X_* 之间的关联。

引用条件高斯分布的结论（参考文献 [3]），测试集的输出值 $\boldsymbol{y}_*$ 的后验概率分布可写为

$$p(\boldsymbol{y}_* | \mathcal{D}, \boldsymbol{X}_*; \boldsymbol{\theta}) \sim \mathcal{N}\left(\boldsymbol{ar\mu}, \boldsymbol{ar\sigma}\right) \tag{7.4}$$

其中，后验均值和后验方差满足

$$\mathbb{E}\left[f(\boldsymbol{X}_*)\right] = \bar{\boldsymbol{\mu}} = \boldsymbol{k}_*^{\mathrm{T}} \left(\boldsymbol{K} + \sigma_e^2 \boldsymbol{I}_n\right)^{-1} \boldsymbol{y} \tag{7.5}$$

$$\mathbb{V}\left[f(\boldsymbol{X}_*)\right] = \bar{\boldsymbol{\sigma}} = \boldsymbol{k}_{**} - \boldsymbol{k}_*^{\mathrm{T}} \left(\boldsymbol{K} + \sigma_e^2 \boldsymbol{I}_n\right)^{-1} \boldsymbol{k}_* \tag{7.6}$$

注意，高斯过程模型是贝叶斯模型，因此其估计出的后验分布的准确度可随着训练数据量的增多而不断提升。

7.1.2 模型核函数设计

本小节首先分析无线流量数据所展现出来的流量特征，然后根据这些特征来设计合适的高斯过程核函数，实现专家知识到核函数的迁移。

4G 流量变化趋势分析

此处所使用的无线流量数据源自国内某运营商位于南方的 3000 个 4G 基站，数据采集的时间粒度为 1h。这里介绍的预测目标为数据集中无线网络下行链路的物理资源块（Physical Resource Block, PRB）使用率。图 7.1 的 3 个子图分别展示了 3 种较为典型的基站流量变化趋势。图 7.1（a）展示的是某办公楼附近基站的 4G 流量变化趋势，流量呈现出明显的以 168h（一周）为周期的周期性变化趋势；图 7.1（b）展示的是某居民区附近基站的 4G 流量变化趋势，流量呈现出明显的以 24h 为周期的周期性变化趋势；图 7.1（c）展示的是某偏远地区基站的 4G 流量变化趋势，流量没有呈现出明显的周期性变化趋势。此外，每个基站的 4G 流量变化趋势都呈现出了一定的随机性。综上，数据集中的 4G 流量数据表现出三大特征：以星期为单位的周期性变化，即工作日和周末的区别；以天为单位的周期性变化，即白天和夜晚的区别；非周期性变化，即除周期性变化之外的随机波动。

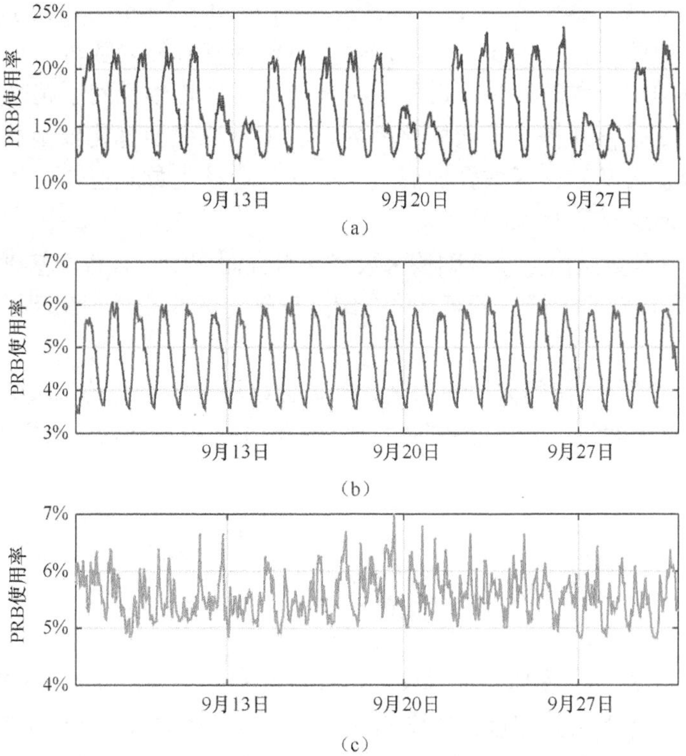

图7.1 基站流量变化趋势

现有文献 [9] 指出，4G 流量的周期性变化主要是由用户的潮汐效应（即用户周期性移动与人类行为的整体趋向性）所引起的，类似的周期性变化特征也在 3G 流量数据（参考文献 [9]）和 C-RAN 流量数据中被观测到（参考文献 [23]）。因此可以推测，5G 的流量变化也很可能表现出相同的特征，因为人的行为特性并未改变。此外，由于基站的密集化部署和无线网络结构的复杂化，相较于 3G 流量而言，4G 流量展现出了更大尺度的非周期性变化，这预示着 5G 流量的非周期性变化尺度可能较 4G 流量更大。

复合核函数设计

对于高斯过程模型而言，核函数的设计至关重要，因为核函数可为模型引入较强的先验信息。一个良好的核函数应当能够在保证预测准确度的同时具有较强的泛化能力。核函数分为平稳（Stationary）核函数和非平稳（Non-Stationary）核函数两类。平稳核函数可表示为 $K(\boldsymbol{\tau})$，其取值只跟两个输入数据的相对距离 $\boldsymbol{\tau}$ 有关，其中 $\boldsymbol{\tau}=\boldsymbol{x}_i-\boldsymbol{x}_j$，$\boldsymbol{x}_i$ 与 $\boldsymbol{x}_j$ 为两个不同的输入。非平稳核函数的取值跟两个输入数据的绝对位置有关，可表示为 $K(\boldsymbol{x}_i，\boldsymbol{x}_j)$。在高斯过程模型中使用平稳核函数是使得关联矩阵 $\boldsymbol{K}+\sigma_e^2$ 具有 Toeplitz（特普利茨）结构的先决条件，而 Toeplitz 结构是低复杂度训练法的基础，因此，这里主要介绍使用平稳核函数建立的高斯过程模型。

不同的核函数可以使高斯过程预测模型给出具有不同特征的预测曲线。常用的基础核函数包括周期性核（Periodic Kernel）函数与平方指数核（Squared-Exponential Kernel, SE kernel）函数等。其中，周期性核函数可以产生具有周期变化特性的曲线，而高斯核函数则可以产生平滑且变化灵活的曲线。例如，图 7.2（c）为使用式（7.7）定义的周期性核函数生成的曲线，其中 $\sigma_{p_1}^2=1$、$\lambda_1=1$ 且 $l_{p_1}=1$；图 7.2（a）为使用式（7.9）定义的高斯核函数生成的曲线，其中 $\sigma_{l_t}^2=1$ 且 $l_{l_t}=1$。不同的基础核函数可以组成一个复合核函数，融合不同基础核函数的特性。近些年，核函数自优化也受到了越来越多的关注。例如，文献 [8]、[13]、[30] 提出了通用核函数，利用频域变换优化核函数参数；文献 [12] 提出通过自动搜索由基础核函数叠加而成的最优复合核函数。但是，使用这些高级核函数会提升模型的训练复杂度。

这里使用的核函数是由多个基础核函数线性组合而成的，且各个基础核函数的选取基于前文对 4G 流量特性的分析。下面具体介绍这里针对无线流量预测问题所选择的 3 个基础核函数。

（1）星期 - 周期性：使用周期性核函数来拟合以星期为单位的流量的周期性变化。其中，核函数的变化周期设置为一个星期的时间跨度（168h）所涵盖的数据点个数（168 个），其数学形式为

$$k_1(t_i,t_j)=\sigma_{p_1}^2\exp\left[-\frac{\sin^2\left(\dfrac{\pi(t_i-t_j)}{\lambda_1}\right)}{l_{p_1}^2}\right] \tag{7.7}$$

其中：λ_1 为周期长度；l_{p_1} 为核特征尺度（Characteristic Lengthscale），决定函数曲线随时间 t 变化的快慢；$\sigma_{p_1}^2$ 为方差尺度，决定函数曲线偏离函数均值的变化尺度。

（2）天 - 周期性：使用另一个周期性核函数来拟合以天为单位的流量的周期性变化。其中，核函数的变化周期设置为一天的时间跨度（24h）所涵盖的数据点个数（24 个），其数学形式为

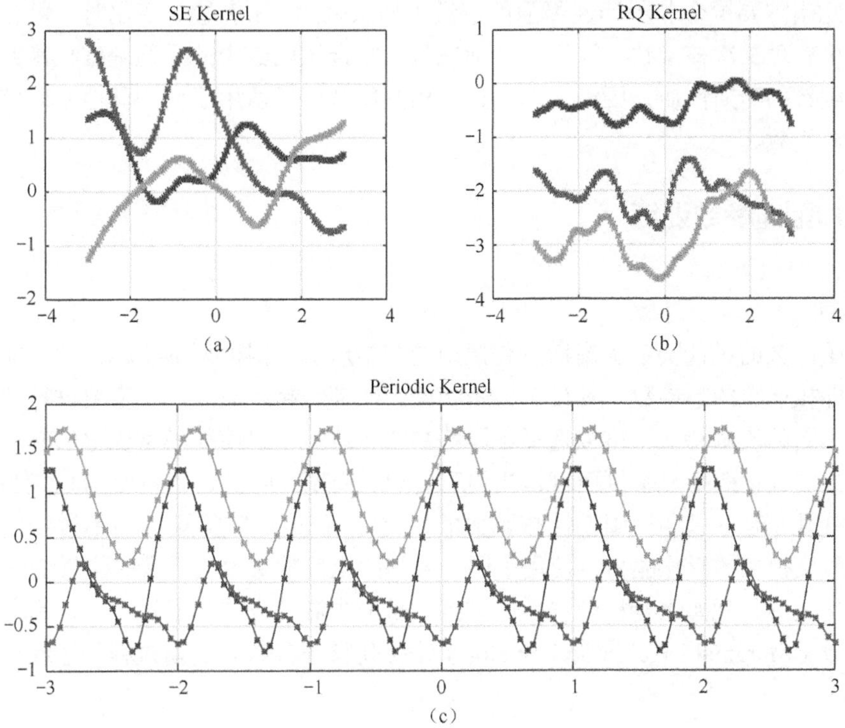

图7.2 不同基础核函数生成的预测曲线

$$k_2(t_i,t_j)=\sigma_{p_2}^2\exp\left[-\frac{\sin^2\left(\frac{\pi(t_i-t_j)}{\lambda_2}\right)}{l_{p_2}^2}\right] \tag{7.8}$$

其中，λ_2、l_{p_2}、$\sigma_{p_2}^2$ 的含义与 k_1（t_i, t_j）中相应参数的含义相同，但取值与 k_1（t_i, t_j）中的不同。

（3）非周期性使用高斯核函数来拟合流量的非周期性变化，其数学形式为

$$k_3(t_i,t_j)=\sigma_{l_t}^2\exp\left[-\frac{(t_i-t_j)^2}{2l_{l_t}^2}\right] \tag{7.9}$$

其中，l_t、$\sigma_{l_t}^2$ 的含义与 $k_1(t_i,t_j)$ 和 $k_2(t_i,t_j)$ 中的相同。

将上述 3 个基础核函数线性组合为一个新的复合核函数，该核函数适用于一般化的无线流量预测问题，其数学形式为

$$k(t_i,t_j)=k_1(t_i,t_j)+k_2(t_i,t_j)+k_3(t_i,t_j) \tag{7.10}$$

其中，待训练的超参数为

$$\theta_{\mathrm{h}}=\left[\sigma_{p_1}^2,\sigma_{p_2}^2,\sigma_{l_t}^2,l_{p_1}^2,l_{p_2}^2,l_{l_t}^2\right]^{\mathrm{T}} \tag{7.11}$$

需要指出来的是，使用其他的基础核函数来组建复合核函数，并用于流量预测也是完全可行的。例如，有理二次核函数（Rational Quadratic Kernel）可产生比高斯核函数更灵活的

变化。因此当需要拟合非周期性更强的流量（如未来的 5G 流量）变化时，可为复合核函数增加一个有理二次核函数。注意，增加或删除复合核函数中的平稳基础核函数将不会影响复合核函数的高斯性质，因此，高斯过程预测模型同样适用于使用其他基础核函数构建出的复合核函数。

7.1.3 模型超参数训练

基准训练法

尽管核函数的设计决定了高斯过程模型的基本形式，但模型的实际预测性能还与模型超参数（即核函数的超参数）的设定紧密相关。在训练超参数之前，需要进行超参数初始化。针对不同的流量特征，可以选择不同的初始化策略，以使得模型优化的起点更好，从而得到更高的优化效率。举例而言，当预测星期 - 周期性明显的流量变化 [类似图 7.1（a）中的流量变化] 时，星期 - 周期性核函数的权重 $\sigma_{p_1}^2$ 可以调整得更大。不过，这里在仿真时，为了验证模型的泛化能力，使用了同一套初始化参数来预测所有的流量变化。

初始化之后，就要进行核超参数的训练。目前主流的方法是通过最大化高斯过程的边缘似然函数（Marginal Likelihood Function）来优化核超参数。高斯过程的边缘似然函数可表示为

$$\log p(\boldsymbol{y};\boldsymbol{\theta}) = -\frac{1}{2}\Big(\log\big|\boldsymbol{C}(\boldsymbol{\theta})\big| + \boldsymbol{y}^{\mathrm{T}}\boldsymbol{C}^{-1}(\boldsymbol{\theta})\boldsymbol{y} + n\log(2\pi)\Big) \tag{7.12}$$

其中，$\boldsymbol{C}(\boldsymbol{\theta}) \overset{\text{def}}{=} \boldsymbol{K}(\boldsymbol{\theta}_{\mathrm{h}}) + \sigma_e^2\boldsymbol{I}_n$，$|\cdot|$ 表示矩阵行列式。最大化高斯过程的边缘似然函数等价于最小化负对数似然函数，因此对超参数 $\boldsymbol{\theta}$ 的优化可等价表示为

$$\begin{aligned} \mathcal{P}_0 : \min_{\boldsymbol{\theta}} \quad & l(\boldsymbol{\theta}) = \boldsymbol{y}^{\mathrm{T}}\boldsymbol{C}^{-1}(\boldsymbol{\theta})\boldsymbol{y} + \log|\boldsymbol{C}(\boldsymbol{\theta})| \\ \text{s.t.} \quad & \boldsymbol{\theta} \in \Theta, \Theta \subseteq \mathbb{R}^p \end{aligned} \tag{7.13}$$

注意，对于大多数核函数（包括基础核函数和复合核函数）来说，问题 $\mathcal{P}_0$ 都是一个非凸优化问题。而且矩阵 C 常常没有特殊结构可以利用。因此，尽管经典的梯度下降法，例如 L-BFGS（Limited-memory BFGS，有限内存 BFGS）算法与 CGD（Conjugate Gradient Descent, 共轭梯度下降）算法都可用于求解 $\mathcal{P}_0$，但这些方法并不能保证能收敛到 $\mathcal{P}_0$ 的全局最优解。

利用经典的梯度下降法来优化超参数的步骤如下。在每次循环开始，超参数的更新公式为

$$\theta_i^{r+1} = \theta_i^r - \eta \cdot \frac{\partial l(\boldsymbol{\theta})}{\partial \theta_i}\bigg|_{\boldsymbol{\theta}=\boldsymbol{\theta}^r}, \quad \forall i = 1,2,\cdots,p \tag{7.14}$$

其中，η 为更新步长。超参数 $\boldsymbol{\theta}$ 的第 i 个变量的梯度为 [3]

$$\frac{\partial l(\boldsymbol{\theta})}{\partial \theta_i} = \mathrm{tr}\left(\left(\boldsymbol{C}^{-1}(\boldsymbol{\theta}) - \boldsymbol{\gamma}\boldsymbol{\gamma}^{\mathrm{T}}\right)\frac{\partial \boldsymbol{C}(\boldsymbol{\theta})}{\partial \theta_i}\right) \tag{7.15}$$

其中，$\mathrm{tr}(\cdot)$ 代表矩阵的迹，且 $\boldsymbol{\gamma} \overset{\text{def}}{=} \boldsymbol{C}^{-1}(\boldsymbol{\theta})\boldsymbol{y}$。

注意，$\boldsymbol{C}^{-1}(\boldsymbol{\theta})$在每次梯度下降时都需要更新，而该矩阵求逆的复杂度为$O(N^3)$，其中N为数据点个数。因此，当无线流量数据集较大（即N很大）时，梯度下降所需消耗的时间将呈指数上升的趋势。矩阵求逆运算$\boldsymbol{C}^{-1}(\boldsymbol{\theta})$是高斯过程模型训练复杂度的主要来源，它极大地限制了高斯过程模型在无线大数据场景下的应用。因此，低复杂度高斯过程模型是一个亟待研究的方向。

低复杂度训练法

基准训练法的瓶颈主要来自两方面：（1）式（7.5）、式（7.6）与式（7.12）涉及矩阵求逆运算的$\boldsymbol{C}^{-1}\boldsymbol{y}$；（2）式（7.12）中的对数行列式项$\log|\boldsymbol{C}|$。其中，最值得注意的是式（7.12）中$\boldsymbol{C}^{-1}\boldsymbol{y}$与$\log|\boldsymbol{C}|$的计算，因为它们在每次梯度下降时都需要重新计算，是训练开销的主要来源。一般使用Cholesky（楚列斯基）分解进行矩阵求逆，因而$\boldsymbol{C}^{-1}\boldsymbol{y}$涉及$O(N^3)$的计算复杂度。

可以利用核函数的特殊结构来进行快速计算。具体而言，由于输入的是等间隔的时间序列，且使用的是平稳核函数，所以核函数矩阵C将会具有Toeplitz结构（参考文献[15]）。因此，可以利用Toeplitz结构来设计低复杂度训练法。Toeplitz矩阵C具有重复性的对角结构，即$\boldsymbol{C}_{i,j}=\boldsymbol{C}_{i+1,j+1}$。在高斯过程模型中，可通过将$n\times n$的Toeplitz矩阵$C$拓展为$(2n-1)\times(2n-1)$的循环矩阵$R$来进行快速矩阵相乘计算。其中，循环矩阵$R$的第一列可写为

$$\boldsymbol{r}=[c_1,c_2,\cdots,c_{n-1},c_n,c_{n-1},\cdots,c_2] \tag{7.16}$$

而R的其他列则可视为由第一列滑动而成，即$\boldsymbol{R}_{i,j}=\boldsymbol{r}_{(j-i)\ \mathrm{mod}\, n}$。循环矩阵可利用DFT来进行快速计算：

$$\boldsymbol{R}=\boldsymbol{F}^{-1}\mathrm{diag}(\boldsymbol{F}\boldsymbol{r})\boldsymbol{F} \tag{7.17}$$

其中，$\boldsymbol{F}$为$n\times n$的DFT矩阵，且r为$\boldsymbol{R}$的第一列。由此，可将$\boldsymbol{C}y$的第一列做FFT来得到矩阵－向量乘积运算$\boldsymbol{C}y$的结果，复杂度仅为$O(n\log n)$。基于$\boldsymbol{C}y$的快速计算方案，$\boldsymbol{C}^{-1}y$可以进一步由PCG（Preconditioned Conjugate Gradient, 预处理共轭梯度）算法（参考文献[4]）在复杂度为$O(n\log n)$的运算内得出，其过程仅涉及简单的矩阵－向量乘积运算（参考文献[15]）。

超参数训练过程中的对数行列式项$\log|\boldsymbol{C}|$可以由Trench算法[1]在复杂度为$O(n^2)$的运算内得出。Trench算法定义参数γ_i为

$$|\boldsymbol{C}_{i+1}|=\gamma_i|\boldsymbol{C}_i|, 1\leqslant i\leqslant n \tag{7.18}$$

其中，i代表Toeplitz矩阵$\boldsymbol{C}$的阶数。$|\boldsymbol{C}_n|$可由迭代n次矩阵相乘得到：

$$|\boldsymbol{C}_n|=\prod_{i=1}^{n-1}\gamma_i \tag{7.19}$$

综上，具有Toeplitz结构的高斯过程模型的训练复杂度$O(N^3)$降低为$O(N^2)$，预测复杂度可从$O(N^3)$降低为$O(N\log N)$。但需要指出来的是，不论是否利用Toeplitz结构，该高斯过程模型都不能确保可收敛到全局最优解。更详细的关于使用Toeplitz结构进行低复杂度训练的过程，可参考文献[15]。

7.2 基于深度强化学习的智能负载均衡模型

7.1 节利用高斯过程模型先预测无线系统的未来变化趋势，然后根据预测出的趋势进行网络调优。本节所讨论的深度强化学习模型则将预测和调优过程集为一体，提供一体化的网络优化方案。具体而言，本节目标是解决自组织网络中的移动性负载均衡问题。自组织网络被认为是实现新一代无线网络的自适应优化的重要手段之一。自组织网络中的移动性负载均衡技术可以通过控制用户切换来把过载小区的负载合理地转移到相邻小区，从而实现负载均衡，提高资源利用效率。本节以自组织网络中的移动性负载均衡问题为背景，介绍基于深度强化学习的智能负载均衡模型。该强化学习模型能通过与环境的交互，估计出采取不同控制动作的系统收益，并据此来优化控制策略。注意，由于强化学习模型将目标问题建模为一个 MDP，并最大化未来系统变化下的累计收益，因而其学习过程自然地内化了对系统未来变化趋势（即系统状态的转移概率）的预测，而无须使用独立的预测模型。

7.2.1 强化学习基础

马尔可夫决策过程

强化学习的目标是在随机且未知的环境中，在不同环境状态下选择最优的序贯动作来最大化累计收益（参考文献 [28]）。其动态性常被建模为一个 MDP，且可由一个状态空间 $\mathcal{S}$、一个动作空间 $\mathcal{A}$、一个收益函数 $r\ (\mathcal{S}\times\mathcal{A}\rightarrow\mathbb{R}^1)$，以及一个满足马尔可夫性质的状态转移概率 $p(\boldsymbol{s}_{t+1}\mid\boldsymbol{s}_1,\boldsymbol{a}_1,\cdots,\boldsymbol{s}_t,\boldsymbol{a}_t)=p(\boldsymbol{s}_{t+1}\mid\boldsymbol{s}_t,\boldsymbol{a}_t)$ 来描述，其中 $\boldsymbol{s}\in\mathcal{S},\boldsymbol{a}\in\mathcal{A}$。具体而言，给定一个状态 $\boldsymbol{s}_t(\boldsymbol{s}_t\in\mathcal{S})$，强化学习个体根据一个策略 π 来选择一个动作 $\boldsymbol{a}_t(\boldsymbol{a}_t\in\mathcal{A})$ 与环境进行交互，并获得收益 $r(\boldsymbol{s}_t,\boldsymbol{a}_t)$，同时环境状态从 s_t 转移至 $\boldsymbol{s}_{t+1}$，并开始下一轮循环。

值函数

在强化学习中，一个给定策略 π 在状态 s 下的值函数被定义为从状态 s 开始继续遵循 π 采取动作所获得的累计期望收益，数学表达式如下：

$$V^{\pi}(\boldsymbol{s})=\mathbb{E}_{\pi}\left[\sum_{k=0}^{\infty}\gamma^k R_{t+k+1}\,\middle|\,\boldsymbol{s}_t=\boldsymbol{s}\right] \tag{7.20a}$$

$$=\mathbb{E}_{\pi}\left[R_{t+1}+\gamma\sum_{k=0}^{\infty}\gamma^k R_{t+k+2}\,\middle|\,\boldsymbol{s}_t=\boldsymbol{s}\right] \tag{7.20b}$$

$$=\sum_{a}\pi(a\mid s)\sum_{s'}\sum_{r}p(s',r\mid s,a)\left[r+\gamma\mathbb{E}_{\pi}\left[\sum_{k=0}^{\infty}\gamma^k R_{t+k+2}\,\middle|\,\boldsymbol{s}_{t+1}=\boldsymbol{s}'\right]\right] \tag{7.20c}$$

$$=\sum_{a}\pi(a\mid s)\sum_{s'}\sum_{r}p(s',r\mid s,a)\left[r+\gamma V^{\pi}(\boldsymbol{s}')\right] \tag{7.20d}$$

其中，r 为在 t 时刻的收益，$\boldsymbol{s}'$ 为下一时刻的状态，$\gamma(\gamma\in[0,1])$ 为折扣因子。类似地，对于一个给定策略 π，在状态 $\boldsymbol{s}$ 下采取动作 $\boldsymbol{a}$ 的 Q 函数定义为

$$Q^{\pi}(\boldsymbol{s},\boldsymbol{a})=\mathbb{E}_{\pi}\left[\sum_{t=0}^{\infty}\gamma^{t}r(\boldsymbol{s}_{t},\boldsymbol{a}_{t})\,\middle|\,\boldsymbol{s}_{t}=\boldsymbol{s},\boldsymbol{a}_{t}=\boldsymbol{a}\right]\tag{7.21}$$

一般而言，强化学习的目标是找到能最大化从初始状态 $\boldsymbol{s}_0$ 开始的累计折扣收益的最优策略 π^*（参考文献 [28]）。最优策略所对应的最优值函数满足

$$V^{*}(\boldsymbol{s})=\max_{a\in\mathcal{A}(s)}Q_{\pi^{*}}(\boldsymbol{s},\boldsymbol{a})\tag{7.22a}$$

$$=\max_{a}\mathbb{E}_{\pi^{*}}\left[\sum_{k=0}^{\infty}\gamma^{k}R_{t+k+1}\,\middle|\,\boldsymbol{s}_{t}=\boldsymbol{s},\boldsymbol{a}_{t}=\boldsymbol{a}\right]\tag{7.22b}$$

$$=\max_{a}\mathbb{E}_{\pi^{*}}\left[R_{t+1}+\gamma\sum_{k=0}^{\infty}\gamma^{k}R_{t+k+2}\,\middle|\,\boldsymbol{s}_{t}=\boldsymbol{s},\boldsymbol{a}_{t}=\boldsymbol{a}\right]\tag{7.22c}$$

$$=\max_{a}\mathbb{E}\left[R_{t+1}+\gamma V^{*}(\boldsymbol{s}_{t+1})\,\middle|\,\boldsymbol{s}_{t}=\boldsymbol{s},\boldsymbol{a}_{t}=\boldsymbol{a}\right]\tag{7.22d}$$

$$=\max_{a\in\mathcal{A}(s)}\sum_{\boldsymbol{s}',r}p(\boldsymbol{s}',r\mid\boldsymbol{s},\boldsymbol{a})\left[r+\gamma V^{*}(\boldsymbol{s}_{t+1})\right]\tag{7.22e}$$

最后两个等式即强化学习贝尔曼方程的两种形式（参考文献 [28]）。相应地，最优 Q 函数的贝尔曼方程可以写为

$$Q^{*}(\boldsymbol{s},\boldsymbol{a})=\mathbb{E}_{\pi^{*}}\left[R_{t+1}+\gamma\max_{\boldsymbol{a}'}Q^{*}(\boldsymbol{s}_{t+1},\boldsymbol{a}')\,\middle|\,\boldsymbol{s}_{t}=\boldsymbol{s},\boldsymbol{a}_{t}=\boldsymbol{a}\right]\tag{7.23a}$$

$$=\sum_{\boldsymbol{s}',r}p(\boldsymbol{s}',r\mid\boldsymbol{s},\boldsymbol{a})\left[r+\gamma\max_{\boldsymbol{a}'}Q^{*}(\boldsymbol{s}',\boldsymbol{a}')\right]\tag{7.23b}$$

异策略学习

强化学习中的学习 - 探索过程通常与两个策略相关：目标策略（Target Policy）和探索策略（Behavior Policy）。其中：探索策略负责与环境做交互收集学习样本，并用于优化目标策略；目标策略则是算法优化目标，可用于系统最优控制。在现有文献中，强化学习有两种学习形式，一种是同策略学习（On-policy Learning）法，另一种是异策略学习（Off-policy Learning）法。其中，同策略学习法中目标策略和探索策略为同一策略；而异策略学习法中，目标策略和探索策略为不同策略，探索策略探索出的样本通过重要性采样（Importance Sampling）技术来更新目标策略（参考文献 [28]）。

此处采用异策略学习法有以下原因。首先，同策略学习法需要进行在线探索，即需要使用随机化的动作与系统做交互来收集多样化的学习样本，然而在在线系统中使用随机探索（即随机系统控制）会有一定的风险。相比较而言，异策略学习法可以使用一个探索策略进行离线探索（如与仿真平台做交互），并使用一个优化后的目标策略进行在线系统控制，从而降低控制风险；另外在异策略学习法中，使用不同探索策略探索出的样本和之前收集到的样本可以被重复使用，这也是 8.2.3 小节介绍的基于多探索策略的分布式强化学习算法的基础。

7.2.2 用户切换模型

用户切换

移动性负载均衡中用户切换过程的目标是，把一个移动用户从其当前基站切换到周围信号质量更好的基站。具体来说，给定一个时间 t，用户从当前基站 i 到目标基站 j 的切换，是根据 A3 条件（参考文献 [5]）来触发的

$$F_j^t - F_i^t > O_{ij}^t + Hys \tag{7.24}$$

其中：F_i^t 和 F_j^t 分别是用户在其当前基站 i 和目标基站 j 的参考信号接收功率（Reference Signal Received Power, RSRP）; Hys 是用户切换滞后偏置（Handover Hysteresis），通常被设定为一个固定值来防止频繁的用户切换；O_{ij}^t 是当前基站 i 和目标基站 j 的小区个体偏置（Cell Individual Offset）CIO，注意 O_{ij}^t 一般是对称的，即 $O_{ij}^t = -O_{ji}^t$，目的是防止用户被来回切换，即乒乓效应（Ping-pong Effect）（参考文献 [7]）。

根据式（7.24），适当减少 O_{ij}^t 可以触发用户从基站 i 被切换到基站 j，从而将基站 i 的负载转移到基站 j。因此，移动性负载均衡的关键是找到最优的 CIO 调整策略，从而能触发最优的用户切换。

用户吞吐量

用户 u 在基站 i 于 t 时刻的 SINR 为

$$\mathrm{SINR}_u^t = \frac{P_i G_{ui}^t}{N_0 + \sum_{j \in \mathcal{I}, j \neq i} P_j G_{uj}^t} \tag{7.25}$$

其中，$\mathcal{I}$ 是基站集合，P_i 是基站 i 的传输功率，G_{ui}^t 是用户 u 于 t 时刻在基站 i 的信道增益，N_0 是噪声功率（不失一般性地假设为对所有用户均相同）。假设可分配的最小资源单位为物理资源模块（PRB）。对于一个给定的用户 u，单个 PRB 于 t 时刻的最大传输速率为

$$R_u^t = B \log_2(1 + \mathrm{SINR}_u^t) \tag{7.26}$$

其中，B 是单个 PRB 的频谱带宽。

基站负载

此处假设每个用户在 t 时刻都有恒定比特率（Constant Bit Rate，CBR）的通信需求 M_u^t。那么，满足 M_u^t 所需要的 PRB 数量为

$$N_u^t = \min\left\{\frac{M_u^t}{R_u^t}, N_c\right\} \tag{7.27}$$

其中：N_c 是一个常数阈值，用于限制信道质量过差的用户所占用的 PRB 的数量。基站 i 的负载被定义为用户所需要的 PRB 数量与基站总共的 PRB 数量之比，可表达为

$$\rho_i^t = \frac{\sum_{u \in \mathcal{U}_i^t} N_u^t}{N_i^P} \tag{7.28}$$

其中，N_i^P 是基站 i 总共的 PRB 数量，且 $\mathcal{U}_i^t$ 是在 t 时刻分配给基站 i 的用户集合。

7.2.3 负载均衡问题建模

本小节将超密集网络中的移动性负载均衡问题建模为 MDP，并且利用异策略强化学习来优化类内 CIO 调整策略。具体而言，将基站的负载分布和用户分布的信息作为状态，将 CIO 的调整定义为动作，将负载均衡指标定义为收益。对每个时刻 t，底层将会根据观察到的超密集网络状态 $\boldsymbol{s}_t$ 选择负载均衡动作 a_t，然后系统将根据状态转移概率 $p(\boldsymbol{s}_{t+1} | \boldsymbol{s}_t, \boldsymbol{a}_t)$ 转移到下一个状态 s_{t+1}。注意，状态转移概率同时由现在的超密集网络状态 $\boldsymbol{s}_t$ 和负载均衡动作 $\boldsymbol{a}_t$ 决定，这表明，所选取的负载均衡动作不仅将影响到当前时刻的收益，还将影响到系统下一次转移到的状态并进而影响到之后所有的收益。传统负载均衡模型的目标往往是优化一个时隙内的负载均衡指标，而基于强化学习的负载均衡模型则更富远见，目标是实现长时间跨度的负载均衡。此外，强化学习模型是通过不断与环境交互产生的数据来进行学习的，因而本身便具有数据驱动的学习特点。本小节所介绍的模型的相关设定定义如下。

状态

基于强化学习的负载均衡算法的输入信息为无线系统的当前状态。然而，直接将原始状态数据输入模型会带来一些问题：系统的状态空间将会变得过大而无法枚举；高维原始数据计算复杂度会很高，传输的时延也会很大；原始数据可能包含过多的冗余信息，进而影响到最终的学习性能。因此，下面介绍一套高阶特征来表征无线系统的状态并用作模型输入。具体而言，每个基站 $i(i \in \mathcal{I})$ 的状态组成如下：每个基站的负载相对于所有基站平均负载的偏移，即 $\tilde{\rho}_i = \rho_i - \rho_g$，其中 $\rho_g = \frac{1}{N}\sum_{i=1}^{N}\rho_i$ 且 N 代表基站个数；边缘用户的比例。根据用户在当前基站的接收 SNR 和其连接到的相邻基站的接收 SNR 来判定其是否为边缘用户。一般来说，一个基站如果边缘用户越多，那么它对 CIO 的变化就越敏感。综上，系统状态向量可以被写为

$$\boldsymbol{s}_t = \left[\tilde{\rho}_1^t, \tilde{\rho}_2^t, \cdots, \tilde{\rho}_N^t, E_1^t, E_2^t, \cdots, E_N^t\right]^{\mathrm{T}} \tag{7.29}$$

值得说明的是，这里的特征选择并不是唯一的，其余的系统状态表征方式有待以后探究。

动作

基于强化学习的负载均衡算法的输出动作为各个基站对的 CIO 值，即

$$\boldsymbol{a}_t = \{O_{ij}(t) \mid \forall i, j \in \mathcal{I}\} \tag{7.30}$$

这里的 $O_{ij} \in [O_{\min}, O_{\max}], \forall i, j \in \mathcal{I}$，其中 $O_{\min}$ 和 $O_{\max}$ 分别为事先定义好的 CIO 下限与上限。注意，为了研究一般化的控制问题，这里仅考虑 CIO 值是连续变量。

收益

根据参考文献 [26]，系统的负载分布可以通过最小化最大的基站负载值（或最大化最大的基站负载值的倒数）来调节，即优化最坏情况。因此，这里将收益函数定义为

$$r(\boldsymbol{s}_t, \boldsymbol{a}_t) = \frac{1}{\max_{i \in \mathcal{I}} \rho_i^t} \tag{7.31}$$

最大化该收益函数即等价于减小所有基站负载的最大值。

策略

强化学习中的策略通常定义为一个随机函数 $\pi: \mathcal{S} \to \mathcal{P}(\mathcal{A})$。该函数刻画了在任意状态 $s_t\left(s_t \in \mathcal{S}\right)$ 下选择任意动作 $a_t\left(a_t \in \mathcal{A}\right)$ 的概率。然而，此处考虑使用一个确定性函数作为调整 CIO 的策略，该策略可被表示为

$$\pi_\theta : \mathcal{S} \to \mathcal{A} \tag{7.32}$$

其中，$\theta(\theta \in \mathbb{R}^n)$ 为待优化的参数。特别地，为了提升模型的泛化能力，这里的策略函数由一个深度神经网络来表示，具体可见后文分析。

目标函数

本小节的目标是找到一个最优 CIO 控制策略，能使得从初始状态 s_0 开始累计的折扣移动性负载均衡收益最大。目标函数可以写为

$$J_\beta(\pi_\theta) = \int_{\mathcal{S}} \kappa^\beta(s) V^{\pi_\theta}(s) \mathrm{d}s \tag{7.33a}$$

$$= \int_{\mathcal{S}} \kappa^\beta(s) \int_{\mathcal{A}} \pi(s,a) Q^{\pi_\theta}(s,a) \mathrm{d}a \mathrm{d}s \tag{7.33b}$$

$$= \int_{\mathcal{S}} \kappa^\beta(s) Q^{\pi_\theta}\left(s, \pi_\theta(s)\right) \mathrm{d}s \tag{7.33c}$$

$$= \mathbb{E}_{s \sim \kappa^\beta}\left[\sum_{k=0}^{\infty} \gamma^k r\left(s, \pi_\theta(s)\right)\right] \tag{7.33d}$$

其中，$\beta: \mathcal{S} \to \mathcal{P}(\mathcal{A})$ 为建模为随机函数的行为策略，且

$$\kappa^\beta(s) := \int_{\mathcal{S}} \sum_{t=1}^{\infty} \gamma^{t-1} p_1(s) p(s \to s', t, \beta) \mathrm{d}s \tag{7.34}$$

为遵循行为策略 β 时，历经的折扣状态分布（参考文献 [14]），其中，$p_1(s)$ 为初始状态的概率分布，$p(s \to s', t, \beta)$ 为在 t 时刻遵循行为策略从状态 s 到状态 s' 的概率。总体而言，这个目标函数可视为目标策略所对应的值函数或者 Q 函数在遵循探索策略时的状态分布下的平均（参考文献 [14]）。最后，基于异策略强化学习的基站簇内移动性负载均衡问题可以写为

$$\mathcal{P}_0: \quad \max_\theta J_\beta(\pi_\theta) \tag{7.35}$$

$$\text{s.t.} \quad C_1: \mathcal{X}_{u,i}^t \in \{0,1\}, \sum_{i \in \mathcal{I}} \mathcal{X}_{u,i}^t \leqslant 1, \forall u \in \mathcal{U} \tag{7.36}$$

$$C_2: O_{ij} \in [O_{\min}, O_{\max}], \forall i, j \in \mathcal{I} \tag{7.37}$$

其中，$\mathcal{X}_{u,i}^t$ 定义了用户到基站的从属关系的独一性，因此 C_1 定义了用户分配的独一性，而 C_2 定义了 CIO 值的变化范围。

7.2.4 基于深度强化学习的负载均衡算法

确定性策略梯度下降

传统的策略提升方法（Policy Improvement Method）通过贪婪搜索选择最大化值函数（或 Q 函数）的最佳动作来找到最优策略（参考文献 [28]）。然而，当动作空间（尤其是连续动作空间）很大时，这种通过贪婪搜索选择来找到最优策略的方法会带来很高的计算复杂度。为了解决这一问题，研究学者提出了策略梯度法（Policy Gradient Method）来改进策略。该方法将策略函数参数化，并直接通过梯度下降来优化函数参数以改进策略。具体而言，策略梯度定理（参考文献 [28]）给出了强化学习目标函数 $J(\pi_\theta)$ 对策略函数参数的梯度，其数学表达式如下：

$$\nabla_\theta J(\pi_\theta) = \mathbb{E}_{s\sim d^{\pi_\theta}, \boldsymbol{a}\sim\pi_\theta}[\nabla_\theta \log \pi_\theta(\boldsymbol{a} \mid \boldsymbol{s}) Q^{\pi_\theta}(\boldsymbol{s},\boldsymbol{a})] \tag{7.38}$$

其中，d^{π_θ} 为遵循策略 π_θ 时的状态分布。随后，Silver（西尔弗）等人提出了 OPDPG（Off-Policy Deterministic Policy Gradient，异策确定性策略梯度）算法（参考文献 [14]），用以提升异策略强化学习对策略的优化效率，其数学形式为

$$\nabla_\theta J_\beta(\pi_\theta) \approx \int_S \rho^\beta(s) \nabla_\theta \pi_\theta(s) \nabla_a Q^\pi(s,a)|_{a=\pi_\theta(s)} \, \mathrm{d}s \tag{7.39a}$$

$$= \mathbb{E}_{s\sim\rho^\beta}[\nabla_\theta \pi_\theta(s) \nabla_a Q^\pi(s,a)|_{a=\pi_\theta(s)}] \tag{7.39b}$$

其中第二步的近似是由于省略了与 Q 值梯度 $\nabla_\theta Q^\pi(s,a)$ 相关的一项，但并不影响收敛结果（参考文献 [14]）。

行动者 - 评价者算法

下面介绍的基于强化学习的负载均衡算法是基于现有的行动者 - 评价者算法（参考文献 [28]）的。具体而言，如图 7.3 所示，该算法由一个行动者和一个评价者组成。评价者利用一个参数化函数 $Q^w(\boldsymbol{s},\boldsymbol{a})$ 来估计遵循策略 π_θ 下的真实 Q 函数，其中 $\boldsymbol{w} \in \mathbb{R}^n$，为待优化参数，该参数可通过策略评估类方法优化（参考文献 [28]）。行动者根据估计出的 Q 函数 $Q^w(\boldsymbol{s},\boldsymbol{a})$ 来优化策略函数的参数 π_θ，该参数通过策略梯度类方法进行优化。这里在评价者中利用 Q 学习算法进行策略评估，并在行动者中使用式（7.39）推导出的确定性梯度下降进行策略改进。评价者和行动者将会进行迭代更新，不断提升估计出的 Q 函数 $Q^w(\boldsymbol{s},\boldsymbol{a})$ 和策略 π_θ 的准度，直至收敛。特别地，评价者在第 t 时刻使用 Q 学习算法估计目标策略的 Q 函数的更新公式如下：

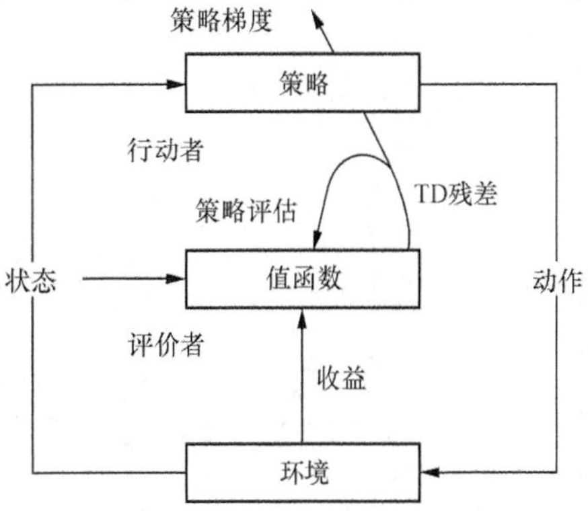

图7.3 行动者－评价者算法框图

$$\delta_t = r_t + \gamma Q^w(s_{t+1}, \pi_\theta(s_{t+1})) - Q^w(s_t, a_t) \tag{7.40}$$

$$\Delta_w = \delta_t \nabla_w Q^w(s_t, a_t) \tag{7.41}$$

其中：δ_t 为时间差分错误（Temporal-difference Error）；$\pi_\theta(s_{t+1})$ 为在状态 s_{t+1} 时，目标策略 π_θ 所选择的动作。行动者在第 t 时刻根据式（7.39）更新目标策略的策略梯度 Δ_θ^m 的计算如下：

$$\Delta_\theta^m = \nabla_\theta \pi_\theta(s_t) \nabla_a Q^w(s_t, a)|_{a=\pi_\theta(s_t)} \tag{7.42}$$

深度强化学习算法

强化学习的收敛性分析或样本复杂度分析常常建立在 Q 函数是用表格或者线性函数估计出来的这一假设的基础上（参考文献 [28]）。强化学习与环境进行序贯交互，所以样本之间具有较强的关联性。而神经网络的训练则要求假设样本之间相互独立。因此，研究者们一直认为使用神经网络来近似 Q 函数会导致算法难以收敛（参考文献 [17]、[18]、[20]、[21]）。然而，近几年，Volodymyr（弗拉基米尔）、Silver（西尔弗）等人成功地将深度神经网络应用于强化学习中，并在多个领域取得了一系列的成功（参考文献 [17]）。这些成功的深度强化学习算法通常使用以下两种训练策略：

（1）使用经验回放（Experience Replay）池与小批量学习（Minibatch Learning）相结合的训练策略来减弱样本之间的关联性并平滑数据分布；

（2）使用指导网络（Guiding Network）来减弱在计算梯度时，当前学习的 Q 值和目标 Q 值之间的关联。

本节将深度神经网络应用于前文所述的强化学习算法之中，并利用以上训练策略来训练该深度强化学习模型，具体如下。

这里使用两个深度神经网络来分别表征行动者中的策略函数和评价者中的 Q 函数，并将其记为行动者网络和评价者网络。图 7.4 展示了基于深度强化学习的负载均衡模型的结构。其中，行动者网络将系统状态作为输入，并输出 CIO 值用于控制负载均衡。评价者网络将系统状态和行动者网络的 CIO 输出值作为输入，并输出 Q 值。图 7.4 中的所有神经元都使用全连接。

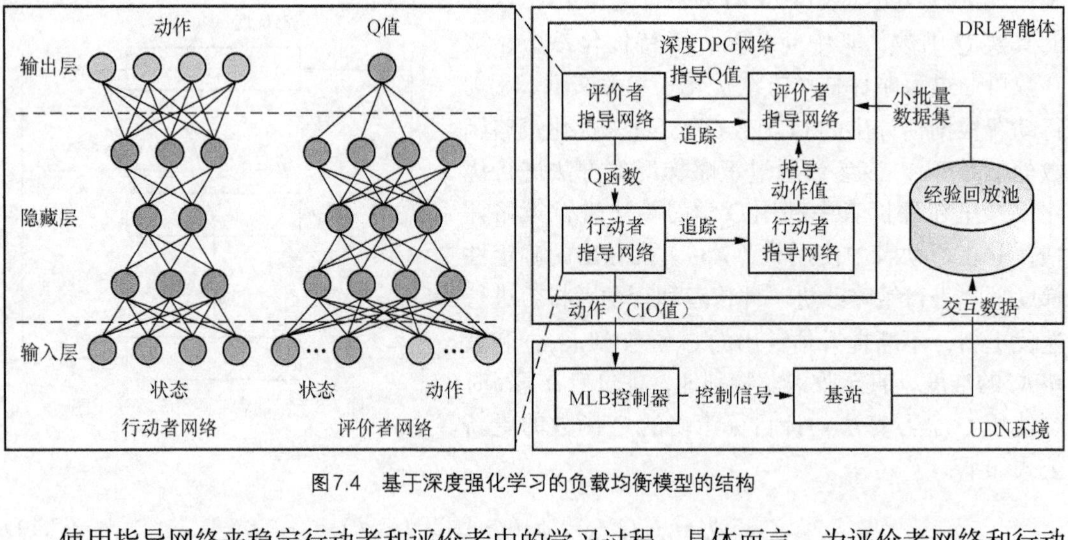

图7.4 基于深度强化学习的负载均衡模型的结构

使用指导网络来稳定行动者和评价者中的学习过程。具体而言，为评价者网络和行动者网络引入两个具有相同结构的深度神经网络，将其记为评价者指导网络 $Q^{\hat{w}_m}(s,a)$ 和行

动者指导网络 $\pi_{\hat{\theta}_m}(s)$。具体来说，根据式（7.40）和式（7.41）中评价者的更新规则，需最小化的代价函数可写为

$$\mathcal{L}(w)=\mathbb{E}_{(s_i,a_i,r_i,s_{i+1})\in\mathcal{D}}\left[\left(y_i-Q^w(s_i,a_i)\right)^2\right] \tag{7.43}$$

其中

$$y_i=r(s_i,a_i)+\gamma Q^{\hat{w}}(s_{i+1},\pi_{\hat{\theta}}(s_{i+1})) \tag{7.44}$$

这里将 y_i 作为评价者网络的学习目标。然而，与式（7.40）和式（7.41）不同，y_i 中估计出的 Q 值现在是由评价者指导网络给出的，其采取的动作 $Q^{\hat{w}}(s_{i+1},\pi_{\hat{\theta}}(s_{i+1}))$ 则由行动者指导网络给出。

指导网络的参数需要缓慢地追踪学习网络的参数，因此，y_i^m 可视为评价者网络较为稳定的学习目标，对评价者网络的训练将会近似于一个监督学习问题。具体而言，指导网络的参数 $\hat{w}$ 和 $\hat{\theta}$ 的更新公式如下：

$$\hat{w}^t=\tau w^t+(1-\tau)w^t \tag{7.45}$$

$$\hat{\theta}^t=\tau\theta^t+(1-\tau)\theta^t \tag{7.46}$$

其中，$\tau(\tau\ll 1)$ 为固定步长。

本小节使用深度学习中常用的小批量梯度下降法来训练深度神经网络。一般来说，在小批量学习中，训练集将会被分为多个固定大小的小批量数据集。每个小批量数据集计算出的梯度将会通过加和或取平均操作来进行平滑。小批量学习的学习效率和学习稳定性介于随机梯度下降和全批量（Full-batch）梯度下降之间。

本小节的模型中，强化学习个体有一个本地经验回放池 $\mathcal{D}$ 来增量存储交互所产生的样本 (s_t,a_t,r_t,s_{t+1})。在每个时刻 t，强化学习个体将会从经验回放池中随机选择多个样本组成一个小批量数据集。最小化 $\mathcal{L}(w)$ 的梯度计算公式为

$$\Delta_w=\frac{1}{K}\sum_{i=1}^{K}\left[\left(y_i-Q^w(s_i,a_i)\right)\nabla_w Q^w(s_i,a_i)\right] \tag{7.47}$$

类似地，用于更新目标策略的梯度计算公式为

$$\Delta_\theta=\frac{1}{K}\sum_{i=1}^{K}\alpha_\theta\nabla_\theta\pi_\theta(s_i)\nabla_a Q^w(s_i,a)\big|_{a=\pi_\theta(s_i)} \tag{7.48}$$

7.3 仿真验证与结果分析

7.3.1 无线流量预测与基于负载感知的基站休眠

无线流量数据集

仿真所使用的数据集包括来自中国某运营商在 3 个南方城市的 3072 个基站以小时（h）为时间粒度记录的 PRB 占用率记录，时间跨度为 2015 年 9 月 1 日～2015 年 9 月 30 日。

每天的历史记录文件中都包含 24 个下行 PRB 占用率记录点，对应 24h。在仿真中使用下行 PRB 占用率的变化来反映无线网络的流量变化。

由于在收集数据时，4G 网络商业化的时间还不到一年，因此每个基站每小时内通常只覆盖不到 10 个 4G 用户。为了能更好地反映 4G 流量的变化特点，这里使用 K-means 聚类算法将所有基站按其地理分布聚类到 360 个基站簇中，聚类结果如图 7.5 所示，每个多边形块代表一个基站簇的覆盖区域，每个基站簇的平均覆盖半径约为 1km。将同一个簇内所有基站的无线流量加和作为该基站簇的无线流量，并作为预测目标。这样一来，每个基站每小时内覆盖的用户数量增长到了约 100 个。如图 7.1 所示，聚类后基站簇的流量呈现出较为明显的周期性变化规律和非周期扰动。

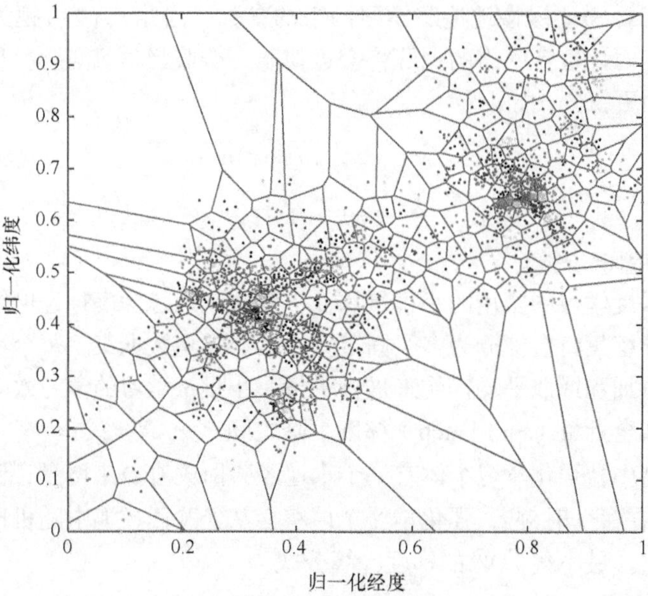

图7.5 基站簇覆盖区域

性能指标

下面将测试集上预测结果的均方根误差（Root Mean Square Error, RMSE）和平均绝对百分比误差（Mean Absolute Percentage Error, MAPE）作为评估预测模型的性能指标：

$$e_{\text{RMSE}} = \sqrt{\frac{\sum_{i=1}^{n_*}\left(y_*(\boldsymbol{x}_i) - y(\boldsymbol{x}_i)\right)^2}{n_*}} \tag{7.49a}$$

$$e_{\text{MAPE}} = \frac{1}{n_*}\sum_{i=1}^{n_*}\left|\frac{y_*(\boldsymbol{x}_i) - y(\boldsymbol{x}_i)}{y(\boldsymbol{x}_i)}\right| \times 100 \tag{7.49b}$$

其中，n_* 为测试集所包含的数据点个数，$y_*(\boldsymbol{x}_i)$ 为给定输入 $\boldsymbol{x}_i$ 所预测出的后验高斯分布均值，$y(\boldsymbol{x}_i)$ 为真实值。

无线流量预测性能分析

针对基准高斯过程（Gaussian Process, GP）模型，这里使用以下 3 种对比方案来验证使用高斯过程模型进行预测的优势：一是基于 SARIMA（Seasonal Autoregressive Integrated Moving Average，季节性差分自回归移动平均）的流量预测模型（参考文献 [2]），二是基于 SS 的流量预测模型（参考文献 [19]），三是基于 LSTM 和 RNN 的深度学习模型（参考文献 [27]）。下面将它们分别简记为 SARIMA、SS 和 LSTM。对于所有的方案，都使用完整的时间序列数据集进行训练。每次预测过程均使用 300 个数据点作为训练集，并将接下来的一个数据点作为预测目标。随着时间轴不断地滚动预测，每次剔除训练集中最老的时间点，并增加一个新的时间点。图 7.6（a）展示了在 3 个基站上的流量预测结果，从上面和中间的子图能明显看出，基准高斯模型、SARIMA 和 LSTM 模型的拟合曲线以 24h 和 168h 为周期变化，因而能较好地拟合天 - 周期性和星期 - 周期性，而 SS 模型的拟合曲线主要展现出以 24h 为周期的变化，因而能较好地拟合天 - 周期性。下面的子图显示，SARIMA 模型的预测更容易受突发性流量影响。LSTM 有时会过拟合或者欠拟合。图 7.6（b）展示了使用基准高斯模型得到的后验方差估计，灰色区域表示 95% 置信区间（Confidence Interval，CI）。结果表明，几乎所有的真实数据点都落在了 95% 置信区间中，因此合理利用基准高斯模型得到的后验方差估计有希望提升无线网络的稳健性。

图 7.7 和图 7.8 展示了各方案在预测 1h ~ 10h 跨度上的平均 MAPE 和 RMSE。在每个基站簇上进行超过 400 次预测，该结果展示的是超过 70 个基站簇上的平均预测性能。结果表明，基准高斯模型的预测性能优于所有的对比方案。具体而言，当预测的时间跨度从 1h 上升至 10h：基准高斯模型的预测误差从 3.5% 增大至 4.3%，然后保持稳定；SARIMA 的预测误差从约 4% 增大至 8%；LSTM 的预测误差从 5.2% 增大至 6.8%；SS 的预测误差相对稳定但较高，保持在 6.2% 左右。注意，尽管 SARIMA 的预测性能与基准高斯模型在预测 1h 时间跨度时很接近，但随着预测时间跨度的扩大，其预测性能迅速下降。

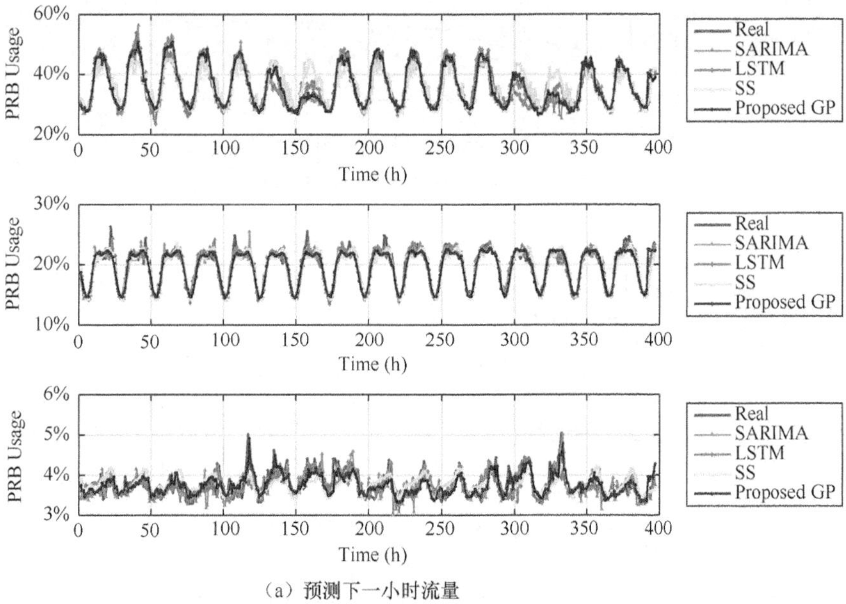

（a）预测下一小时流量

图7.6 无线流量预测结果示例

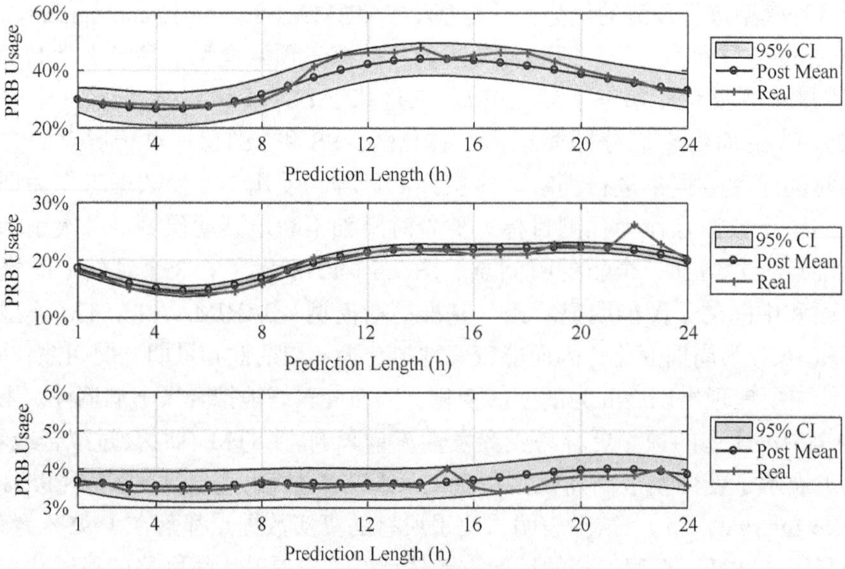

（b）预测下一天流量

图7.6 无线流量预测结果示例（续）

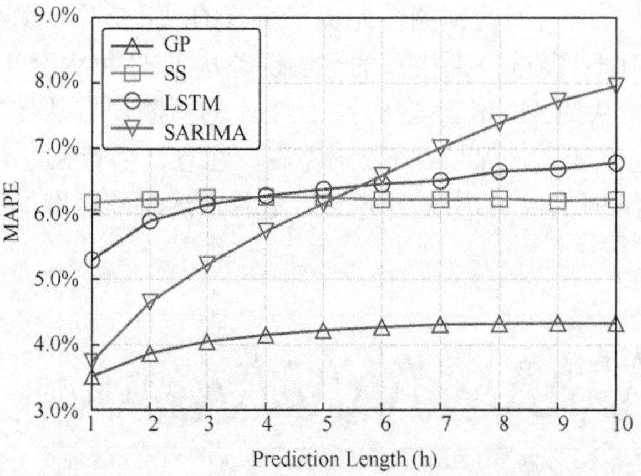

图7.7 预测下行PRB使用率的MAPE

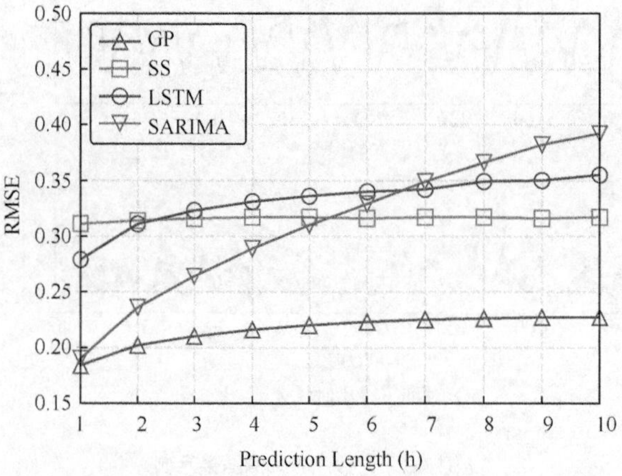

图7.8 预测下行PRB使用率的RMSE

负载自适应的基站休眠

下面将前文所介绍的流量预测模型用于优化基站休眠过程，从而能够利用预测出的流量均值和方差，来调整基站的休眠策略，在保证用户服务质量（Quality of Service，QoS）的前提下提升系统的节能效率。

根据参考文献 [10]，这里将流量自适应基站休眠问题的目标函数设为

$$\min_{\mathcal{B}_{\text{on}},\rho_i}\sum_{i\in\mathcal{B}_{\text{on}}}\left\{\frac{\rho_i}{1-\rho_i}+\eta\left[(1-q_i)\rho_i P_i+q_i P_i\right]\right\} \tag{7.50}$$

其中：$\mathcal{B}_{\text{on}}$ 代表所有未休眠的基站的集合；ρ_i 代表基站负载；$\frac{\rho_i}{1-\rho_i}$ 为因不同基站负载而造成的通信时延（即 QoS）；q_i 为百分比率；P_i 为基站功率；$q_i P_i$ 为基站的固定能量消耗；$(1-q_i)\rho_i P_i$ 为基站随负载变化而导致的动态能量消耗；$(1-q_i)\rho_i P_i+q_i P_i$ 即基站总能量消耗；η 为重要性权重，代表优化目标对基站节能和提升 QoS 的不同侧重（参考文献 [10]）。

由于基站流量变化的不确定性，在进行基站休眠操作时，需要为相邻基站预留资源，以减小因流量波动而导致网络过载的概率。当不进行流量预测时，现有方案一般是根据历史最高流量负载来设定各基站的预留资源，这会造成资源浪费。当进行流量预测时，基站可以根据预测结果来合理设定各基站的预留资源，从而提高资源利用率。

基于前文介绍的高斯过程预测模型进行流量预测，并根据参考文献 [10] 中的基站休眠门限来判断每个基站是否休眠，最后通过目标函数 [式（7.50）] 来计算基站休眠能带来的节能效益提升。注意，式（7.50）代表的是考虑 QoS 的系统能耗，目标是最小化该能耗。这里比较 4 种休眠方案，包括：（1）基于未来的真实流量（Based on Real Future Traffic）来控制基站休眠，此方案作为性能上限；（2）基于当前的真实流量（Based on Real Current Traffic）来控制基站休眠；（3）基于高斯过程预测出的未来流量（Based on Predicted Future Traffic）来控制基站休眠；（4）不进行基站休眠。

图 7.9 展示了仿真结果。横轴是基站（BS）休眠频率，从每 1h 判断一次基站休眠到每 8h 判断一次基站休眠；纵轴是将方案（4）的能耗作为基准值，计算其他 3 种方案的能耗相对于方案（4）降低的百分比。结果表明，以每 1h 判断一次基站休眠为例，方案（3）能将方案（4）的能耗降低 20.7%，而方案（2）能将方案（4）的能耗降低 24%，明显优于方案（3），且接近方案（1）给出的上限。以上仿真结果表明，基于高斯过程的流量预测模型，能有效地帮助基站实现流量自适应的基站休眠优化，降低系统能耗，提高资源利用率。本方案也能为其他流量自适应优化的算法设计提供参考。

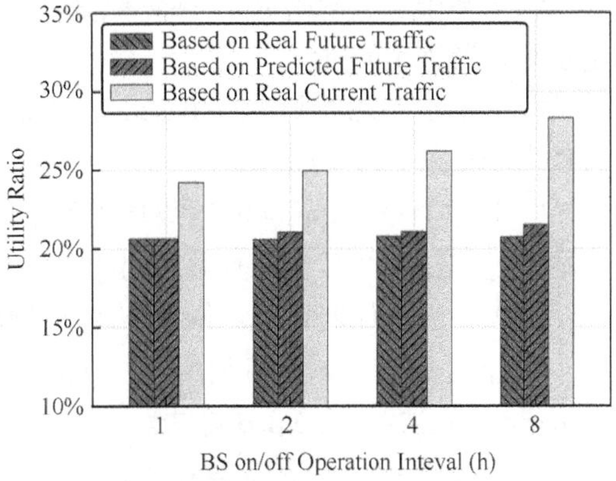

图7.9 流量自适应基站休眠的节能效率

7.3.2 自组织网络的负载均衡

仿真设定

仿真的自组织网络环境包含 6 个在 300m × 300m 范围中随机分布的基站和 200 个以

1m/s 速度随机行走的用户，每个用户都有固定比特速率（CBR）的通信需求。每个基站的传输功率设定为 46dBmW。每个用户到基站的路径损耗建模为 128.1 + 37.6 log(max (d, 0.035))，其中 d 的单位为 km 。阴影衰落被建模为均值为 0 且标准差为 8dB。用户切换的保护门限设定为 3dB。行动者网络和评价者网络均含有两层隐藏层神经网络，分别含有 400 和 300 个神经元。所有的隐藏层后都接有一层非线性层。行动者网络和评价者网络的学习速率分别设为 10^{-4} 和 10^{-3}。收益的折扣值设为 0.99。指导网络的更新步长设为 0.001。每个小批量数据集的大小设为 64。每个本地经验回放池的大小设为 10^5。

性能指标

仿真中比较了 3 种性能指标：一是收益函数的收益值，二是负载变化的标准差，三是用户切换的失败率。具体来说，用户切换的成功与否由一个接入控制机制决定（参考文献 [7]、[11]），当基站的负载高于 80% 时，该基站会拒绝用户切入请求。

$$F = \frac{N_{\text{HOfail}}}{N_{\text{HOfail}} + N_{\text{HOsuccess}}} \tag{7.51}$$

其中，N_{HOfail} 为所有基站拒绝的用户切入请求数目，$N_{\text{HOsuccess}}$ 为成功接入的用户切入请求数目。此外，仿真结果中展现的收益值经过移动平均处理，用于平滑掉不规则的短期波动以明确长期变化趋势。具体来说，在 t 时刻，平滑收益的计算公式为

$$arr(t) = \frac{1}{T_A} \sum_{i=t-T_A+1}^{t} r(i) \tag{7.52}$$

其中，T_A 为固定值，此处设为 200。

自组织网络负载均衡性能分析

下面通过仿真来评估前文介绍的基于深度强化学习的负载均衡算法。仿真中包含 4 种对比方案：

（1）基于静态规则 Rule-based（Static）的负载均衡算法（参考文献 [7]），通过一个固定步长来调整 CIO 值；

（2）基于动态规则 Rule based（Adaptive）的负载均衡算法（参考文献 [11]），通过一个动态步长来调整 CIO 值；

（3）基于 Q-learning 的负载均衡算法（参考文献 [22]），使用传统的 Q 学习算法来调整最大过载基站及其相邻基站之间的 CIO 值；

（4）不进行任何负载均衡操作（No MLB），此方案作为性能基准。

以上 4 种方案分别简记为 Rule-based (Static) 算法、Rule-based (Adaptive) 算法、Q-learning 算法和 No MLB 算法。

图 7.10 展示了所有方案在用户 CBR 为 112kbit/s 时，20000 时间步长（Time Steps）内的负载均衡收益值（Averaged Rewards）变化。图 7.10 中的性能曲线是在 30 个不同的基站拓扑上仿真后的平均结果。仿真结果表明本章所介绍的基于深度强化学习的负载均衡算法能明显提高自组织网络的负载均衡性能。具体而言，图 7.10 中的 No MLB 基线表明，如果不采取任何负载均衡调整，所有基站的最大负载将在 74% 左右。基于静态规则的算法和基于动态规则的算法都能将最大基站负载降低到 67% 左右，同时，基于动态规则的算法会稍

优于基于静态规则的算法。而基于深度强化学习的负载均衡算法在其学习性能稳定后，可将最大基站负载降低到 65%。

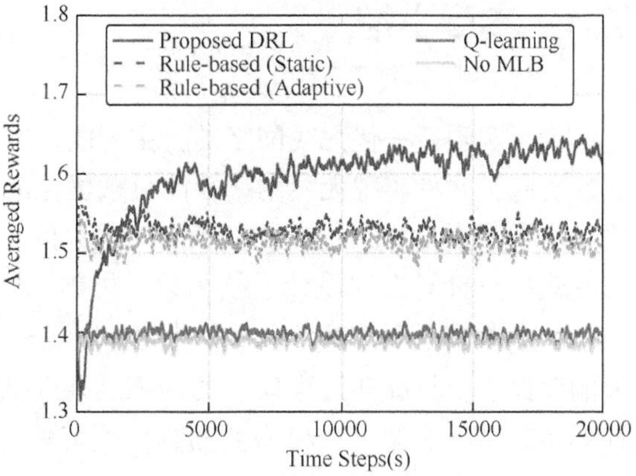

图7.10 基于深度强化学习的负载均衡性能

图 7.11 反映了整个区域中所有基站的负载分布形势。其中，图 7.11（a）展示了不同负载压力下（将 CBR 从 48kbit/s 增长至 80kbit/s）用户切换失败率（Failure Rate）的变化趋势。一般而言，用户切换失败率越低，那么整个区域中所有基站出现过载的概率就越小。图 7.11（b）展示了不同负载压力下基站负载分布的标准差（Standard Deviation）的变化趋势。一般而言，该标准差越小，负载在各个基站间的分布就越平均。仿真结果表明，这里所介绍的基于深度强化学习的负载均衡算法对用户切换失败率和负载分布标准差的控制明显优于其余对比方案。

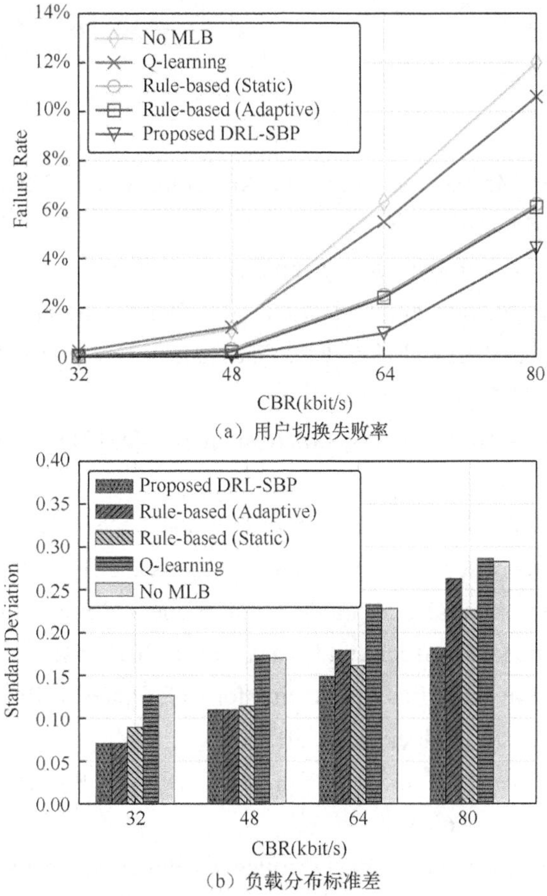

图7.11 全网负载分布形势

7.4 本章小结

为了实现新一代无线网络的自主智能，本章以高斯过程模型和深度强化学习模型为核心，研究了两种实现无线网络智能负载优化的技术方案。第一种是先预测后调优的组合型优化方案。本章介绍了一种基于高斯过程的无线流量预测模型，该模型根据 4G 无线流量的变化特点针对性地设计了核函数，可预测同时具有周期性与非周期性的无线流量变化。同时，本章基于矩阵的 Toeplitz 结构介绍了一种低复杂度的训练法，在不造成任何性能损失的前提下，将高斯过程模型的训练复杂度从 $O(N^3)$ 降低至 $O(N^2)$。基于大量真实 4G 数据的仿真结果表明，该模型的预测性能可将 MAPE 控制在 3% ~ 4%，明显优于现有的无线流量预测模型，并可辅助实现负载自适应的基站休眠。第二种是集预测与调优于一体的优化方案。本章介绍了一种基于深度强化学习的基站负载均衡模型。该模型将自组织网络的移动性负载均衡问题建模为 MDP，并最大化负载均衡的长期收益。该模型能在不要求先验知识的情况下，通过与环境做交互来自主适应动态的环境变化。仿真结果表明，该模型的负载均衡性能明显优于现有模型，且可适应任意的基站拓扑、动态的用户移动和未知的无线环境。

参考文献

[1] ZOHAR S. Toeplitz Matrix Inversion: The Algorithm of W. F. Trench [J]. Journal of the ACM, 1969, 16(4): 592-601.

[2] SHU Y , et al. Wireless traffic modeling and prediction using seasonal ARIMA models: IEEE International Conference on Communications (ICC)[C]. Anchorage:[s. n.], 2003.

[3] RASMUSSEN C E , WILLIAMS C I K. Gaussian Processes for Machine Learning [M]. Cambridge, MA : MIT Press, 2006.

[4] ATKINSON K E. An introduction to numerical analysis[M].New York : John Wiley & Sons, 2008.

[5] 3GPP. TS 36.331 Evolved Universal Terrestrial Radio Access (E-UTRAN); Radio Resource Control (RRC); Protocol specification. Tech. rep. Release 8. July 2009.

[6] GARCIA D. Robust smoothing of gridded data in one and higher dimensions with missing values[J]. Computational Statistics and Data Analysis ,2010, 54(1): 1167-1178.

[7] KWAN R, et al. On Mobility Load Balancing for LTE Systems: IEEE Vehicular Technology Conference (VTC Fall)[C].Taipei: [s.n.], 2010.

[8] LÁZARO-GREDILLA M, et al. Sparse Spectrum Gaussian Process Regression[J]. J. Mach. Learn. Res., 2010, 11(1):1865-1881.

[9] PAUL U , et al. Understanding traffic dynamics in cellular data networks: IEEE International Conference on Computer Communications (INFOCOM)[C] . Shanghai:[s.n.], 2011.

[10] SON K, et al. Base Station Operation and User Association Mechanisms for Energy-

Delay Tradeoffs in Green Cellular Networks[J]. IEEE Journal on Selected Areas in Communications , 2011, 29(8): 1525-1536.

[11] YANG Y, et al. A High-Efficient Algorithm of Mobile Load Balancing in LTE System: IEEE Vehicular Technology Conference (VTC Fall) [C]. Yokohama : [s. n.], 2012.

[12] DUVENAUD D, et al. Structure Discovery in Nonparametric Regression through Compositional Kernel Search: Proceedings of International Conference on Machine Learning (ICML) [C]. Atlanta: [s.n.], 2013.

[13] WILSON A G, ADAMS R P. Gaussian Process Kernels for Pattern Discovery and Extrapolation. In: International Conference on Machine Learning (ICML) [C]. Atlanta:[s.n.], 2013.

[14] SILVER D, et al. Deterministic policy gradient algorithms: International Conference on Machine Learning (ICML) [C]. Beijing:[s.n.], 2014.

[15] WILSON A G. Covariance kernels for fast automatic pattern discovery and extrapolation with Gaussian processes [D]. Cambrige: University of Cambridge, 2014.

[16] YANG S, KUIPERS F A. Traffic uncertainty models in network planning [J]. IEEE Commun. Mag.,2014,52(2):172-177.

[17] MNIH V, et al. Human-level control through deep reinforcement learning [J]. Nature , 2015, 518(7540): 529-533.

[18] NAIR A, et al. Massively parallel methods for deep reinforcement learning [D]. arXiv preprint:1507.04296 (July 2015). https://arxiv.org/abs/1507.04296.

[19] WANG S, et al. An Approach for Spatial-Temporal Traffic Modeling in Mobile Cellular Networks : International Teletraffic Congress [C]. Anchorage:[s.n.], 2015.

[20] LILLICRAP T P, et al. Continuous control with deep reinforcement learning: International Conference on Learning Representations (ICLR) [C]. San Juan:[S.n.], 2016.

[21] MNIH V, et al. Asynchronous Methods for Deep Reinforcement Learning: International Conference on Machine Learning (ICML)[C]. New York:[s.n.], 2016.

[22] MWANJE S S, SCHMELZ L C, MITSCHELE-THIEL A. Cognitive Cellular Networks: A Q-Learning Framework for Self-Organizing Networks[J]. IEEE Trans. Netw. Service Manag., 2016.13(1): 85-98.

[23] SAXENA N, ROY A, KIM H. Traffic-Aware Cloud RAN: A Key for Green 5G Networks[J]. IEEE J. Sel. Areas Commun. ,2016, 34(4): 1010-1021.

[24] SENANAYAKE R, O'CALLAGHAN S, RAMOS F. Predicting Spatio-Temporal Propagation of Seasonal Influenza Using Variational Gaussian Process Regression: AAAI Conference on Artificial Intelligence (AAAI)[C]. Phoenix :[s.n.], 2016.

[25] MATTHEWS A G , et al. Gaussian Process Behaviour in Wide Deep Neural Networks: International Conference on Learning Representations (ICLR)[C]. Vancouver:[s.n.], 2018, pp. 1-10.

[26] PARK J, KIM Y, LEE J. Mobility Load Balancing Method for Self-Organizing Wireless Networks Inspired by Synchronization and Matching With Preferences[J]. IEEE Trans. Veh. Technol. , 2018, 67 (3): 2594-2606.

[27] QIU C, et al. Spatio-Temporal Wireless Traffic Prediction with Recurrent Neural Network [J]. IEEE Trans. Wireless Commun. , 2018.7(4): 554-557.

[28] SUTTON R S, BARTO A G. Reinforcement learning: An introduction[M]. Cambridge, MA: MIT press, 2018.

[29] XU W, et al. Data-Cognition-Empowered Intelligent Wireless Networks: Data, Utilities, Cognition Brain, and Architecture[J].IEEE Wireless Commun. ,2018, 25(1):56-63.

[30] YIN F, et al. Sparse Structure Enabled Grid Spectral Mixture Kernel for Temporal Gaussian Process Regression: International Conference on Information Fusion (FUSION) [C]. Cambridge:[s.n.], 2018.

第 8 章

基于多节点机器学习的负载优化

本章主要研究基于多节点机器学习的负载优化，旨在实现新一代无线网络的多节点智能，通过多机计算的形式解决更大规模的负载预测和负载均衡问题。具体而言，本章将第7章的单节点高斯过程模型和单节点深度强化学习模型拓展为分布式高斯过程模型和分布式深度强化学习模型，并将其与智能无线架构相匹配，介绍一种多节点负载预测框架和一种多节点负载均衡框架，为大规模负载优化提供经济、高效的实施方案。

8.1 基于分布式高斯过程模型的多节点负载预测框架

传统高斯过程模型的瓶颈在于计算复杂度高，因此，近年来的很多相关工作都在研究低复杂度高斯过程模型。在众多研究路线中，以下两种最具影响力。第一种是稀疏高斯过程（Sparse GP）模型，它利用完整数据集的一部分数据子集来近似全量数据集的分布（参考文献 [4]）。不过，寻找这样一个子集的过程是困难且复杂的。另一种是分布式高斯过程（Distributed GP）模型，它将高斯过程的训练负担分摊到多个并行机器上，并将并行机器的预测结果整合为最终结果后输出。

本节主要基于分布式高斯过程模型的路线对可拓展型高斯过程进行介绍。

基于分布式高斯过程模型的回归预测通常要经历两个阶段：一是分布式机器的联合超参数训练阶段，二是分布式预测结果的融合阶段。现有的分布式高斯过程模型在这两个阶段均有一定的局限性。例如，Tresp（特雷斯普）等人提出的 BCM（bounded-confidence Model，有界置信模型，参考文献 [1]），利用各个数据子集的似然函数的乘积来近似全量数据集的似然函数。然而，在 BCM 中，每个分布式节点是独立地训练各自的本地高斯过程模型的超参数的，完全没有信息共享，所以不存在分布式机器的联合优化。Deisenroth（戴森罗特）等人提出的 rBCM 模型（参考文献 [19]），能够在一定程度上克服 BCM 的缺点。然而，在训练阶段，rBCM 假设所有本地高斯过程模型是在完全信息共享的情况下联合训练的，这在大规模执行时会产生大量的通信开销。此外，在预测阶段，rBCM 使用启发式权重来融合分布式机器的本地预测结果，这种方法虽然简单但性能并不稳定。

为解决以上问题，本节基于 ADMM 和交叉验证法介绍一种分布式高斯过程模型。在分布式训练阶段，该模型利用 ADMM 算法协调分布式节点的联合更新，能在保证训练性能的前提下极大降低通信开销。在分布式预测阶段，该模型利用交叉验证的思想来有针对性地优化分布式预测结果的融合权重，从而确保了融合结果的准确性。接下来根据分布式高斯过程模型的计算特点介绍一个基于 C-RAN 的可拓展型无线流量预测框架，为在无线系统中部署分布式高斯预测模型提供基础。

8.1.1 整体框架设计

本节介绍的分布式高斯过程模型包括一个中心节点和多个本地节点。在训练阶段，每个本地节点都建立一个自己的高斯过程模型，并利用一个数据子集（完整数据集的一部分）来训练本地高斯过程模型的超参数；同时，各个本地节点会和中心节点通信，并通过 ADMM 算法在训练中协同更新。在预测阶段，各个本地节点利用本地高斯过程模型分别对验证集和测试集中的目标数据进行预测，并将预测结果回传到中心节点。中心节点根据各个本地节点在验证集数据上的预测准确度来计算出融合权重，然后利用该融合权重将各个本地节点在测试集数据上的预测结果融合为全局预测结果。

移动云计算体系中的 C-RAN 框架结合了强大的云计算和虚拟化技术（参考文献 [10]、[25]），因而具有以下优点：C-RAN 能按需分配计算资源，从而能以经济而高效的方式支撑预测算法的运行，例如根据实时计算需求激活不同数量的 BBU；集中式和虚拟化的计算框架能较好地支持内部信息传递，为分布式计算单元的联合计算奠定了基础；集中式的 C-RAN 框架还可以更好地支持全网的联合优化（参考文献 [26]），例如，无线流量的预测结果可直接用于流量自适应优化，从而提高无线网络的谱效和能效。因此，本小节基于 C-RAN 框架介绍一个可拓展型无线流量预测框架，如图 8.1 所示。

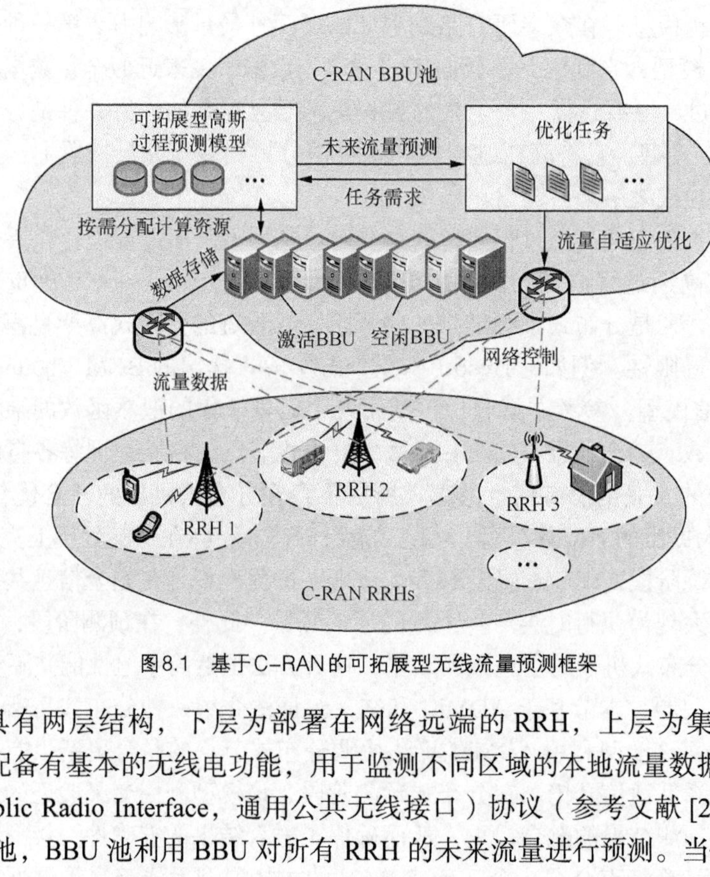

图8.1 基于C-RAN的可拓展型无线流量预测框架

该框架具有两层结构，下层为部署在网络远端的 RRH，上层为集中于 BBU 池的 BBU。RRH 配备有基本的无线电功能，用于监测不同区域的本地流量数据，并通过 CPRI（Common Public Radio Interface，通用公共无线接口）协议（参考文献 [25]）将流量数据传送到 BBU 池，BBU 池利用 BBU 对所有 RRH 的未来流量进行预测。当使用分布式高斯预测模型时，该框架可以通过调整激活的 BBU 数量来平衡预测精度和时间消耗。具体而言，每个 BBU 都可以利用从完整的数据集中分离出的数据子集来训练一个高斯预测模型。当使用较少数量的 BBU 和较大的数据子集时，模型可以达到更高的预测精度，因为数据子集能保留更多的流量信息。极端的情况是只使用一个 BBU 直接从完整的数据集中学习（即基准高斯模型）。当增加运行 BBU 的数量并减小数据子集的大小时，模型进行预测的时间消耗会更少，但预测精度会有一定程度的下降。

这样一来，C-RAN 可以根据每个 RRH 的实际预测需求（如要求的预测精度、最小时延、任务优先级等）和系统本身状况（如可用计算资源、能量消耗等）动态地分配 BBU 数量，为智能无线系统提供经济、有效的流量自适应优化方案。另外，值得注意的是，本小节介绍的可拓展型无线流量预测框架与流量预测算法本质上是一个通用的回归预测框架，它也可以被用于其他的回归任务中，只需针对性地调整模型的设定（如高斯过程的核函数）即可，例如将核函数更改为 SE（Squared Exponential，平方指数）核，并利用 RSS（Received Signal Strength，接收信号强度）测评技术来建立一个基于高斯过程的指纹图谱（参考文献 [27]）。

8.1.2 基于矩阵近似的分布式训练算法

给定完整的数据集 $\mathcal{D} \overset{\text{def}}{=} \{X, y\}$，它的 K 个数据子集定义为 $\mathcal{S} \overset{\text{def}}{=} \{\mathcal{D}^{(1)}, \mathcal{D}^{(2)}, \cdots, \mathcal{D}^{(K)}\}$。每个子集 $\mathcal{D}^{(i)} \overset{\text{def}}{=} \{X^{(i)}, y^{(i)}\}$ 都是从完整数据集 $\mathcal{D}$ 中采样得到的，每个本地高斯过程模型都是基于其数据子集 $\mathcal{D}^{(i)}$ 进行训练的。

与专家乘积（Product of Experts，PoE）模型（参考文献 [17]）相一致，这里使用所有数据子集的似然函数的乘积来近似完整数据集的似然函数：

$$p(y \mid X;\theta) \approx \prod_{i=1}^{K} p_i(y^{(i)} \mid X^{(i)};\theta) \tag{8.1a}$$

$$\log p(y \mid X;\theta) \approx \sum_{i=1}^{K} \log p(y^{(i)} \mid X^{(i)};\theta) \tag{8.1b}$$

传统的基于 PoE 的高斯过程预测模型（参考文献 [16]、[17]、[19]）的核心思想其实就是用原矩阵的对角矩阵来近似原矩阵。其超参数训练问题可表示为

$$\begin{aligned} \mathcal{P}_1: \quad & \min_{\theta} \sum_{i=1}^{K} l^{(i)}(\theta) \\ & \text{s.t.} \ \ \theta \in \Theta \end{aligned} \tag{8.2}$$

其中

$$l^{(i)}(\theta) = (y^{(i)})^{\mathrm{T}} (C^{(i)}(\theta))^{-1} y^{(i)} + \log |C^{(i)}(\theta)| \tag{8.3}$$

因此，在传统的 PoE 模型中，每个本地节点在优化超参数时，仅需要计算本地代价函数 $l^{(i)}$ 对各个超参数的导数。这个计算过程仅涉及一个规模较小的矩阵 $C^{(i)}$，规模为 $n_i \times n_i$，其中 n_i 为数据子集 $\mathcal{D}^{(i)}$ 所包含的数据点个数，且 $n_i \ll n$。因此，传统的 PoE 模型可将训练复杂度从基准高斯过程模型的 $O(n^3)$ 降低到 $O(n_i^3)$。

传统的 PoE 模型假设所有本地节点在优化同一套超参数。换句话说，在传统 PoE 模

型中，没有本地超参数的概念，只有一套共享的全局超参数。因此，在训练 PoE 模型时，超参数是需要时刻进行同步和共享的。而且，在根据式（8.4）

$$\frac{\partial l(\theta)}{\partial \theta_i}=\operatorname{tr}\left(\left(C^{-1}(\theta)-\gamma\gamma^{\mathrm{T}}\right)\frac{\partial C(\theta)}{\partial \theta_i}\right) \tag{8.4}$$

计算超参数的梯度时，传统 PoE 模型需要先将各个本地的代价值 $l^{(i)}$ 和本地计算出的梯度值 $\frac{\partial l^{(i)}(\theta)}{\partial \theta_i}$ 分别加和为全局代价值 $l=\sum_{i=1}^{K} l^{(i)}(\theta)$ 和全局梯度 $\frac{\partial l(\theta)}{\partial \theta_i}=\sum_{i=1}^{K}\frac{\partial l^{(i)}(\theta)}{\partial \theta_i}$ 后才能更新全局共享的超参数 θ。之后，传统 PoE 模型需要将更新好的全局超参数 θ 回传到各个本地节点以保持超参数同步。上述的本地代价值和本地梯度的收集需要的通信开销为 $n_{\text{grads}}*(\dim(\theta)+1)$，其中 n_{grads} 是梯度下降的次数，而 $\dim(\theta)$ 是待训练的超参数个数。因此，传统的 PoE 模型的训练过程需要很大的通信开销，并要求严格的时钟同步，这极大地限制了它们在实际通信系统上的应用。

这里介绍一种更适用于实际通信系统的分布式训练算法，使得各个本地节点能在更小的通信开销下联合训练，同时仍能达到相似甚至更佳的性能。鉴于此，使用 ADMM 算法来搭建分布式高斯过程预测模型的训练框架，如图 8.2 所示。其中，ADMM 算法由分解与协同两个步骤组成，它可将原始的大规模优化问题拆分为多个能被协同解决的小规模的子问题（参考文献 [9]）。具体来说，为每个本地节点引入一套本地超参数 θ_i，为中心节点引入一套全局超参数 z，将问题 $\mathcal{P}_1$ 等价地表达为

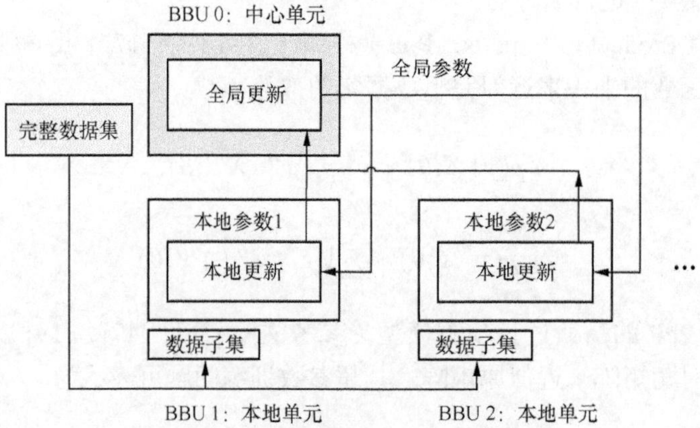

图8.2 分布式高斯预测框架的训练框架

$$\begin{aligned}\mathcal{P}_2:\quad &\min_{\theta_i}\quad \sum_{i=1}^{K} l^{(i)}(\theta_i)\\ &\text{s.t.}\quad \theta_i - z = 0,\quad i=1,2,\cdots,K,\\ &\qquad\ \ \theta_i\in\Theta,\quad i=1,2,\cdots,K\end{aligned} \tag{8.5}$$

虽然问题 $\mathcal{P}_1$ 和 $\mathcal{P}_2$ 是等价的，但是在新的表达形式中，各个本地节点的高斯过程模型都拥有了自己的超参数 θ_i。因此，各个本地节点可利用其数据子集 $\mathcal{D}^{(i)}$ 独立地训练 θ_i。当每个本地节点完成 θ_i 的训练后，再进行全局超参数更新与同步。这样一来，本地节点在训练 θ_i 时并不需要额外的信息交互，而是在本地训练完成后的全局超参数更新时才会需

要信息交互，大大降低了通信开销。具体而言，基于 ADMM 算法进行训练的通信开销为 $n_{\text{cons}}*(2*\dim(\theta)+1)$，其中 n_{cons} 是 ADMM 的迭代次数，且一般有 $n_{\text{cons}} \ll n_{\text{grads}}$。

在多轮 ADMM 迭代后，本地超参数 θ_i 将会逐渐收敛到与全局超参数 z 相同的值。算法更新的具体公式如下。问题 $\mathcal{P}_2$ 的拉格朗日对偶问题为

$$\mathcal{L}(\theta_1,\cdots,\theta_K,\zeta_1,\cdots,\zeta_K,z) \stackrel{\text{def}}{=} \sum_{i=1}^{K}\left(l^{(i)}(\theta_i)+\zeta_i^{\mathrm{T}}(\theta_i-z)+\frac{\rho}{2}\|\theta_i-z\|_2^2\right) \tag{8.6}$$

其中：ζ_i 是对偶变量，($\rho>0$) 是一个实现设定的拉格朗日乘子。在第 $(r+1)$ 次 ADMM 迭代过程中，各参数的更新公式如下：

$$\theta_i^{r+1} := \arg\min_{\theta_i}\left(l^{(i)}(\theta_i)+\zeta_i^{\mathrm{T}}(\theta_i-z)+\frac{\rho}{2}\|\theta_i-z\|_2^2\right) \tag{8.7a}$$

$$z^{r+1} := \frac{1}{K}\sum_{i=1}^{K}\left(\theta_i^{r+1}+\frac{1}{\rho}\zeta_i^r\right) \tag{8.7b}$$

$$\zeta_i^{r+1} := \zeta_i^r+\rho(\theta_i^{r+1}-z^{r+1}) \tag{8.7c}$$

其中，式（8.7a）是在同时最小化本地代价函数 $l^{(i)}$ 和本地超参数 θ_i 与全局超参数 z 之间的差距。

注意，以上基于 ADMM 算法的联合训练仅需要 $n_{\text{cons}}*(2*\dim(\theta)+1)$ 的通信开销，其中 n_{cons} 是 ADMM 的迭代次数，且满足 $n_{\text{cons}} \ll n_{\text{grads}}$。使用基于 ADMM 算法的联合训练的另一个好处是，即便是某个本地更新收敛到一个不好的局部最优点，式（8.7 a）也能使本地超参数逐渐靠近全局超参数，从而帮助本地节点从一个更好的初始点开始下一次迭代。

ADMM 算法的最优性条件由原始残差项（Primal Residuals）Δ_{p} 和对偶残差项（Dual Residuals）Δ_{d}（参考文献 [9]）决定，它们通常被设定为

$$\Delta_{i,\mathrm{p}}^{r+1} = \theta_i^{r+1}-z^{r+1}, i=1,2,\cdots,K \tag{8.8}$$

$$\Delta_{\mathrm{d}}^{r+1} = \rho(z^{r+1}-z^r) \tag{8.9}$$

随着 ADMM 迭代的进行，上述两个残差项将逐渐收敛至 0。因此，当 $\left\|\Delta_{\mathrm{p}}^r\right\|_2 \leqslant \epsilon^{\text{pri}}$ 和 $\left\|\Delta_{\mathrm{d}}^r\right\|_2 \leqslant \epsilon^{\text{dual}}$ 时，即可停止迭代。其中，ϵ^{pri} 和 ϵ^{dual} 分别为原始残差项和对偶残差项的可行性宽容常量（Feasibility Tolerance Constants）。根据参考文献 [9]，它们可被设为

$$\epsilon^{\text{pri}} = \sqrt{p}\,\epsilon^{\text{abs}}+\epsilon^{\text{rel}}\max\left\{\left\|\theta_i^r\right\|_2,\left\|z^r\right\|_2\right\} \tag{8.10}$$

$$\epsilon^{\text{dual}} = \sqrt{p}\,\epsilon^{\text{abs}}+\epsilon^{\text{rel}}\left\|\rho\zeta\right\|_2^r \tag{8.11}$$

其中，p 代表了 θ 的 l_2 范数的纬度。

基于 ADMM 矩阵近似的分布式高斯过程训练算法的详细步骤可见算法 4。需要强调的是，即便是求解凸问题，ADMM 矩阵近似的收敛也会很慢（参考文献 [9]）。但幸运的是，仅需数轮 ADMM 迭代，算法就可以收敛到不错的精度，因而在实际系统中使用时，不必等待 ADMM 算法完全收敛（即可以适当放松判断收敛的条件）。

算法 4　基于矩阵近似的分布式高斯过程训练算法

初始化：$r=0, K, \theta_i^0$，ζ_i^0，ρ，$z^0=\frac{1}{K}\sum_{i=1}^{K}\left(\theta_i^0+\frac{1}{\rho}\zeta_i^0\right)$；$\epsilon^{\text{abs}}$，$\epsilon^{\text{rel}}$
while $\|\Delta_{i,\text{p}}^r\|^2 \geqslant \epsilon^{\text{pri}}$ **or** $\|\Delta_{\text{d}}^r\|^2 \geqslant \epsilon^{\text{dual}}$ **do**
　$r=r+1$
　for $i=1,\cdots,K$ **do**
　　根据式（8.7a）得到第 i 个本地高斯过程模型的参数
　end for
　根据式（8.7b）得到全局参数
　根据式（8.7c）得到对偶变量
　根据式（8.8）和式（8.9）计算原始残差项，$\Delta_{\text{i,p}}^{r+1}$ 和对偶残差项 Δ_{d}^{r+1}
　根据式（8.10）和式（8.11）更新宽容常量 ϵ^{pri} 和 ϵ^{dual}
end while
输出：全局超参数 z

8.1.3　基于矩阵分块的分布式高斯过程训练算法

基于矩阵近似的分布式高斯过程训练算法通过对角矩阵的信息来近似完整矩阵的信息，会有一定的信息损失。本小节介绍一种基于矩阵分块的分布式高斯过程训练算法，它通过让各个本地节点分别优化完整矩阵的一部分来实现模型训练的并行化，同时，与基于矩阵近似的分布式高斯过程训练算法相比，基于矩阵分块的分布式高斯过程训练算法理论上不会造成任何信息损失。

与基于矩阵近似的分布式高斯过程训练算法相似，基于矩阵分块的分布式高斯过程训练算法也是将原问题 $\mathcal{P}_0$ 拆分为多个更容易被解决的子问题，并交由不同的本地节点并行化处理。

这里引入 k 个本地变量 $\{\theta_i\}=\theta_1,\theta_2,\cdots,\theta_k\,(i=1,2,\cdots,k)$ 和一个全局变量 z，并将原始问题 $\mathcal{P}_0$ 变为

$$\begin{aligned}\mathcal{P}_3:&\ \operatorname{argmin}_{\{\theta_i\}}\ g(\{\theta_i\})\\ \text{s.t.}&\ \ \theta_i-z=0,\quad \theta_i\in\Theta,\quad i\in\mathcal{K}\end{aligned}\tag{8.12}$$

其中

$$g(\{\theta_i\})\overset{\text{def}}{=}\boldsymbol{y}^{\mathrm{T}}\boldsymbol{C}^{-1}(\{\theta_i\})\boldsymbol{y}+\log|\boldsymbol{C}(\{\theta_i\})|\tag{8.13}$$

这里规定 $\boldsymbol{C}(\{\theta_i\})$ 的第 i 个分块的值由超参数 θ_i 决定。举例而言，考虑一个有 4 个数据点的数据集，其相关性矩阵 $\boldsymbol{C}(\theta_1,\theta_2,\theta_3,\theta_4)$ 可以被等分为 k=4 个方块

$$\boldsymbol{C}(\theta_1,\theta_2,\theta_3,\theta_4)=\left[\begin{array}{cc|cc} a_{11}^{\theta_1} & a_{12}^{\theta_1} & a_{13}^{\theta_2} & a_{14}^{\theta_2}\\ a_{21}^{\theta_1} & a_{22}^{\theta_1} & a_{23}^{\theta_2} & a_{24}^{\theta_2}\\ \hline a_{31}^{\theta_3} & a_{32}^{\theta_3} & a_{33}^{\theta_4} & a_{34}^{\theta_4}\\ a_{41}^{\theta_3} & a_{42}^{\theta_3} & a_{43}^{\theta_4} & a_{44}^{\theta_4}\end{array}\right]\tag{8.14}$$

其中，$a_{ij}^{\theta_k}=k(x_i,x_j;\theta_k)+\sigma^2\cdot\delta(i=j)$，且 i=j 时有 δ=1，否则 δ=0，这里 $a_{ij}^{\theta_k}$ 代表的是相关性矩阵 $\boldsymbol{C}(\theta_1,\theta_2,\theta_3,\theta_4)$ 中第 i 行、第 j 列的元素，其取值由第 k 个计算单元计算出的超参数 θ_k 决定。在本小节中，为了方便分析，假设 $l=\sqrt{k}$ 与 n/l 均为整数。这样一来，$n\times n$ 的相关性矩阵 $\boldsymbol{C}(\{\theta_i\})$ 可以被等分为 $l\times l$ 的方块，每个方块大小为 $n/l\times n/l$。

注意，问题 $\mathcal{P}_3$ 的全局最优解和问题 $\mathcal{P}_0$ 的是相同的（参考文献 [22]）。将问题 $\mathcal{P}_0$ 转化为问题 $\mathcal{P}_3$ 的目的是，让每个本地计算单元都能专注于优化一个本地变量 θ_i（参考文献 [22]）。在本模型中，依然采用 ADMM 算法来解决问题 $\mathcal{P}_3$。问题 $\mathcal{P}_3$ 对应的拉格朗日方程为

$$\mathcal{L}(\{\theta_i\},z,\beta)\overset{\text{def}}{=}g(\{\theta_i\})+\sum_{i=1}^{k}\beta_i^{\mathrm{T}}(\theta_i-z)+\sum_{i=1}^{k}\frac{\rho}{2}\|\theta_i-z\|_2^2 \tag{8.15}$$

对于任意的 $i\in\mathcal{K}$，本地参数和全局参数在第（$r+1$）次迭代的更新为

$$\theta_i^{r+1}=\operatorname{argmin}_{\theta_i}g(\theta_i,z_{-i}^r)+\beta_i^{r,\mathrm{T}}(\theta_i-z^r)+\frac{\rho}{2}\|\theta_i-z^r\|_2^2 \tag{8.16a}$$

$$z^{r+1}=\frac{1}{k}\sum_{i=1}^{k}\left(\theta_i^{r+1}+\frac{1}{\rho}\beta_i^r\right) \tag{8.16b}$$

$$\beta_i^{r+1}=\beta_i^r+\rho(\theta_i^{r+1}-z^{r+1}) \tag{8.16c}$$

其中

$$g(\theta_i,z_{-i}^r)\overset{\text{def}}{=}\boldsymbol{y}^{\mathrm{T}}\boldsymbol{C}^{-1}(\theta_i,z_{-i}^r)\boldsymbol{y}+\log|\boldsymbol{C}(\theta_i,z_{-i}^r)| \tag{8.17}$$

且

$$z_{-i}^r\overset{\text{def}}{=}\left\{\theta_1^r,\cdots,\theta_{i-1}^r,\theta_i,\theta_{i+1}^r,\cdots,\theta_k^r\right\}\setminus\theta_i \tag{8.18}$$

即 z_{-i}^r 包含除了 θ_i 外，所有先前的对于本地变量的估计。这里 $\boldsymbol{C}(\theta_i,z_{-i}^r)$ 的一个块是由 θ_i 决定的，而其余的块是由 z_{-i}^r 决定的。另外，由于式（8.16a）中的目标函数是非凸的，所以并不容易找到它的全局最小值。因此，这里介绍一个"非精准"的迭代更新步骤（Inexact ADMM），来替换每次寻找（8.16a）的全局最小值的计算，该步骤如下：

$$\theta_i^{r+1}=\theta_i^r-\mu\cdot\nabla_{\theta_i}\mathcal{L}(\theta_i,z_{-i}^r,z^r,\beta^r)\big|_{\theta_i=\theta_i^r} \tag{8.19}$$

在每轮 ADMM 迭代时，只求它一次，然后立即进行下一轮 ADMM 迭代。这样一来，每轮 ADMM 迭代中，就不会花大量的时间来求解式（8.16a）。$\nabla_{\theta_i}\mathcal{L}(\theta_i,z_{-i}^r,z^r,\beta^r)\big|_{\theta_i=\theta_i^r}$ 的解析结果如式（8.20c）所示。

$$\left[\nabla_{\theta_i}\mathcal{L}(\theta_i,z_{-i}^r,z^r,\beta^r)\big|_{\theta_i=\theta_i^r}\right]_j \tag{8.20a}$$

$$=\frac{\partial}{\partial\theta_{ij}}\left(g(\theta_i,z_{-i}^r)+(\beta_i^r)^{\mathrm{T}}(\theta_i-z^r)+\frac{\rho}{2}\|\theta_i-z^r\|_2^2\right)\Bigg|_{\theta_i=\theta_i^r} \tag{8.20b}$$

$$=\operatorname{tr}\left(\boldsymbol{C}^{-1}(\theta_i,z_{-i}^r)\frac{\partial\boldsymbol{C}(\theta_i,z_{-i}^r)}{\partial\theta_{ij}}\right)-$$

$$\boldsymbol{y}^{\mathrm{T}}\boldsymbol{C}^{-1}(\theta_i,z_{-i}^r)\frac{\partial\boldsymbol{C}(\theta_i,z_{-i}^r)}{\partial\theta_{ij}}\boldsymbol{C}^{-1}(\theta_i,z_{-i}^r)\boldsymbol{y}+\beta_{ij}^r+\rho(\theta_{ij}-z_j^r)\Big|_{\theta_i=\theta_i^r} \tag{8.20c}$$

$$\approx \mathrm{tr}\left(\boldsymbol{C}^{-1}(z^r)\frac{\partial \boldsymbol{C}(\theta_i^r, z_{-i}^r)}{\partial \theta_{ij}}\right)-$$

$$\boldsymbol{y}^{\mathrm{T}}\boldsymbol{C}^{-1}(z^r)\frac{\partial \boldsymbol{C}(\theta_i^r, z_{-i}^r)}{\partial \theta_{ij}}\boldsymbol{C}^{-1}(z^r)\boldsymbol{y}+\beta_{ij}^r+\rho(\theta_{ij}^r-z_j^r) \tag{8.20d}$$

式（8.21）中给出的例子，进一步说明了这种算法的流程。在第 $(r+1)$ 次迭代中，第一个计算单元的相关性矩阵 $\boldsymbol{C}(\theta_1, z_{-1}^r)$ 可写为

$$\boldsymbol{C}(\theta_1, z_{-i}^r)=\left[\begin{array}{cc|cc} a_{11}^{\theta_1} & a_{12}^{\theta_1} & a_{13}^{\theta_2^r} & a_{14}^{\theta_2^r} \\ a_{21}^{\theta_1} & a_{22}^{\theta_1} & a_{23}^{\theta_2^r} & a_{24}^{\theta_2^r} \\ \hline a_{31}^{\theta_3^r} & a_{32}^{\theta_3^r} & a_{33}^{\theta_4^r} & a_{34}^{\theta_4^r} \\ a_{41}^{\theta_3^r} & a_{42}^{\theta_3^r} & a_{43}^{\theta_4^r} & a_{44}^{\theta_4^r} \end{array}\right] \tag{8.21}$$

注意，使用式（8.20c）优化 θ_i 与使用式（8.4）优化 θ 相比，计算量会小很多，具体分析如下。

如图 8.3 所示，矩阵 $\boldsymbol{C}(\{\theta_i\})$ 被均匀地划分成了 1×1 个方块，$\boldsymbol{C}(\theta_i, z_{-i}^r)$ 仅有一个方块是由参数 θ_i 决定的，即图 8.3（a）中标记为深色的方块。相应地，相关性矩阵的偏导矩阵 $\partial \boldsymbol{C}(\theta_i, z_{-i}^r)/\partial \theta_{ij}$ 仅有一个非零方块，即图 8.3（b）中的深色方块。因此，式（8.20c）中涉及的 $\boldsymbol{C}^{-1}(\theta_i, z_{-i}^r)$ 的矩阵乘积运算仅需要 $\boldsymbol{C}^{-1}(\theta_i, z_{-i}^r)$ 里的一个纵切片和一个横切片参与，即图 8.3（c）中深色的切片。一般来讲，对 $\boldsymbol{C}(\theta_i, z_{-i}^r)$ 的第 (m,n) 个分块（其中，$m,n\in\{1,2,\cdots,l\}$），仅需要知道 $\boldsymbol{C}^{-1}(\theta_i, z_{-i}^r)$ 的第 n 个横切片和第 m 个竖切片。因而，每个计算单元仅需要计算大相关性矩阵的逆的一小部分即可用于更新超参数，大大减少了每个计算单元的计算负荷。

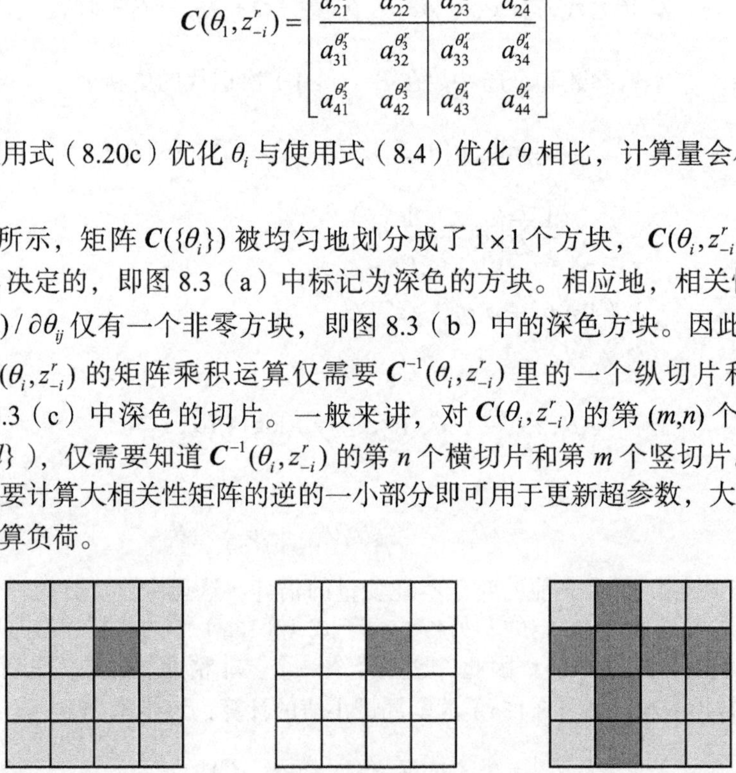

（a）$C(\theta_i, z_{-i}^r)$　（b）$\dfrac{\partial C(\theta_i, z_{-i}^r)}{\partial \theta_{ij}}$　（c）$C^{-1}(\theta_i, z_{-i}^r)$

图 8.3　超参数优化所涉及的矩阵块

根据式（8.21）中给出的例子，对于第一个计算单元，将 4 个方块分别表示为 $\boldsymbol{C}_{11}(\theta_1)$、$\boldsymbol{C}_{12}(\theta_2^r)$、$\boldsymbol{C}_{21}(\theta_3^r)$ 和 $\boldsymbol{C}_{22}(\theta_4^r)$。那么，相关性矩阵可写为

$$\boldsymbol{C}(\theta_1, z_{-1}^r)=\begin{bmatrix} \boldsymbol{C}_{11}(\theta_1) & \boldsymbol{C}_{12}(\theta_2^r) \\ \boldsymbol{C}_{21}(\theta_3^r) & \boldsymbol{C}_{22}(\theta_4^r) \end{bmatrix} \tag{8.22}$$

将相关性矩阵 $\boldsymbol{C}$ 的逆记为 $\boldsymbol{B}$，即 $\boldsymbol{CB}=\boldsymbol{I}_{n\times n}$，其中 $\boldsymbol{I}_{n\times n}$ 为大小为 $n\times n$ 的单位矩阵。类似地，将 $\boldsymbol{B}$ 划分为 4 个方块，即 $\boldsymbol{B}_{11}$、$\boldsymbol{B}_{12}$、$\boldsymbol{B}_{21}$ 和 $\boldsymbol{B}_{22}$，满足

$$\begin{bmatrix} \boldsymbol{C}_{11} & \boldsymbol{C}_{12} \\ \boldsymbol{C}_{21} & \boldsymbol{C}_{22} \end{bmatrix}\begin{bmatrix} \boldsymbol{B}_{11} & \boldsymbol{B}_{12} \\ \boldsymbol{B}_{21} & \boldsymbol{B}_{22} \end{bmatrix}=\begin{bmatrix} \boldsymbol{I}_{\frac{n}{2}\times\frac{n}{2}} & 0_{\frac{n}{2}\times\frac{n}{2}} \\ 0_{\frac{n}{2}\times\frac{n}{2}} & \boldsymbol{I}_{\frac{n}{2}\times\frac{n}{2}} \end{bmatrix} \tag{8.23}$$

如之前讨论的，估计式（8.20c）并不需要知道完整的 $\boldsymbol{B}$。特别地，对于任意 $j\in\{1,2,\cdots,p\}$，其中 p 为超参数 θ 的维数，超参数 θ_{1j} 的偏导可写为

$$\frac{\partial \boldsymbol{C}}{\partial\theta_{1j}}=\begin{bmatrix} \dfrac{\partial \boldsymbol{C}_{11}(\theta_1)}{\partial\theta_{1j}} & 0_{\frac{n}{2}\times\frac{n}{2}} \\ 0_{\frac{n}{2}\times\frac{n}{2}} & 0_{\frac{n}{2}\times\frac{n}{2}} \end{bmatrix} \tag{8.24}$$

为了简化数学描述，记 $\boldsymbol{C}=\boldsymbol{C}(\theta_1,z_{-1}^r)$。第一个计算单元负责估计式（8.20c）中的 $\boldsymbol{C}^{-1}\dfrac{\partial \boldsymbol{C}}{\partial\theta_{ij}}$ 和 $\boldsymbol{y}^{\mathrm{T}}\boldsymbol{C}^{-1}\dfrac{\partial \boldsymbol{C}}{\partial\theta_{ij}}\boldsymbol{C}^{-1}\boldsymbol{y}$，它仅需知道 $\{\boldsymbol{B}_{11},\boldsymbol{B}_{21},\boldsymbol{B}_{12}\}$。类似地，其余计算单元优化 θ_2，θ_3 和 θ_4 仅需知道 $\{\boldsymbol{B}_{11},\boldsymbol{B}_{21},\boldsymbol{B}_{12}\}$、$\{\boldsymbol{B}_{11},\boldsymbol{B}_{12},\boldsymbol{B}_{22}\}$ 和 $\{\boldsymbol{B}_{21},\boldsymbol{B}_{22},\boldsymbol{B}_{12}\}$。对于 $l=2$ 的情况，可以直接推导出分块的逆的闭式表达式：

$$\boldsymbol{B}_{11}=\left(\boldsymbol{C}_{11}-\boldsymbol{C}_{12}\boldsymbol{C}_{22}^{-1}\boldsymbol{C}_{21}\right)^{-1} \tag{8.25a}$$

$$\boldsymbol{B}_{12}=\boldsymbol{B}_{21}^{\mathrm{T}}=-\boldsymbol{C}_{22}^{-1}\boldsymbol{C}_{21}\boldsymbol{B}_{11} \tag{8.25b}$$

$$\boldsymbol{B}_{22}=\left(\boldsymbol{C}_{22}-\boldsymbol{C}_{21}\boldsymbol{C}_{11}^{-1}\boldsymbol{C}_{12}\right)^{-1} \tag{8.25c}$$

对于 $l\geqslant 3$ 的情况，尽管每个分块的逆的闭式表达式也可以写出来，但需要冗长的推导。因此，接下来将展示一个不需要推导闭式表达式的方法，方便在实际应用中使用。

基于高斯－赛德尔迭代法的并行计算方案

下面使用 $\boldsymbol{C}^{-1}(z^r)$ 来近似式（8.20c）中的 $\boldsymbol{C}^{-1}(\theta_i,z_{-i}^r)$，然后使用高斯－赛德尔迭代法（参考文献 [15]）来计算 $\boldsymbol{B}_{mn}$。具体而言，首先，使用式（8.20d）而非式（8.20c）来更新 θ_i，并且利用多个本地节点基于高斯－赛德尔迭代法来计算 $\boldsymbol{C}^{-1}(z^r)$ 中的各个分块的近似结果。接着，本地节点之间会互相传输信息，使得各个单元都拿到其所需要的 $\boldsymbol{C}^{-1}(z^r)$ 的横切片和竖切片信息，并根据式（8.20d）来更新梯度。此处在算法 5 中展示了使用 l 个计算单元来计算 $\boldsymbol{C}^{-1}(z^r)$ 的第一个竖切片的详细步骤，即计算 $\boldsymbol{B}_1=\boldsymbol{C}^{-1}(z^r)\begin{bmatrix}\boldsymbol{I}_{\frac{n}{2}\times\frac{n}{2}};0_{\frac{n}{2}\times\frac{n}{2}}\end{bmatrix}$ 的近似，其中 $\boldsymbol{B}_1\overset{\text{def}}{=}[\boldsymbol{B}_{11};\boldsymbol{B}_{21};\ldots;\boldsymbol{B}_{l1}]$。而 $\boldsymbol{C}^{-1}(z^r)$ 的其他竖切片（即 $B_2,\cdots,B_l$）也可以使用类似的方法来计算。

注意，在算法 5 中：每个计算单元都使用完整数据集来进行计算；每个 $\boldsymbol{C}_{jj}^{-1}(j=1,2,\cdots,l)$ 的子块都是正定的，因而可逆；每个计算单元的计算复杂度都为 $O(n^3/k)$。

算法复杂度分析如下：使用算法 5 和 l 个计算单元来计算 $\boldsymbol{C}^{-1}(z^r)$ 的一个切片（如 $\boldsymbol{B}_1$）时，每个计算单元都需要计算大小为 $n/l\times n/l$ 的一个子块的逆，并且计算 $l-1$ 次大小为 $n/l\times n/l$ 的两矩阵相乘。因此，当高斯－赛德尔迭代法整体迭代的次数不多时，每个计算单元的计算复杂度为 $O(n^3/l^2)=O(n^3/k)$。注意，算法整体的计算复杂度仍为 $O(n^3)$。但是，与其他的分布式超参数优化方法（参考文献 [1]、[19]）相比，基于矩阵分块的优化

方法并不做任何的近似。但另外，更好的矩阵分块策略或者更好的能替代高斯－赛德尔迭代法来计算矩阵求逆的方法仍有待继续探索。完整的基于高斯－赛德尔迭代法的逆矩阵计算流程展示在算法 5 中。

算法 5 基于高斯－赛德尔迭代法计算逆矩阵的切片 $\boldsymbol{B}_1$

初始化：ε , $t=0$, $\boldsymbol{B}_1^0$

while $\left\|\boldsymbol{B}_1^{t+1}-\boldsymbol{B}_1^t\right\|_F>\epsilon$ **do**

  $t=t+1$

  $\boldsymbol{B}_{11}^{t+1}=\boldsymbol{C}_{11}^{-1}\left(\boldsymbol{I}_{\frac{n}{2}\times\frac{n}{2}}-\sum_{i=2}^{l}\boldsymbol{C}_{1i}\boldsymbol{B}_{1i}^t\right)$（第一个计算单元）

  for $1<j<l$ **do**

    $\boldsymbol{B}_{1j}^{t+1}=-\boldsymbol{C}_{jj}^{-1}\left(\sum_{i=1}^{j-1}\boldsymbol{C}_{ji}\boldsymbol{B}_{1i}^{t+1}+\sum_{i=j+1}^{l}\boldsymbol{C}_{ji}\boldsymbol{B}_{1i}^t\right)$（第 j 个计算单元）

  end for

  $\boldsymbol{B}_{1l}^{t+1}=-\boldsymbol{C}_{ll}^{-1}\left(\sum_{i=1}^{l-1}\boldsymbol{C}_{li}\boldsymbol{B}_{1i}^{t+1}\right)$（第 l 个计算单元）

end while

输出：收敛后的 $\boldsymbol{B}_{11}^*,\boldsymbol{B}_{12}^*,\cdots,\boldsymbol{B}_{1l}^*$

8.1.4 基于交叉验证的分布式预测算法

如图 8.4 所示，在高斯过程的超参数训练完成后，需要将所有 BBU 的本地预测结果融合起来得到全局预测结果。现有的融合方法往往是启发式的，比如参考文献 [16] 和 [19] 中使用熵来衡量各个本地预测结果的重要性，并计算融合权重。我们的目标是基于交叉验证法，实现一种比启发式方法更可靠且性能更优的融合模型。与参考文献 [16] 所提出的几点融合原则相似，融合模型可以实现以下 3 个目标：

（1）融合权重不是事先设定的，而是根据先验信息与后验信息计算得出的，从而具有更强的泛化能力；

（2）融合模型服从概率模型假设，从而保证高斯过程的性质不被破坏（例如能输出后验方差）；

（3）融合模型会给不理想的本地预测结果赋予更低的融合权重，从而使得融合后的全局预测结果落在不好的局部最优点的概率更小。

接下来，首先介绍传统 PoE 模型中的融合模型（参考文献 [16]、[19]）；接着介绍基于交叉验证的融合模型，并证明在某些特定的情况下，该模型可以转化为一个凸问题求解；然后介绍在其他情况下（即如果不能转化为凸问题），该模型可以通过镜像梯度下降算法求解得到一个局部最优解，并且有收敛性保证；最后介绍一个简化版的融合模型，该模型在融合时具有常数级的计算开销，适用于对时延非常敏感的场景。

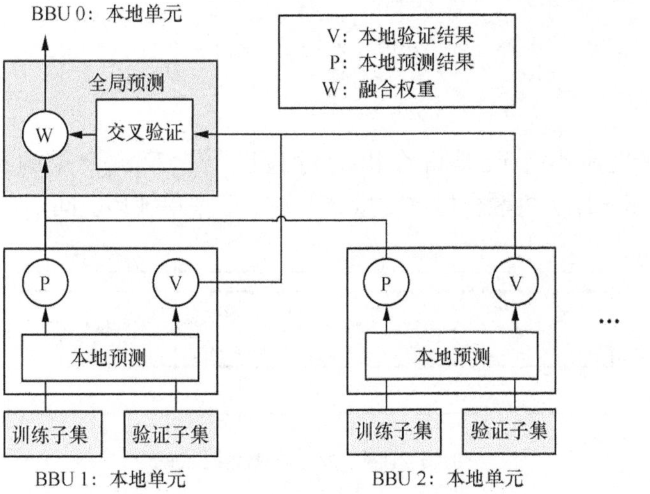

图8.4 可拓展型高斯预测框架的预测结构

传统 PoE 模型中的融合模型在预测阶段引入了一个权重变量β，用于平衡不同本地预测结果的重要性。加入权重后的预测结果的概率分布为

$$p(f_* \mid x_*, \mathcal{D}) \approx \prod_{i=1}^{K} p_i^{\beta_i}(f_* \mid x_*, \mathcal{D}^{(i)}) \tag{8.26}$$

其中，β_i是第i个本地预测结果的权重。相对应地，加入权重后的全局预测结果的后验均值和方差分别为

$$\mu_* = (\sigma_*)^2 \sum_{i=1}^{K} \beta_i \sigma_i^{-2}(x_*) \mu_k(x_*) \tag{8.27}$$

$$\sigma_*^2 = \left(\sum_{i=1}^{K} \beta_i \sigma_i^{-2}(x_*) \right)^{-1} \tag{8.28}$$

因此，在传统的融合模型中，权重β的选择对融合质量极为重要。现有的工作（参考文献[16]、[19]）利用差分熵（Differential Entropy）作为权重。然而，基于熵的权重无法保证融合出来的预测结果一定是更优的。参考文献[16]也指出，更低的熵并不一定代表这个本地预测结果更差，它可能是因为核函数选取不当造成的。因此，基于熵的融合模型并不总是可靠的。

在一般的回归任务里，两个比较近的输入点，大概率会对应比较接近的输出值。此外，在高斯过程模型中，与测试集数据比较近的训练集数据，对预测结果的影响会更大（参考文献[15]）。因此，如图 8.5 所示，将完整数据集分为训练集和验证集两个部分：前者数据量更大，用于训练超参数θ；后者离测试集数据更近，用于训练融合权重β。原测试集（即预测目标y_*）保持不变。通过最小化高斯过程模型在验证集上的预测误差来最小化其在测试集上的预测误差。具体来说，先测试各个本地预测模型在验证集上的预测质量，然后根据验证集预测质量来计算最优融合权重，最后使用得到的融合权重来融合各个本地预测模型在测试集上的预测结果，得到最终的输出。最小化高斯过程模型在验证集上的预测误差的数学问题为

$$\begin{aligned}&\min_{\beta}\ \sum_{m=1}^{M}\left(y_m-\tilde{y}_m\right)^2\\&\text{s.t.}\quad \beta\in\Omega\end{aligned}\tag{8.29}$$

其中，M是验证集大小，$\tilde{y}_m$是融合出的对验证集上第m个点的预测结果，约束Ω（$\Omega=\left\{\beta\in\mathbb{R}_+^K:e^{\mathrm{T}}\beta=1\right\}$）将融合权重变量$\beta$限制在概率单纯形空间。

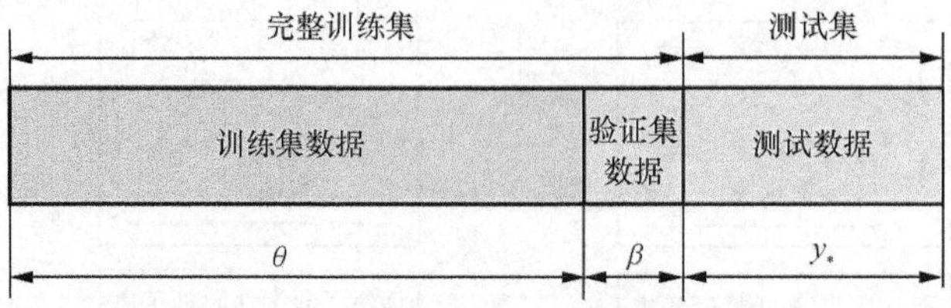

图8.5 训练、验证与测试数据划分

基于式（8.26）、式（8.27）和式（8.28）给出的多个本地节点预测结果的联合后验分布，融合出的全局预测结果$\tilde{y}_m$可被表示为

$$\tilde{y}_m=\operatorname{argmax}_{\tilde{f}_m}\prod_{k=1}^{K}p^{\beta_k}\left(\tilde{f}_m\mid\mu_k(x_m),\sigma_k(x_m)\right)\tag{8.30a}$$

$$=\sigma_m^2\sum_{i=1}^{K}\beta_i\sigma_i^{-2}(x_m)\mu_k(x_m)\tag{8.30b}$$

$$=\frac{\sum_{i=1}^{K}\beta_i\sigma_i^{-2}(x_m)\mu_k(x_m)}{\sum_{i=1}^{K}\beta_i\sigma_i^{-2}(x_m)}\tag{8.30c}$$

因此，式（8.29）中定义的优化问题可以转化为

$$\begin{aligned}\mathcal{P}_3:\ &\min_{\beta}\ f(\beta)=\sum_{m=1}^{M}\left(y_m-\frac{\sum_{i=1}^{K}a_i(x_m)\beta_i}{\sum_{i=1}^{K}b_i(x_m)\beta_i}\right)^2\\&\text{s.t.}\quad \beta\in\Omega\end{aligned}\tag{8.31}$$

其中

$$a_i(x_m)=\sigma_i^{-2}(x_m)\mu_i(x_m)\tag{8.32a}$$

$$b_i(x_m)=\sigma_i^{-2}(x_m)\tag{8.32b}$$

问题$\mathcal{P}_3$的凸性取决于验证集的大小：

（1）当验证集只包含一个点时（即M=1），问题$\mathcal{P}_3$可以被转化成凸问题，可得到全局最优解；

（2）当验证集包含多个点时（即$M>1$），问题$\mathcal{P}_3$是一个非凸问题，但是可以得到局部最优解。

具体解法如下。

单点验证权重计算法

当验证集只包含一个点时，问题 $\mathcal{P}_3$ 的目标函数可以被简化为

$$f(\beta)=\left(y_*-\frac{\sum_{i=1}^{K}a_i(x_*)\beta_i}{\sum_{i=1}^{K}b_i(x_*)\beta_i}\right)^2 \tag{8.33a}$$

$$=\left(y_*-\sum_{i=1}^{K}a_i(x_*)r_i\right)^2 \tag{8.33b}$$

其中 $r_i=\beta_k/\sum_{i=1}^{K}b_i(x_*)\beta_i$。问题 $\mathcal{P}_3$ 可以转化为一个经典的二次规划（Quadratic Programming，QP）问题：

$$\begin{aligned}\mathcal{P}_4:\quad &\min_{r}\quad f(r)=\left(y_*-\sum_{i=1}^{K}a_i(x_*)r_i\right)^2\\ &\text{s.t.}\quad \sum_{i=1}^{K}b_i(x_*)r_i=1\\ &\qquad\quad r_i\geqslant 0, i=1,2,\cdots,K\end{aligned} \tag{8.34}$$

问题 $\mathcal{P}_4$ 可通过各类凸优化算法求解得到全局最优解 r^*，对应的最优权重的计算式为 $\beta_i^*=\frac{r_i^*}{\sum_i r_i^*}$。

多点验证权重计算法

当验证集包含多个点时，可以使用镜像梯度下降算法求解得到局部最优解。镜像梯度下降算法属于一阶优化方法，它可以被视为子梯度法（Subgradient Method）在非欧几里得空间的推广（参考文献 [3]）。同时，镜像梯度下降算法也已经被应用到很多机器学习中的大规模优化问题上，例如在线学习（Online Learning）（参考文献 [11]）、多核函数学习（Multi-kernel Learning）（参考文献 [6]）等。现有文献指出（参考文献 [3]、[7]），在解决高维空间的优化问题时，相比于普通的投影子梯度法（Projected Subgradient Method），镜像梯度下降算法的性能更佳；而本节所介绍的框架中使用了多个本地节点进行并行计算（对应高维空间），因此此处采用镜像梯度下降算法来解决问题 $\mathcal{P}_3$。

镜像梯度下降算法首先利用一阶泰勒展开来估计预测残差项 $f(\beta)$ 在 β^r 附近的值，即

$$f(\beta)\approx f(\beta^r)+\langle g(\beta^r),\ \beta-\beta^r\rangle \tag{8.35}$$

接下来，镜像梯度下降算法加入一个 Bregman（布雷格曼）散度项作为惩罚项，使得 β^r 的更新公式变为

$$\beta^{r+1}=\operatorname{argmin}_{\beta\in\Omega}q(\beta^r) \tag{8.36}$$

其中

$$q(\beta^r)=f(\beta^r)+\langle g(\beta^r),\ \beta-\beta^r\rangle+\frac{1}{\eta^r}D_\psi(\beta,\ \beta^r) \tag{8.37}$$

其中：$g(\beta^r)$ 是 $f(\beta^r)$ 的导数；$D_\psi(\beta,\beta^r)=\psi(\beta)-\psi(\beta^r)-\nabla\psi(\beta^r)^{\mathrm{T}}(\beta-\beta^r)$，为 Bregman 散度项。

与子梯度下降法的更新步骤一致，式（8.36）的更新可使用

$$\beta^{r+\frac{1}{2}}=\mathrm{argmin}_\beta q(\beta^r) \tag{8.38a}$$

$$\beta^{r+1}=\mathrm{argmin}_{\beta\in\Omega}D_\psi(\beta,\ \beta^{r+\frac{1}{2}}) \tag{8.38b}$$

在这里，使用 KL 散度（Kullback-Leibler Divergence，库尔贝克－莱布勒散度）$D_\psi(\beta,\ \beta^{r+\frac{1}{2}})$ 来衡量 $D_\psi(\beta,\ \beta^r)$，其中 $\psi(x)=\sum_{i=1}^{K}x_i\log x_i$ 且 $i=1,2,\cdots,K$。式（8.38a）中的子问题是一个凸问题。对于每个本地高斯过程模型，通过对 β 求导，可以得到最优化条件：

$$g(\beta_i^r)+\frac{1}{\eta^r}\left(\nabla\psi(\beta_i^{r+\frac{1}{2}})-\nabla\psi(\beta_i^r)\right)=0 \tag{8.39a}$$

$$\Leftrightarrow\nabla\psi(\beta_i^{r+\frac{1}{2}})=\nabla\psi(\beta_i^r)-\eta^r g(\beta_i^r) \tag{8.39b}$$

$$\Leftrightarrow\log(\beta_i^{r+\frac{1}{2}})=\log(\beta_i^{r+\frac{1}{2}})-\eta^r g(\beta_i^r) \tag{8.39c}$$

$$\Leftrightarrow\beta_i^{r+\frac{1}{2}}=\beta_i^r\exp\left\{-\eta^r g_i\right\} \tag{8.39d}$$

式（8.38b）中的子问题是一个定义在概率单纯形空间 $\Omega=\left\{\beta\in\mathbb{R}_+^K:\ e^{\mathrm{T}}\beta=1\right\}$ 上的凸问题，它对应的拉格朗日函数为

$$\mathcal{L}=\sum_{i=1}^{K}\beta_i\log\frac{\beta_i}{\beta_i^{r+\frac{1}{2}}}-\sum_{i=1}^{K}\left(\beta_i-\beta_i^{r+\frac{1}{2}}\right)+\lambda\left(\sum_{i=1}^{K}\beta_i-1\right) \tag{8.40}$$

对于所有的 $i=1,\cdots,K$，有

$$\frac{\partial\mathcal{L}}{\partial\beta_i}=\log\frac{\beta_i}{\beta_i^{r+\frac{1}{2}}}+\lambda=0 \tag{8.41}$$

可得 $\beta_i=\gamma\beta_i^{r+\frac{1}{2}},\forall i=1,2,\cdots,K$。所以，给定 $e^{\mathrm{T}}\beta=1$，有 $\gamma=\frac{1}{e^{\mathrm{T}}\beta^{r+\frac{1}{2}}}$。因此，式（8.38b）中对 KL 散度的投影等价于一个简单的归一化操作：

$$\beta_i^{r+1}=\frac{\beta_i^{r+\frac{1}{2}}}{e^{\mathrm{T}}\beta^{r+\frac{1}{2}}} \tag{8.42}$$

这样一来，式（8.38a）和式（8.38b）中的更新公式分别变成

$$\beta_i^{r+\frac{1}{2}} = \beta_i^r \exp\left\{-\eta^r g_i^r\right\} \tag{8.43a}$$

$$\beta_i^{r+1} = \frac{\beta_i^{r+\frac{1}{2}}}{e^{\mathrm{T}} \beta^{r+\frac{1}{2}}} \tag{8.43b}$$

接下来分析该算法的收敛性。给定上限 $\| g_i^r \|_2^2 \leqslant G$ 和 $\| D_\psi(\beta^*, \beta^1) \| \leqslant R, \forall i = 1, \cdots, K$，式（8.43）中，镜像梯度下降算法的收敛速率（参考文献 [3]）为

$$\min_{1 \leqslant r \leqslant T} \epsilon_k \leqslant \frac{2R^2 + G^2 \sum_{r=1}^{\mathrm{T}} (\eta^r)^2}{2 \sum_{r=1}^{\mathrm{T}} \eta^r} \tag{8.44}$$

其中 $\epsilon_k = f(\beta^r) - f(\beta^*)$ 且 β^* 为全局最优点。式（8.44）中给出的上限是关于 η^r 的对称凸函数，因而当使用常数步长 $\eta^r = \frac{R}{G}\sqrt{\frac{2}{T}}$ 时，即可取得最优上界：

$$\min_{1 \leqslant r \leqslant T} \epsilon_k \leqslant RG\sqrt{\frac{2}{T}} \tag{8.45}$$

其中，T 代表迭代次数。给定 $\beta_i^1 = n^{-1}$ 和 $\sum_{i=1}^{K} \beta_i^* = 1, \beta_i^* > 0$，有 $R = \sqrt{\log K}$。详细的计算步骤展示在算法 6 中。

算法 6 基于镜像梯度下降的权重优化算法

1：**初始化**：$r=0$, β^0，$\eta^r = \eta^0$，宽容量 ϵ^{mirror}
2：**while** $| f(\beta^r) - f(\beta^*) | \geqslant \epsilon^{\text{mirror}}$ **do**
3： $r=r+1$
4： **for** $i = 1, \cdots, K$ **do**
5：   根据式（8.43a）在无约束条件下优化权重
6：   根据式（8.43b）归一化权重
7： **end for**
8：**end while**
9：**输出**：最优融合权重 β

快速权重计算法

基于镜像梯度下降算法的权重计算法的复杂度与本地节点的数量有关，因此，当使用海量的本地节点进行并行计算时，上述权重计算法可能无法应用于时延敏感型场景中。因此，本节还将介绍一个简化版的基于柔性最大值传输函数的权重计算法——快速权重计算法。具体来说，快速权重计算法中，各个本地节点的权重与其在验证集上的正确率成正

比，即验证集上的预测正确率越高，权重越高。正比关系由柔性最大值传输函数来刻画：

$$\beta_k = \frac{\exp(-e_k)}{\sum_{k=1}^{K} \exp(-e_k)} \tag{8.46}$$

其中，e_k是第 k 个本地节点在验证集上的平均预测误差。注意，快速权重计算法不涉及任何的优化求解过程，因此具有常数级别的计算复杂度。当然，相比前文中介绍的基于优化求解的权重计算法，快速权重计算法的最终预测性能会更差一些。

8.2　基于分布式深度强化学习模型的多节点负载均衡框架

本节将第 7 章中介绍的基于深度强化学习的负载均衡模型推广至可拓展型计算模型，用以满足大规模自组织网络的移动性负载均衡需求。为此，本节首先介绍一个双层负载均衡框架，明确该模型的工作流程。接着介绍基于 k-means 的动态聚类算法，根据基站的历史流量变化，将各基站划分至不同的基站簇。然后，本节将介绍基于多探索策略的分布式强化学习算法，并分析算法的收敛性。该算法可利用多个强化学习个体进行联合探索，并行化更新负载均衡策略，从而提升算法的学习率。最后，本节还将基于离线评估的保护性学习机制，提升算法在控制实际系统时的稳定性。

8.2.1　整体框架设计

框架设计

本小节介绍一个具有可拓展性的双层负载均衡框架，用于在超密集网络中以自组织管理的形式控制大规模基站间的负载均衡。如图 8.6 所示，该框架包含一个位于上层的集中式基站聚类控制器和多个位于下层的自组织基站负载均衡控制器。上层设计的目的是根据各个基站的历史负载波动情况将其划分到不同的基站聚类中，聚类自动触发的时间粒度为小时（h）。下层设计的目的是平衡各个基站聚类内的基站负载，负载均衡自动触发的时间粒度为秒（s）或分钟（min）。这样一来，上层可以控制全网范围的整体负载分布，进行全局调控；而下层可以控制聚类内的局部负载分布，进行精细化调控。该双层负载均衡框架的优势总结如下。

（1）可拓展性：大规模超密集网络的负载均衡现在可由多个自组织基站负载均衡控制器共同控制，每个控制器只需要负责一部分网络（簇内）的负载均衡。这样一来，每个控制器只需要收集簇内的网络信息用于负载均衡决策即可，而不需要进行频繁的全局网络信息收集与广播，由此大幅度提升了该负载均衡方案的可拓展性。

（2）效率：非凸负载均衡问题的规模随着基站数目的增长而逐渐增大，使用学习型方法解决此问题的复杂度也会随之提升，此外，该问题的全局最优解也很难得到。而拓展型方案将此大规模非凸问题拆分为多个更易于解决的小规模子问题，解决问题的复杂度也可由多个自组织基站负载均衡控制器共同分担。这样一来，相比于直接搜索原问题的解空间，利用多个分布式个体联合搜索子问题的解空间的效率将会大大提升，在单位时间内有更大的概率搜索到更好的解。

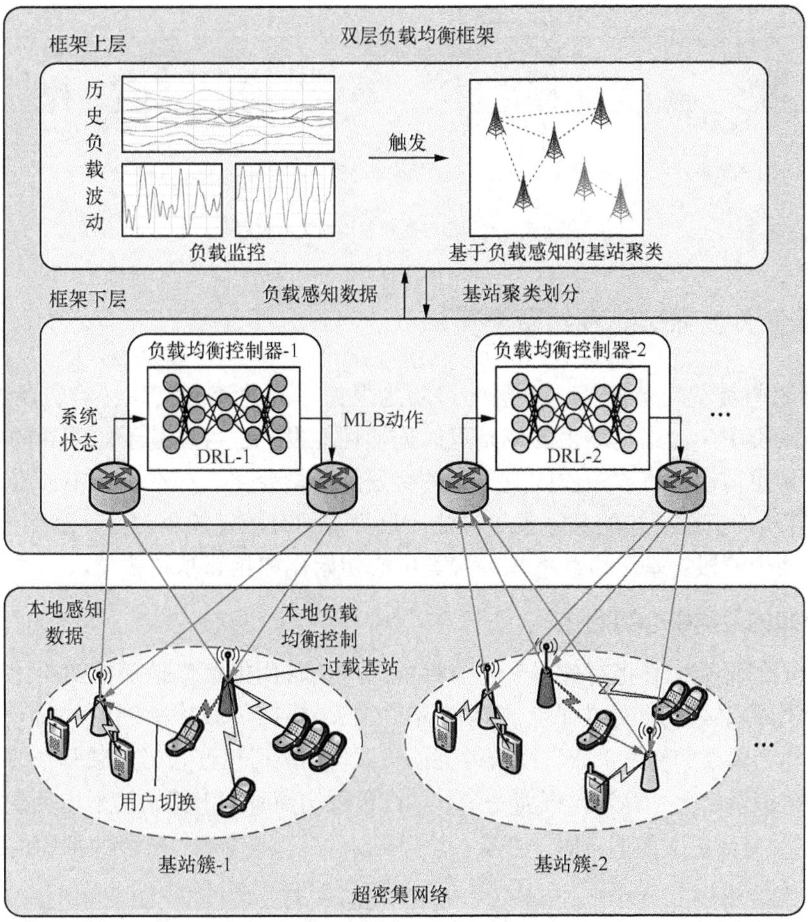

MLB: Mobility Load Balancing，移动性负载均衡；DRL：Deep Reinforcement Learning，深度强化学习

图8.6　大规模双层负载均衡框架

工作流程

本小节考虑多个基站在指定区域内超密集且随机分布。过载基站通过调整其与相邻基站的 CIO 参数来控制用户切换过程，通过将边缘用户切换至相邻基站来实现负载分摊。各个基站收集环境信息（如负载信息）并传输至其对应的下层负载均衡控制器上。上层通过后文将介绍的基站聚类算法将各个基站动态地划分至不同的基站聚类。下层则通过后文介绍的基于深度强化学习的负载均衡算法，根据簇内网络信息进行簇内负载均衡。图 8.7 展示了详细的工作流程，具体如下。这里将两次基站聚类操作之间的时间跨度称为一个移动性负载均衡（MLB）阶段。首先，在第 k 个移动性负载均衡阶段的开始，上层将根据各个基站在前一个阶段（即 k−1 阶段）的平均负载将其划分至不同的基站聚类。该聚类操作在阶段 k 中保持不变。接着，下层进行如下操作来实现簇内负载均衡：动作决策，即根据基于深度强化学习算法的策略函数选择合适的负载均衡操作；系统控制，即无线网络在簇内执行簇内负载均衡操作；策略提升，即基于深度强化学习对策略函数进行优化。阶段 k 重复以上操作直至过渡到下一个阶段（即 k+1 阶段）。

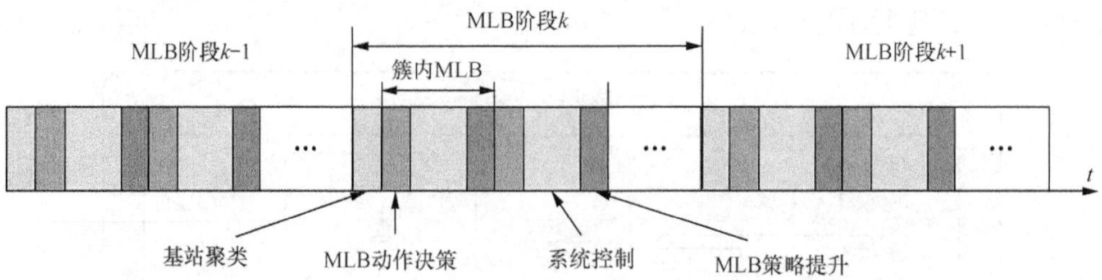

图8.7 大规模双层负载均衡工作流程

8.2.2 基于负载感知的基站聚类算法

这里介绍的负载均衡框架，上层的目的是根据全局的流量变化特点将所有的基站划分到不同的聚类中。对聚类结果的调整可以周期性触发，也可以基于监测到的异常事件触发，如监测到由运动赛事或潮汐效应导致的突发性流量变化。在本小节中，将介绍一种基于k-means算法的负载感知的基站聚类算法。该算法拥有较好的收敛性，适用于实际系统。该算法包含两个阶段：基于负载感知的聚类中心初始化和相邻基站聚类。

基于负载感知的聚类中心初始化

选择合适的聚类中心将有效提升聚类性能。一个常用的策略是随机初始化，即随机选取几个基站作为聚类的初始中心（参考文献 [13]）。根据负载均衡问题的特点，选择前 k 个过载基站作为聚类的初始中心，以有效促使负载均衡策略迅速地将过载基站的流量负载分配到相邻的欠载基站上。首先，将前一个移动性负载均衡阶段中基站的平均负载定义为“阶段平均负载”。具体定义如下，对于任意一个基站 $i \in \mathcal{I}$，将其 $k-1$ 阶段的平均负载定义为

$$\hat{\rho}_i^{k-1} = \frac{1}{T_{k-1}} \sum_{t=t_{k-1}^0}^{t_{k-1}^0+T_{k-1}-1} \rho_i^t \tag{8.47}$$

其中，t_{k-1}^0 为阶段 $k-1$ 的开始时间，T_{k-1} 为阶段 $k-1$ 的时间跨度。阶段平均负载可以平滑阶段内的负载波动，从而更为客观地反映出基站的负载强度。由此，即可根据每个基站的阶段平均负载将各个基站排序，排序列表 C_{list} 即可作为选定初始化聚类中心的依据。

相邻基站聚类

给定基站的阶段平均负载的排序列表，接下来的一步是根据基站的地理分布将基站划分至不同的聚类，目标函数如下：

$$\min_{\mathcal{C}_h, c_h} \sum_{h=1}^{H} \sum_{\boldsymbol{x}_i \in \mathcal{C}_h} \text{norm}\boldsymbol{x}_i - c_{h2}^{\ 2} \tag{8.48}$$

$$\text{s.t.} \quad \mathcal{X}_{i,h}^t \in \{0,1\}, \sum_{h \in \mathcal{H}} \mathcal{X}_{i,h}^t \leqslant 1, \forall i \in \mathcal{C}_h \tag{8.49}$$

其中，H 为预设的聚类个数，$\mathcal{C}_h$ 为分配到聚类 h 的基站的集合，x_i 为基站 i 的位置，$\mathcal{X}_{i,h}^t$ 定义了基站分配到聚类的独一性，且

$$c_h = \frac{1}{|\mathcal{C}_h|}\sum_{x_i \in \mathcal{C}_h} x_i \tag{8.50}$$

为聚类 $\mathcal{C}_h$ 的中心，$|\cdot|$ 代表集合的基数。具体步骤展示在算法 7 中。

注意，H 的选择至关重要。现有的聚类验证方法 [如 Calinski-Harabasz 指标（参考文献 [2]）] 可以被用于评估所有可能的 H 取值，并选择最优的那一个。举例来说，可以先设定一个搜索最优 H 的取值范围，如 $\mathcal{H}=\{1,2,\cdots,H_{\max}\}$，其中 $H_{\max}$ 为取值上界。接着，对所有 $h\in\{1,2,\cdots,H_{\max}\}$ 的聚类结果评估其 Calinski-Harabasz 指标。最后，选择能最大化 Calinski-Harabasz 指标的 H 取值作为最优解。

注意，本小节所介绍的基于负载感知的基站聚类算法仅是一个实现基站聚类的可行方案之一，更高级的聚类算法（如考虑用户的移动性、用户社交关系、信号衰落等）有待未来探索。

算法 7 基于负载感知的基站聚类算法

输入：
t，ρ_i^t，x_i，聚类个数 H，基站数量 N
初始化：
根据式（8.47）计算各基站的阶段平均负载
根据各基站的阶段平均负载将各基站排序，得到 C_{list}
选取 C_{list} 中的前 H 个基站作为聚类中心
迭代过程：
repeat
  for $i = 1, 2, \cdots, N$ **do**
    for $h = 1, 2, \cdots, H$ **do**
      根据 $\mathcal{X}_{i,h}^t = \operatorname{argmin}\|x_i - c_h\|_2^2$ 更新基站的聚类分配结果
    end for
  end for
  for $h = 1, 2, \cdots, H$ **do**
    根据 $c_h = \dfrac{\sum_{i=1}^{N}\mathcal{X}_{i,h}^t x_i}{\sum_{i=1}^{N}\mathcal{X}_{i,h}^t}$ 更新聚类中心
  end for
until 聚类中心不变

8.2.3 基于多探索策略的分布式强化学习算法

基于多探索策略的确定性梯度下降

本小节介绍 OPDPG 定理推广至多探索策略的情况，以优化前文定义的目标函数。具

体而言，将使用的多个探索策略记为$\mathcal{M}=\{\beta_1,\beta_2,\cdots,\beta_M\}$，其中$M$为探索策略个数。第 7 章中单节点深度强化学习的优化目标为式（8.51）所定义的单探索策略下的目标函数：

$$J_\beta(\pi_\theta)=\int_{\mathcal{S}}\kappa^\beta(s)V^{\pi_\theta}(s)\mathrm{d}s \tag{8.51a}$$

$$=\int_{\mathcal{S}}\kappa^\beta(s)\int_{\mathcal{A}}\pi(s,a)Q^{\pi_\theta}(s,a)\mathrm{d}a\mathrm{d}s \tag{8.51b}$$

$$=\int_{\mathcal{S}}\kappa^\beta(s)Q^{\pi_\theta}\left(s,\pi_\theta(s)\right)\mathrm{d}s \tag{8.51c}$$

$$=\mathbb{E}_{s\sim\kappa^\beta}\left[\sum_{k=0}^{\infty}\gamma^k r\left(s,\pi_\theta(s)\right)\right] \tag{8.51d}$$

当使用多探索策略时，以上目标函数变为

$$J(\pi_\theta)=\sum_{m\in\mathcal{M}}J_{\beta_m}(\pi_\theta) \tag{8.52}$$

其中

$$J_{\beta_m}(\pi_\theta)=\mathbb{E}_{s\sim\kappa^{\beta_m}}\left[\sum_{k=0}^{\infty}\gamma^k r\left(s,\pi_\theta(s)\right)\right] \tag{8.53}$$

且$\kappa^{\beta_m}(s):=\int_{\mathcal{S}}\sum_{t=1}^{\infty}\gamma^{t-1}p_1(s)p(s\to s',t,\beta)\mathrm{d}s$。该目标函数$J(\pi_\theta)$可以视为目标策略所对应的值函数或者 Q 函数在遵循多个探索策略下状态分布的平均。基站聚类内的移动性负载均衡问题现在可写为

$$\begin{aligned}
\mathcal{P}_1:\quad & \max_\theta J(\pi_\theta)=\sum_{m\in\mathcal{M}}J_{\beta_m}(\pi_\theta)\\
\text{s.t.}\quad & C_1:\mathcal{X}_{u,i}^t\in\{0,1\},\sum_{i\in\mathcal{I}}\mathcal{X}_{u,i}^t\leqslant 1,\forall u\in\mathcal{U}\\
& C_2:O_{ij}\in[O_{\min},O_{\max}],\forall i,j\in\mathcal{I}
\end{aligned} \tag{8.54}$$

相应地，在使用多探索策略下的策略梯度为

$$\Delta_\theta J(\pi_\theta)=\sum_{m\in\mathcal{M}}\nabla_\theta J_{\beta_m}(\pi_\theta) \tag{8.55a}$$

$$\approx\sum_{m\in\mathcal{M}}\int_{\mathcal{S}}\rho^{\beta_m}(s)\nabla_\theta\pi_\theta(s)\nabla_a Q^\pi(s,a)|_{a=\pi_\theta(s)}\,\mathrm{d}s \tag{8.55b}$$

$$=\sum_{m\in\mathcal{M}}\mathbb{E}_{s\sim\rho^{\beta_m}}[\nabla_\theta\pi_\theta(s)\nabla_a Q^\pi(s,a)|_{a=\pi_\theta(s)}] \tag{8.55c}$$

其中，式（8.55b）对每个探索策略都分别应用了 OPDPG 定理。

并行化更新

下面介绍一种基于行动者－评价者算法（参考文献 [28]）来设计的分布式强化学习框架如图 8.8 所示。其中，每个强化学习个体都使用不同的探索策略进行探索，但联合优化一个共享的目标策略。

在图 8.8 中，使用多个行动者－评价者进行并行化学习。具体来说，每个本地的强化学习个体（即一对行动者－评价者）都通过一个不同的探索策略来与无线网络环境做交互，同时将计算出的梯度传输到一个集中化的参数服务器中。参数服务器将使用本地计算出的梯度来更新一套全局参数，并周期性地将其与本地参数同步。如上的步骤将会不断重复，直到收敛或某些终止条件被触发。接下来详细展示第 t 时刻的迭代过程，作为例子说明。

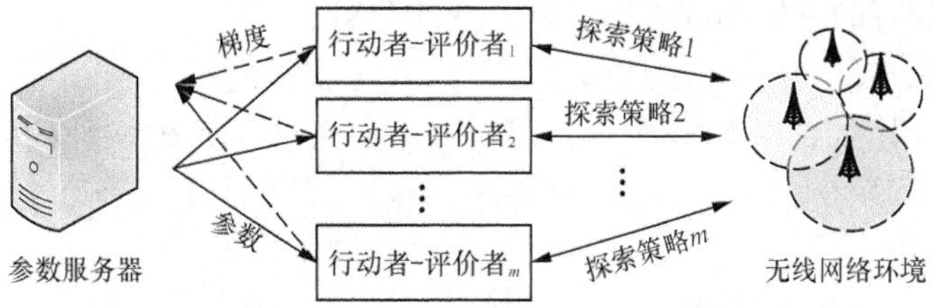

图8.8 基于行动者－评价者算法的分布式强化学习框架

首先，对每个 t 时刻的个体 $m \in \mathcal{M}$，本地行动者观测到当前的环境状态 s_t^m 并根据其当前策略执行一个动作 a_t^m，其中 $a_t^m = \beta_m(s_t^m)$。随后切换到下一个环境状态 s_{t+1}^m 并返回一个收益 r_t^m。在 t 时刻产生的决策过程可记为 $(s_t^m, a_t^m, r_t^m, s_{t+1}^m)$。

其次，每个本地的评价者使用 Q 学习算法估计目标策略的 Q 函数。具体来说，Q 函数的梯度更新 Δ_w^m 可写作

$$\delta_t^m = r_t^m + \gamma Q^w(s_{t+1}^m, \pi_\theta(s_{t+1}^m)) - Q^w(s_t^m, a_t^m) \tag{8.56}$$

$$\Delta_w^m = \delta_t^m \nabla_w Q^w(s_t^m, a_t^m) \tag{8.57}$$

其中，δ_t^m 为时间差分错误，$\pi_\theta(s_{t+1}^m)$ 为在状态 s_{t+1}^m 时目标策略 π_θ 所选择的动作。注意，每个本地的评价者只需要将梯度传递到参数服务器即可，而不需要利用梯度更新本地 Q 函数的参数。

接着，每个本地行动者根据式（8.55）中拓展的 OPDPG 定理计算更新目标策略的策略梯度 Δ_θ^m：

$$\Delta_\theta^m = \nabla_\theta \pi_\theta(s_t^m) \nabla_a Q^w(s_t^m, a)\big|_{a=\pi_\theta(s_t^m)} \tag{8.58}$$

相似地，每个本地行动者只需要将梯度传递到参数服务器，不需要将其用于更新本地策略。

最后，参数服务器使用收集到的梯度来更新一组全局参数，如下：

$$w_{t+1}^g = w_t^g + \sum_{m=1}^{M} \alpha_w \Delta_w^m \tag{8.59}$$

$$\theta_{t+1}^g = \theta_t^g + \sum_{m=1}^{M} \alpha_\theta \Delta_\theta^m \tag{8.60}$$

其中，α_w 和 α_θ 为步长。随后，所有本地行动者和评价者的本地参数 w_t^m 和 θ_t^m 均会与全局参数 w_{t+1}^g 和 θ_{t+1}^g 同步，并结束当前迭代。

收敛性分析

假设 $p(s'|s,a)$、$\nabla_a p(s'|s,a)$、μ_θ、$\nabla_\theta \mu_\theta(s)$、$r(s,a)$、$\nabla_a r(s,a)$、$p_1(s)$ 为关于 s、a 和 s' 的连续函数，状态空间 $\mathcal{S}$ 为 $\mathbb{R}^d$ 的一个紧子集，那么分布式行动者－评价者学习框架

在满足以下条件时可收敛：一是使用线性可兼容的 Q 函数近似函数（参考文献 [18]），二是在评价者中使用基于时间差分梯度的学习方法（参考文献 [20]）。推导过程与参考文献 [18] 中的相关推导相似，具体证明过程如下。

首先，使用线性可兼容的 Q 函数近似函数将会保证在 DPG 中使用估计的梯度 $\nabla_a Q^w(s,a)$ 来代替真实梯度 $\nabla_a Q^\mu(s,a)$ 不会影响所计算出的梯度的准确性。这里，与确定性策略 $\mu_\theta(s)$ 相兼容的近似函数需满足以下条件 [18]：

（1）$\nabla_a Q^w(s,a)|_{a=\mu_\theta(s)}=\nabla_\theta \mu_\theta(s)^{\mathrm{T}} w$；

（2）w 最小化 MSE，$\mathrm{MSE}(\theta, w) = \mathbb{E}_{s\sim\rho^{\beta_m}}[\epsilon(s;\theta,w)^{\mathrm{T}}\epsilon(s;\theta,w)]$，其中 $\epsilon(s;\theta,w)=\nabla_a Q^w(s,a)|_{a=\mu_\theta(s)} - \nabla_a Q^\mu(s,a)|_{a=\mu_\theta(s)}$。

因此，可得

$$\nabla_w \epsilon(s;\theta,w) = \nabla_w \nabla_a Q^w(s,a)|_{a=\mu_\theta(s)} = \nabla_\theta \mu_\theta(s) \tag{8.61}$$

如果 w 可最小化 MSE，那么 MSE 对 w 的梯度应该满足

$$\nabla_w \mathrm{MSE}(\theta,w) = 2\mathbb{E}_{s\sim\rho^{\beta_m}}[\nabla_w \epsilon(s;\theta,w)\epsilon(s;\theta,w)] \tag{8.62a}$$

$$= 2\mathbb{E}_{s\sim\rho^{\beta_m}}[\nabla_\theta \mu_\theta(s)\epsilon(s;\theta,w)] = 0 \tag{8.62b}$$

根据 $\epsilon(s;\theta,w)$ 的定义，可得

$$\mathbb{E}_{s\sim\rho^{\beta_m}}[\nabla_\theta \mu_\theta(s)\nabla_a Q^w(s,a)|_{a=\mu_\theta(s)}] \tag{8.63a}$$

$$= \mathbb{E}_{s\sim\rho^{\beta_m}}[\nabla_\theta \mu_\theta(s)\nabla_a Q^\mu(s,a)|_{a=\mu_\theta(s)}] \tag{8.63b}$$

$$= \nabla_\theta J_{\beta^m}(\mu_\theta) \tag{8.63c}$$

即证使用估计的梯度 $\nabla_a Q^w(s,a)$ 来代替真实梯度 $\nabla_a Q^\mu(s,a)$ 并不会影响 DPG 所计算出的梯度的准确性。注意，以上的证明适用于任意一个探索策略 $\beta_m(\beta_m)\in\mathcal{M}(\beta_m)$。

其次，参考文献 [20] 已经证明在评价者中使用基于时间差分梯度的策略评估法且梯度为真实梯度时，使用多探索策略进行学习可以收敛。结合上述证明，使用估计出的梯度代替真实梯度并不影响学习过程。因此当使用式（8.55）中推广的 OPDPG 定理计算梯度，并在评价者中使用基于时间差分梯度的策略评估法时，算法的收敛性可得到保证。注意，根据参考文献 [20]，行动者和评价者的更新都必须使用足够小的步长以最小化均方投影贝尔曼误差（Mean-squared Projected Bellman Error）。

为了提高模型的泛化能力，接下来会使用非线性的近似函数，并在评价者中使用 Q 学习算法（参考文献 [28]）来更新而不采用基于时间差分梯度的策略评估法（参考文献 [20]）来降低训练复杂度。这样一来，基于深度强化学习的分布式算法的收敛性将无法得到理论保障，但其可通过仿真进行经验性验证。

基于多探索策略的深度强化学习算法

下面利用深度神经网络来提升分布式行动者 - 评价者算法的泛化能力，完整的算法步骤展示在算法 8 中。

分布式深度强化学习模型的框架如图 8.9 所示。深度强化学习模型中的所有神经元都

使用全连接。此外，与单机深度强化学习模型相似，分布式深度强化学习模型也使用指导网络来稳定行动者和评价者中的学习过程。具体内容可参见第 7 章 7.2.4 小节的深度强化学习算法部分。

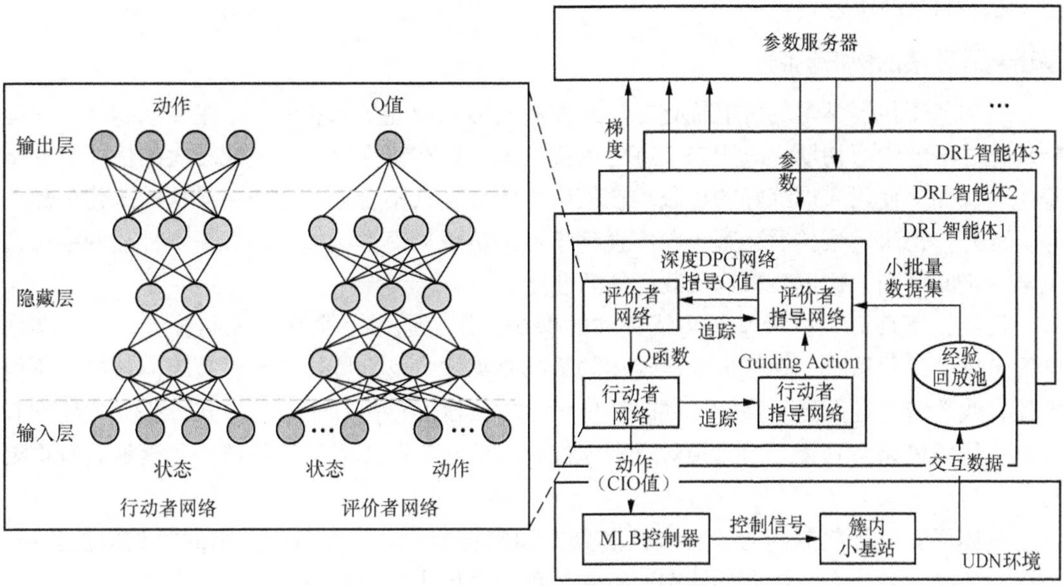

图8.9　分布式深度强化学习模型框架

算法 8　基于深度强化学习的分布式行动者－译作者算法

输入：$\forall m \in \mathcal{M}$，$\alpha_w^m = 10^{-3}$，$\alpha_\beta^m = 10^{-4}$；$\gamma = 0.99$；$\tau = 0.001$；$K = 64$

初始化：随机初始化 w 和 θ；设定 $w_m := w$，$\theta_m := \theta$，$\hat{w}_m := w_m$，$\hat{\theta}_m := \theta_m$，$\forall m \in \mathcal{M}$

观察初始化状态 s_1^m

for $t = 1$，…，∞ **do**

　for $m = 1$，…，M **do**

　　同步参数 $w_m := w$ 、$\theta_m := \theta$

　　根据式（8.66）和式（8.67）更新指导网络

　　观察 s_t^m 并执行 $a_t^m = \beta_m(s_t^m)$，接收收益 r_t^m 并转移至下一个状态 s_{t+1}^m

　　将样本 $(s_t^m, a_t^m, r_t^m, s_{t+1}^m)$ 存入 $\mathcal{D}_m$

　　从 $\mathcal{D}_m$ 中随机选择 K 个学习样本

　　根据式（8.68）计算评价者的更新梯度 Δ_w^m

　　根据式（8.69）计算行动者的更新梯度 Δ_θ^m

　　将梯度 Δ_w^m 和 Δ_θ^m 传到参数服务器

　end for

　根据式（8.59）和式（8.60）更新全局参数 w 和 θ

end for

这里使用一个参数服务器来从各个本地强化学习个体中收集小批量数据集所计算出的

梯度 Δ_w^m 和 Δ_θ^m，用以更新一组全局参数，并将其与各个本地强化学习个体的本地参数 w 和 θ 进行同步。注意，深度神经网络的梯度更新可以使用异步式更新（参考文献 [21]、[23]），不过，接收到的梯度如果时延大于一个预设值就需要被过滤掉，以保证学习的稳定性（参考文献 [21]、[23]）。

基于离线评估的保护机制

利用基于机器学习的智能优化方法来控制实际无线通信系统的一个主要问题是，在智能优化方法的学习初期，应用未训练好的策略来控制在线系统将会造成较大的性能与安全隐患，例如，使用未训练好的负载均衡策略可能会导致不合理的用户切换从而恶化负载分布。此外，每次重聚类后，基于深度强化学习的负载均衡算法重新训练深度神经网络都会消耗一定的时间，这也会影响负载均衡的性能。

因此，下面介绍一种基于离线评估的保护机制，通过一个在线控制分支、一个离线学习分支来优化策略，在线分支所使用的策略是离线分支训练好的最优策略。该机制不但能使在线系统的性能更加稳定，同时能使学习方法以一种更加安全的方式，来寻找比现有策略更优的策略。其背后的思想对于智能优化方法在实际无线通信系统中的落地具有重要意义。

具体而言，该机制同时在在线控制分支和离线学习分支运行所介绍的负载均衡算法。其中，离线学习分支在仿真环境中运行并利用网络历史数据进行学习，而在线控制分支直接运行于在线系统上，并总是利用离线学习分支找到的最优策略来控制在线系统。基于离线评估的保护机制的工作流程如图 8.10 所示，其在第 k 个负载均衡（图 8.10 中为 MLB，指移动性负载均衡）阶段的工作流程可总结如下。

首先，在阶段 k 的开头，离线学习分支触发基站重聚类操作，并训练神经网络适应新的聚类结果。接着，在阶段 k 的结尾，在线控制分支将利用最新的在线数据来评估离线学习分支在阶段 k 中新学到的负载均衡策略的性能。如果该新策略能够在在线数据集上表现出更好的负载均衡性能，那么保护机制将会使用该新策略替代现有策略。否则，保护机制会将其丢弃，离线学习分支将在第 k+1 阶段继续寻找另一个新策略。这样一来，离线学习分支可以通过仿真环境和历史数据不断地寻找更优的负载均衡策略，而在线控制分支仅需运行离线学习分支训练好且在在线数据集上表现好的负载均衡策略，从而保证在线系统一直在使用最优策略进行系统控制。

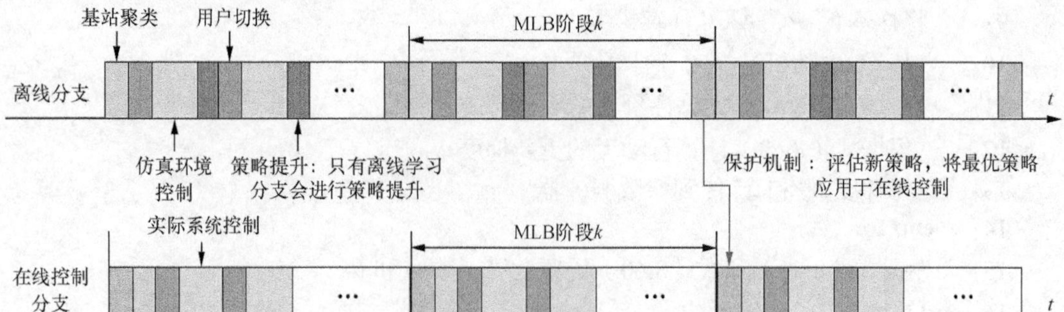

图8.10　基于离线评估的保护机制的工作流程

8.3 仿真验证与结果分析

8.3.1 分布式无线流量预测

仿真设定

仿真所使用的数据集与第 7 章的相同，包括中国某运营商在 3 个南方城市的 3072 个基站以小时（h）为时间粒度记录的 PRB 占用率记录，并将其聚类到 360 个基站簇中。预测模型的性能指标使用 RMSE 和 MAPE。对比方案包括以下 3 种：（1）基于分布式高斯过程模型的 rBCM（参考文献 [19]）；（2）基于稀疏高斯过程模型的 Subset-of-Data（SoD，数据子集）模型（参考文献 [14]）；（3）基准高斯过程模型，作为性能基准。其中，基准高斯过程模型使用完整数据集进行训练，SoD 模型使用一个随机抽取的数据子集进行训练（参考文献 [14]、[19]），rBCM 和分布式高斯过程模型中的本地节点各自使用一个数据子集进行训练。rBCM 在训练过程中不限制训练开销，以使其达到最佳性能。分布式高斯过程模型使用基于矩阵近似的分布式训练法。

结果分析

表 8.1 中的训练阶段时间开销表明，可通过增加本地节点的数量来有效缩短分布式高斯过程模型的训练时间。在此基础上，利用第 7 章中的快速训练算法，可以进一步缩短训练时间。同时，表 8.2 也表明，分布式高斯过程模型的预测时间远小于训练时间，尤其是当使用快速权重计算法时。具体分析如下：利用 700 个数据点进行仿真测试，虚拟构建 216 个具有相同计算能力的本地节点，对分布式算法进行测试。同时，为了保证公平性，在所有的仿真中均使用相同的超参数进行模型初始化，并展现 100 次仿真的平均性能。表 8.2 中的所有仿真均使用 3 个数据点作为验证集计算融合权重。结果表明，当使用基于镜像梯度下降法（表 8.2 中简记为 Mirror 的快速权重计算法）时，预测阶段的时间开销随着本地节点个数的增加而缓慢上升。然而，当使用基于柔性函数（表 8.2 中简记为 soft-max）的快速权重计算法时，预测部分的时间开销随着本地节点个数的增加而略有下降，这是因为此时预测阶段的时间开销将主要由计算后验分布造成。

对比方案的模型时间开销分析如下。

首先，如表 8.1 和表 8.2 所示，rBCM 的训练阶段时间开销与不使用快速训练法的分布式高斯过程模型相同，rBCM 的预测阶段时间开销（基于熵来计算融合权重）与基于快速权重计算法的预测阶段时间开销相同。其次，使用 SARIMA、SS 和 LSTM 进行一次预测分别需要 4s、2s 和 270s 的时间开销。注意，当在分布式高斯过程模型中使用超过两个本地节点时，做一次预测的时间就可以比 SARIMA、SS 和 LSTM 更短。同时，后面的仿真结果也表明，分布式高斯过程模型的预测性能优于 SARIMA、SS 和 LSTM 的。

表 8.1 训练阶段时间开销

训练模型	1 BBU	2 BBUs	4 BBUs	8 BBUs	16 BBUs
STD	16.8s	3.5s	1.1s	0.4s	0.1s
TPLZ	6.9s	1.2s	0.4s	0.2s	0.1s
rBCM（参考文献 [19]）	16.8s	4.9s	2.4s	0.4s	0.2s

表 8.2 预测阶段时间开销

权重模型	2 BBUs	4 BBUs	8 BBUs	16 BBUs
Mirror	0.07s	0.13s	0.21s	0.37s
Soft-max	0.06s	0.05s	0.03s	0.03s
rBCM（参考文献 [19]）	0.08s	0.06s	0.06s	0.05s

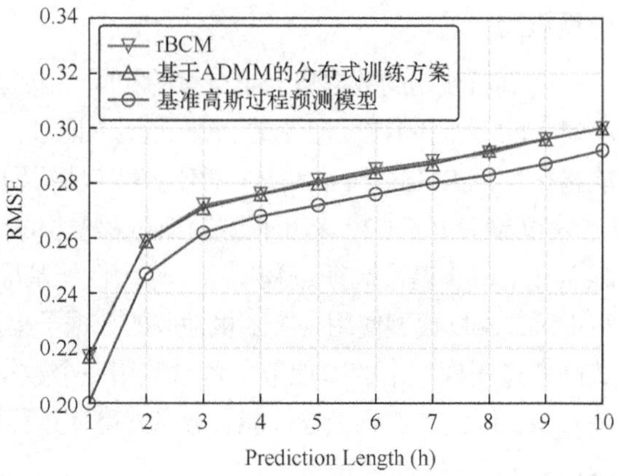

图 8.11 训练阶段性能

接下来，将分布式高斯过程模型的预测性能与对比方案进行比较。每次预测过程使用 600 个数据点作为训练集，并预测接下来的 10 个数据点。对每个基站簇，重复 100 次预测仿真并展示在 100 个基站簇上的平均预测性能。图 8.11 展示了模型训练阶段的性能。仿真中，使用 3 个本地节点进行并行计算，并对所有方案使用同一种预测框架，以隔离预测阶段模型设计的影响。由图 8.11 可见，基于 ADMM 的分布式训练方案（Proposed scalable GP）和 rBCM 的联合训练方案性能接近，且能用较 rBCM 更少的通信开销来达到相同的训练性能。具体来说，rBCM 和基于 ADMM 的分布式训练方案在训练阶段，每次更新的通信开销分别为 $n_{\text{grads}}*(\dim(\theta)+1)$ 和 $n_{\text{cons}}*(2*\dim(\theta)+1)$。每次训练模型通常需要几百次的梯度下降迭代或数次的 ADMM 迭代，因此基于 ADMM 的分布式训练方案的开销远小于 rBCM 的联合训练方案。

图 8.12 展示了预测阶段的性能。仿真中，使用 3 个本地节点进行并行计算，并比较所有方案的完整学习框架（训练框架 + 预测框架）的性能。对于所介绍的方案，使用单点验证来计算融合权重。对于 rBCM，使用先验和后验数据分布的差分熵来作为融合权重（参考文献 [19]）。对于 SoD，使用完整数据集的三分之一来训练模型并进行预测（即集中式计算）。仿真结果表明 ADMM 分布式训练 + 单点验证分布式融合的方案的性能最接近于基准高斯过程预测模型的性能，即仅有 5% ～ 8% 的性能损失；而使用快速权重计算法进行融合的方案的性能要稍差一些。但不论是使用单点验证还是使用快速权重计算法进行融合，所介绍模型的预测性能均优于 rBCM 和 SoD 的。

图 8.13（a）展示了当改变验证集中的数据点个数时，预测模型预测下一小时流量的平均性能。仿真在 3 台并行机器上进行。结果表明，当验证集只包含一个点（与测试集数据在时间轴上最接近的点）时，预测模型可达到最佳性能。RMSE 随着验证集大小的增加而缓慢增长。这种趋势可能是由于流量数据集是按小时记录的，因此优化较大验证集上的权重可能会导致高斯过程模型“过拟合”到先前的流量上，而忽略最近的变化。目前，仅使用图 8.5 中分割后的训练集进行后验预测。但是，由于验证集中的数据点包含回归任务中与测试集最接近的变化信息，因此可以在后验预测时，将训练集与验证集合并，来进一步提升预测性能。具体而言，在图 8.13（b）中，展示了在使用不同大小的验证集的情况下，合并训练集与验证集来预测可以带来的提升。值得注意的是，当仅使用一个点作为验证集时，基于合并方案的分布式高斯过程预测模型的性能甚至优于基准高斯过程预测模型。这

可能是因为某些基站的流量有许多异常变化，基准高斯过程预测模型使用完整的流量数据（包括那些异常点）来预测未来的流量，这样一来，距离测试集较近的异常点会对预测结果产生较大的影响，从而影响最终的预测结果。

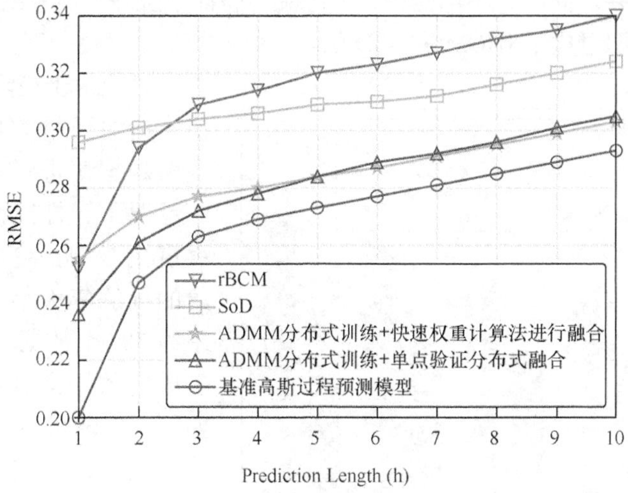

图8.12　预测阶段性能

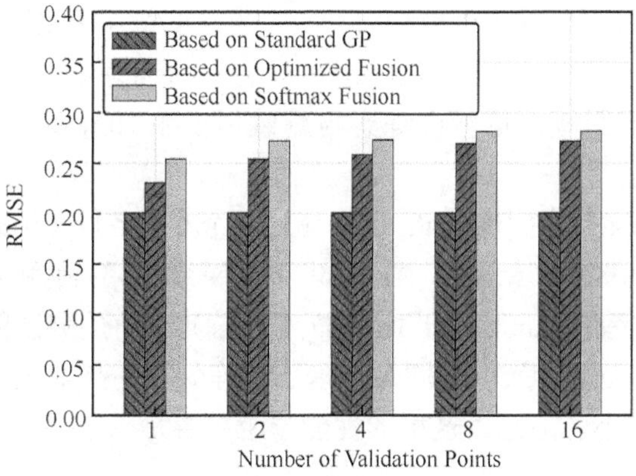

（a）不合并训练集与验证集的性能

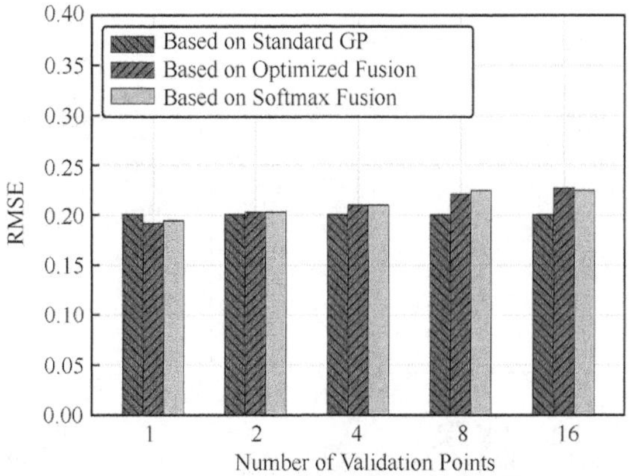

（b）合并训练集与验证集的性能

图8.13　预测下一小时流量的平均性能

图 8.14 展现了预测跨度从 1h 到 10h 的平均预测性能。分别使用 1、2、4、8、16 个本地计算单元（即 BBU）进行预测，每个本地计算单元的训练数据个数分别为 300、200、150、75 和 37。结果表明，对于所有分布式高斯过程预测模型，预测性能将随着分布式节点数量的增多而变差。同时，不论是否将训练集与验证集合并，所介绍的分布式高斯过程预测模型的性能都明显优于 rBCM 和 SoD 的。

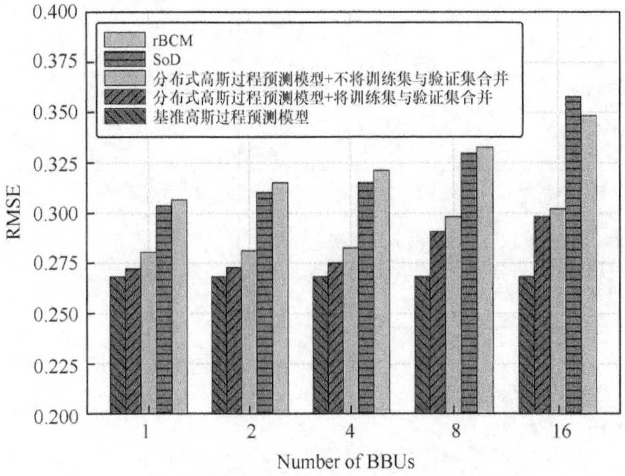

图8.14 流量预测模型的可拓展性

对于基于矩阵分块的训练方案，仿真的主要目的是验证在使用较大规模数据集进行分布式超参数训练的情况下，性能损失能否得到最大程度的控制。考虑到无线 4G 数据集的训练集大小较为有限（每个基站约 700 个数据点），因此使用人工生成的数据集进行仿真验证，设定如下。先随机生成 10 组不同的超参数和噪声，并利用高斯核函数生成对应的 10 组人工数据集，每个数据集包含 10000 个以上的数据点。对于每个数据集，使用 10000 个点作为训练集，并预测接下来的数据点。与前文的设定相同，不断滑动更新训练集与测试集，在 10 个数据集上重复 300 次预测，并展现预测的平均性能。

图 8.15（a）展现了在使用 100、40、20、10、1 个本地节点（Number of Local Machines）时所有方案的平均 RMSE 和 MAE，图 8.15（b）展现了在利用 100、250、500、1000、10000 个数据点进行训练（Number of Training Points）时的预测性能。结果表明，分布式高斯过程预测模型明显优于 rBCM。同时，基于矩阵分块的高斯过程预测模型与基准高斯过程模型的性能差距很小。注意，这里的性能差距主要是由于使用了 Inexact ADMM 迭代和高斯 - 赛德尔的近似。

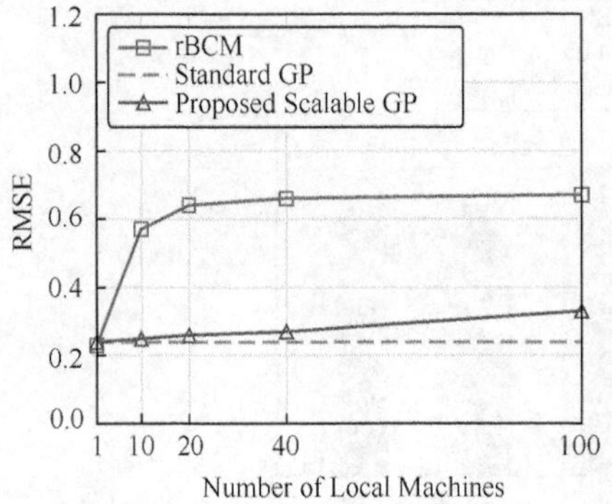

（a） RMSE曲线

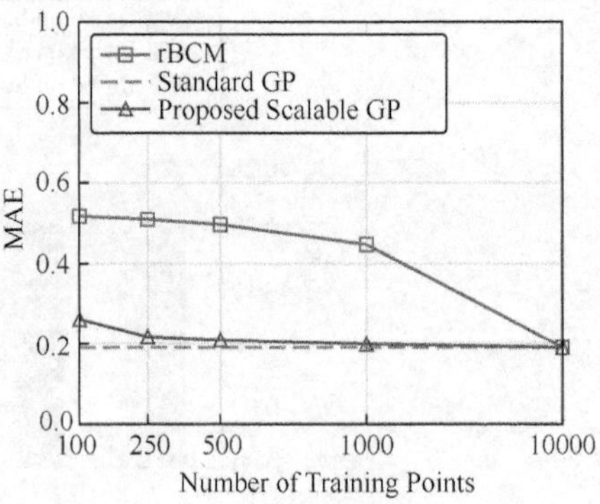

（b） MAE曲线

图8.15 基于人工数据集的预测性能

8.3.2 大规模自组织网络负载均衡

仿真设定

下面通过仿真来评估 8.2 节介绍的基于分布式深度强化学习的大规模负载均衡框架与算法。与第 7 章类似，比较 4 种对比方案：（1）基于静态规则的负载均衡算法（参考文献 [8]）；（2）基于动态规则的负载均衡算法（参考文献 [12]）；（3）基于 Q-learning 的负载均衡算法（参考文献 [24]）；（4）不进行任何负载均衡操作，作为性能基准。为了简便，这 4 种方案在图 8.16 中分别记为 Rule-based(Static)、Rule-based(Adaptive)、Q-learning 和 No MLB。仿真中比较了 3 种性能指标：一是收益函数的收益值，二是负载变化的标准差，三是用户切换的失败率，具体定义可参考第 7 章。仿真的自组织网络环境包含 3 ～ 12 个在 300m × 300m 范围中随机分布的基站和 200 个以 1 ～ 10m/s 速度随机行走的用户，每个用户都有固定比特速率（CBR）的通信需求。其余的环境参数和模型参数设置与第 7 章相同。

结果分析

图 8.16 展示了所有对比方案在用户固定通信速率为 96kbit/s 时的可拓展性。为了进行公平的性能对比，此处展示的仿真结果是在 30 个不同的基站拓扑环境中仿真的平均性能。纵轴代表了各个其他对比方案相对于 No MLB 的性能基准的百分比增益，横轴代表目标区域中 SBS 的个数。这里增加了一种使用集中化负载均衡框架的对比方案（图 8.16 中简记为 Fully Centralized），该方案不使用双层负载均衡框架对基站进行分簇，而是直接利用深度强化学习（Deep Reinforcement Learning，DRL）算法，控制所有基站的 CIO 调整。仿真结果表明当只在 3 个基站间进行负载均衡时，集中化的负载均衡框架因为能进行全局调控，所以具有更好的性能。然而，当对超过 3 个基站进行负载均衡时，可拓展型双层负载均衡框架（图 8.16 中简记为 ProPosed Two-Layer）相对于集中化负载均衡框架的优势将会越来越大。这个结果一方面证实了前者的可拓展能力，另一方面也证实了相对于集中化的全局负载均衡，分布式的自组织负载均衡将有更大的概率找到更好的解决方案。此外，尽管基于规则的负载均衡算法也具有可拓展性，但由于各个基站在独立运行预设规则而缺乏相互协作，它们所表现出的性能比可拓展型双层负载均衡框架的性能要差。

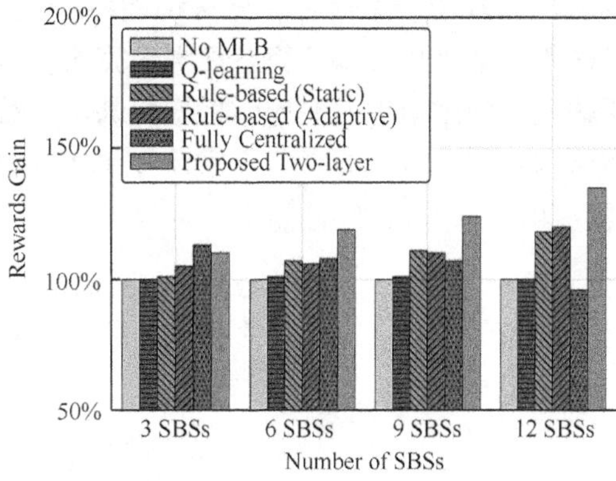

图8.16 平均负载均衡性能增益

在图 8.17 中，进一步对比了集中化负载均衡框架和可拓展型双层负载均衡框架在对 6 个 SBS 进行负载均衡时的收益变化。结果表明，相较于集中化的负载均衡方案，可拓展型双层负载均衡方案的性能将会更加稳定，且在学习初期阶段的收敛速度更快。

图 8.18 展示了所有方案在用户固定通信速率为 112kbit/s 时，4000s 时间步长（Time Steps）内的负载均衡收益值（平均值，Averaged Rewards）变化。图 8.17 中的性能曲线是在 30 个不同的基站拓扑上仿真后的性能平均值形成的。仿真结果表明基于多探索策略的

强化学习算法能明显提高算法的学习率与最终性能。具体而言，在仿真中主要对比了两种衍生方案：（1）使用单个探索策略与环境做交互以收集训练样本，这里所用的探索策略为目标策略添加随机噪声而成的随机策略；（2）使用 3 个探索策略与环境做交互以收集训练样本，这里的 3 个探索策略包括随机策略和对比方案中的两个基于规则的策略（即将传统方案的知识迁移至基于深度强化学习的智能方案）。后文将这两种衍生方案分别简记为 DRL-SBP 算法和 DRL-MBP 算法。DRL-SBP 算法采用集中式训练方案，而 DRL-MBP 算法采用并行化训练方案。仿真结果分析如下。

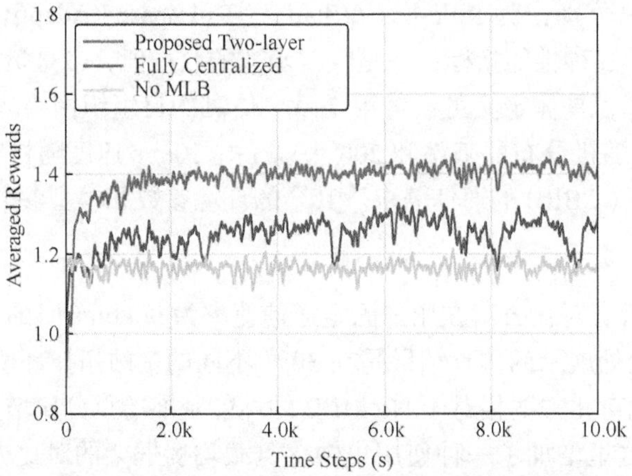

图8.17　集中化负载均衡与可拓展型双层负载均衡的性能比较

首先，图 8.18 中的 No MLB 基线表明，如果不采取任何负载均衡调整，所有基站的最大负载将在 74% 左右。对于基于规则的负载均衡算法，仿真结果表明，基于静态规则的算法和基于动态规则的算法都能将最大基站负载降低到 67% 左右，同时，基于动态规则的算法会稍优于基于静态规则的算法。对于基于深度强化学习的负载均衡算法，仿真结果表明，两个衍生方案均可将最大基站负载降低到 55%，但 DRL-MBP 算法在训练前期会收敛得更快，且在收敛后会稍优于 DRL-SBP 算法。这证明并行化训练和知识迁移能提升算法的学习率和最终性能。

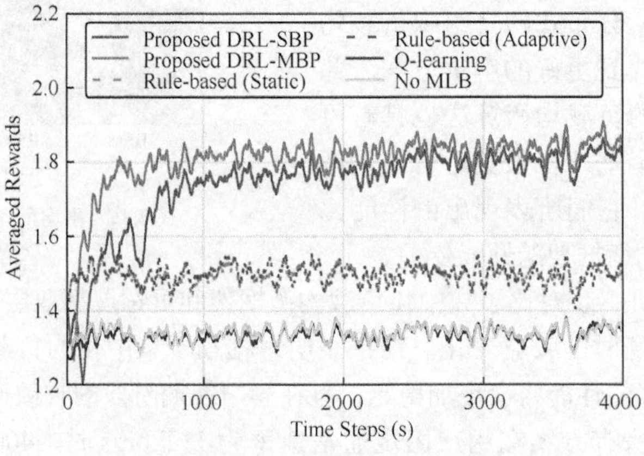

图8.18　基于多探索策略的强化学习算法性能

图 8.19 中展现了使用基于离线评估的保护机制对负载均衡收益的影响。仿真进行了

超 50000s 时间步长，且每隔 10000s 时间步长（在实际系统中等价于 3h）触发一次重聚类操作。图 8.19（a）展现了不使用基于离线评估的保护机制时的收益。仿真结果表明，使用基于离线评估的保护机制能保证每次的重聚类操作对负载均衡性能不造成明显影响，且能保证在线性呈非递减趋势，从而极大地提升了负载均衡性能的稳定性。对两方案的仿真过程和对仿真结果的分析描述如下。

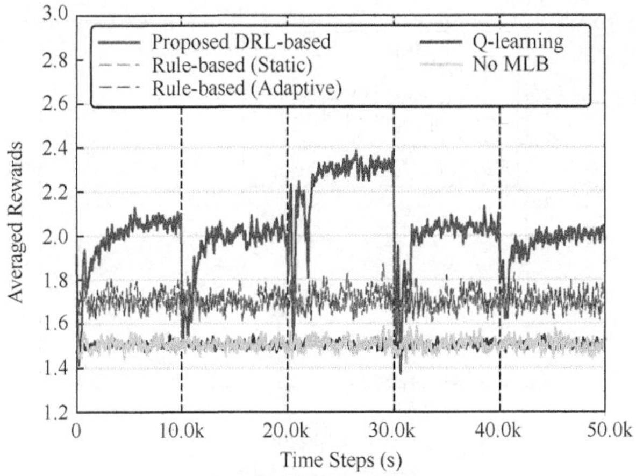

（a）无保护机制下的负载均衡收益

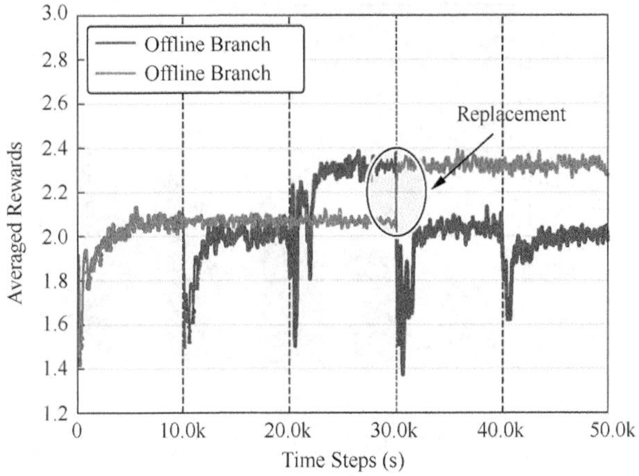

（b）有保护机制下的负载均衡收益

图8.19 基于离线评估的保护机制对负载均衡收益的影响

首先，在第一阶段（0 ~ 10.0ks）的开始，离线学习分支和在线控制分支将使用同样的参数进行初始化，并开始学习。接着，在第二阶段（10.0k ~ 20.0ks）的开始，离线学习分支触发重聚类操作，并开始重新学习一个新的负载均衡策略。然而学到的新策略比原策略的性能差，所以被丢弃。然后，在第三阶段（20.0k ~ 30.0ks）的开始，离线学习分支继续触发重聚类操作，并开始重新学习一个新的负载均衡策略。学到的新策略比原策略的性能好。因此，在第四阶段（30.0k ~ 40.0ks）的开始，在线控制分支用训练好的新策略代替原策略。这样一来，在线控制分支的性能的稳定性可以得到保证，并使得性能呈现非递减趋势。

图 8.20 反映了整个区域中所有基站的负载分布形势。其中，图 8.20（a）中展示了不同负载压力下（将 CBR 从 48kbit/s 增长至 112kbit/s）用户切换失败率（Failure Rate）的变

化趋势。一般而言，用户切换失败率越低，那么整个区域中所有基站出现过载的概率就越小。图 8.20（b）中展示了不同负载压力下基站负载分布的标准差（Standard Deviation）（又称均方误差）的变化趋势。一般而言，该标准差越小，负载在各个基站间的分布就越平均。仿真结果表明，基于深度强化学习的负载均衡算法对用户切换失败率和负载分布的控制明显优于其余对比方案。

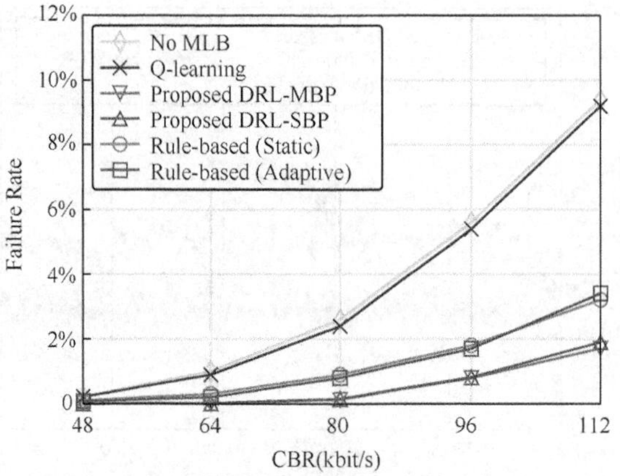

（a）用户切换失败率

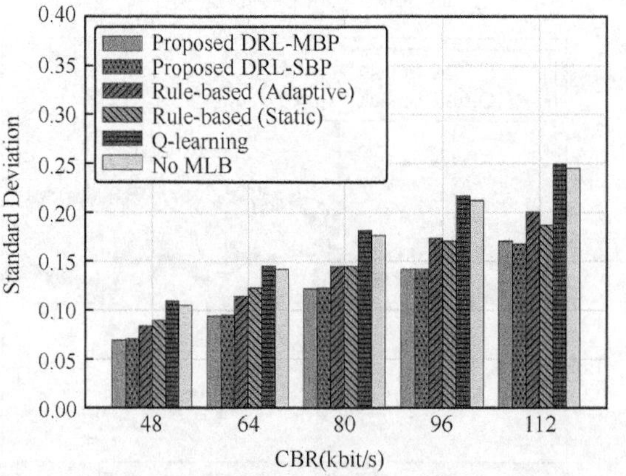

（b）负载分布标准差

图8.20 全网负载分布形势

8.4 本章小结

为了实现新一代无线网络的多节点智能，本章介绍了多节点优化方法，以解决大规模负载预测和负载均衡问题。首先，本章介绍了一种多节点负载预测框架。该框架可在无线网络 C-RAN 架构上部署，并通过调整激活的 BBU 数量，以经济、有效的方式满足大规模 RRH 的流量预测需求。该框架的预测过程基于分布式高斯过程模型。在分布式高斯过程模型的训练阶段，使用并行 BBU 和 ADMM 算法联合训练本地高斯过程模型。在预测阶段，基于交叉验证的思想优化融合权重值，将各个 BBU 的预测结果融合为一个更为精准的全局预测结果。仿真结果表明，与现有的低复杂度高斯过程模型相比，多节点负载预测框架能够在降低复杂度的同时更好地控制分布式计算所带来的性能损失。

接着，本章介绍了一种多节点负载均衡框架。该框架能够以自组织优化的方式平衡基站负载，因而对不同基站规模而言具有可拓展性。该框架的上层对基站进行动态聚类，下层利用分布式深度强化学习模型进行精细化的类内负载均衡。其中，该分布式模型可进行异步式的并行化训练，并采用多探索策略进行多机联合探索，从而提高学习率。此外，本章还介绍了一种基于离线评估的保护机制，以提升该框架应用于在线控制的性能。仿真结果表明：（1）该多节点负载均衡框架在移动性负载均衡性能上明显优于现有模型；（2）该多节点负载均衡框架具有良好的可拓展性，在处理大规模负载均衡问题时明显优于第 7 章的单节点负载均衡模型；（3）该分布式深度强化学习模型的学习速率明显优于单节点深度强化学习模型；（4）双分支保护机制可保证多节点负载均衡框架性能的稳定性。

参考文献

[1] TRESP V. A Bayesian Committee Machine [J]. Neural Computation, 2000,30(12): 2719-2741.

[2] MAULIK U, BANDYOPADHYAY S. Performance evaluation of some clustering algorithms and validity indices [J]. IEEE Trans. Pattern Anal. Mach. Intell. ,2002, 24(12): 1650-1654.

[3] BECK A, TEBOULLE M. Mirror descent and nonlinear projected subgradient methods for convex optimization [J]. Operations Research Letters, 2003, 31(3): 167-175.

[4] QUINONERO-CANDELA J, RASMUSSEN C E. A Unifying View of Sparse Approximate Gaussian Process Regression [J]. J. Mach. Learn. Res. 2005, 6(1): 1939-1959.

[5] RASMUSSEN C E, WILLIAMS C I K. Gaussian Processes for Machine Learning[M]. Cambridge, MA: MIT Press, 2006.

[6] JAGARLAPUDI S N, et al. On the algorithmics and applications of a mixed-norm based kernel learning formulation. In: Advances in neural information processing systems (NIPS)28[C]. Vancouver: [s.n.], 2009.

[7] DUCHI J C, et al. Composite Objective Mirror Descent: Conference on Learning Theory (COLT)[C]. Haifa: [s.n], 2010.

[8] KWAN R, et al. On Mobility Load Balancing for LTE Systems: IEEE Vehicular Technology Conference (VTC Fall)[C]. Taipei: [s.n.], 2010.

[9] BOYD S, et al. Distributed Optimization and Statistical Learning via the Alternating Direction Method of Multipliers [J]. Found. Trends Mach. Learn., 2011,3(1): 1-122.

[10] China Mobile Research Institute. C-RAN: The Road Towards Green RAN. [R/OL].[2022-04-01] https://pdfs.semanticscholar.org/eaa3/ca62c9d5653e4f2318aed9ddb8992a505d3c.pdf.

[11] SREBRO N, SRIDHARAN K, TEWARI A. On the universality of online mirror descent: Advances in neural information processing systems (NIPS)24[C]. Granada:[s.n.], 2011.

[12] YANG Y, et al. A High-Efficient Algorithm of Mobile Load Balancing in LTE System: IEEE Vehicular Technology Conference (VTC Fall)[C]. Yokohama:[s.n.], 2012.

[13] CELEBI M E, KINGRAVI H A, VELA P A. A comparative study of efficient initialization methods for the k-means clustering algorithm[J]. Expert systems with applications, 2013, 40(1): 200-210.

[14] CHALUPKA K, WILLIAMS C K I, MURRAY I. A Framework for Evaluating Approximation Methods for Gaussian Process Regression[J]. J. Mach. Learn. Res., 2013,14(1): 333-350.

[15] GOLUB G H, VAN LOAN C F. Matrix Computations[M]. Baltimore: The Johns Hopkins University Press, 2013.

[16] CAO Y S, FLEET D J. Generalized product of experts for automatic and principled fusion of Gaussian process predictions[D]. arXiv preprint arXiv:1410.7827 (2014).

[17] NG J W, DEISENROTH M P. Hierarchical mixture-of-experts model for large-scale Gaussian process regression[D]. arXiv preprint arXiv:1412.3078 (2014).

[18] SILVER D, et al. Deterministic policy gradient algorithms: International Conference on Machine Learning(ICML)[C]. Beijing:[s.n.], 2014.

[19] DEISENROTH M P, NG J W. Distributed Gaussian processes: International Conference on Machine Learning (ICML)[C]. Lille:[s.n.], 2015.

[20] MACUA S V, et al. Distributed Policy Evaluation Under Multiple Behavior Strategies[J]. IEEE Trans. Autom. Control, 2015, 60(5): 1260-1274.

[21] NAIR A, et al. Massively parallel methods for deep reinforcement learning[D]. arXiv preprint:1507.04296 (July 2015). https://arxiv.org/abs/1507.04296.

[22] HONG M, LUO Z Q, RAZAVIYAYN M. Convergence analysis of alternating direction method of multipliers for a family of nonconvex problems[J]. SIAM J. Optim., 2016, 26(1): 337-364.

[23] MNIH V, et al. Asynchronous Methods for Deep Reinforcement Learning. In: International Conference on Machine Learning (ICML)[C]. New York:[s.n.], 2016.

[24] MWANJE S S, SCHMELZ L C, MITSCHELE-THIEL A. Cognitive Cellular Networks: A Q-Learning Framework for Self-Organizing Networks[J]. IEEE Trans. Netw. Service Manag., 2016, 13(1): 85-98.

[25] PENG M, et al. Recent Advances in Cloud Radio Access Networks: System Architectures, Key Techniques, and Open Issues[J]. IEEE Commun. Surveys Tuts., 2016, 18(3): 2282-2308.

[26] CHEN M, et al. Caching in the Sky: Proactive Deployment of Cache-Enabled Unmanned Aerial Vehicles for Optimized Quality-of-Experience[J]. IEEE J. Sel. Areas Commun., 2017, 35(5): 1046-1061.

[27] YIN F, GUNNARSSON F. Distributed Recursive Gaussian Processes for RSS Map Applied to Target Tracking[J]. IEEE J. Sel. Topics Signal Process., 2017, 11(3): 492-503.

[28] SUTTON R S, BARTO A G. Reinforcement learning: An introduction[M]. Cambridge, MA: MIT press, 2018.

第 9 章

基于多智能体强化学习的负载优化

在无线通信领域，近期涌现的多智能体强化学习算法有两点局限性。第一，它们多基于深度学习（参考文献 [41]、[43]、[44]），因而仅能通过仿真来经验性地验证算法的收敛性和多智能体学习的有效性，这在一定程度上限制了研究人员对多智能体学习机制的深入理解。第二，它们大多假设各智能体之间能自由通信，以协调相互之间的协作。然而，这种协作机制对智能设备之间的连通性有较高要求，通信开销也较大。

针对以上问题，本章将介绍一种基于投票机制的分布式多智能体强化学习算法。该算法的各智能体通过投票来进行协调与交互，共同决定集体行为，而无须进行两两通信，因而在大规模系统中更具应用潜力。同时，本章着重从理论层面推导该多智能体协作机制与算法收敛速率之间的关系，为算法的收敛性能提供理论保证。特别地，本章将证明，该基于投票机制的分布式强化学习算法收敛至全局最优解的速率与集中式强化学习算法完全相同。换言之，该基于投票机制的分布式强化学习算法不会造成任何的性能损失。以上协作机制和分布式强化学习算法的设计思路与理论结论能在一定程度上揭示多智能体强化学习的本质，启发相关算法与理论的研究。最后，本章还将通过数值仿真验证上述结论的正确性，并将该算法用于解决无人机辅助的大规模负载分流问题，验证算法的有效性。

9.1 系统模型

现有的多智能体强化学习模型主要来源于计算机与优化控制领域。它们大多基于马尔可夫博弈（Markov Games）理论（参考文献 [1]、[3]、[7]、[21]、[39]）或差分强化学习理论（参考文献 [18]、[25] ～ [27]、[29]、[40]）。其中，基于马尔可夫博弈的多智能体强化学习主要利用随机博弈理论来建模多智能体强化学习问题，例如合作博弈（参考文献 [7]）、零和随机博弈（参考文献 [1]）、一般和随机博弈（参考文献 [3]）和平均场博弈（参考文献 [39]）等。而基于差分强化学习的相关研究主要源于动态规划，基于贝尔曼方程来建模多智能体强化学习问题。例如，参考文献 [18]、[25] ～ [27]、[29] 利用深度神经网络来近似贝尔曼方程中的目标变量（如值函数或策略函数），不过这些工作仅能通过仿真来经验性地验证算法的收敛性。近期的工作（参考文献 [40]）利用线性函数来近似贝尔曼方程中的目标变量，分析算法的渐进收敛性，但未能推导出算法的理论收敛速率。

此外，现有文献中有两条研究路线是将强化学习所对应的贝尔曼方程建模为鞍点问题，并对其进行求解和理论分析。一条研究路线聚焦于强化学习的策略估计问题（参考文献 [13]、[23]、[24]、[34]、[38]）。其中，参考文献 [34]、[38] 研究了多智能体强化学习下策略估计的理论收敛速度。不过策略估计仅仅是完整强化学习过程中的一个阶段。策略估计的目标是估计一个固定策略函数所对应的值函数，然而在实际的强化学习过程中，策略函数往往是变化的。另一条研究路线聚焦于策略优化问题。策略优化包含策略估计和策略提升两个阶段，对应的是完整的强化学习过程，因而更具挑战性。其中，近期的工作（参考文献 [30]、[32]）基于贝尔曼方程的线性对偶性，分析了基于原始对偶算法的强化学习的理论收敛速率。但它们的结论仅适用于单智能体强化学习。

本节沿着策略优化问题的研究路线，在基于生成模型的马尔可夫决策过程（Markov Decision Process，MDP）下，对多智能体强化学习进行建模分析。具体而言，本节所考虑的系统模型所对应的 MDP 对于强化学习个体来说是未知的，但能视为一个可抽样的数据库，即给定任意的状态 - 动作对 (i,a) 作为输入，该 MDP 能以概率 $p_{ij}(a)$ 返回下一个状态 j 和所有智能体的收益值。这种能以抽样的形式返回数据样本的 MDP 被称为基于生成模型的 MDP（参考文献 [10]、[11]、[15]）。现有文献对单智能体强化学习在基于生成模型的 MDP 的设定下提出了多种算法并进行了理论分析，包括基于模型的强化学习算法（参考文献 [10]、[11]、[15]）和无模型强化学习算法（参考文献 [2]、[4]），但并未推广至多智能体强化学习的情况。

9.1.1 多智能体MDP

现有的多智能体强化学习模型在最大化个体平均收益时，为了使优化问题更易于分析，通常将各智能体在每个时间步长上的收益乘一个折扣因子 $\gamma\left[\gamma \in (0,1)\right]$，从而使得累计收益有一个上界，即它们考虑最大化有折扣收益的 MDP 问题。然而，有折扣因子的强化学习模型通常在无限长时间链的任务上性能较差。同时，当折扣因子接近于 1 的时候，模型的计算复杂度会变得很高。这些问题在一定程度上限制了有折扣因子的强化学习模型的适用范围。因此，多智能体 MDP 问题近年来得到了越来越多的关注（参考文献 [30] ～ [32]）。在多智能体 MDP 中，每个时间步长上的收益将不会乘一个折扣因子，这极大地增大了问题的分析难度。

本小节重点讨论无限长时间链上的多智能体 MDP，该过程的信息结构可描述如下：

$$\left(\mathcal{S},\mathcal{A},\mathcal{P},\left\{\mathcal{R}_m\right\}_{m=1}^{M}\right) \tag{9.1}$$

其中，$\mathcal{S}$ 为状态空间，$\mathcal{A}$ 为动作空间，$\mathcal{P}=\left\{P_a(i,j)\,|\,i,j\in\mathcal{S},a\in\mathcal{A}\right\}$ 为状态到状态的概率转移的集合，$\left\{\mathcal{R}_m\right\}_{m=1}^{M}$ 为多智能体收益的集合，M 为多智能体的个数。注意，在该多智能体系统中，考虑：

（1）每个智能体的收益函数可以不相同且收益信息不对其他智能体公开；

（2）该多智能体系统通过投票来决定下一步采取的动作，且每个智能体在投票时并不与其他智能体进行信息交互；

（3）系统最终执行的动作会影响到所有多智能体。

在每个时间步长 t，该多智能体系统的工作流程可描述如下：

（1）所有智能体观测系统状态 $i_t \in \mathcal{S}$；

（2）每个智能体为下一时刻 i_t 时各智能体应采取的集体动作 a_t 投票；

（3）系统根据投票结果来决定应采取的动作 a_t 并执行；

（4）当前系统状态以概率 $P(i_{t+1}\,|\,i_t,a_t)$ 转移到下一个系统状态 $i_{t+1}(i_{t+1}\in\mathcal{S})$，每个智能体得到一个收益 $r^m_{i_t i_{t+1}}(a_t), m=1,2,\cdots,M$ 。

注意，上述多智能体学习模型考虑多个智能体通过投票来决策集体行为，而并非考虑每个智能体独立决策其个体行为。因此式（9.1）中的动作空间 $\mathcal{A}$ 为集体动作空间，而非各智能体动作空间的并集。同时，为保证隐私，本章考虑各智能体之间的收益信息为私有信息，因而各智能体的本地学习过程并不能直接等价于全局学习过程。后文的算法设计和理论分析的主要目的是，证明各智能体在不公开私有信息的情况下，仍能通过本文所介绍的投票机制，实现本地学习等价于全局学习的效果。

9.1.2 目标问题

这里将系统用于根据状态采取动作的动作策略记为 $\pi^g\in\Xi\subset\mathbb{R}^{S\times A}$ ，其中 Ξ 由多个非负矩阵组成，其第 (i,a) 个元素 $\pi^g(i,a)$ 为系统在状态 i 下采取动作 a 的概率。目标是找到一个最优的系统动作策略，使得多智能体的全体收益最大化，其对应的策略优化问题可写为

$$\max_{\pi^g}\left\{\overline{v}^{\pi^g}=\lim_{T\to\infty}\mathbb{E}^{\pi^g}\left[\frac{1}{T}\sum_{t=1}^{T}\sum_{m=1}^{M}r^m_{i_t i_{t+1}}(a_t)\,\middle|\,i_1=i\right],i\in\mathcal{S}\right\} \tag{9.2}$$

其中，$\overline{v}^{\pi^g}$ 为在策略 π^g 下，多智能体的值函数。根据动态规划理论（参考文献 [6]、[12]），式（9.2）的最优值函数 $\overline{v}^*$ 满足以下贝尔曼方程：

$$\overline{v}^*+v^*(i)=\max_{a\in\mathcal{A}}\left\{\sum_{j\in\mathcal{S}}p_{ij}(a)v^*(j)+\sum_{j\in\mathcal{S}}p_{ij}(a)\sum_{m\in\mathcal{M}}r^m_{ij}(a)\right\},\forall i\in\mathcal{S} \tag{9.3}$$

其中：$p_{ij}(a)$ 为系统在状态 i 下采取动作 a 后，系统状态转移至 j 的概率；$v(i)$，$v^*(v^*\in\mathcal{R}^{|\mathcal{S}|})$ 为差分值函数（Difference-of-Value Function），它表示在最优策略下，每个初始状态的瞬变（Transient Effect）程度（参考文献 [30]）。注意，上述方程存在无限多个 $v(i)$ 的解（如与最优 $v(i)$ 有常数偏置），但并不影响分析。更多关于 v^* 的定义与分析可参考文献 [30]。

式（9.3）中的贝尔曼方程可以进一步写成如下的线性规划问题：

$$\begin{aligned}&\min_{\overline{v},v}\quad \overline{v}\\ &\text{s.t.}\quad \overline{v}\cdot e+\left(I-P_a\right)v-\sum_{m\in\mathcal{M}}\overline{r}^m_a\geqslant 0,\forall a\in\mathcal{A}\end{aligned} \tag{9.4}$$

其中：$P_a(P_a\in\mathcal{R}^{|\mathcal{S}|\times|\mathcal{S}|})$ 为系统执行动作 a 后，MDP 的转移矩阵，其第 (i,j) 个元素为 $p_{ij}(a)$；$\overline{r}^m_a(\overline{r}^m_a\in\mathcal{R}^{|\mathcal{S}|})$ 为系统执行动作 a 时，多智能体全体收益的期望，且 $\overline{r}^m_{i,a}=\sum_{j\in\mathcal{S}}p_{ij}(a)r^m_{ij}(a)$，$\forall i\in\mathcal{S}$ 。

式（9.4）的对偶问题为

$$\begin{aligned}&\max_{\mu}\sum_{i\in\mathcal{S}}\sum_{a\in\mathcal{A}}\sum_{m\in\mathcal{M}}\mu_{i,a}\overline{r}^m_{i,a}\\ &\text{s.t.}\ \sum_{a\in\mathcal{A}}\mu_a^{\mathrm{T}}\left(I-P_a\right)=0\\ &\sum_{i\in\mathcal{S}}\sum_{a\in\mathcal{A}}\mu_{i,a}=1,\mu_{i,a}\geqslant 0\end{aligned} \tag{9.5}$$

其中，μ 为对偶变量。

根据式（9.4）中的主问题和式（9.5）中的对偶问题，以及等式 $\sum_{i\in\mathcal{S}}\sum_{a\in\mathcal{A}}\mu_{i,a}=1$ 与 $\overline{v}-\sum_{a\in\mathcal{A}}\mu_a^{\mathrm{T}}(\overline{v}\cdot e)=0$，式（9.4）所对应的鞍点问题可写为

$$\min_{v}\max_{\mu\geqslant 0}\sum_{a\in\mathcal{A}}\mu_a^{\mathrm{T}}\Big((P_a-I)v+\sum_{m\in\mathcal{M}}\overline{r}_a^m\Big) \tag{9.6}$$

此处假设该多智能体 MDP 的稳态分布满足一定的性质，以缩小主变量和对偶变量的解空间，并将式（9.6）中的鞍点问题转换为

$$\min_{v\in\mathcal{V}}\max_{\mu\in\mathcal{U}}\sum_{a\in\mathcal{A}}(\mu_a)^{\mathrm{T}}\Big((P_a-I)v+\sum_{m\in\mathcal{M}}\overline{r}_a^m\Big) \tag{9.7}$$

其中，$\mathcal{V}$ 和 $\mathcal{U}$ 分别为主变量 v 和对偶变量 μ 的解空间。

根据参考文献 [12]，对偶变量的最优解 $\mu^*(\mu^*\in\mathcal{R}^{|\mathcal{S}||\mathcal{A}|})$ 的基对应着一个最优的动作策略 π_g^*。因此，多智能体系统的最优动作策略 π_g^* 可通过 $\pi_{i,a}^*=\mu_{i,a}^*/\left\|\mu^*\right\|_1$ 得到。

综合以上分析，需要求解的优化问题为式（9.7），待优化变量为对偶变量 μ。

9.2 基于投票机制的多智能体强化学习

本节首先介绍一个投票机制来描述各智能体如何通过投票来影响系统的动作决策。接着证明在该投票机制下，多智能体对其投票策略的更新等价于对系统的动作策略的更新。换言之，各智能体可通过分布式优化各自的投票策略来优化系统动作策略。这样一来，式（9.7）所对应的全局策略优化问题即可转换为多个子问题，并通过基于原始对偶算法的分布式多智能体强化学习算法来解决。

9.2.1 投票机制

将系统动作策略 π^g 所对应的主变量和对偶变量分别记为 v_g 和 μ_g，每个智能体的本地投票策略记为 π^m，$\forall m\in\mathcal{M}$ 所对应的主变量和对偶变量分别记为 v_m 和 μ_m。本地投票策略 $\pi^m\in\Xi\subset\mathbb{R}^{S\times A}$ 为一个随机平稳函数。多智能体投票机制可描述为

$$\mu_g(a\,|\,i)\propto\exp\Big\{\sum_{m=1}^{M}\log\big(\mu_m(a\,|\,i)\big)\Big\} \tag{9.8}$$

该多智能体投票机制实质上揭示了全局的系统动作策略和本地的多智能体投票策略之间的关系。

9.2.2 分布式多智能体强化学习算法

本小节介绍一种分布式原始对偶算法来求解式（9.7）中的策略优化问题，该算法的完整步骤在算法 9 中给出。接下来，首先介绍该分布式原始对偶算法对本地投票策略的对偶变量更新和主变量更新。接着，从理论上证明，在上述投票机制下，该分布式原始对偶

算法对多智能体本地投票策略的更新等价于对系统全局动作策略的更新。

本地对偶变量更新

通过随机采样来取得更新本地对偶变量的训练样本，每个训练样本的采样过程如下：根据采样概率 $p_{i,a}^{\text{dual}} = \frac{1}{|\mathcal{S}||\mathcal{A}|}$ 随机采样一个状态 - 动作对 (i_t, a_t)，即系统在 i_t 执行动作 a_t；系统根据 (i_t, a_t) 转移到下一个状态 j_t；各智能体得到收益 $\{r_{i_t,j_t}^m(a_t)\}_{m=1}^M$。得到训练样本 $(i_t, a_t, \{r_{i_t,j_t}^m(a_t)\}_{m=1}^M, j_t)$ 后，通过式（9.9）来更新智能体 m 的本地对偶变量：

$$u_{i,a}^{m,t+1} = \mu_{i,a}^{m,t} \exp\left\{\Delta_{i,a}^{m,t+1}\right\} \tag{9.9}$$

其中

$$\Delta_{i,a}^{m,t+1} = \begin{cases} \beta\left(\dfrac{\frac{1}{\beta}\log x^t + v_j - v_i - S}{M} + r_{ij}^m(a)\right), & i = i_t, a = a_t \\ \log x^t, & \text{其他条件下} \end{cases} \tag{9.10}$$

且 β 为步长。

$$x^{t+1} = \frac{1}{\sum_{i\in\mathcal{S},a\in\mathcal{A}} \exp\left\{\sum_{m=1}^M \log\left(\mu_{i,a}^{m,t+1}\right)\right\}} \tag{9.11}$$

这里的 x^t 可理解为本地计算出的更新梯度与真实更新梯度的比例。

本地主变量更新

通过概率采样来取得更新本地主变量的训练样本，每个训练样本的采样过程如下：根据采样概率 $p_{i_t,a_t}^{\text{primal}}$ 采样一个状态 - 动作对 (i_t, a_t)，即系统在 i_t 执行动作 a_t；系统根据 (i_t, a_t) 转移到下一个状态 j_t；各智能体得到收益 $\{r_{i_t,j_t}^m(a_t)\}_{m=1}^M$。其中采样概率的具体表达式为

$$p_{i_t,a_t}^{\text{primal}} = \frac{\exp\left\{\sum_{m=1}^M \log\left(\mu_{i_t,a_t}^{m,t+1}\right)\right\}}{\sum_{i\in\mathcal{S},a\in\mathcal{A}} \exp\left\{\sum_{m=1}^M \log\left(\mu_{i,a}^{m,t+1}\right)\right\}} \tag{9.12}$$

得到训练样本 $(i_t, a_t, \{r_{i_t,j_t}^m(a_t)\}_{m=1}^M, j_t)$ 后，通过如下公式来更新智能体 m 的本地主变量：

$$v^{t+\frac{1}{2}} = v^t + \alpha d^{t+1} \tag{9.13}$$

$$v^{t+1} = \Pi_{\mathcal{V}}\left\{v^{t+\frac{1}{2}}\right\} \tag{9.14}$$

其中：α 为步长；$\Pi_{\mathcal{V}}\{\cdot\}$ 将主变量 $v^{t+\frac{1}{2}}$ 投影到搜索空间 $\mathcal{V}$ 中，$\mathcal{V}$ 的定义将在后文给出。分布式原始对偶算法中各个智能体的本地主变量更新公式是一致的，因此，使用相同的变量名 v_i^t 来表示任一智能体的主变量。

等价性分析

下面证明当使用式（9.8）中制定的投票机制时，对各智能体的本地投票策略的更新等价于对系统的全局动作策略的更新。

引理 9.1（本地更新与全局更新的等价性）

当投票机制为

$$\mu_{i,a}^{g,t+1}=x^{t+1}\exp\left\{\sum_{m=1}^{M}\log\left(\mu_{i,a}^{m,t+1}\right)\right\} \tag{9.15}$$

且 $x^{t+1}=1/\left\|\exp\left\{\sum_{m=1}^{M}\log(\mu_{i,a}^{m,t+1})\right\}\right\|_1$ 时，对各智能体的本地投票策略的更新等价于如下对系统的全局动作策略的更新：

$$\mu^{g,t+1}=x^{t+1}\mu^{g,t}\exp\left\{\Delta^{g,t+1}\right\} \tag{9.16a}$$

$$v^{t+1}=\Pi_{\mathcal{V}}\left\{v^{t}+d^{t+1}\right\} \tag{9.16b}$$

其中

$$\Delta_{i,a}^{g,t+1}=\beta\left(v_j-v_i-S+\sum_{m\in\mathcal{M}}r_{ij}^{m}(a)\right) \tag{9.17a}$$

$$d^{t+1}=\alpha\left(e_i-e_j\right) \tag{9.17b}$$

证明：智能体 m 对其本地对偶变量 $\mu^{m,t}$ 的更新为

$$\mu_{i,a}^{m,t+1}=\begin{cases}\mu_{i,a}^{m,t}\exp\left\{\Delta_{i,a}^{m,t+1}\right\}, & i=i_t,a=a_t\\ \mu_{i,a}^{m,t}, & \text{其他条件下}\end{cases} \tag{9.18}$$

其中

$$\Delta_{i,a}^{m,t+1}=\beta\left(\frac{\frac{1}{\beta}\log x^{t}+v_j-v_i-S}{M}+r_{ij}^{m}(a)\right) \tag{9.19}$$

且 β 为步长。现在证明 $\mu_{i,a}^{g,t+1}$ 和 $\mu_{i,a}^{m,t}$ 之间的关系。给定 $i=i_t,a=a_t$，根据引理 9.1 的投票机制，可得

$$\mu_{i,a}^{g,t+1}=x^{t+1}\exp\left\{\sum_{m\in\mathcal{M}}\log\left(\mu_{i,a}^{m,t+1}\right)\right\} \tag{9.20a}$$

$$=x^{t+1}\exp\left\{\sum_{m\in\mathcal{M}}\log\left(\mu_{i,a}^{m,t}\exp\left\{\Delta_{i,a}^{m,t+1}\right\}\right)\right\} \tag{9.20b}$$

$$=x^{t+1}\exp\left\{\sum_{m\in\mathcal{M}}\left(\log\mu_{i,a}^{m,t}+\Delta_{i,a}^{m,t+1}\right)\right\} \tag{9.20c}$$

$$=x^{t+1}\exp\left\{\sum_{m\in\mathcal{M}}\log\mu_{i,a}^{m,t}\right\}\exp\left\{\sum_{m\in\mathcal{M}}\Delta_{i,a}^{m,t+1}\right\} \tag{9.20d}$$

$$= x^{t+1}(x^t)^{-1}\mu_{i,a}^{g,t}\exp\left\{\sum_{m\in\mathcal{M}}\Delta_{i,a}^{m,t+1}\right\} \tag{9.20e}$$

$$= x^{t+1}\mu_{i,a}^{g,t}\exp\left\{\beta\Big(v_j - v_i - S + \sum_{m\in\mathcal{M}} r_{ij}^m(a)\Big)\right\} \tag{9.20f}$$

其中式（9.20e）的等式来源于引理 9.1 定义的投票机制。因此，根据定义

$$\Delta_{i,a}^{g,t+1} = \beta\Big(v_j - v_i - S + \sum_{m\in\mathcal{M}} r_{ij}^m(a)\Big) \tag{9.21}$$

基于 $\Delta_{i,a}^{m,t+1}$ 的本地对偶变量更新等价于基于 $\Delta_{i,a}^{g,t+1}$ 的全局对偶变量更新，即

$$\mu_{i,a}^{g,t+1} = x^{t+1}\mu_{i,a}^{g,t}\exp\left\{\Delta_{i,a}^{g,t+1}\right\} \tag{9.22}$$

对于本地主变量更新，考虑到其学习样本的抽样概率

$$p_{i,a}^{\text{primal}} = \frac{\exp\left\{\sum_{m=1}^{M}\log\left(\mu_{i,a}^{m,t+1}\right)\right\}}{\left\|\exp\left\{\sum_{m=1}^{M}\log\left(\mu_{i,a}^{m,t+1}\right)\right\}\right\|_1} \tag{9.23}$$

与全局对偶变量 $\mu_{i,a}^{g,t+1}$ 相同，因此本地主变量的更新与全局主变量的更新等价。

接下来证明以上对系统全局动作策略的更新梯度为目标函数式（9.7）的条件无偏偏导数。

引理 9.2（条件无偏性）

根据引理 9.1 中定义的投票机制，对偶变量 $\Delta_{i,a}^{g,t+1}$ 的梯度是目标函数的条件偏导数，即

$$\mathbb{E}\left[\Delta_{i,a}^{g,t+1} \mid \mathcal{F}_t\right] = \frac{\beta}{|\mathcal{S}||\mathcal{A}|}((P_a - I)v^t + \sum_{m\in\mathcal{M}}\overline{r}_a^m - \mathcal{S})^i, \forall a\in\mathcal{A}, \forall i\in\mathcal{S} \tag{9.24}$$

主变量 d^{t+1} 的梯度为目标函数的条件无偏偏导数，即

$$\mathbb{E}\left[d_i^{t+1} \mid \mathcal{F}_t\right] = \alpha\sum_{a\in\mathcal{A}}\mu_{i,a}^{g,t}(I - P_a), \forall i\in\mathcal{S} \tag{9.25}$$

证明：对于任意的 $i\in\mathcal{S}$ 和 $a\in\mathcal{A}$，有

$$\frac{1}{\beta}\cdot\mathbb{E}\left[\Delta_{i,a}^{g,t+1} \mid \mathcal{F}_t\right] \tag{9.26a}$$

$$= \frac{1}{|\mathcal{S}||\mathcal{A}|}\Big(\sum_{j\in\mathcal{S}} p_{ij}(a)v_j^t - v_i^t\Big) + \frac{1}{|\mathcal{S}||\mathcal{A}|}\Big(\sum_{j\in\mathcal{S}}\sum_{m\in\mathcal{M}} p_{ij}(a)r_{ij}^m(a) - S\Big) \tag{9.26b}$$

$$= \frac{1}{|\mathcal{S}||\mathcal{A}|}(P_a v^t - v^t + \sum_{m\in\mathcal{M}}\overline{r}_a^m)^i - \frac{S}{|\mathcal{S}||\mathcal{A}|} \tag{9.26c}$$

因此，全局对偶变量 $\mu^{g,t}$ 的梯度 $\Delta^{g,t+1}$ 为目标函数的条件无偏偏导数加上一个常数偏置。对于主变量更新，给定一个由概率 $\mu_{i,a}^{g,t}$ 产生的学习样本，每个智能体的梯度 v 可写为

$$d^{t+1} = \alpha\left(e_i - e_j\right) \tag{9.27}$$

对于任意 $i \in \mathcal{S}$，有

$$\mathbb{E}\left[d^{t} \mid \mathcal{F}_{t}\right] = \alpha\left[\sum_{i \in \mathcal{S}} \Pr\left(i_{t} = i \mid \mathcal{F}_{t}\right)e_{i} - \sum_{j \in \mathcal{S}} \Pr\left(j_{t} = j \mid \mathcal{F}_{t}\right)e_{j}\right] \tag{9.28a}$$

$$= \alpha\left[\sum_{i \in \mathcal{S}}\sum_{a \in \mathcal{A}} \mu_{i,a}^{g,t}e_{i} - \sum_{j \in \mathcal{S}}\sum_{i \in \mathcal{S}}\sum_{a \in \mathcal{A}} p_{ij}(a)\mu_{i,a}^{g,t}e_{j}\right] \tag{9.28b}$$

$$= \alpha\sum_{a \in \mathcal{A}} (I - P_{a})^{\mathrm{T}}\mu_{a}^{g,t} \tag{9.28c}$$

其中，α 为步长。因此全局主变量 v^{t} 的梯度 d^{t+1} 是目标函数的条件无偏偏导数。算法 9 为基于投票机制的分布式多智能体强化学习算法的具体步骤。

算法 9　基于投票机制的分布式多智能体强化学习算法

1：**初始化**：

2：$\mathcal{M} = (\mathcal{S}, \mathcal{A}, \mathcal{P}, \{\mathcal{R}_{m}\}_{m=1}^{M})$，$T$，$\alpha = |\mathcal{S}|(4t_{\mathrm{mix}}^{*} + M)\sqrt{\dfrac{\log(|\mathcal{S}\|\mathcal{A}|)}{2|\mathcal{S}\|\mathcal{A}|T}}$，$\beta = \dfrac{1}{4t_{\mathrm{mix}}^{*} + M}\sqrt{\dfrac{\log(|\mathcal{S}\|\mathcal{A}|)}{2|\mathcal{S}\|\mathcal{A}|T}}$，

$S = 4t_{\mathrm{mix}}^{*} + M$

3：设 $v = 0 \in \mathbb{R}^{|\mathcal{S}|}$，$\mu_{i,a}^{m,0} = \dfrac{1}{|\mathcal{S}\|\mathcal{A}|}$，$\forall i \in \mathcal{S}, \forall a \in \mathcal{A}$

4：**迭代过程**：

5：**for** $t = 1, 2, \cdots, T$ **do**

6：　系统根据概率 $p_{i_{t},a_{t}}^{\mathrm{dual}}$ 采样学习样本 (i_{t}, a_{t})

7：　系统根据 (i_{t}, a_{t}) 转移至下一状态 j_{t} 并返回收益 $\{r_{a_{t}}^{m}\}_{m=1}^{M}$

8：　**for** $m = 1, 2, \cdots, M$ **do**

9：　　智能体 m 更新其本地对偶变量：

$$\mu_{i,a}^{m,t+1} = \begin{cases} \mu_{i,a}^{m,t}\Delta_{i,a}^{m,t+1}, & i = i_{t}, a = a_{t} \\ \mu_{i,a}^{m,t}, & \text{其他条件下} \end{cases}$$

10：　**end for**

11：　系统根据概率 $p_{i_{t},a_{t}}^{\mathrm{primal}}$ 采样学习样本 (i_{t}, a_{t})

12：　系统根据 (i_{t}, a_{t}) 转移至下一状态 j_{t} 并返回收益 $\{r_{a_{t}}^{m}\}_{m=1}^{M}$

13：　**for** $m = 1, 2, \cdots, M$ **do**

14：　　智能体 m 根据式（9.13）和式（9.14）更新其本地主变量

15：　**end for**

16：　$t = t+1$

17：**end for**

18：$\hat{\mu}_{i}^{g} = \dfrac{1}{T}\sum_{t=1}^{T}\exp\left\{\sum_{m=1}^{M}\log\left(\mu_{i}^{m,t+1}\right)\right\}, \forall i \in \mathcal{S}$

19：**返回**：

20：$\hat{\pi}_{i,a}^{g}=\frac{\hat{\mu}_{i,a}^{g}}{\sum_{a\in\mathcal{A}}\hat{\mu}_{i,a}^{g}},\forall i\in\mathcal{S}$

9.3 收敛性分析

本节主要分析分布式多智能体强化学习算法（见算法 9）的收敛性（体现为收敛速率）。类似于参考文献 [30] 和 [32]，对无限长多智能体 MDP 的性质做出如下假设。

假设 9.1 存在一个常数 $t_{\text{mix}}^{*}(t_{\text{mix}}^{*}>0)$，对于任意的平稳策略 π^{g} 有 $t_{\text{mix}}^{*}\geqslant \min_{t}\left\{t\,|\,\|(P^{\pi^{g}})^{t}(i,\cdot)-\nu^{\pi^{g}}\|_{TV}\leqslant\frac{1}{4},\forall i\in\mathcal{S}\right\}$，其中 $\|\cdot\|_{TV}$ 为波动大小且 $P^{\pi^{g}}(i,j)=\sum_{a\in\mathcal{A}}\pi_{i,a}^{g}p_{ij}(a)$。

上述假设要求多智能体 MDP 具有快速混合（Fast Mixing）的性质。其中，参数 $t_{\text{mix}}^{*}(t_{\text{mix}}^{*}>0)$ 刻画了多智能体 MDP 从任意状态服从任意策略到达其稳态分布的速度（参考文献 [30]）。换言之，$t_{\text{mix}}^{*}>0$ 代表着任意平稳策略距离该多智能体 DMP 所对应的最优策略的距离。注意，因为多智能体 MDP 不使用折扣因子来限制收益上界，因此，快速混合性质相关的假设为在多智能体 MDP 设定下，对算法进行收敛性分析的常用假设（参考文献 [30]）。根据假设 9.1，将全局主变量 v 的解空间指定为

$$\mathcal{V}=\left\{\|v\|_{\infty}\leqslant 2t_{\text{mix}}^{*}\right\} \tag{9.29}$$

接下来分析算法 9 的理论收敛速率。

定理 9.1（对偶约束上界）

记 $\mathcal{M}=(\mathcal{S},\mathcal{A},\mathcal{P},\{\mathcal{R}_{m}\}_{m=1}^{M})$ 为任一满足假设 9.1 的多智能体 MDP，算法 9 经过有限次迭代后满足

$$\overline{v}^{*}+\frac{1}{T}\sum_{t=1}^{T}\mathbb{E}\Big[\sum_{a\in\mathcal{A}}(v^{*}-P_{a}v^{*}-\sum_{m\in\mathcal{M}}\overline{r}_{a}^{m})^{\mathrm{T}}\mu_{a}^{g,t}\Big]\leqslant\tilde{O}\Big((4t_{\text{mix}}^{*}+M)\sqrt{\frac{|\mathcal{S}\|\mathcal{A}|}{T}}\Big) \tag{9.30}$$

定理 9.1 为式（9.7）建立了一个亚线性速率的误差上界。同时，定理 9.1 也能将单智能体强化学习问题（参考文献 [30]）囊括为特殊情况，因而更具一般化。注意，定理 9.1 中的 M（即多智能体个数）来自对所有智能体总收益和的上界。因此，如果多智能体系统考虑的是一个总收益上界归一化为 1 的问题，定理 9.1 中的误差上界将与多智能体个数无关，即收敛速率与多智能体个数无关。

证明： 证明与参考文献 [30] 中定理 1（单智能体强化学习问题）的证明思路类似，但是参考文献 [30] 中定理 1 的证明并不能直接应用于多智能体强化学习的问题中，因此需要重新推导一套证明，具体过程如下。

引理 9.3

对于所有 $t\geqslant 0$，算法 9 的迭代结果均满足

$$\mathbb{E}\left[D_{\text{KL}}(\mu^{g,*}\|\mu^{g,t+1})\right]-D_{KL}(\mu^{g,*}\|\mu^{g,t}) \tag{9.31a}$$

$$\leqslant\sum_{i\in\mathcal{S}}\sum_{a\in\mathcal{A}}(\mu_{i,a}^{g,t}-\mu_{i,a}^{g,*})\mathbb{E}\left[\Delta_{i,a}^{g,t+1}\middle|\mathcal{F}_t\right]+\frac{1}{2}\sum_{i\in\mathcal{S}}\sum_{a\in\mathcal{A}}\mu_{i,a}^{g,t}\mathbb{E}\left[\left(\Delta_{i,a}^{g,t+1}\right)^2\middle|\mathcal{F}_t\right] \tag{9.31b}$$

证明： 对 $\forall\, i\in\mathcal{S},a\in\mathcal{A}$，针对对偶变量更新，有

$$\mu_{i,a}^{g,t+\frac{1}{2}}=\mu_{i,a}^{g,t}\exp\{\Delta_{i,a}^{g,t+1}\} \tag{9.32a}$$

$$\mu_{i,a}^{g,t+1}=\frac{\mu_{i,a}^{g,t+\frac{1}{2}}}{\sum_{i\in\mathcal{S}}\sum_{a\in\mathcal{A}}\mu_{i,a}^{g,t+\frac{1}{2}}} \tag{9.32b}$$

每次对偶变量更新的提升为

$$D_{KL}(\mu^{g,*}\,\|\,\mu^{g,t+1})-D_{KL}(\mu^{g,*}\,\|\,\mu^{g,t}) \tag{9.33a}$$

$$=\sum_{a\in\mathcal{A}}\sum_{i\in\mathcal{S}}\mu_{i,a}^{g,*}\log\frac{\mu_{i,a}^{g,*}}{\mu_{i,a}^{g,t+1}}-\sum_{a\in\mathcal{A}}\sum_{i\in\mathcal{S}}\mu_{i,a}^{g,*}\log\frac{\mu_{i,a}^{g,*}}{\mu_{i,a}^{g,t}} \tag{9.33b}$$

$$=\sum_{a\in\mathcal{A}}\sum_{i\in\mathcal{S}}\mu_{i,a}^{g,*}\log\frac{\mu_{i,a}^{g,t}}{\mu_{i,a}^{g,t+1}} \tag{9.33c}$$

根据式（9.32）里的对偶变量更新，有

$$\log\mu_{i,a}^{g,t+1}=\log\frac{\mu_{i,a}^{g,t+\frac{1}{2}}}{\sum_{i\in\mathcal{S}}\sum_{a\in\mathcal{A}}\mu_{i,a}^{g,t+\frac{1}{2}}} \tag{9.34a}$$

$$=\log\frac{\mu_{i,a}^{g,t}\exp\{\Delta_{i,a}^{g,t+1}\}}{\sum_{i\in\mathcal{S}}\sum_{a\in\mathcal{A}}\mu_{i,a}^{g,t}\exp\{\Delta_{i,a}^{g,t+1}\}} \tag{9.34b}$$

$$=\log\mu_{i,a}^{g,t}+\Delta_{i,a}^{g,t+1}-\log(Z) \tag{9.34c}$$

其中，$Z=\sum_{i\in\mathcal{S}}\sum_{a\in\mathcal{A}}\mu_{i,a}^{g,t}\exp\{\Delta_{i,a}^{g,t+1}\}$。根据上述推导，有

$$D_{KL}(\mu^{g,*}\,\|\,\mu^{g,t+1})-D_{KL}(\mu^{g,*}\,\|\,\mu^{g,t}) \tag{9.35a}$$

$$=\sum_{a\in\mathcal{A}}\sum_{i\in\mathcal{S}}\mu_{i,a}^{g,*}\log\frac{\mu_{i,a}^{g,t}}{\mu_{i,a}^{g,t+1}} \tag{9.35b}$$

$$=\sum_{a\in\mathcal{A}}\sum_{i\in\mathcal{S}}\mu_{i,a}^{g,*}\left(\log\mu_{i,a}^{g,t}-\log\mu_{i,a}^{g,t}-\Delta_{i,a}^{g,t+1}+\log(Z)\right) \tag{9.35c}$$

$$=\log(Z)-\sum_{a\in\mathcal{A}}\sum_{i\in\mathcal{S}}\mu_{i,a}^{g,*}\Delta_{i,a}^{g,t+1} \tag{9.35d}$$

根据前文所定义的主变量空间 $\mathcal{V}=\left\{\|v\|_\infty\leqslant 2t_{\text{mix}}^*\right\}$，有

$$v_j-v_i+\sum_{m\in\mathcal{M}}r_{ij}^m(a)\leqslant\left(2t_{\text{mix}}^*-(-2t_{\text{mix}}^*)\right)+M=4t_{\text{mix}}^*+M \tag{9.36}$$

因此，总是有 $\Delta_{i,a}^{g} \leqslant 0, \forall i \in \mathcal{S}, \forall a \in \mathcal{A}, \forall m \in \mathcal{M}$ 对于 $S = 4t_{\text{mix}}^{*} + M$ ，所以

$$\log(Z) = \log\Big(\sum_{i \in \mathcal{S}} \sum_{a \in \mathcal{A}} \mu_{i,a}^{g,t} \exp\left\{\Delta_{i,a}^{g,t+1}\right\}\Big) \tag{9.37a}$$

$$\leqslant \log \sum_{i \in \mathcal{S}} \sum_{a \in \mathcal{A}} \mu_{i,a}^{g,t} \Big(1 + \Delta_{i,a}^{g,t+1} + \frac{1}{2}\big(\Delta_{i,a}^{g,t+1}\big)^2\Big) \tag{9.37b}$$

$$= \log\Big(1 + \sum_{i \in \mathcal{S}} \sum_{a \in \mathcal{A}} \mu_{i,a}^{g,t} \Delta_{i,a}^{g,t+1} + \frac{1}{2} \sum_{i \in \mathcal{S}} \sum_{a \in \mathcal{A}} \mu_{i,a}^{g,t} \big(\Delta_{i,a}^{g,t+1}\big)^2\Big) \tag{9.37c}$$

$$\leqslant \sum_{i \in \mathcal{S}} \sum_{a \in \mathcal{A}} \mu_{i,a}^{g,t} \Delta_{i,a}^{g,t+1} + \frac{1}{2} \sum_{i \in \mathcal{S}} \sum_{a \in \mathcal{A}} \mu_{i,a}^{g,t} \big(\Delta_{i,a}^{g,t+1}\big)^2 \tag{9.37d}$$

式（9.37b）中的不等式放缩基于 $\exp\{x\} \leqslant (1 + x + \frac{1}{2}x^2)$ ， $x \leqslant 0$ ；而式（9.37d）中的不等式放缩基于 $\log(1+x) \leqslant x$ 。因此，融合以上结果并在两边求条件期望 $\mathbb{E}\left[\cdot \mid \mathcal{F}_t\right]$ ，有

$$\mathbb{E}\Big[D_{KL}(\mu^{g,*} \,\|\, \mu^{g,t+1})\Big] - D_{KL}(\mu^{g,*} \,\|\, \mu^{g,t}) \tag{9.38a}$$

$$\leqslant \sum_{i \in \mathcal{S}} \sum_{a \in \mathcal{A}} (\mu_{i,a}^{g,t} - \mu_{i,a}^{g,*}) \mathbb{E}\Big[\Delta_{i,a}^{g,t+1} \mid \mathcal{F}_t\Big] + \frac{1}{2} \sum_{i \in \mathcal{S}} \sum_{a \in \mathcal{A}} \mu_{i,a}^{g,t} \mathbb{E}\Big[\big(\Delta_{i,a}^{g,t+1}\big)^2 \mid \mathcal{F}_t\Big] \tag{9.38b}$$

引理 9.4

对于所有 $t \geqslant 1$，算法 9 的迭代均满足

$$\sum_{i \in \mathcal{S}} \sum_{a \in \mathcal{A}} \mu_{i,a}^{g,t} \mathbb{E}\Big[\big(\Delta_{i,a}^{g,t+1}\big)^2 \mid \mathcal{F}_t\Big] \leqslant \frac{4\beta^2}{|\mathcal{S}||\mathcal{A}|}\big(4t_{\text{mix}}^{*} + M\big)^2 \tag{9.39}$$

证明：有

$$\sum_{i \in \mathcal{S}} \sum_{a \in \mathcal{A}} \mu_{i,a}^{g,t} \mathbb{E}\Big[\big(\Delta_{i,a}^{g,t+1}\big)^2 \mid \mathcal{F}_t\Big] \tag{9.40a}$$

$$= \sum_{i \in \mathcal{S}} \sum_{a \in \mathcal{A}} \mu_{i,a}^{g,t} \frac{1}{|\mathcal{S}||\mathcal{A}|} \sum_{j \in \mathcal{S}} p_{ij}(a) \beta^2 (v_j - v_i - S + \sum_{m \in \mathcal{M}} r_{ij}^{m}(a))^2 \tag{9.40b}$$

$$\leqslant 4\beta^2 \frac{1}{|\mathcal{S}||\mathcal{A}|} \sum_{i \in \mathcal{S}} \sum_{a \in \mathcal{A}} \sum_{j \in \mathcal{S}} p_{ij}(a) \mu_{i,a}^{g,t} \big(4t_{\text{mix}}^{*} + M\big)^2 \tag{9.40c}$$

$$= \frac{4\beta^2}{|\mathcal{S}||\mathcal{A}|}\big(4t_{\text{mix}}^{*} + M\big)^2 \tag{9.40d}$$

其中，不等式放缩基于 $v^t \in \mathcal{V}$ 。

引理 9.5

对于所有 $t \geqslant 0$，算法 9 的迭代均满足

$$\mathbb{E}\Big[D_{KL}(\mu^{g,*} \,\|\, \mu^{g,t+1})\Big] \tag{9.41a}$$

$$\leqslant D_{KL}(\mu^{g,*} \,\|\, \mu^{g,t}) + \tag{9.41b}$$

$$\frac{\beta}{|\mathcal{S}||\mathcal{A}|}\sum_{a\in\mathcal{A}}\left(\mu_a^{g,t}-\mu_a^{g,*}\right)^{\mathrm{T}}(P_a v^t - v^t + \sum_{m\in\mathcal{M}}\overline{r}_a^m)+ \tag{9.41c}$$

$$\frac{2\beta^2}{|\mathcal{S}||\mathcal{A}|}\left(4t_{\text{mix}}^* + M\right)^2 \tag{9.41d}$$

证明：对于任意$i\in\mathcal{S}$和$a\in\mathcal{A}$，有

$$\frac{1}{\beta}\cdot\mathbb{E}\left[\Delta_{i,a}^{g,t+1}|\ \mathcal{F}_t\right] \tag{9.42a}$$

$$=\frac{1}{|\mathcal{S}||\mathcal{A}|}\left(\sum_{j\in\mathcal{S}}p_{ij}(a)v_j^t - v_i^t + \sum_{j\in\mathcal{S}}p_{ij}(a)\sum_{m\in\mathcal{M}}r_{ij}^m(a) - S\right) \tag{9.42b}$$

$$=\frac{1}{|\mathcal{S}||\mathcal{A}|}\left(\left(P_a v^t - v^t + \sum_{m\in\mathcal{M}}\overline{r}_a^m\right)_i - S\right) \tag{9.42c}$$

因此

$$\frac{1}{\beta}\cdot\sum_{i\in\mathcal{S}}\sum_{a\in\mathcal{A}}(\mu_{i,a}^{g,t}-\mu_{i,a}^{g,*})\mathbb{E}\left[\Delta_{i,a}^{g,t+1}|\ \mathcal{F}_t\right] \tag{9.43a}$$

$$=\frac{1}{|\mathcal{S}||\mathcal{A}|}\sum_{a\in\mathcal{A}}\sum_{i\in\mathcal{S}}(\mu_{i,a}^{g,t}-\mu_{i,a}^{g,*})\left[\left(P_a v^t - v^t + \sum_{m\in\mathcal{M}}\overline{r}_a^m\right)_i - S\right] \tag{9.43b}$$

$$\leqslant\frac{1}{|\mathcal{S}||\mathcal{A}|}\sum_{a\in\mathcal{A}}(\mu_a^{g,t}-\mu_a^{g,*})^{\mathrm{T}}\left(P_a v^t - v^t + \sum_{m\in\mathcal{M}}\overline{r}_a^m\right) \tag{9.43c}$$

其中，（9.43c）源于

$$\sum_{i\in\mathcal{S}}\sum_{a\in\mathcal{A}}\mu_{i,a}^{g,t}=\sum_{i\in\mathcal{S}}\sum_{a\in\mathcal{A}}\mu_{i,a}^{g,*}=1 \tag{9.44}$$

引理 9.6

对于所有$t\geqslant 0$，算法 9 的迭代均满足

$$\mathbb{E}\left[\left\|v^{t+1}-v^*\right\|^2\middle|\mathcal{F}_t\right] \tag{9.45a}$$

$$\leqslant\left\|v^t-v^*\right\|^2+2\alpha(v^t-v^*)^{\mathrm{T}}\left(\sum_{a\in\mathcal{A}}(I-P_a)^{\mathrm{T}}\mu_a^{g,t}\right)+O\left(\alpha^2\right) \tag{9.45b}$$

证明：有

$$\mathbb{E}\left[\left\|v^{t+1}-v^*\right\|^2\middle|\mathcal{F}_t\right] \tag{9.46a}$$

$$=\mathbb{E}\left[\left\|\mathrm{Proj}_{\mathcal{V}}[v^t+d^t]-v^*\right\|^2\middle|\mathcal{F}_t\right] \tag{9.46b}$$

$$\leqslant\mathbb{E}\left[\left\|v^t+d^t-v^*\right\|^2\middle|\mathcal{F}_t\right] \tag{9.46c}$$

$$=\left\|v^t-v^*\right\|^2+2(v^t-v^*)^{\mathrm{T}}\mathbb{E}\left[d^t\middle|\mathcal{F}_t\right]+\mathbb{E}\left[\left\|d^t\right\|^2\middle|\mathcal{F}_t\right] \tag{9.46d}$$

根据式（9.28），有

$$\mathbb{E}\left[d^t|\ \mathcal{F}_{m,t}\right]=\alpha\sum_{a\in\mathcal{A}}(I-P_a)^{\mathrm{T}}\mu_a^{g,t} \tag{9.47}$$

且

$$\mathbb{E}\left[\left\|d^t\right\|^2\middle|\mathcal{F}_t\right]=O(\alpha^2) \tag{9.48}$$

引理 9.7

记

$$\mathcal{E}^t=D_{KL}(\mu^{g,*}\,\|\,\mu^{g,t})+\frac{1}{2|\mathcal{S}|(4t_{\text{mix}}^*+M)^2}\|v^t-v^*\|^2 \tag{9.49}$$

$$\mathcal{G}^{g,t}=\sum_{i\in\mathcal{S}}\sum_{a\in\mathcal{A}}\mu_{i,a}^{g,t}\Big(v^*-P_av^*-\sum_{m\in\mathcal{M}}\overline{r}_a\Big)_i+\overline{v}^* \tag{9.50}$$

记 $\alpha=\frac{1}{|\mathcal{A}|}(4t_{\text{mix}}^*+M)^2\beta$。对于所有 t，算法 9 的迭代均满足

$$\mathbb{E}\left[\mathcal{E}^{t+1}|\ \mathcal{F}_t\right]\leqslant\mathcal{E}^t-\frac{\beta}{|\mathcal{S}||\mathcal{A}|}\mathcal{G}^t+\beta^2\tilde{O}\Big(\frac{(4t_{\text{mix}}^*+M)^2}{|\mathcal{S}||\mathcal{A}|}\Big) \tag{9.51}$$

证明：记 $\alpha=\frac{1}{|\mathcal{A}|}(4t_{\text{mix}}^*+M)^2\beta$。将引理 9.6 中的等式乘 $\frac{1}{2|\mathcal{S}|(4t_{\text{mix}}^*+M)^2}$，并将其加到引理 9.5 的等式中，可得

$$\mathbb{E}\left[\mathcal{E}^{t+1}|\ \mathcal{F}_t\right] \tag{9.52a}$$

$$\leqslant\mathcal{E}^t+\beta^2\tilde{O}\Big(\frac{(4t_{\text{mix}}^*+M)^2}{|\mathcal{S}||\mathcal{A}|}\Big)+ \tag{9.52b}$$

$$\frac{\beta}{|\mathcal{S}||\mathcal{A}|}\Big(\sum_{a\in\mathcal{A}}(\mu_a^{g,t}-\mu_a^{g,*})^{\mathrm{T}}\big((P_a-I)v^t+\overline{r}_a\big)\Big)+ \tag{9.52c}$$

$$\frac{\beta}{|\mathcal{S}||\mathcal{A}|}\Big((v^t-v^*)^{\mathrm{T}}\Big(\sum_{a\in\mathcal{A}}(I-P_a)^{\mathrm{T}}\mu_a^{g,t}\Big)\Big) \tag{9.52d}$$

此外

$$\sum_{a\in\mathcal{A}}(\mu_a^{g,t}-\mu_a^{g,*})^{\mathrm{T}}\Big((P_a-I)v^t+\sum_{m\in\mathcal{M}}\overline{r}_a^m\Big)+(v^t-v^*)^{\mathrm{T}}\Big(\sum_{a\in\mathcal{A}}(I-P_a)^{\mathrm{T}}\mu_a^{g,t}\Big) \tag{9.53a}$$

$$=\sum_{a\in\mathcal{A}}(\mu_a^{g,t}-\mu_a^{g,*})^{\mathrm{T}}\Big((P_a-I)v^t+\sum_{m\in\mathcal{M}}\overline{r}_a^m\Big)+(v^t-v^*)^{\mathrm{T}}\sum_{a\in\mathcal{A}}(I-P_a)^{\mathrm{T}}(\mu_a^{g,t}-\mu_a^{g,*}) \tag{9.53b}$$

$$=\sum_{a\in\mathcal{A}}(\mu_a^{g,t}-\mu_a^{g,*})^{\mathrm{T}}\Big((P_a-I)v^*+\sum_{m\in\mathcal{M}}\overline{r}_a^m\Big) \tag{9.53c}$$

$$=\sum_{a\in\mathcal{A}}(\mu_a^{g,t})^{\mathrm{T}}\Big((P_a-I)v^*+\sum_{m\in\mathcal{M}}\overline{r}_a^m\Big)-\sum_{a\in\mathcal{A}}\overline{v}^*\cdot(\mu_a^{g,*})^{\mathrm{T}}e \tag{9.53d}$$

$$=\sum_{a\in\mathcal{A}}(\mu_a^{g,t})^{\mathrm{T}}\Big((P_a-I)v^*+\sum_{m\in\mathcal{M}}\overline{r}_a^m\Big)-\overline{v}^* \tag{9.53e}$$

其中,(9.53b)基于线性方程(9.5)中的对偶可行性:

$$\sum_{a\in\mathcal{A}}(I-P_a)^{\mathrm{T}}\mu_a^{g,*}=0 \tag{9.54}$$

且(9.53d)基于线性方程(9.4)的互补条件(Complementary Condition):

$$\mu_{a,i}^{g,*}\Big((P_a-I)v^*+\sum_{m\in\mathcal{M}}\overline{r}_a^m-\overline{v}^*\cdot e\Big)_i=0,\forall i\in\mathcal{S},a\in\mathcal{A} \tag{9.55}$$

将之前的所有推论结合在一起,即可得引理 9.7。

证明(定理 9.1): 根据

$$\mathcal{E}^1\leqslant\log(|\mathcal{S}||\mathcal{A}|)+\frac{2(t_{\mathrm{mix}}^*)^2}{(4t_{\mathrm{mix}}^*+M)^2} \tag{9.56}$$

理由如下。注意,μ^1 为均匀分布且 v^0,$v^*\in\mathcal{V}$。因此有 $D_{KL}(\mu^*\|\mu^1)\leqslant\log(|\mathcal{S}||\mathcal{A}|)$,且对于任意 t,有 $\left\|v^t-v^*\right\|^2\leqslant 4|\mathcal{S}|(t_{\mathrm{mix}}^*)^2$。因此

$$\mathcal{E}^1\leqslant D_{KL}(\mu^*\|\mu^1)+\frac{1}{2|\mathcal{S}|(4t_{\mathrm{mix}}^*+M)^2}\left\|v^1-v^*\right\|^2 \tag{9.57a}$$

$$\leqslant\log(|\mathcal{S}||\mathcal{A}|)+\frac{2(t_{\mathrm{mix}}^*)^2}{(4t_{\mathrm{mix}}^*+M)^2} \tag{9.57b}$$

将引理 9.7 中的结果重新整理,可得

$$\mathcal{G}^t\leqslant\frac{|\mathcal{S}||\mathcal{A}|}{\beta}(\mathcal{E}-\mathbb{E}\left[\mathcal{E}^{t+1}\middle|\mathcal{F}_t\right])+\beta\tilde{O}((4t_{\mathrm{mix}}^*+M)^2) \tag{9.58}$$

对 $t=1,\cdots,T$ 求和并取平均值,有

$$\mathbb{E}\left[\sum_{t=1}^{T}\mathcal{G}^t\right] \tag{9.59a}$$

$$\leqslant\frac{|\mathcal{S}||\mathcal{A}|}{\beta}\sum_{t=1}^{T}(\mathbb{E}\left[\mathcal{E}^t\right]-\mathbb{E}\left[\mathcal{E}^{t+1}\right])+T\beta\tilde{O}((4t_{\mathrm{mix}}^*+M)^2) \tag{9.59b}$$

$$=\frac{|\mathcal{S}||\mathcal{A}|}{\beta}\Big(\mathbb{E}\left[\mathcal{E}^1\right]-\mathbb{E}\left[\mathcal{E}^t\right]\Big)+T\beta\tilde{O}((4t_{\mathrm{mix}}^*+M)^2) \tag{9.59c}$$

$$\leqslant\frac{|\mathcal{S}||\mathcal{A}|}{\beta}\Big(\log(|\mathcal{S}||\mathcal{A}|)+\frac{2(t_{\mathrm{mix}}^*)^2}{(4t_{\mathrm{mix}}^*+M)^2}\Big)+T\beta\tilde{O}((4t_{\mathrm{mix}}^*+M)^2) \tag{9.59d}$$

取 $\beta=\dfrac{1}{4t_{\mathrm{mix}}^*+M}\sqrt{\dfrac{\log(|\mathcal{S}||\mathcal{A}|)|\mathcal{S}||\mathcal{A}|}{2T}}$,有 $\mathbb{E}\left[\dfrac{1}{T}\sum_{t=1}^{T}\mathcal{G}^t\right]=\tilde{O}\Big((4t_{\mathrm{mix}}^*+M)\sqrt{\dfrac{|\mathcal{S}||\mathcal{A}|}{T}}\Big)$。

9.4 仿真验证与结果分析

本节通过两个实验来评估基于投票机制的多智能体强化学习算法的性能。

（1）**实验 1**：利用人工构建的 MDP 问题来验证理论收敛速率的结论；

（2）**实验 2**：将算法应用于无线通信系统，以检验算法解决实际问题的能力。

实验结果表明，基于多智能体强化学习算法：

（1）分布式学习的收敛速率与集中式学习的相同；

（2）基于投票机制的协作决策比独立决策更有效。

9.4.1 理论验证

根据参考文献 [16] 的设定，生成多个多智能体 MDP 环境：每个 MDP 的状态转移概率为 [0,1] 内生成的随机数，并归一化成概率分布；收益值范围为 [0, 1]。每个生成的 MDP 包含 $|\mathcal{S}|=50$ 个状态和 $|\mathcal{A}|=10$ 个动作。多智能体个数 M 在 [5，100] 内变化。同时，指定每个状态的最优动作，多智能体系统采取该动作时将获得最高收益值。这样一来，每个 MDP 下的最优策略即选择每个状态下指定的最优动作。

图 9.1 展示了 300 万次迭代（Iteration Steps 指迭代次数）中算法的收敛情况，包括：（1）定理 9.1 中的对偶间隙（Duality Gap）；（2）最优策略和当前策略之间的距离，即 $\left\|\pi^*-\hat{\pi}\right\|_1$。该结果为在 100 个生成的 MDP 上实验的平均值。同时，为了减轻随机采样等随机过程对实验的影响，仿真程序中固定了随机种子，以确保可复现性。结果表明，实验中算法展现出的经验性收敛速率与定理 9.1 推导出的理论收敛速率（亚线性）相一致。此外，图 9.1 也显示出，当多智能体个数从 M=5 增加至 M=100 时，分布式学习（即优化本地投票策略）的收敛速率与集中式学习（即直接优化全局动作策略）的收敛速率完全相同，因而验证了前文的理论分析，即不论多智能体个数如何变化，分布式决策的学习速率均与集中式决策的学习速率相同，换句话说，分布式决策不会拖累算法收敛至全局最优解的速度。

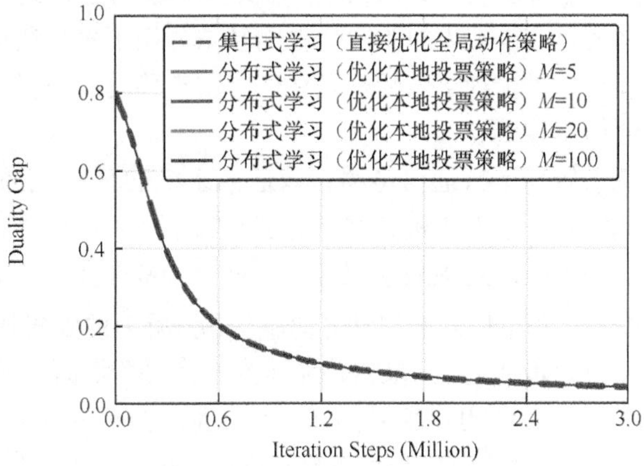

（a）对偶间隙收敛速率

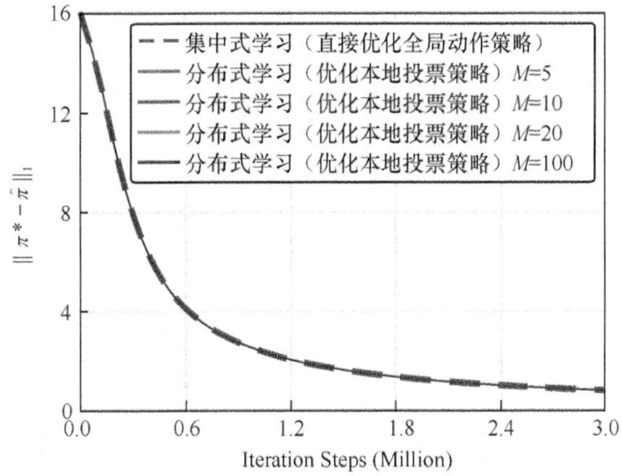

（b）最优策略收敛速率

图9.1 算法收敛速率分析

9.4.2 无人机基站辅助的负载分流

近年来，无人机基站辅助的无线通信系统的相关研究得到了很多关注（参考文献 [22]、[28]、[33]、[35]）。无人机基站可以利用空地信道提供高速天对地数据接入，从而提高地面通信系统的覆盖率、容量和可靠性（参考文献 [22]、[28]、[33]、[35]）。然而，无人机的悬停位置对无人机基站的通信性能影响很大（参考文献 [28]、[33]、[35]）。因此，本小节将多智能体强化学习算法用于优化无人机的悬停位置，目标是将地面基站的部分用户分流到信道条件更好的无人机基站，从而最大化网络容量。

现有的无人机基站悬停位置优化的相关工作主要有两个缺点：（1）大多数模型并未考虑用户的移动（参考文献 [14]、[17]、[19]、[20]、[28]、[36]），但事实上，用户分布的变化将极大地影响系统的通信性能；（2）大多数模型假设系统收益信息完全公开（参考文献 [14]、[33]），但这个假设并不总是成立的。例如在实际通信系统中，当基站属于不同的运营商或基站设备与通信协议不尽相同时，收益信息可能难以在所有基站之间完全共享。

本小节将无人机的悬停位置优化问题建模为一个基于投票机制的多智能体强化学习问题，并考虑一个有意思的设定：多个地面基站同时竞争决策无人机的悬停位置，每个地面基站都希望无人机悬停在自己上空为自己分担通信负载。在这个设定下，每个地面基站对应一个智能体，无人机基站为地面基站分担的通信负载之和为强化学习收益。每个地面基站无权知道无人机为其他地面基站分担了多少通信负载。同时，考虑用户在时刻进行随机移动。系统的学习目标是在适应用户移动的前提下，最大化所有地面基站和无人机基站的通信总容量。

研究下行通信链路，该通信系统的覆盖范围为 4km^2，包含 M=20 个随机部署的地面基站和一个无人机基站，如图 9.2 所示。无人机基站可在$|\mathcal{A}|=9$个位置中的任意一个位置悬停来提供空地通信服务。地面有 200 个用户，且其移动服从参考文献 [5] 中的随机游走模型：每个用户的移动方向服从$[0,2\pi]$内的随机均匀分布，移动速度服从$[0,c_{\max}]$内的随机均匀分布且$c_{\max}$为最快移动速度。将每个地面基站编号为$m\in\mathcal{M}$，且$\mathcal{M}$为整个基站集合；将每个地面用户编号为$u\in\mathcal{U}$，且$\mathcal{U}$为整个用户集合。无人机基站的飞行高度为 200m，且每个用户都有 CBR 的通信需求。表 9.1 总结了主要的通信系统参数。

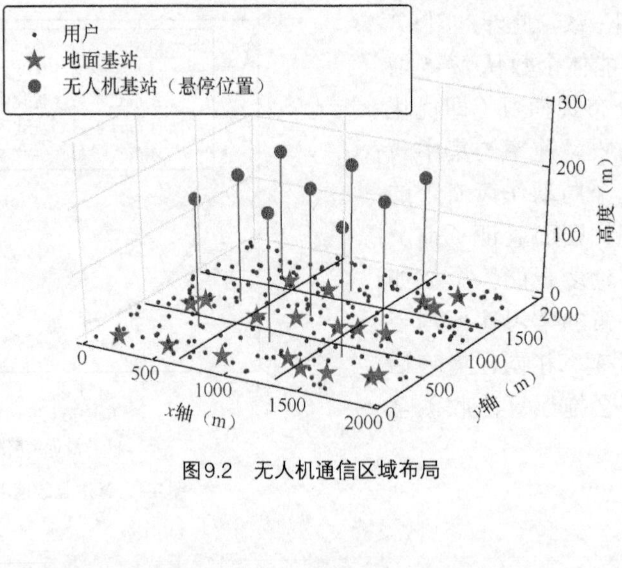

图9.2 无人机通信区域布局

表 9.1 通信系统参数

参数	值
CBR（C_u）	128kbit/s
区域面积	4km^2
总带宽	20MHz
载波频率（f_c）	2GHz
PRB 带宽（B）	180kHz
用户最快移动速度（c_{max}）	10m/s
地面基站最大传输功率（P_m）	46dBm
无人机基站最大传输功率（P_U）	20dBm
LoS 信道损耗（η_{LoS}）	1dB
噪声功率谱密度（N_0）	−174dBm Hz

空地数据信道使用 sub-6GHz 频段，该频段中无人机和地面用户的信道由 LoS（Line of Sight，视距）信道主导，即用户 u 与处于 a 位置的无人机在 t 时刻通信的平均信道损失为（参考文献 [33]、[42]）

$$L_{a,u}^{t,\text{air}}(\text{dB}) = 20\log_{10}\left(\frac{4\pi f_c d_{a,u}^t}{c}\right) + \eta_{\text{LoS}} \tag{9.60}$$

其中，f_c 为中心频率，$d_{a,u}^t$ 为处于 a 位置的无人机和用户 u 在 t 时刻的空间距离，c 为光速，η_{LoS} 为 LoS 信道且为常数。地对地通信服从瑞利衰落模型，即用户 u 与处于 a 位置的地面基站在 t 时刻通信的平均信道损失为（参考文献 [9]）

$$L_{m,u}^{t,\text{ground}}(\text{dB}) = 15.3 + 37.6\log_{10}(d_{m,u}^t) \tag{9.61}$$

其中，$d_{m,u}^t$ 为处于 m 位置的地面基站和用户 u 在 t 时刻的空间距离。

用户 u 与地面基站 m 覆盖在 t 时刻通信的 SINR 为

$$SINR_u^t = \frac{P_m G_{um}^t}{N_0 + \sum_{m' \in \mathcal{M}, m' \neq m} P_{m'} G_{um'}^t} \tag{9.62}$$

其中，P_m 为地面基站 m 的最大传输功率，G_{um}^t 为用户 u 与地面基站 m 在 t 时刻通信的信道功率增益，N_0 为噪声功率谱密度（不失一般性，在这里假设噪声功率谱密度对所有用户相同）。信道功率增益主要受路径损耗影响：$P_m G_{um}^t(\text{dB}) = P_m - L_{m,u}^{t,\text{ground}}$。同时，用户 u 与无人机基站在 t 时刻通信的 SINR 也符合式（9.62）中的规律，但需用 $L_{a,u}^{t,\text{air}}$ 来代替 $L_{m,u}^{t,\text{ground}}$，并用 P_U 来代替 P_m，其中 P_U 为无人机基站的最大传输功率。

考虑可分配的最小资源单位为 PRB。在 t 时刻，用户 u 在单个 PRB 上能达到的最大传输功率为

$$R_u^t = B\log_2(1 + SINR_u^t) \tag{9.63}$$

其中，B 为 PRB 的带宽。

假设每个用户在 t 时刻都具有 CBR 的通信需求 C_u^t。这样一来，为了满足用户的通信需求 C_u^t，系统所需提供的 PRB 个数为

$$N_u^t = \min\left\{\frac{C_u^t}{R_u^t}, N_c\right\} \tag{9.64}$$

其中 N_c 为一个常数阈值，用来将信道条件较差的用户所占用的 PRB 个数限制到一个合理的水平。

定义每个地面基站的负载为基站为用户提供的 PRB 个数（为满足用户的通信需求）比上基站的总 PRB 个数：

$$\rho_m^t = \frac{\sum\limits_{u \in \mathcal{U}_m^t} N_u^t}{N_m^p} \tag{9.65}$$

其中，N_m^P 为地面基站 m 的总 PRB 个数，$\mathcal{U}_m^t$ 为基站 m 在 t 时刻覆盖的用户集合。无人机基站的负载定义与式（9.65）相同，但需将 N_m^p 替换为无人机基站的总 PRB 个数。

多智能体强化学习问题设定如下。

（1）状态：将目标区域划分成 3×3 的格子，并用各格子的负载来反映用户分布状态。每个格子的状态分为两种：

①过载，即该格子的平均负载大于所有格子的平均负载；

②欠载，即该格子的平均负载小于所有格子的平均负载。

注意，不存在所有格子均过载或均欠载的情况，因此通信系统共有 $|\mathcal{S}|=510$ 个不同状态。

（2）动作：动作集合 $|\mathcal{A}|$ 定义为无人机基站可悬停的所有空中位置，在每个时刻 t，无人机基站会选择一个动作 $a_t(a_t \in \mathcal{A})$ 来决定悬停位置。

（3）收益：目标是最大化容量，因此，假设每个用户都会被自动切换到 SINR 最大的基站。这样一来，无人机的基站负载越大，系统增加的容量就会越大（切换到无人机基站说明无人机基站提供的 SINR 更高），所以将收益定义为无人机基站增加的负载。

图 9.3 将这种方案（指多智能体强化学习算法，图 9.3 中简记为 Proposed Method）与 4 种对比方案进行比较：（1）传统的集中式 Q 学习算法（参考文献 [37]），即使用 Q 学习来找到最优无人机悬停策略；（2）多智能体行动者 - 评价者算法（参考文献 [27]），即使用集中式学习加分布式执行的学习框架，其中分布式个体通过与一个集中式的中心通信来联合优化无人机悬停策略；（3）多智能体 Q 学习算法（参考文献 [44]），即每个分布式个体都独立优化一个悬停策略并把其他分布式个体当作环境的一部分；（4）最优策略算法，即假设 MDP 已知，多智能体系统将总是采用最优动作。在仿真图 9.3 中，将以上方案分别简写为 Centralized QL、Multi-agent AC、Multi-agent QL 和 Optimal。此外，使用针对多智能体 Q 学习算法的多数投票法（Majority Voting，参考文献 [8]）来决定上述多智能体行动者 - 评价者算法和多智能体 Q 学习算法中分布式个体如何通过投票得到最终的无人机悬停策略。

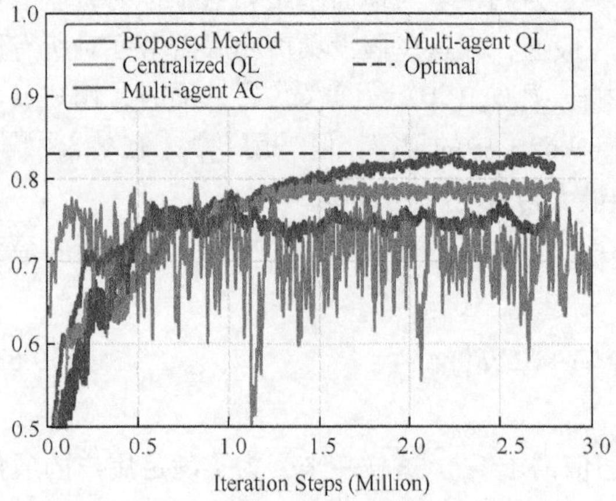

图 9.3 通信系统容量最大化收益 1

图 9.3 中所展示的收益曲线是 20 次

仿真的均值。对比方案的折扣因子设置为 0.9。结果表明，基于投票机制的多智能体强化学习算法的性能优于所有的对比算法，并接近最优策略算法。特别地，这种方案对于集中式 Q 学习算法的性能提升表明，基于多智能体 MDP 的强化学习方案在解决无休止任务时，相较于带有折扣因子（即基于 discounted MDP）的强化学习方案更有优势。其次，集中式 Q 学习与现有的多智能体强化学习方案之间的性能差距表明，现有的多智能体强化学习方案在分布式学习过程中会有一定程度的性能损失，相比较而言，基于投票机制的多智能体强化学习方案在分布式学习过程中则没有性能损失。此外，对比方案中的多智能体 Q 学习算法的性能最差，并且性能的波动性较大。这表明，在多智能体学习过程中，良好的协作机制对多智能体的学习性能有很大影响。

接下来，进一步将所提方案与另外 3 种采用不同投票策略的对比方案进行比较：（1）自私策略算法，即每个智能体的目标都是最大化自己的收益，多智能体系统将随机选取智能体来决策全局动作的选取；（2）最优策略算法，假设 MDP 已知，多智能体系统将总是采用最优动作；（3）随机策略算法，即多智能体系统随机选择一个智能体来决定全局动作时，各个智能体的收益。图 9.4 展示了仿真结果。其中红线为在基于投票机制的分布式强化学习下系统的整体收益（图 9.4 中简记为 Proposed Voting Based）；蓝线为自私策略算法下，系统的整体收益（图 9.4 中简记为 Selfish-ction）；绿线为最优策略对应的整体收益（图 9.4 中简记为 Optimal）。图 9.5 进一步展示了部分智能体（Agent）的收益曲线。其中，绿线为随机策略算法（图 9.5 中简记为 Random Voting）对应的收益。结果显示，基于投票机制的分布式强化学习算法的性能介于自私策略算法和随机策略算法之间，说明为了最大化多智能体系统的总收益，每个智能体将逐渐学会妥协。

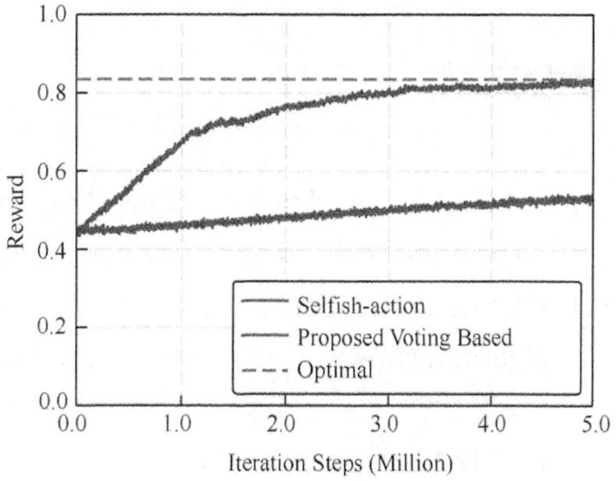

图9.4 通信系统容量最大化收益 2

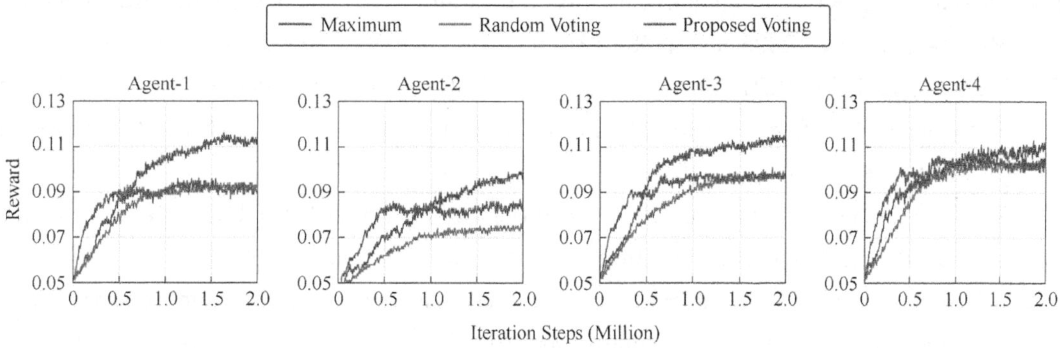

图9.5 每个地面基站的容量收益

9.5 本章小结

本章将多节点优化方法进一步拓展至多智能体优化方法，并介绍了一种基于投票机制的多智能体强化学习算法。具体而言，本章基于强化学习中的策略优化问题的线性规划形式介绍了多智能体强化学习问题，并引入投票机制来协调多智能体之间的合作。接着，本章介绍了相应的基于原始对偶算法的分布式强化学习算法，利用贝尔曼方程的线性对偶性来获得最优解。该分布式算法可达到与集中式算法相同的收敛速率。换言之，在多智能体强化学习算法中，分布式决策过程与全局决策过程将完全等价，没有性能损失。最后，本章利用数值仿真验证了理论分析结论，并将该算法用于优化无人机基站的悬停位置，实现了地面基站到无人机基站的最优负载分流，进一步验证了该多智能体强化学习算法解决实际问题的有效性。

参考文献

[1] LITTMAN M L. Markov Games As a Framework for Multi-agent Reinforcement Learning: International Conference on Machine Learning (ICML)[C]. New Brunswick: [s.n.], 1994.

[2] KEARNS M J, SINGH S P. Finite-sample convergence rates for Q-learning and indirect algorithms: Advances in Neural Information Processing Systems (NeurIPS)[C]. Denver: [s.n.], 1999.

[3] LITTMAN M L. Friend-or-foe Q-learning in general-sum games: International Conference on Machine Learning (ICML)[C]. Williamstown: [s.n.], 2001.

[4] KEARNS M, MANSOUR Y, NG A Y. A sparse sampling algorithm for near-optimal planning in large Markov decision processes[J]. Mach. Learn, 2002, 49(2-3): 193-208.

[5] LYU J, et al. A survey of mobility models for ad hoc network research[J]. Wireless Communications and Mobile Computing, 2002, 2(5): 483-502.

[6] BERTSEKAS D P. Dynamic programming and optimal control[M]. Belmont: Athena scientific, 2005.

[7] PANAIT L, LUKE S. Cooperative multi-agent learning: The state of the art[J]. Auton. Agent. Multi. Agent. Syst., 2005, 11(3): 387-434.

[8] PARTALAS I, FENERIS I, VLAHAVAS I. Multi-agent Reinforcement Learning Using Strategies and Voting: IEEE International Conference on Tools with Artificial Intelligence (ICTAI)[C]. Patras: [s.n.], 2007.

[9] 3GPP. TS 36.331 Evolved Universal Terrestrial Radio Access (E-UTRAN); Radio Resource Control (RRC); Protocol specification. Tech. rep. Release 8. July 2009.

[10] AZAR M G, MUNOS R, KAPPEN H J. Minimax PAC bounds on the sample complexity of reinforcement learning with a generative model[J]. Mach. Learn, 2013, 91(3): 325-349.

[11] DIETTERICH T G, TALEGHAN M A, CROWLEY M. PAC optimal planning for invasive species management: Improved exploration for reinforcement learning from simulator-defined MDPs” : AAAI Conference on Artificial Intelligence (AAAI)[C]. Bellevue: [s.n.], 2013.

[12] PUTERMAN M L. Markov decision processes: discrete stochastic dynamic programming [M]. New York: John Wiley & Sons, 2014.

[13] MACUA S V, et al. Distributed Policy Evaluation Under Multiple Behavior Strategies[J]. IEEE Trans. Autom. Control, 2015, 60(5): 1260-1274.

[14] MERWADAY A, GUVENC I. UAV assisted heterogeneous networks for public safety communications: IEEE Wireless Communications and Networking Conference Workshops (WCNCW)[C]. New Orleans: [s.n.], 2015, pp. 329-334.

[15] TALEGHAN M A, et al. PAC optimal MDP planning with application to invasive species management[J]. J. Mach. Learn. Res., 2015, 16(1): 3877-3903.

[16] ADAM A, WHITE M. Investigating Practical Linear Temporal Difference Learning: International Conference on Autonomous Agents and Multiagent Systems (AAMAS)[C]. Singapore: [s.n.], 2016.

[17] BOR-YALINIZ R I, EL-KEYI A, YANIKOMEROGLU H. Efficient 3-D placement of an aerial base station in next generation cellular networks: IEEE International Conference on Communications (ICC)[C]. Kuala Lumpur: [s.n.], 2016.

[18] FOERSTER J, et al. Learning to communicate with deep multi-agent reinforcement learning: Advances in Neural Information Processing Systems (NeurIPS)[C]. Barcelona: [s.n.], 2016.

[19] KALANTARI E, YANIKOMEROGLU H, YONGACOGLU A. On the Number and 3D Placement of Drone Base Stations in Wireless Cellular Networks: IEEE Vehicular Technology Conference (VTC-Fall)[C]. Montreal: [s.n.], 2016.

[20] ALZENAD M, et al. 3-D Placement of an Unmanned Aerial Vehicle Base Station (UAV-BS) for Energy-Efficient Maximal Coverage[J]. IEEE Trans. Commun., 2017, 6(4): 434-437.

[21] ARSLAN G, YÜKSEL S. Decentralized Q-Learning for Stochastic Teams and Games[J]. IEEE Trans. Autom. Control, 2017, 62(4): 1545-1558.

[22] CHEN M, et al. Caching in the Sky: Proactive Deployment of Cache-Enabled Unmanned Aerial Vehicles for Optimized Quality-of-Experience[J]. IEEE J. Sel. Areas Commun., 2017, 35(5): 1046-1061.

[23] DAI B, et al. Learning from conditional distributions via dual embeddings: Artificial Intelligence and Statistics (AISTATS)[C]. [s.l.]: [s.n.], 2017.

[24] DU S S, et al. Stochastic variance reduction methods for policy evaluation" : International Conference on Machine Learning (ICML)[C]. Sydney: [s.n.], 2017.

[25] FOERSTER J, et al. Stabilising experience replay for deep multi-agent reinforcement learning: International Conference on Machine Learning (ICML)[C]. Sydney: [s.n.], 2017.

[26] GUPTA J K, EGOROV M, KOCHENDERFER M. Cooperative multi-agent control using deep reinforcement learning: International Conference on Autonomous Agents and Multiagent Systems (AAAMS)[C]. Sao Paulo: [s.n.], 2017.

[27] LOWE R, et al. Multi-agent actor-critic for mixed cooperative-competitive environments: Advances in Neural Information Processing Systems (NeurIPS)[C]. Long Beach: [s.n.], 2017.

[28] LYU J, et al. Placement Optimization of UAV-Mounted Mobile Base Stations[J]. IEEE Trans. Commun., 2017, 21(3): 604-607.

[29] OMIDSHAFIEI S, et al. Deep decentralized multi-task multi-agent reinforcement learning

under partial observability: International Conference on Machine Learning (ICML)[C]. Sydney: [s.n.], 2017.

[30] WANG M. Primal-Dual π Learning: Sample Complexity and Sublinear Run Time for Ergodic Markov Decision Problems[D]. arXiv preprint:1710.06100 (Oct. 2017). https://arxiv.org/abs/1710.06100.

[31] YANG J, et al. Average Reward Reinforcement Learning for Semi-Markov Decision Processes: Interna- tional Conference on Neural Information Processing[C]. Guangzhou: [s.n.], 2017.

[32] CHEN Y, LI L, WANG M. Scalable Bilinear π Learning Using State and Action Features: International Conference on Machine Learning (ICML)[C]. Stockholm: [s.n.], 2018.

[33] CHANAVI R, et al. Efficient 3D aerial base station placement considering users mobility by reinforcement learning: IEEE Wireless Communications and Networking Conference (WCNC)[C]. Barcelona: [s.n.], 2018.

[34] LEE D, YOON H, HOVAKIMYAN N. Primal-dual algorithm for distributed reinforcement learning: distributed GTD: IEEE Conference on Decision and Control (CDC)[C]. Miami Beach: [s.n.], 2018.

[35] MOZAFFARI M, et al. A tutorial on UAVs for wireless networks: Applications, challenges, and open problems [D]. arXiv preprint arXiv:1803.00680 (2018).

[36] SUN Y, WANG T, WANG S. Location Optimization for Unmanned Aerial Vehicles Assisted Mobile Networks: IEEE International Conference on Communications (ICC)[C]. Kansas City: [s.n.], 2018.

[37] SUTTON R S, BARTO A G. Reinforcement learning: An introduction[M]. Cambridge, MA: MIT press, 2018.

[38] WAI H T, et al. Multi-Agent Reinforcement Learning via Double Averaging Primal-Dual Optimization: Advances in Neural Information Processing Systems (NeurIPS)[C]. Montréal: [s.n.], 2018.

[39] YANG Y, et al. Mean field multi-agent reinforcement learning: International Conference on Machine Learning (ICML)[C]. Stockholm: [s.n.], 2018.

[40] ZHANG K, et al. Fully decentralized multi-agent reinforcement learning with networked agents: International Conference on Machine Learning (ICML)[C]. Stockholm: [s.n.], 2018.

[41] JIANG W, et al. Multi-Agent Reinforcement Learning for Efficient Content Caching in Mobile D2D Networks [J]. IEEE Trans. Wireless Commun., 2019,18(3): 1610-1622.

[42] KHAWAJA W, et al. "A Survey of Air-to-Ground Propagation Channel Modeling for Unmanned Aerial Vehicles [J]. IEEE Commun. Surveys Tuts., 2019,21(3): 2361-2391.

[43] NASIR Y S, GUO D. Multi-Agent Deep Reinforcement Learning for Dynamic Power Allocation in Wireless Networks[J]. IEEE J. Sel. Areas Commun., 2019, 37(10): 2239-2250.

[44] CUI J, LIU Y, NALLANATHAN A. Multi-Agent Reinforcement Learning-Based Resource Allocation for UAV Networks[J]. IEEE Trans. Wireless Commun., 2020, 19(2): 729-743.

第四篇

人工智能在语义通信中的应用

第10章 从经典信息论到广义信息论

在过去的 70 多年，通信技术已经从香农（Shannon）的经典信息论（参考文献 [1]）发展到高效、实用的成熟系统，万物互联的时代成为可能。随着移动通信的快速发展，一种理念逐渐形成：无线通信系统的瓶颈在于信道容量，增加信道容量可以解决大部分问题。在这种理念的主导下，无线网络在高传输速率需求的驱动下不断发展，主要是通过使用高带宽与高性能信道编码、高阶调制、大规模 MIMO 等相结合的方式来解决信道容量不足的问题，但是这种模块独立设计和模块叠加的方式导致系统复杂度不断提升。在这种传统的通信系统观中，主要关注的是信道侧的设计。此外，经典的信源编码只使用显式的概率模型进行数据压缩，从而忽略了信源数据传输的意义。在这种方式下，正如韦弗（Weaver）和香农总结的那样，整个通信系统实际上是在底层工作的。而且，现代通信技术的发展已经逐步逼近通信理论极限，例如信源编码已经逐步逼近信源熵 / 率失真函数，LDPC 码、极化码等先进信道编码技术已经逼近信道容量。建立在概率信息基础上的通信系统，迫切需要技术突破与变革，才能应对未来 6G 移动通信的发展需求。

伴随着人工智能（AI）技术的逐渐成熟，许多基于人工智能的通信技术被提出，比如基于人工智能的信源信道联合编码，这些技术比传统方法具有更少的处理时延、更低的实现难度、更优的传输性能和更高的系统稳定性。另外，语义信息研究也成了学术界的关注热点，语义信息研究的重点是对信源语义信息的度量、提取与表征，以传输语义信息为目的的语义通信是现代通信系统发展的重要方向，这一方向有望成为 6G 移动通信的基础理论之一。人工智能技术的应用是通信系统向简约化和智能化方向发展的重要标志。

基于上述研究背景，为了应对未来移动通信的高可靠、高频谱效率传输需求，北京邮电大学研究团队提出了未来移动通信的新范式——智简通信。智简通信以语义信息为驱动，以语义通信为主体，以人工智能技术为基础，使系统更简洁、更高效、更智慧。智简通信与传统的通信模式截然不同，因为它的关键技术意味着对所传输数据含义的使用，从而深刻地影响通信系统的设计。这种新范式能够在传输极少数据的情况下提供与传统通信类似质量的服务，具有十分光明的发展前景。本章将详细描述智简通信的具体内容，介绍从经典信息论到广义信息论的转变。

10.1 经典信息论

1948 年，香农奠定了经典信息论的基础。经典信息论是用概率论与随机过程的方法研究通信系统传输有效性和可靠性极限性能的理论，是现代通信与信息处理技术的理论基础。经典通信系统模型如图 10.1 所示，主要使用两种编码方式对数据进行编码传输。

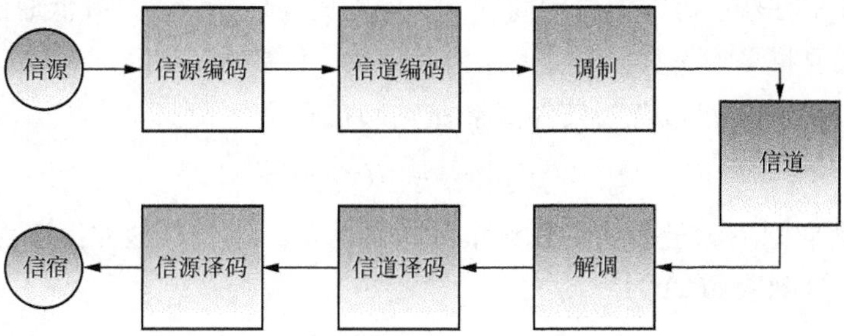

图 10.1 经典通信系统模型

- **信源编码**：信源编码对传输数据进行压缩，从而减少信源输出符号序列中的冗余，增强通信系统的有效性。
- **信道编码**：信道编码对传输的比特流进行编码，从而提高通信系统的抗干扰和纠错能力，在极大程度上避免传送错误码流的情况出现，而且提高了数据传输效率，降低了传送比特流时的误码率，增强了通信系统的可靠性。

关于信息的有效和可靠传输，首先要解决信息度量的问题。有两种含义不同但又密切相关的信息度量方式，一种是随机变量本身所含信息量多少的度量，另一种是随机变量之间相互提供信息量多少的度量。前者用信息熵来描述，后者用互信息来描述。

离散随机变量中的变量 X 的自信息定义为 $I(x)=-\log p(x)$，其属于语法信息的层次，抛出了语义和语用方面的含义。香农于 1948 年将热力学熵的概念引入信息论，称为信息熵。离散随机变量 X 的熵定义为自信息的平均值

$$H(X)=E_{p(x)}\left[I(x)\right]=-\Sigma_x p(x)\log p(x) \tag{10.1}$$

式（10.1）与统计力学中热熵的表示形式相同，为与热熵区别，将 $H(X)$ 称为信息熵，简称熵。对于两个离散随机变量 x 和 y，其中 $x\in X$， $y\in Y$，由于空间或时间的限制，有时不能直接观察 x，只有通过观察 y 获取关于 x 的信息。则离散随机变量 x 和 y 之间的互信息定义为

$$I_{X;Y}(x,y)=\log\frac{P_{X|Y}(x\mid y)}{P_X(x)} \tag{10.2}$$

简记为

$$I(x;y)=\log\frac{p(x\mid y)}{p(x)}=I(x)-I(x\mid y) \tag{10.3}$$

一个平稳离散无记忆信道的容量定义为输入与输出之间平均互信息 的最大值，即

$$C\equiv\max_{p(x)} I(X;Y) \tag{10.4}$$

对于多维向量信道来说，若 $\boldsymbol{X}^N$ 和 $\boldsymbol{Y}^N$ 分别为信道的 $\boldsymbol{N}$ 维输入与输出随机向量，则信道容量定义为

$$C\equiv\max_{p(x_1,\cdots,\ x_N)} I(\boldsymbol{X}^N;\boldsymbol{Y}^N) \tag{10.5}$$

实际上，在很多情况下，并不需要精确地传输信息，而是允许有一定限度差错的传输。这样就保证了在获取足够信息的前提下，可以提高传输效率，降低通信成本。根据通信的要求，通常要将平均失真限制在一个有限值 D，即要求 $E[d(x,y)] \leqslant D$ 。若选定信源与失真函数，则 $E[d(x,y)]$ 可以称为条件概率 $p(y|x)$ 的函数。设

$$P_D = \{p(y|x): E[d(x|,y)] \leqslant D\} \tag{10.6}$$

为在给定保真度准则下满足平均失真约束的所有信道的集合，这种信道为失真度 D 允许信道。定义率失真函数 $R(D)$ 为

$$R(D) = \min_{p(y|x) \in P_D} I(X;Y) \tag{10.7}$$

即 $R(D)$ 函数就是在一定的保真度准则下，试验信道输入 X 和输出 Y 之间的最小平均互信息。与信道容量的定义不同，这里信源已经给定，即输入概率已确定，需要寻找满足平均失真要求的输入与输出之间平均互信息最小的试验信道。

离散信源的单符号率失真函数定义为

$$R(D) = \min_{p(y|x) \in P_D} \sum_{x,y} p(x)p(y|x) \log \frac{p(y|x)}{\Sigma_x p(x)p(y|x)} \tag{10.8}$$

连续信源的单符号率失真函数定义为

$$R(D) = \inf_{p(y|x) \in P_D} \iint_{x,y} p(x)p(y|x) \log \frac{p(y|x)}{\int_x p(x)p(y|x)\mathrm{d}x} \mathrm{d}x\mathrm{d}y \tag{10.9}$$

10.2 信息的层次与语义信息

从认识论观点看，信息分为 3 个层次：语法、语义和语用。经典信息论只研究语法信息，在研究范畴、研究层次与研究维度方面存在局限，从而限制了通信系统性能的持续提升。

在经典信息论诞生不久后，人们就展开了语义信息论的研究。1953 年，韦弗等人就展开了语义信息论的研究。1953 年，韦弗考虑了信息分析的 3 个层次（参考文献 [3]），他指出“与发射机预期含义相比，语义问题更关心接收机对收到信息含义的统一性解释”。韦弗的先驱工作启发了人们对语义信息的探索与研究。卡纳普（Carnap）与巴尔 - 希勒尔（Bar-Hillel）提出了语义信息论（参考文献 [2]）的概念框架，试图对传统通信理论进行补充。他们认为语句中含有的语义信息，应当基于语句内容的逻辑概率来定义。巴维斯（Barwise）与佩里（Perry）进一步提出了场景逻辑原则来定义语义信息（参考文献 [5]）。弗洛里迪（Floridi）提出强语义信息论（参考文献 [8]），指出卡纳普的语义信息论中，语句矛盾将具有无穷大的信息。2011 年，阿方索（Alfonso）进一步引入了类真性概念（参考文献 [9]），对语义信息进行度量。钟义信从信息的三位一体特征出发，对语义信息论进行总结，证明语义信息是三位一体性质的唯一表征（参考文献 [10]）。

“烽火”是我国古代用以传递边疆军事情报的一种通信方法，始于商周，延至明清，相习几千年之久，其中尤以汉代的烽火组织规模为大。兵者，国之大事，死生之地，存亡

之道，不可不察也。烽火通信系统作为当时军情传递最快速、最有效的媒介，重要性不言而喻。在边防军事要塞或交通要冲的高处，每隔一定距离建筑一高台，俗称烽火台，亦称烽燧、墩堠、烟墩等。高台上有驻军守候，发现敌人入侵，白天燃烧柴草以“燔烟”报警，夜间燃烧薪柴以“举烽”（火光）报警。一台燃起烽烟，邻台见之也相继举火，逐台传递，须臾千里，以达到报告敌情、调兵遣将、求得援兵、克敌制胜的目的。古代的烽火传信的方式也体现了“智简”通信（见图 10.2），在烽火台使用之前，先制定好规则，也就是事先约定的先验认知信息。烽火台有无狼烟对应表示有无敌军进攻，实际上可以理解为使用语义信息进行通信。一旦有军情，全部人员都要进入紧急状态，整个工作有序进行，保证第一时间能传达这一语义信息。

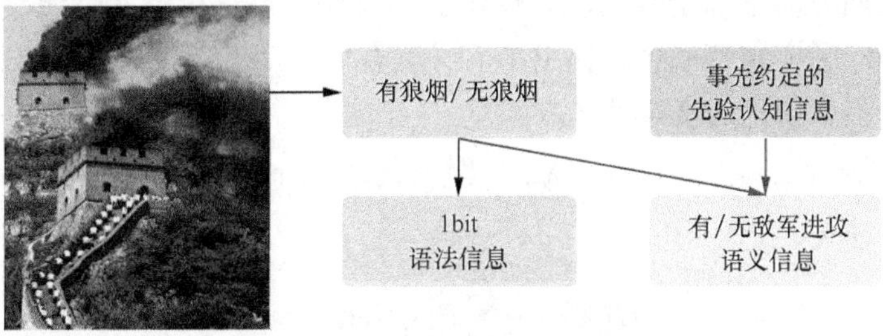

图 10.2　古代烽火传信体现“智简”

众所周知，圆周率 π 是一个无限不循环小数，如果需要用比特串或字符串来完整表示这一常数，其语法信息是无穷的，没办法真正表示出来。但是，从数学知识的角度来讲，其语义信息是有限的，它代表的是圆形的面积与半径平方之比，这是可以用语义信息所表示的。著名的勒让德－高斯算法是一种用于计算 π 的算法，其利用 π 的语义信息进行计算（见图 10.3），Kolmogorov（柯尔莫洛夫）复杂度为常数。它的收敛速度是显著的，只需 25 次迭代即可产生 π 的 4500 万位正确数字。该算法反复替换两个数值的算术平均数和几何平均数，以接近它们的算术－几何平均数。知名的计算机效能测试软件 Super PI 也使用此算法。

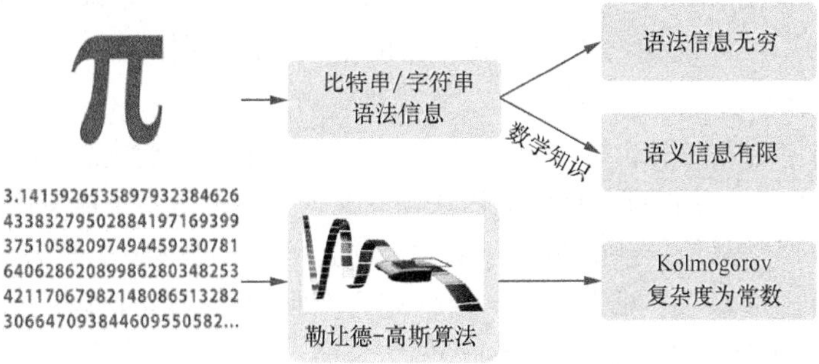

图 10.3　π 体现“智简”

10.3　广义信息论

语义信息不仅与发送者有关，更与接收者的理解有关，因此具有概率性与模糊性的双重不确定性。事实上，具有语法与语义特征的信源均为广义信源，即广义信源既是随机的，又是模糊的，单一随机性和单一模糊性都不能全面地刻画广义信源的特征。

经典信息论建立在概率论基础上，不考虑信息的内容和含义，它主要对信息的随机性进行度量，称为信息熵，确切地说，是概率信息熵。但现实生活中，最常用的便是自然语言信息，即语义信息，其典型特征是模糊性。比如高、矮、胖、瘦、大概、差不多等，这些语义描述是模糊变量而不是随机变量。对于模糊变量，要借助于模糊集合论来对其做定性和定量分析。

1972 年，吕卡（De Luca）与泰尔米尼（Termini）（参考文献 [4]、[7]）首先研究了纯模糊性引入的不确定性，把概率信息熵移植到了模糊集合上，给出了模糊熵的定义。他们将随机与模糊这两方面不确定性的联合熵定义为总熵，但这个定义不便于推广。1982 年，吴伟陵进一步推广了模糊熵概念，提出了广义联合熵、广义条件熵与广义互信息（参考文献 [6]），建立了语义信息的基本度量方案。

对于概率信源 $X=\{x_i: i=1,2,\cdots,N\}$，经典信息论中的概率信息熵是定义在概率测度 $P(x_i)$ 上的泛函，即

$$H(X)=-\sum_{i=1}^{N}P(x_i)\log_2 P(x_i) \tag{10.10}$$

引入完备模糊集合类 $\underset{\sim}{X}=(\underset{\sim}{X}_1,\cdots,\underset{\sim}{X}_K)$，用隶属函数 μ 刻画信源的模糊测度，且满足 $\sum_k \mu_{X_k}(\underset{\sim}{X}_i)\leqslant 1$，则广义信源熵表示为

$$\begin{aligned}H^*(\underset{\sim}{X}) &\triangleq -\sum_{i=1}^{N}\sum_{k=1}^{K}\mu_{\underset{\sim}{X}_k}(x_i)P(x_i)\log_2 \mu_{\underset{\sim}{X}_k}(x_i)P(x_i)\\ &= H(X)+\sum_{i=1}^{N}P(x_i)h_{\underset{\sim}{X}}(x_i)\\ &= H(X)+H(\underset{\sim}{X})\end{aligned} \tag{10.11}$$

其中：$H(X)=H(P_1,\cdots,P_n)$，是式（10.10）给出的概率信息熵；$h_{\underset{\sim}{X}}(x_i)=-\sum_{k=1}^{K}\mu_{\underset{\sim}{X}_k}(x_i)\log\mu_{\underset{\sim}{X}_k}(x_i)$，是某一个 $\boldsymbol{x}_i$ 发生时的纯模糊熵。由此可见，广义信源熵由概率信息熵 $H(X)$ 与模糊熵 $H(\underset{\sim}{X})$ 构成，前者表征了信源在概率上的不确定性，而后者表征了信源在模糊上的不确定性，即语义不确定性。因此，可以用模糊熵 $H(\underset{\sim}{X})$ 度量信源的语义信息。

原则上，对于给定信源，已知概率分布，选择合适的隶属函数，就可以计算信源的概率信息熵与模糊熵，从而度量信源的语法与语义信息。但是由于语义信息蕴含在语法信息中，隶属函数通常都是复杂的非线性形式，并且可能动态变化，因此式（10.11）的广义熵形式只具有理论意义，难以对语义通信进行实际指导。参考文献 [11] 提出了语义基（Sematic Base）的思想，这一思想基于神经网络模型，提取语义特征，用于度量语义信息，避免隶属函数选择困难的问题，是值得深入研究的新思路。

基于概率与模糊二重不确定性的广义熵和广义互信息，对语义信息的研究具有重要的理论指导意义。在当前阶段，这些语义信息的定量指标分析仍然是开放问题，还需要随着语义信息论的发展，逐步明确并加以完善。

10.4 算法信息论

算法信息论（Algorithmic Information Theory）主要研究字符串（或其他数据结构）的复杂度度量。因为大多数数学对象可以用字符串来描述，或者作为字符串序列的限制，所以算法信息论可以用于研究各种各样的数学对象，包括整数。算法信息论是使用理论计算机科学的工具，研究复杂度概念的学科领域。它是信息理论的一环，关注计算与信息之间的关系。按照格雷戈里·蔡廷（Gregory Chaitin）的说法，它是“把香农的信息论和图灵的可计算性理论放在调酒杯里使劲摇晃的结果。”

为给出算法复杂度的正式概念，首先讨论关于计算机的可接受模型。绝大多数计算机都能够模仿其他计算机的行为，从这个意义上说，除了最普通的计算机外，所有计算机都是通用的。下面会简略地叙述一下最典型的通用计算机，即通用图灵机，它也是概念上最简单的通用计算机。

在 1936 年，图灵（Turing）反复思考着这样一个问题，即一个有生命的大脑中的思想是否可以等价地用无生命部件的组合来把握。简单地说，就是一台机器能否思考。通过分析人类的计算过程，他对这种计算机做了一些限制。明显地，人类思考，创作，再思考，再创作，如此循环往复。图灵提出一类非常简单的假想机器，并且很精彩地阐明了每件可由人类通过固定过程计算的事情，也可被这种机器计算出来，恰如图灵所说的那样：每一个自然的有效过程都可用图灵机实现。这就是著名的图灵论题。若干年来，所有为定义精确直观的“有效过程”概念所做的不懈努力，都在很大程度上给出了一致的结果。图灵在他的开创性的文章中指出，他的“有效过程”和阿朗佐·丘奇（Alonzo Church）的“有效计算”的概念其实是等价的。

继图灵的工作之后，人们证明了每一个新的计算体系都可以简化为一个图灵机。特别地，人们所熟悉的带有中央处理器（Central Processing Unit，CPU）、内存和输入输出配置的数字计算机可以由一个图灵机来模拟，并且反过来数字计算机也可以模拟一个图灵机。这启发丘奇撰写出了现在被誉为“丘奇命题”的论文，该文章指出：在可以计算相同函数族的意义下，所有（充分复杂的）计算模型都是等价的。它们可计算的函数类与直觉上的可有效计算的函数类概念相一致，即对于这类函数，存在一个有限的命令或者程序，使得计算机可在机械既定的有限个计算步骤内产生出需要的计算结果。

图灵机包括被称为有限控制（Finite Control）机的一段有限长程序，通过一个读写头（Head）处理一条线性方格列的纸带（Tape）。图 10.4 所示为图灵机简化模型，这里用左（L）和右（R）来标明带上的两个方向。有限控制机可以处在某有限状态集 Q 中的一种状态，每个带上的方格可以写上一个 0，一个 1，或是一个空格（B）。时间是离散的，每个瞬间被排成 0,1,2，…，其中 0 是机器开始计算的时刻。在任何时刻，读写头被置于一个特定的方格上，称之为扫描在时刻 0，读写头位于被称为初始格的特殊格子上，有限控制机处于一种特殊的状态 q_0。此时，所有的其他方格上都是 B，例外的是一段连续的有限长方格序列，从初始格向右，包含 0 和 1。这段二进制序列被称为输入。

这个装置可以做的基本操作：它能够在它扫描的方格上写上 $A=\{0,1,\mathrm{B}\}$ 中的某一元素。

当这种装置工作时，它每个时刻执行一个操作（一步）。在每步结束时，有限控制机变为 Q 中的一种状态。这种装置按照有限的几个规则来工作。这些规则根据有限控制机现在的状态和被扫描的方格所包含的符号，决定下一步所做的操作，以及下一步操作结束后的状态。

规则形如 (p,s,a,q): p 是有限控制机的当前状态；s 是此时扫描到的符号；a 是下一步所做的操作，它的值为 $S=\{0,1,\mathrm{B},\mathrm{L},\mathrm{R}\}$ 中的元素；q 是此步操作后有限控制的状态。

如果对于任意一对四元组，至少前两个元素是不同的，这一装置被称为确定的。当前两个元素不出现在集合中时，机器做空操作，这时就说它停机了。这样，通过从有限集合 $Q\times A$ 到 $S\times Q$ 的映射定义了一台图灵机。给定一台图灵机和输入，这台机器将执行一系列唯一确定的操作。它可能在有限步内终止，也可能永不停机。

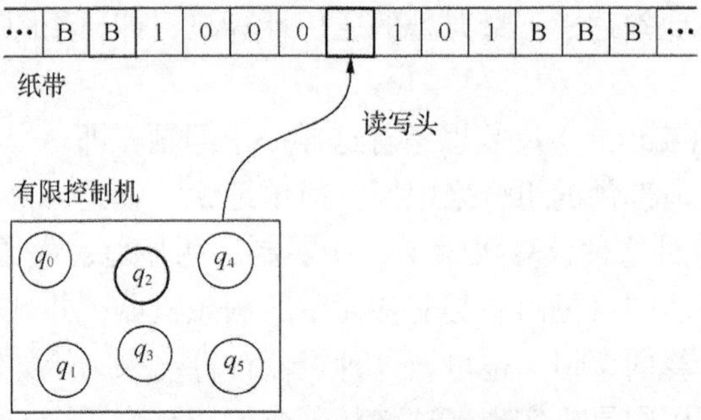

图 10.4 图灵机简化模型

设 x 是一个有限长度的二元串，U 是一台通用计算机。$l(x)$ 表示二元串 x 的长度。当给定一个程序 p 时，令 $U(p)$ 表示计算机关于程序 p 的输出。定义二元字符串 x 的 Kolmogorov（或算法）复杂度为 x 的最短描述长度。

对于一台通用计算机 U，二元字符串 x 的 Kolmogorov 复杂度 $K_U(x)$ 定义为

$$K_U(x)=\min_{p:U(p)=x} l(p) \tag{10.12}$$

即能够输出 x 并且停止的所有程序的最短长度。于是，$K_U(x)$ 就是所有可由计算机 U 说明的 x 的描述中的最短描述长度。

与经典信息论不同，算法信息论给出了随机字符串和随机无限序列正式的、严格的定义，这些定义不依赖于关于非确定性或可能性的物理或哲学直觉。随机字符串的集合取决于用于定义 Kolmogorov 复杂度的通用图灵机的选择，但任何选择都给出相同的渐近结果。这是因为字符串的 Kolmogorov 复杂度不变，只有通用图灵机选择的附加常数影响，所以随机无限序列集与通用机器的选择无关。

10.5 本章小结

本章介绍了从经典信息论到广义信息论的理论扩展，最后介绍了算法信息论。经典信息论用概率论与随机过程的方法研究通信系统传输有效性和可靠性的极限性能，但是经典信息论只研究语法信息，在研究范畴、研究层次与研究维度方面存在局限。广义信息论引

入了语义信息，建立了语义度量方式，理论上能够给通信系统的性能带来革命性提升，但是语义信息论还处于初步发展阶段，很多定量指标的分析仍然是开放问题。算法信息论主要研究字符串或其他数据结构的复杂度度量，本章以图灵机为例展示了算法信息论的确切含义。

参考文献

[1] SHANNON C E. A mathematical theory of communication [J]. The Bell system technical journal, 1948, 27(3): 379-423.

[2] CARNAP R, BAR-HILLEL Y, et al. An outline of a theory of semantic information [J]. Tech. Rep., 1952(247).

[3] WEAVER W. Recent contributions to the mathematical theory of communication [J]. ETC: a review of general semantics, 1953: 261-281.

[4] DE LUCA A, TERMINI S. Entropy of L-fuzzy sets [J]. Information and control, 1974, 24(1): 55-73.

[5] BARWISE J, PERRY J. Situations and attitudes” [J]. The Journal of Philosophy, 1981,.78(11): 668-691.

[6] 吴伟陵 . 广义信息源与广义熵 [J]. 北京邮电大学学报 , 1982, 5(1): 29.

[7] DE LUCA A, TERMINI S. A definition of a nonprobabilistic entropy in the setting of fuzzy sets theory [M]// DELUCA A, TERMINIS. Readings in Fuzzy Sets for Intelligent Systems. [S.L.]: Elsevier, 1993: 197-202.

[8] FLORIDI L. Outline of a theory of strongly semantic information [J]. Minds and machines, 2004, 14(2): pp. 197-221.

[9] D’ALFONSO S. On quantifying semantic information [J]. Information , 2011,2(1):61-101.

[10] ZHONG Y X. A theory of semantic information [J]. China communications, 2017, 14(1): 1-17.

[11] ZHANG P, X U W, et al. Towards Wisdom-Evolutionary and Primitive-Conciseness 6G：A New Paradigm of Semantic Communication Networks [J]. Submitted to Engineering, 2021.

第 11 章

语义通信模型

20 世纪 40 年代，香农提出并发展了信息论（参考文献 [1]），信息论的重点是量化通信信道可支持的最大数据速率。在这项基础数学理论的指导下，5G 设计的目标是最大化数据传输速率。随着通信网络和科学技术的进一步发展，物联网（Internet of Things，IoT）、大数据（Big Data）、区块链（Block Chain）、人工智能等出现，经典信息论开始显示出其在当前智能时代的局限性。当为了传达意义或完成目标而进行通信时，重要的是接收到的在经典通信系统中传输的比特流对发送者意图的解释，或者它对传输任务目标的实现的影响。下一代移动通信系统（6G）不仅包含 5G 涉及的人、机、物这 3 类服务对象，还引入第 4 类服务对象——灵（Genie）（参考文献 [5]）。作为人类用户的智能代理，灵存在于虚拟世界，基于实时采集的大量数据和高效机器学习技术，存储和交互用户的所说、所见和所思，完成用户意图的获取和决策的制定。语义通信按通信双方的对象来分类，有 3 种通信方式：人对人（H2H）、人对机器（H2M）和机器对机器（M2M）。对于不同服务对象之间的语义通信，它们的传输任务是不同的，后两者代表了通信和计算的范式转变。在人对人通信中，语义通信旨在让接收者了解发送者发送的消息，有客观的也有主观的感受。在人对机器中，语义通信还需要让机器理解，从而执行某些指令或完成人机交互等。机器对机器的语义通信则是为了有效连接多台机器，以便它们可以在无线网络中有效地执行特定的计算任务。语义通信有望在以互联智能和集成传感、计算、通信和控制为特征的 6G 中发挥重要作用。本章通过拓宽经典通信理论框架的范围，从语义通信的系统框架、语义通信系统和经典通信系统的术语对比、语义通信和人工智能技术中的语义分析对比、语义通信的度量指标等方面出发，介绍语义通信模型，并初步探索语义信息的压缩极限。

11.1 语义通信系统框架

本节介绍语义通信系统的基本框架。语义通信系统区别于经典通信系统，且附着于经典通信系统之上，类似于分层式系统设计，经典通信系统处于底层，而语义通信系统附着在经典通信系统之上，如图 11.1 所示。经典通信系统的物理信道通过统计转移概率建模，而语义信道则通过语义标签之间的逻辑转移概率建模，但语义信道并非实际存在。语义通信系统与经典通信系统最显著的差异在于知识库或语义库的存在。语义编码与译码模块基于用海量数据训练的知识库，通过深度学习网络，提取与恢复语义信息。

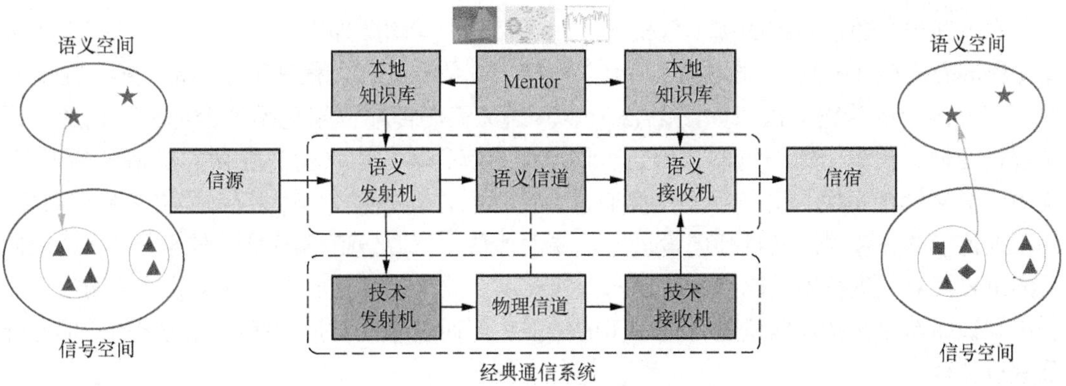

图 11.1　语义通信系统基本框架

语义通信系统对经典信号传输提供强先验知识，可有效提升传输有效性和可靠性。在发送端，语义提取模块基于知识库和深度学习网络，提取信源消息的语义特征。其中，语义提取模块根据信源冗余特性，采用不同结构的深度学习网络，如对时序和文本信源采用循环神经网络（Recurrent Neural Network，RNN）、Transformer 网络结构，对图像信源采用卷积神经网络（Convolutional Neural Network，CNN）结构，对图数据采用图卷积网络（Graph Convolutional Network，GCN）结构。在接收端，语义综合模块基于知识库和深度学习网络，对接收的语义信息进行重建。若信源具有多模态或异构性，则语义提取编码时还需要对多源数据进行语义综合。收发两端共享云端知识库，通过数据驱动的方法赋予神经网络特定场景下的先验知识。

定义知识库 K 由图 11.1 中的 Mentor 提供，通常为云端的通用知识库，收发两端各有本地知识库，本地知识库相比 Mentor 的知识库规模较小，以作为面向该用户的个性化方案，如针对特定传输任务的知识库。设信源消息集合为 $\mathcal{X}$，语义信息集合为 $\mathcal{S}$，语义消息码序列构成的集合为 $\mathcal{U}$，信宿接收码序列集合为 $\mathcal{V}$，重建语义信息集合为 $\mathcal{S}'$，信宿译码消息集合为 $\mathcal{Y}$。对于任一原始信息 $x(x \in \mathcal{X})$，语义发射机首先对该信息提取语义信息，并进行语义分析，得到语义特征，技术发射机和经典通信系统发射机一样，旨在有效并可靠地传输前述语义特征。语义发射机和技术发射机可分开设计，适用于现有通信系统；也可联合设计，即将原始信息通过语义分析直接映射到信道中传输的符号。

与香农信道容量类似，语义信道容量定义为可以实现任意小语义误差的最大传输速率：

$$C_S = \sup_{P(\mathcal{S}|\mathcal{X}),P(\mathcal{Y}|\mathcal{S}')} \{I(\mathcal{S};\mathcal{S}') - H(\mathcal{S}|\mathcal{X}) + H(\mathcal{Y})\} \tag{11.1}$$

其中，$I(\mathcal{S};\mathcal{S}')$ 为 $\mathcal{S}$ 与 $\mathcal{S}'$ 之间的互信息，$H(\mathcal{Y})$ 为接收端语法信息 $\mathcal{Y}$ 的熵。

借助语义相似度或语义域距离度量 d_S，定义平均语义失真 $D_S = \mathbb{E}_{(x,y)\in\mathcal{X}\times\mathcal{Y}}\left[d_S(x,y)\right]$，由此语义通信模型中的率失真函数定义为

$$R_S(D_S) = \min_{p(y|x)\in P_{D_S}} I(\mathcal{U};\mathcal{V}|K) \tag{11.2}$$

其中，P_{D_S} 为语义平均失真不超过 D_S 的语义信道集合。在相同语义失真的条件下，语义通信模型比传统通信模型的带宽利用率更高，语义通信系统的优化目标即优化语义通信的语义率失真函数。语义熵、语义率失真函数、语义相似度或语义域距离度量 d_S 的指标将在

后文中具体说明。

在上述语义通信系统的基本框架下，北京邮电大学团队提出了一种全新的语义编码传输（Semantic Coded Transmission，SCT）框架，其信息处理过程基于非线性变换，是一种适配信源内容的传输方法，如图 11.2 所示。语义编码传输框架包括 8 个部分：信源、语义解析变换、信源信道编码器、信道、信源信道解码器、语义生成变换、信宿和知识库。其中，语义解析变换和语义生成变换通过非线性操作将信源分割为若干个语义特征向量，并根据传输的任务对语义特征向量进行重要性评估，信源信道编码器依据各个语义特征向量的重要性对其进行不同码率的压缩与差错控制。此外，在接收端，语义编码传输还可以利用知识库对语义特征向量进行进一步的增强，如通过生成对抗网络将出现差错的信源部分进行补全。

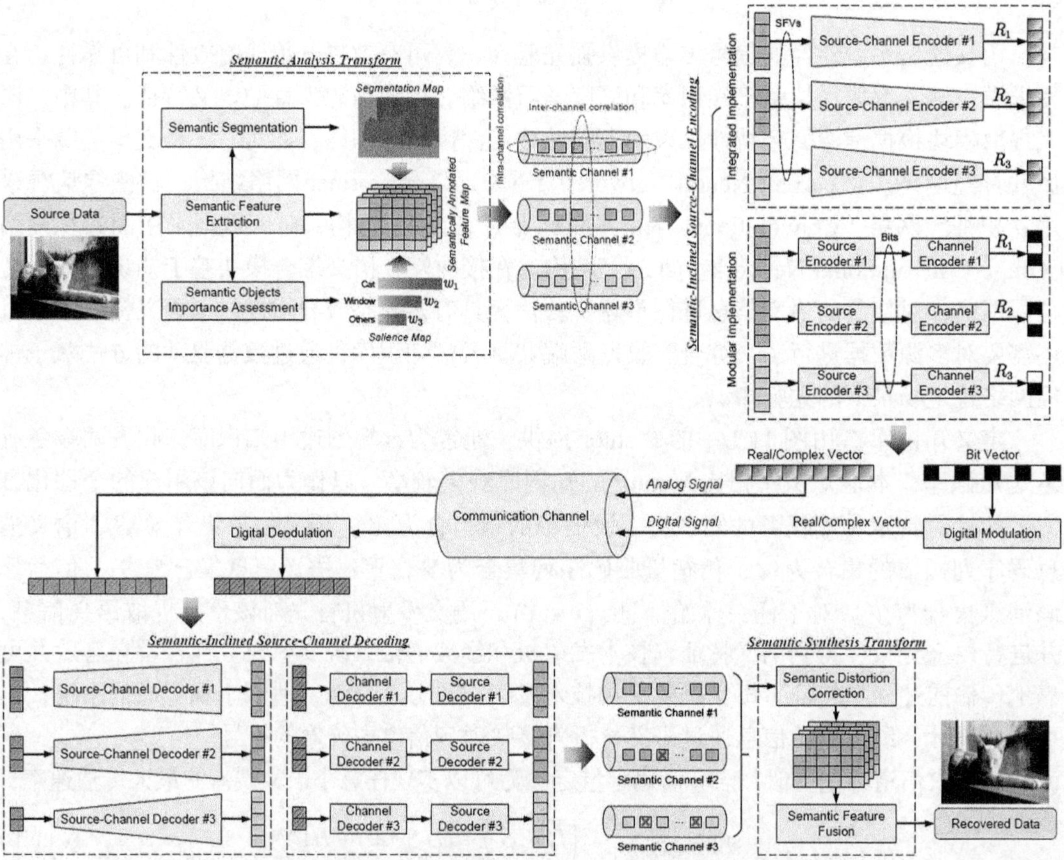

图 11.2 语义编码传输系统设计（模块化实现和一体式实现）

语义编码传输系统中有 3 项关键技术。

（1）语义非线性变换。语义非线性变换分为语义解析变换和语义综合变换。语义解析变换分为 3 步操作，一是语义特征提取，二是语义分割（适用于图像视频信源），三是语义对象的重要性分析。语义综合变换中通过语义纠错、语义融合恢复原始信源数据，或直接输出给下游任务做出决策。

（2）语义不等重要性编码。根据传输的下游任务，不同语义对象有不同的重要性，如人脸识别任务中，人脸为重要对象，背景信息是不重要的，甚至是可舍弃的。根据重要性差异，分配高的码率用于传输重要对象，低的码率用于传输次要对象。

（3）语义失真修复。在语义综合变换中，若要恢复原始信源数据，则不同语义通道之间和同一语义通道内部的相关性可以用于纠正信源信道译码后的残留差错。内部语义失真修复的理念来自自然语言处理及计算机视觉领域的研究热点，如文本补全、图像超分技术、图像风格迁移技术。

根据信源信道编码的实现方式及传输信号的形式的不同，语义编码传输可以进一步划分为模块化实现方式和一体式实现方式，如图 11.2 中不同虚线框所示。模块化实现与经典通信系统相兼容，传输数字信号；一体式实现将信源信道编码和调制模块集成为一对自编码器，传输模拟信号，更适合面向下游任务的端到端传输。语义编码传输通过识别信源内容，实现了比经典语义通信系统更高效、智能的传输，其优势包括主观 / 客观传输指标的提升、带宽延时的减小、下游任务完成准确率的提升等。

11.2　语义通信系统与经典通信系统术语对比

本节给出语义通信系统中的一些基本术语及其定义，并将其和经典通信系统中的术语进行比较。

表 11.1 给出了经典通信系统与语义通信系统术语的对比。下面分术语进行说明。

表 11.1　经典通信系统与语义通信系统术语比较

比较项目	经典通信系统	语义通信系统
作用域	信号空间	语义空间
对象	比特流	语义对象（Seb，参考文献 [6]）
方法	编码和调制技术	语义内容识别
	多址技术	语义信息提取
	多天线技术	语义融合
准则	有效性、可靠性	效用、可靠性
评价指标	差错率、均方误差	端到端语义误差
优化目标	率失真函数	语义率失真函数、速率 - 效用函数

（1）作用域（Scope）。语义通信系统的作用域从信号空间转移到语义空间。语义空间是一个潜在空间，其中相邻样本表现出与原始信号相似的含义。语义信息与源组织消息所遵循的规则无关，例如通过某种语言的说或写来相互交流。世界各地的语言各不相同，但它们都遵循 5 个有规则的系统来保持秩序。这 5 个规则系统是音韵学、形态学、句法、语义学和语用学。当谈论语义时，指的是所交流的单词和句子的实际含义。语义是多层次的，例如“男人”和“男孩”一词指的是性别相同的人，但它们之间存在语义差异，包括年龄。

（2）对象（Object）。未来的通信引入了代表智能或意识的“灵”。信息的载体升级为高层次的语义对象（Semantic Object），例如 Seb（参考文献 [6]）。Seb 提供了一个新的视角来描述涉及意图和形式的语义信息的性质，而经典通信系统则处理比特流。

（3）方法（Method）。基于概率理论的经典通信旨在通过编码和调制方法、多址技术和多天线技术等方式有效、可靠地传输消息。以上方法都从技术角度对数据包进行压缩和保护，而不管数据的含义。语义编码在语义空间中运行，方法包括但不限于语义内容识别、语义信息提取、语义实体关系建模和多模态语义融合。

（4）准则（Criterion）。经典通信旨在通过编码和调制技术、多址技术和多天线技术等提高比特级数据传输的有效性和可靠性。相反，语义通信一般是从应用的角度出发的。除了传输的可靠性以外，一次良好的语义通信的评判标准在人对人通信中还与接收者对消息的感知和发送者的发送目的有关。类似地，下游任务的进度或执行程度在人对机器通信或机器对机器通信中是更加重要的。

（5）评价指标（Metric）。在经典通信系统中优化（最小化）误码率（误块率）和其他客观失真指标，如均方误差（MSE）。端到端语义误差是衡量语义传输质量的标准。具体来说，在人对人语义通信中，为了适应人类的视觉、听觉和其他感知模式，只对源数据的每个元素取相等平均值的客观失真度量是不够的。无论是通过人类打分评级还是用机器算法模拟，采用主观指标评价传输前后人类感知的差异性都是必不可少的。而对于面向目标的语义传输来说，效用函数可以用于衡量目标的正确完成情况。

（6）优化目标（Optimization Objective）。有损数据压缩理论中率失真函数的优化问题升级为语义通信中的语义率失真和速率 - 效用权衡的优化问题。具体的优化目标取决于当前语义通信的情境和目标。

11.3 语义通信与语义分析对比

本节首先介绍计算机领域的语义分析，然后将其与语义通信对比，给出二者的相似点和差异点。语义分析主要分自然语言处理的文本语义分析和计算机视觉的图像语义分析。文本语义分析主要是理解词语、句子和篇章的意义、主题、类别和相似度等语义信息。在自然语言处理中，语义分析主要包括基于知识或语义学规则的语义分析和基于统计学的语义分析两种。尤其是后一种，其通过建立特定的数学模型来学习语料库总的语言结构，然后利用统计学、概率论等数学方法来观测词语、句子和文本中客观存在的各种关联，从而识别相关的语义信息。文本语义分析主要用于词义消歧、意图识别、语句变换、文本归类、文本情感分析等。图像语义分析以图像底层视觉特征为输入数据，分析图像中包含哪些主要对象或属于哪种场景类型，然后采用高层语义对图像的内容进行描述，从而实现图像的语义理解。其主要包括语义图像检索、语义图像分类、图像标注等研究内容。

通过对语义通信和语义分析的具体内容的对比发现，二者的相似点在于：都需要建立特定的知识库或者资料库，然后基于深度学习网络对信源进行语义信息提取，语义信息提取的准确性十分重要。但是二者的差异点也很多。

系统框架不同。语义分析系统着重于对信源进行分析，准确地提取信源的语义信息，然后结合知识库直接导向下游任务；语义通信是一个端到端的信息处理系统，除了要在发送端提取语义信息，还要对语义信息进行编码和发送，然后结合知识库在接收端重建语义信息，重建的语义信息要与发送端的语义信息相同。

面向的对象不同。语义分析面向的对象更多的是机器，语义分析提取的语义信息在很多时候是让机器看懂，比如语义图像分类、语句变换，机器通过对语义信息的理解去完成分类和变换的任务，系统的衡量指标通常是这些任务的准确性。然而语义通信是面向人的主观感受的，它更关注人的主观感受，系统的衡量指标包括传输前后人类主观感知的差异性。

语义信息匹配度要求不同。语义分析中对语义信息的匹配度要求不高，不要求提取到的语义特征可以完整地表征信源语义信息，比如在文档归类、图像标注这样的任务中，机器需要的语义信息量是不大的。然而语义通信对语义信息的匹配度要求很高，要求在接收端重建的语义信息与发送端的语义信息相同，在保证带宽需求的同时尽可能提高语义传输系统的重建质量。

抗噪性能需求不同。因为语义分析只对信源进行处理，不需要考虑除信源以外的其他因素干扰，所以不需要考虑抗噪抗干扰能力。但是语义通信需要经过有噪信道，噪声对语义信息的干扰是不能接受的，所以还需要对语义信息进行语义编码，一般可以采用传统的信道编码和调制方式，也可以采用基于人工智能的信源信道联合编码方式来提高语义信息的抗噪性能。

语义分析和语义通信相通却又互异，语义分析的发展早于语义通信，前者为后者的发展打下了坚实的基础。

11.4　语义通信的度量指标

在智简通信场景中，智能体之间的通信不再是要求传输比特数据的正确性，而是以“达意”为目标的语义通信。语义通信系统的性能分析需要对语义信息熵与语义信道容量进行建模分析，还需要给出系统整体的度量指标，尤其是对语义信息失真程度的度量。

11.4.1　语义熵与语义互信息

香农经典信息论中，事件集合是对整个论域的一个划分，这种互斥的划分方式带来了信息的损失。模糊性的数学理论基础是模糊集合。模糊集合的特征函数或者隶属函数不再是二值函数。如果将语义特征都抽象为命题，用命题的逻辑概率来表达客观事件在模糊集合中的隶属度，即命题“h_j 是真”这个事件 θ_j 的逻辑概率。事件 e_j 和命题 h_j 的语义互信息 $I_S(e_i \mid h_j)$ 可由式（11.3）给出：

$$I_S(e_i \mid h_j) = \log\frac{P(e_i \mid \theta_j)}{P(e_i)} = \log\frac{T(\theta_j \mid e_i)}{T(\theta_j)} = \left[-\log T(\theta_j)\right] - \left[-\log T(\theta_j \mid e_i)\right] \tag{11.3}$$

定义知识库 K，设信源消息集合为 $\mathcal{X}$，语义信息集合为 $\mathcal{S}$，语义消息码序列构成的集合为 $\mathcal{U}$，信宿接收码序列集合为 $\mathcal{V}$，重建语义信息集合为 $\mathcal{S}'$，信宿译码消息集合为 $\mathcal{Y}$。

对于任一原始信息 $x \in \mathcal{X}$，统计概率为 $\phi(x)$，基于 x 判断出语义信息 $s \in \mathcal{S}$ 的概率大小为 $P(s \mid x)$，语义信息概率分布为 $P(s) = \sum_{x \in \mathcal{X}} \phi(x) P(s \mid x)$，语义信息 S 的熵 $H(\mathcal{S})$ 为

$$H(\mathcal{S}) = H(\mathcal{X}) + H(\mathcal{S}|\mathcal{X}) - H(\mathcal{X}|\mathcal{S}) \tag{11.4}$$

当 $H(\mathcal{S}) < H(\mathcal{X})$ 时，表示语义冗余度 $H(\mathcal{X}|\mathcal{S})$ 较高，实现了对原始数据 $\mathcal{X}$ 的压缩；否则，表示语义模糊度 $H(\mathcal{S}|\mathcal{X})$ 较高，此时不适用于语义传输。

11.4.2 语义率失真函数

香农限失真编码定理说明，信源编码码率大于 $R(D)$ 是存在平均失真不超过 D 的信源编码的充要条件，$R(D)$ 为满足保真度准则下信道输入输出之间的最小平均互信息。

面向未来智简通信，研究语义信息度量能够为通信网络进行语义级的通信传输奠定基础，提高频谱效率；此外，现有语义信息论研究没有明确的语义信息度量标准和语义通信失真度量指标。

11.4.3 码率-失真拉格朗日率失真代价函数

信源 X 经过有失真的信源编码器输出 Y，将这样的编码器看作存在干扰的假象信道，Y 作为接收端信号。信源编码器的目的是使所需的编码码率 R 尽量小，但 R 越小，引起的平均失真就越大。给出一个失真的限制值 D，在满足平均失真的条件下，选择一种编码，使编码码率 R 尽可能小。编码码率 R 就是所需输出的有关信源 X 的信息量。而编码码率 R 其实就是互信息 $I(X,Y)$。

可知，当信源的分布概率已知时，互信息 I 是关于转移概率 $P(y_i|x_i)$ 的凸函数，存在极小值。因此定义率失真函数 $R(D) = \min I(X,Y)$。

率失真函数中的一个典型代表就是拉格朗日率失真代价函数，如图 11.3 所示，灰色斜线部分代表可以实现的所有率失真值的组合，其具体的表示为

$$R(D) = \lambda D + R = \lambda d(x,y) + H \tag{11.5}$$

其中：D 代表输入信源和输出之间的失真，对于不同的模型，可以用不同的函数来计算输入与输出之间的损失；R 是在编码过程中所需要的编码码率，也可认为是编码后的符号熵；λ 是拉格朗日乘数，它的大小决定了在编码码率和失真之间的权衡，λ 越大则表示越看重传输过程中的失真，这样需要用更多的比特数编码，反之，如果更加看重编码码率的大小，则需要减小 λ 的值。

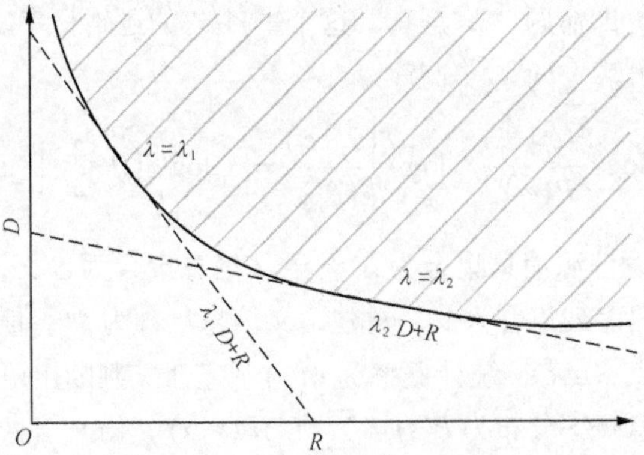

图 11.3 拉格朗日率失真代价函数

11.4.4 典型失真度量指标

下面分文本信源和图像信源介绍几种典型的失真度量指标。

文本信源的语义通信的失真度量指标

误词率（Word Error Rate，WER）常用于语音识别和机器翻译。误词率从 Levenshtein（莱文斯坦）距离（编辑距离）派生而来，在单词层级而不是音素层级上工作，通过插入、删除、替换等操作计算翻译得到的文本和原始参考文本相比改变的文本比例。误词率的计算公式为

$$WER=\frac{S+D+I}{N}=\frac{S+D+I}{S+D+C} \tag{11.6}$$

其中，S 表示替换的单词个数，D 表示删除的单词个数，C 表示参考片段中正确匹配的单词个数，I 表示插入的单词个数，N 表示给定参考片段中的单词数目（有 $N=S+D+C$）。在以编辑距离定义的误词率中也有一些限制，例如，它的值没有上限，因此很难以绝对方式评估误词率和人类评估结果一致性较弱；误词率是不可微分的，无法作为优化指标通过反向传播优化语义通信系统。此外，人们普遍认为，与较高的误词率相比，较低的误词率表明系统在语音识别方面具有更高的准确性。

BLEU（Bilingual Evaluation Understudy，双语评估替换）（参考文献 [3]）最早是用于机器翻译任务的评价指标，反映了翻译语句和参考语句之间的相似度，也可以用来评估语义通信发送语句和重建语句之间的重合度。假如给定发送文本（参考语句）X，它的句子长度为 N，接收端恢复的句子是 Y，BLEU-n 评估发送文本 X 和恢复文本 Y 之间 n-gram（n 元组）的重合度或准确率，n 元组指的是长度为 n 的字节片段序列。单独的 n 元组分数是对特定顺序的匹配 n 元组的评分，根据多元组的长度 n，常见的指标有 BLEU-1、BLEU-2、BLEU-3、BLEU-4 这 4 种。n=1 时，BLEU-1 衡量的是单个单词级别的准确率，BLEU-n 表示 n 元组的准确率。在语义通信的背景下，n 元组分数 BLEU-n 的计算公式为

$$w_n=\frac{\Sigma_{i\in \text{n-gram},i\in X}N_i\left(Y\right)}{\Sigma_{i\in \text{n-gram},i\in X}N_i\left(X\right)} \tag{11.7}$$

其中，$N_i(X)$ 表示片段 i 在 X 中出现的次数。实际使用时，通常会报告从 BLEU-1 到 BLEU-4 的累加分数，即 $\text{BLEU}=\exp\left(\sum_n w_n \log p_n\right)$，其中 p_n 为 n 元组分数的权重。BLEU 的缺点是只简单地计算收发两段文本之间的 n 元组的匹配度，未能捕捉到自然语言的词汇的多样性和 n 元组文本片段的内容。

BERTScore（参考文献 [4]）是一种用于文本生成的自动评估指标，基于计算候选句子中每个标识符（Token）与参考中每个标识符的相似度得分，但是不是使用精确匹配，而是使用上下文的 BERT（Bidirectional Encoder Representation from Transformers，来自 Transformers 的双向编码器表示）词向量来计算相似度。给定发送端发送的文本片段 x，它由 n 个字块 $<x_1,\cdots,x_n>$ 组成，BERT 模型产生对应的文本表征序列 $<X_1,\cdots,X_n>$。类似地，BERT 模型将接收端恢复的句子 $\hat{x}=<\hat{x}_1,\cdots,\hat{x}_m>$ 映射为文本表征序列 $<\hat{X}_1,\cdots,\hat{X}_m>$，使用

余弦相似度来衡量文本表征之间的相似度，具体两个单词的相似度为$\mathrm{sim}(x_i, x_j) = \dfrac{X_i^{\mathrm{T}} \hat{X}_j}{\|X_i\| \|\hat{X}_j\|}$。在此基础上，需要进行收发两端文本的单词匹配，BERTScore 使用贪婪匹配来最大化匹配的相似度得分。BERTScore 还使用逆向文档频率（Inverse Document Frequency，IDF）得分来进行重要性加权。与 BLEU 相比，BERTScore 使用 IDF 加权余弦相似度来识别匹配，能允许近似匹配。对于发送文本 x 和接收端恢复文本 $\hat{x}$，可用召回率 R、精确率 P 评估，分别为

$$R_{\mathrm{BERT}} = \frac{\Sigma_{x_i \in x} IDF(x_i) \max_{\hat{x}_j \in \hat{x}} X_i^{\mathrm{T}} \hat{X}_j}{\Sigma_{x_i \in x} IDF(x_i)} \tag{11.8}$$

$$P_{\mathrm{BERT}} = \frac{\Sigma_{\hat{x}_j \in x} IDF(\hat{x}_j) \max_{x_i \in \hat{x}} X_j^{\mathrm{T}} \hat{X}_i}{\Sigma_{\hat{x}_j \in \hat{x}} IDF(\hat{x}_j)} \tag{11.9}$$

除了恢复发送文本以外，文本语义通信还可面向不同的下游任务，如文本摘要、机器翻译、文本分类等。各个下游任务有着不同的度量指标，在此不一一说明。

图像信源的语义通信的失真度量指标

PSNR（Peak Signal to Noise Ratio）表示峰值信噪比，其单位为 dB，PSNR 的评估指标越大，则表示失真越小。$MSE = d(x, \hat{x})$ 用来计算输入 x 与输出 $\hat{x}$ 之间的均方误差，MAX 表示图像中出现的最大像素值。例如 24 位深度的 RGB 图像上（每个通道每个像素为 8 bit，共 3 个通道），$MAX = 255$。

$$PSNR = 10 \log_{10} \frac{MAX^2}{MSE} \tag{11.10}$$

PSNR 被认为是最普遍和最广泛使用的一种对图像进行客观评估的指标，由于其对图像质量进行评估时，只考虑了图像对应像素点之间的误差，并未考虑人眼观察图像时的特性，所以经常会出现人的主观感受与 PSNR 计算结果不一致的情况。

SSIM（Structural Similarity，结构相似性）是由得克萨斯大学的图像和视频工程实验室提出的用来对两幅图像相似度大小进行评估的指标，该指标从 3 个方面对图像的相似度进行评估：亮度、对比度、结构。SSIM 指标的取值范围为 [0,1]，重建图像的失真越小，SSIM 指标的计算值越大。在实际的计算过程中，经常会将图像分成小块来进行计算，假设将一幅图像分为 N 个子块，计算高斯加权情况下相应块的 SSIM，将总的计算结果取平均值作为两图像的 SSIM 度量，这就是 MS-SSIM（Multiscale Structure Similarity，多尺度结构相似性）。

$$SSIM(x, y) = \frac{\left(2\mu_x \mu_y + C_1\right)\left(2\sigma_{xy} + C_2\right)}{\left(\mu_x^2 + \mu_y^2 + C_1\right)\left(\sigma_x^2 + \sigma_y^2 + C_2\right)} \tag{11.11}$$

$$MS-SSIM(X, Y) = \left[L_M\left(X, Y\right)\right]^{\alpha M} \prod_{j=1}^{M} \left[c_j\left(X, Y\right)\right]^{\beta_j} \left[s_j\left(X, Y\right)\right]^{\gamma_j} \tag{11.12}$$

其中，μ_x 是 x 的平均值，μ_y 是 y 的平均值，σ_x^2 是 x 的方差，σ_y^2 是 y 的方差，σ_{xy} 是 x,y 的协方差。一般通过高斯函数来精确计算图像的均值、方差和协方差，而不是采用遍历每个像素点的计算方式，以此来换取更高的计算效率。

LPIPS（Learned Perceptual Image Patch Similarity，学习感知图像块相似度）也称为“感知损失”，计算两幅图像潜在表示之前的欧几里得距离，用于度量两幅图像之间的差别。该度量指出不同的 DNN 结构的特征图在解释人类对图像质量的感知方面具有“合理”的有效性。该度量标准学习生成数据到 Ground Truth（基准真相，指代样本集中的标签）的反向映射强制生成器学习从假数据中重构真实数据的反向映射，并优先处理它们之间的感知相似度。相较于 PSNR、SSIM、MS-SSIM，LPIPS 更能解释人类感知的许多细微差别。LPIPS 的值越小，表示两幅图像越相似；反之，则差异越大。

LPIPS 指标将两个输入送入神经网络进行特征提取，对每个层的输出进行激活后归一化的处理，记为 $\hat{y}^l$, $\hat{y}_0^l \in \mathbb{R}^{H_l \times W_l \times C_l}$，然后经过 w 层权重点乘后计算 L_2 距离，最后取平均获得距离，这一度量就是 LPIPS，公式如下：

$$d(x,x_0)=\sum_l \frac{1}{H_l W_l}\sum_{h,w}\| w_l \odot (\hat{y}_{hw}^l - \hat{y}_{0hw}^l)\|_2^2 \tag{11.13}$$

11.5 语义压缩极限初探

基于概率测度的信息度量可以用自信息和信息熵来表示。经典通信系统中信息传输速率的下界即信源的信息熵。而语义通信速率的下界是消息的语义信息量。语义信息量现今未有明确的方法进行度量。在算法信息论中，通用图灵机可以将抽象语义转化为可度量信息，可度量信息由描述信息的复杂度来衡量。这种描述信息的复杂度可以用算法复杂度来度量，也称 Kolmogorov 复杂度，简称柯氏复杂度（参考文献 [2]）。

从算法复杂度的角度出发，有人提出了一种文本语义通信速率下界，消息的语义的复杂度可用描述这个消息的复杂度来刻画。柯氏复杂度是衡量描述这个消息所需要的信息量的一个尺度，为通用图灵机上输出且只输出这个对象所需要的程序的最短长度。它在一定程度上反映了这个消息蕴含的语义信息量。由于柯氏复杂度也具有不可计算性，因此又提出了归一化条件复杂度（NCC）的概念来近似，从而近似计算文本语义通信速率的下界。这个下界限定于某个特定的文本数据集 D，以及编码时先验数据在整个数据集中的比例 P，具体公式如下：

$$NCC(D,p)=\mathop{\mathbb{E}}_{\Omega_p}\ \mathop{\mathbb{E}}_{\substack{D_{Tr},D_{Te}\sim\Omega_p \\ u\in D_{Te}}} \frac{L(C(u,D_{Tr}))-L(C(D_{Tr}))}{l(u)} \tag{11.14}$$

归一化条件复杂度的物理含义是在存在一定比例先验语义库条件下单位长度文本的描述复杂度。先将数据集 D 划分为待编码的数据集和作为语义库的数据集 D_{Tr}。对于任意一个待编码数据集中的一段文本序列 u，它是由若干英文单词、汉字或标点符号组成的，为避免文本长短的绝对影响，用这段文本的长度作为归一化参数。最终在待编码数据集上遍历求平均值，以及进行多次数据划分取均值，从而消除某次划分的特殊性影响，得到文本数据集 D 的平均语义通信速率的一个下界。

11.6 本章小结

本章通过拓宽经典通信理论框架的范围，从语义通信的系统框架、语义通信系统和经典通信系统的术语对比、语义通信和人工智能技术中的语义分析对比、语义通信的度量指标等方面出发介绍了语义通信模型，并初步探索了语义信息的压缩极限。

参考文献

[1] SHANNON C E. A mathematical theory of communication [J]. *The Bell system technical journal,* 1948, 27(3): 379-423.

[2] KOLMOGOROV A N. On tables of random numbers [J]. *Sankhyā: The Indian Journal of Statistics, Series A,* 1963: 369-376.

[3] PAPINENI K, et al. LEU: a method for automatic evaluation of machine translation. *Proceedings of the 40th annual meeting of the Association for Computational Linguistics*[C]. 2002.

[4] ZHANG T Y, et al. ertscore: Evaluating text generation with bert[D]. *arXiv preprint arXiv:1904.09675* (2019).

[5] 张平，等 . 6G 移动通信技术展望 [J]. 通信学报 , 2019.

[6] ZHANG P, XU W, et al. Towards Wisdom-Evolutionary and Primitive-Conciseness 6G : A New Paradigm of Semantic Communication Networks[J]. *Submitted to Engineering*, 2021.

第 12 章

语义编码传输

香农信息论指导下的经典通信系统设计具有以下局限性。

（1）模块设计分离。依据香农信源信道分离定理（参考文献 [1]），在编码码长、时延、复杂度均不受限的条件下，信源压缩与信道传输模块可以进行分离设计，两者独立的优化等价于端到端系统全局优化。过去几十年，该原理被应用于通信系统的各个模块（如信道编码、信号调制等），简化了系统设计。但实际系统的编码码长、时延、复杂度均受到限制，尤其是对于实时性要求较高的新业务通信系统，由于编码码长和编解码复杂度等限制更严格，模块化分离优化设计相比于系统联合优化设计有明显性能损失。

（2）处理范式受限。现有通信系统的编解码、调制解调等模块大多采用线性处理，虽然该范式简化了系统设计，且一定条件下可以推导得到模块最优处理的解析表达式，但线性处理范式限制了模块处理能力的提升，无法进一步满足系统性能提升需求。以深度学习为代表的人工智能技术正是利用了多层神经网络的非线性处理机制，显著提升了信息处理能力，为通信系统各模块处理机制的创新提供了思路。

（3）优化准则单一。经典通信系统以香农信息论为理论基础，以准确传输数据或精确传送信号波形为目标，而其中承载的内容信息是什么以及信息被如何使用并未受到特别关注。在此背景下，通信系统大多数模块的数学推导都基于高斯噪声假设，因此模块优化设计的优化准则大多为最小均方误差（MSE），如信道估计、信号检测、信道编解码均是如此。然而，当考虑范畴更广的端到端通信系统时，简单的 MSE 准则无法准确匹配信源侧人类主观感知体验或智能机器任务表现，导致全系统优化效率降低。

（4）先验知识不足。经典信源压缩与信道传输模块均基于统计概率特征进行构建，没有考虑具体通信场景中的先验知识来辅助提升端到端传输性能，尤其没有涉及更高层的语义先验信息，也没有考虑信息传输过程推进中先验知识的更新。以上先验知识形态、使用、更新几方面的不足在一定程度上制约了系统性能的进一步提升。

语义通信试图实现从技术层到语义层的跨层升级，更注重收发端到端的传输性能，而非比特级别的传输准确率。因此，利用信源信道的联合设计，使得编解码模型能将信源特征与信道特性匹配，能有效突破现有系统模块设计分离的局限，赋能端到端通信系统的整体性能跃升。现有信源信道联合编码方法通过级联信道环境样本一同训练，将语义特征提取、信源信道编码封装为一个编码器模块，该方法称为深度联合信源信道编码（DeepJSCC）（参考文献 [2]—[5]）。本质上，该结构源于深度自编码器（auto-encoder）结构，采用了“定长编码”的方法，对任意符号，其编码后用于在信道中传输的符号数量都是定值，且没有考虑信源数据内部在语义内容复杂度上的差异，系统编码效率还有待进一步提升。

本章引入变换编码、联合信源信道的非线性处理范式和多元目标引导的端到端优化这三个新机制来提升端到端传输性能，克服传统通信系统的技术瓶颈。通过对非线性变换编码传输系统的深入研究，具体回答语义特征如何提取、如何传输、如何使用三大核心问题。

12.1 非线性变换联合信源信道编码方法

本节提出非线性变换联合信源信道编码方法（nonlinear transform source-channel coding, NTSCC）。如图 12.1 所示，在发送端，非线性解析变换 $g_a(\cdot;\boldsymbol{\phi}_g)$ 用于提取信源样本 $\boldsymbol{x}$ 的深层语义特征，构成隐空间语义特征图 $\boldsymbol{y}$。$\boldsymbol{y}$ 将会继续被送入变速率联合信源信道编码 $f_e(\cdot;\boldsymbol{\phi}_f)$ 得到信道输入向量 $\boldsymbol{s}$。给定信道传输函数 $W(\cdot;\boldsymbol{\nu})$，则接收符号序列为 $\hat{\boldsymbol{s}}=W(\boldsymbol{s};\boldsymbol{\nu})$。接收端先将 $\hat{\boldsymbol{s}}$ 送入变速率联合信源信道译码 $f_d(\cdot;\boldsymbol{\theta}_f)$ 恢复得到关于隐空间语义特征图的估计 $\hat{\boldsymbol{y}}$，再送入非线性合成变换 $g_s(\cdot;\boldsymbol{\theta}_g)$ 进行语义特征融合重构信源数据 $\hat{\boldsymbol{x}}$。整个 NTSCC 系统的流程为

$$\boldsymbol{x}\xrightarrow{g_a(\cdot)}\boldsymbol{y}\xrightarrow{f_e(\cdot)}\boldsymbol{s}\xrightarrow{W(\cdot)}\hat{\boldsymbol{s}}\xrightarrow{f_d(\cdot)}\hat{\boldsymbol{y}}\xrightarrow{g_s(\cdot)}\hat{\boldsymbol{x}}$$

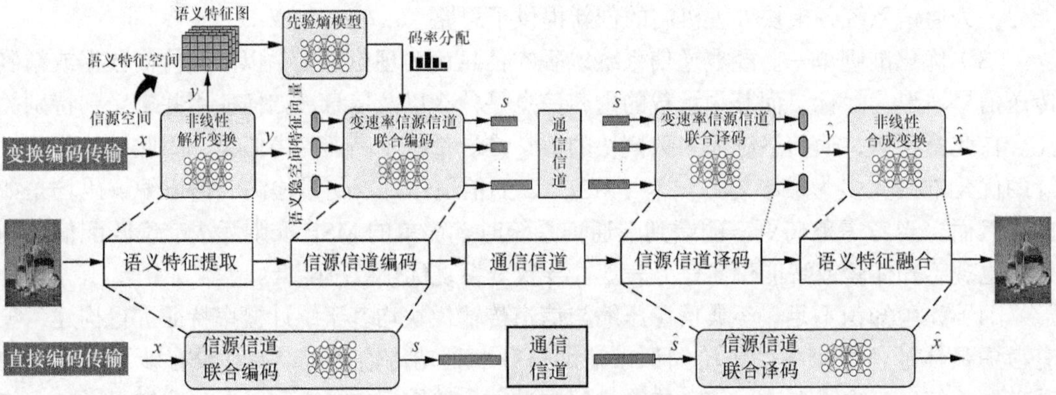

图 12.1 两类非线性信源信道联合编码传输方案对比

语义隐空间表征向量 $\boldsymbol{y}$ 会被送入先验熵模型 p_y，计算得到语义表征 $\boldsymbol{y}$ 每个维度上取值对应的概率，从而获得原始数据 $\boldsymbol{x}$ 在语义隐空间 $\boldsymbol{y}$ 上的信息量分布。p_y 实际是由 DNN 所定义的一个参数化分布，参数集合记为 φ。先验熵模型 $p_y(\boldsymbol{y};\boldsymbol{\varphi})$ 的计算式为

$$p_y(\boldsymbol{y};\boldsymbol{\varphi})=\prod_i \underbrace{\left(p(\boldsymbol{y};\boldsymbol{\varphi}^{(i)})*u\left(-\frac{1}{2},\frac{1}{2}\right)\right)}_{p_{y_i}(\cdot;\boldsymbol{\varphi}^{(i)})}(y_i)=\prod_i p_{y_i}(y_i;\boldsymbol{\varphi}^{(i)}) \tag{12.1}$$

其中，$p(\boldsymbol{y}_i;\boldsymbol{\varphi}^{(i)})$ 表示由参数 $\boldsymbol{\varphi}^{(i)}$ 确定的关于 $\boldsymbol{y}_i$ 的熵模型，* 表示卷积操作，$\mathrm{U}\left(-\frac{1}{2},\frac{1}{2}\right)$ 表示 $\left(-\frac{1}{2},\frac{1}{2}\right)$ 范围内的均匀分布，最后卷积形成的概率分布 $p_{\boldsymbol{y}_i}(\cdot;\boldsymbol{\varphi}^{(i)})$ 表示关于 $\boldsymbol{y}_i$ 的代理熵模型。卷积均匀分布操作目的是使 $p_{\boldsymbol{y}_i}(\cdot;\boldsymbol{\varphi}^{(i)})$ 在任何 $\boldsymbol{y}_i$ 取值点上的概率都落在 (0,1) 范围内，保证后续信息量计算的数值稳定。

以图像信源为例，Deep JSCC 的操作逻辑为将一张图像表示为像素点组成的一个 m 维向量 $\boldsymbol{x}\in\boldsymbol{R}^m$，通过一个基于 DNN 的编码函数映射 $\boldsymbol{s}=f_e(\boldsymbol{x};\boldsymbol{\phi}_f)$ 到一个 k 维的信道输入向量 $\boldsymbol{s}\in\boldsymbol{R}^k$，其中 $\boldsymbol{\phi}_f$ 表示构成编码器的 DNN 参数集合。通常有 $k<m$，$\rho=\frac{k}{m}$ 为信道带宽比（channel bandwidth ratio, CBR），表示信道输入维度与信源维度的比值。而在 NTSCC 系统中，在先验熵模型的引导下，每个信源样本 $\boldsymbol{x}$ 所对应的信道输入向量 $\boldsymbol{s}$ 的总维度是动态变化的，并且可以实现每个语义隐空间的表征向量 $\boldsymbol{y}_i$ 对应不同的编码码率，即 $\boldsymbol{y}_i$ 编码得到的传输向量 $\boldsymbol{s}_i$ 的维度不一样，可以依据 $\boldsymbol{y}_i$ 所对应的熵大小来确定。语义隐空间的先验熵模型结合联合信源信道编码的码率分配策略，使 NTSCC 实现变换编码传输，这是其相对于 Deep JSCC 直接编码传输方案获得大幅性能提升的本质原因。

12.2 非线性变换联合信源信道编码变分建模

从端到端系统角度来看，面向数据传输任务的语义通信目标是使接收端恢复的数据分布与发送端的真实数据分布尽可能一致，从而不但实现数据元素级别的恢复，而且追求全局视野的感知体验优化，这符合深度学习“生成模型”的思想。因此，可以从变分建模的角度，推导出语义通信编码传输的率失真优化准则。

从变分自编码器（variational auto-encoder, VAE）角度来看，图 12.2 所示的 NTSCC 系统对以下几个概率分布进行了建模。

（1）$q_{\hat{\boldsymbol{s}}|\boldsymbol{x}}(\hat{\boldsymbol{s}}\mid\boldsymbol{x})$ 表示给定信源样本 $\boldsymbol{x}$ 时，关于接收符号序列 $\hat{\boldsymbol{s}}$ 的条件概率分布。$q_{\hat{\boldsymbol{s}}|\boldsymbol{x}}(\hat{\boldsymbol{s}}\mid\boldsymbol{x})$ 由非线性解析变换 $g_a(\cdot;\boldsymbol{\phi}_g)$、非线性联合信源信道编码 $f_e(\cdot;\boldsymbol{\phi}_f)$、通信信道 $W(\cdot;\boldsymbol{\nu})$ 共同决定，因此 $q_{\hat{\boldsymbol{s}}|\boldsymbol{x}}$ 是关于参数 $\{\boldsymbol{\phi}_g,\boldsymbol{\phi}_f,\boldsymbol{\nu}\}$ 的概率模型。

（2）$p_{\hat{\boldsymbol{s}}}(\hat{\boldsymbol{s}})$ 表示关于接收符号序列 $\hat{\boldsymbol{s}}$ 的可学习的先验概率分布。$p_{\hat{\boldsymbol{s}}}(\hat{\boldsymbol{s}})$ 是在给定非线性解析变换 $g_a(\cdot;\boldsymbol{\phi}_g)$、非线性联合信源信道编码 $f_e(\cdot;\boldsymbol{\phi}_f)$、通信信道 $W(\cdot;\boldsymbol{\nu})$ 后，由语义隐空间熵模型 $p_{\boldsymbol{y}}(\boldsymbol{y};\boldsymbol{\varphi})$ 及信道转移概率 $p_{\hat{\boldsymbol{s}}|\boldsymbol{s}}(\hat{\boldsymbol{s}}\mid\boldsymbol{s})$ 共同确定的，其计算式为

$$p_{\hat{\boldsymbol{s}}}(\hat{\boldsymbol{s}})=\sum\nolimits_{\boldsymbol{y}}p_{\hat{\boldsymbol{s}}|\boldsymbol{s}}(\hat{\boldsymbol{s}}\,|\,f_e(\boldsymbol{y};\boldsymbol{\phi}_f))p_{\boldsymbol{y}}(\boldsymbol{y};\boldsymbol{\varphi}) \tag{12.2}$$

（3）$p_{\boldsymbol{x}|\hat{\boldsymbol{s}}}(\boldsymbol{x}\mid\hat{\boldsymbol{s}})$ 表示接收端得到接收符号序列 $\hat{\boldsymbol{s}}$ 时，关于恢复数据 $\boldsymbol{x}$ 的条件概率分布。该概率分布由非线性联合信源信道译码 $f_d(\cdot;\boldsymbol{\theta}_f)$、非线性合成变换 $g_s(\cdot;\boldsymbol{\theta}_g)$ 及失真度量 d 共同确定。例如，当使用 MSE 作为失真度量 d 时，$p_{\boldsymbol{x}|\hat{\boldsymbol{s}}}(\boldsymbol{x}\mid\hat{\boldsymbol{s}})$ 为

$$p_{\boldsymbol{x}|\hat{\boldsymbol{s}}}(\boldsymbol{x}\,|\,\hat{\boldsymbol{s}})=\mathcal{N}(\boldsymbol{x};\mu(\hat{\boldsymbol{s}}),\tau^2\boldsymbol{I}) \tag{12.3}$$

其中，$\mu(\hat{\boldsymbol{s}})=g_s(f_d(\hat{\boldsymbol{s}};\boldsymbol{\theta}_f);\boldsymbol{\theta}_g)$表示高斯分布的均值，即模型推理过程中的信源的估计值$\hat{\boldsymbol{x}}=\mu(\hat{\boldsymbol{s}})$，$\tau^2$为常数，是端到端传输的能量约束。

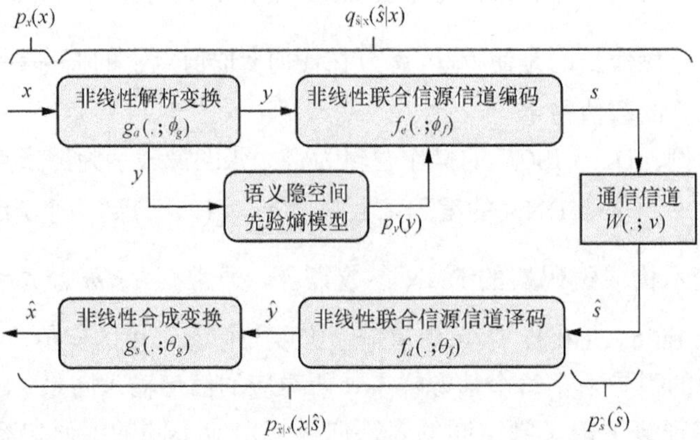

图 12.2 非线性变换联合信源信道编码流程及对应的概率建模

结合变分建模理论，NTSCC 系统端到端优化目标为最小化两组联合概率分布之间的 KL（Kullback-Leibler）散度$\mathrm{KL}\left[p_{\boldsymbol{x}}q_{\hat{\boldsymbol{s}}|\boldsymbol{x}}\middle\|p_{\hat{\boldsymbol{s}}}p_{\boldsymbol{x}|\hat{\boldsymbol{s}}}\right]$，表示为

$$\begin{aligned}&\min_{\phi_g,\phi_f,\theta_g,\theta_f,\varphi}\mathrm{KL}\left[p_{\boldsymbol{x}}q_{\hat{\boldsymbol{s}}|\boldsymbol{x}}\middle\|p_{\hat{\boldsymbol{s}}}p_{\boldsymbol{x}|\hat{\boldsymbol{s}}}\right]\\&=\min_{\phi_g,\phi_f,\theta_g,\theta_f,\varphi}\mathbb{E}_{\boldsymbol{x}\sim p_{\boldsymbol{x}}}\mathbb{E}_{\hat{\boldsymbol{s}}\sim q_{\hat{\boldsymbol{s}}|\boldsymbol{x}}}\left[\log q_{\hat{\boldsymbol{s}}|\boldsymbol{x}}(\hat{\boldsymbol{s}}|\boldsymbol{x})-\log p_{\hat{\boldsymbol{s}}}(\hat{\boldsymbol{s}})-\log p_{\boldsymbol{x}|\hat{\boldsymbol{s}}}(\boldsymbol{x}|\hat{\boldsymbol{s}})\right]+\underbrace{\mathbb{E}_{\boldsymbol{x}\sim p_{\boldsymbol{x}}}\log p_{\boldsymbol{x}}(\boldsymbol{x})}_{\text{常数1}}\\&=\min_{\phi_g,\phi_f,\theta_g,\theta_f,\varphi}\underbrace{\mathbb{E}_{\boldsymbol{x}\sim p_{\boldsymbol{x}}}\mathbb{E}_{\hat{\boldsymbol{s}}\sim q_{\hat{\boldsymbol{s}}|\boldsymbol{x}}}\log q_{\hat{\boldsymbol{s}}|\boldsymbol{x}}(\hat{\boldsymbol{s}}|\boldsymbol{x})}_{\text{常数2}}+\mathbb{E}_{\boldsymbol{x}\sim p_{\boldsymbol{x}}}\mathbb{E}_{\hat{\boldsymbol{s}}\sim q_{\hat{\boldsymbol{s}}|\boldsymbol{x}}}\left[\underbrace{-\log p_{\hat{\boldsymbol{s}}}(\hat{\boldsymbol{s}})}_{\text{传输速率}}+\underbrace{(-\log p_{\boldsymbol{x}|\hat{\boldsymbol{s}}}(\boldsymbol{x}|\hat{\boldsymbol{s}}))}_{\text{端到端传输失真}}\right]+\text{常数1}\end{aligned}\tag{12.4}$$

经过推导发现，NTSCC 系统优化目标本质上是寻求平均传输速率$\mathbb{E}_{\boldsymbol{x}\sim p_{\boldsymbol{x}}}\mathbb{E}_{\hat{\boldsymbol{s}}\sim q_{\hat{\boldsymbol{s}}|\boldsymbol{x}}}\left[-\log p_s(\hat{\boldsymbol{s}})\right]$与平均端到端失真$\mathbb{E}_{\boldsymbol{x}\sim p_{\boldsymbol{x}}}\mathbb{E}_{\hat{\boldsymbol{s}}\sim q_{\hat{\boldsymbol{s}}|\boldsymbol{x}}}\left[-\log p_{\boldsymbol{x}|\hat{\boldsymbol{s}}}(\boldsymbol{x}|\hat{\boldsymbol{s}})\right]$之间的折中。注意到速率项中的$p_{\hat{\boldsymbol{s}}}(\hat{\boldsymbol{s}})$是由语义空间$\boldsymbol{y}$的熵模型$p_{\boldsymbol{y}}(\boldsymbol{y};\boldsymbol{\varphi})$确定的，据此可以推导得到语义通信编码传输系统的一般化设计准则，即最小化信道传输速率－失真（RD）损失函数，表示为

$$L_{\mathrm{RD}}=\mathbb{E}_{\boldsymbol{x}\sim p_{\boldsymbol{x}}}\left[\sum\nolimits_i\underbrace{-\eta_i\log p_{\boldsymbol{y}_i}(\boldsymbol{y}_i;\boldsymbol{\varphi}^{(i)})}_{k_i}+\lambda d(\boldsymbol{x},\hat{\boldsymbol{x}})\right]\tag{12.5}$$

其中，k_i表示语义特征向量$\boldsymbol{y}_i$经过信源信道编码后对应的符号向量$\boldsymbol{s}_i$的维度，可视为$\boldsymbol{s}_i$通过信道传输所占用的带宽，η_i表示从$\boldsymbol{y}_i$的熵到信道传输符号数量k_i的比例放缩系数。当无特殊兴趣区域时，全局范围η_i设置为相同值$\eta_i=\eta,\forall i$。$d(\boldsymbol{x},\hat{\boldsymbol{x}})$表示信源样本$\boldsymbol{x}$与重构样本$\hat{\boldsymbol{x}}$之间的误差度量，超参数$\lambda$控制总传输速率$\left(k=\sum_i k_i\right)$与失真$d$之间的折中。$\lambda$越大，

优化得到的 NTSCC 模型信道带宽开销 k 越大，对应的端到端传输失真 d 越小；反之则相反。$d(\boldsymbol{x},\hat{\boldsymbol{x}})$ 一般表示客观误差度量，如图 12.3 给了不同 λ 取值下传输图像带宽分配结果，从图 12.3 可以看出，带宽分配与图像内容复杂度有显著关系。

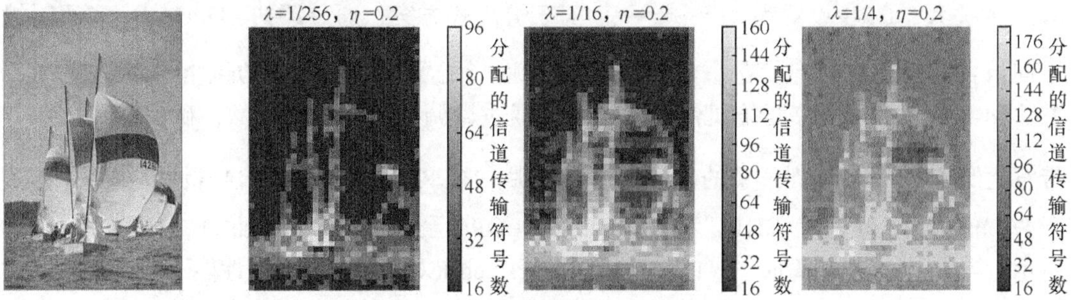

图 12.3 传输图像带宽分配结果

12.3 仿真验证与结果分析

为了验证所提语义非线性变换编码传输系统的端到端传输性能，本节将比较 NTSCC 系统与前文提到的直接编码传输 Deep JSCC 系统和经典信源信道编码传输系统的性能。实验的具体配置如下。

（1）数据集。为了量化端到端图像传输能力，实验使用不同分辨率、内容各异的图像数据集进行测试，图像尺寸从小到大的测试集依次为：CIFAR10（50000 张训练图像和 10000 张测试图像，32×32 像素）、Kodak（24 张图像，768×512 像素）、CLIC2021（60 张图像，2048×1890 像素）。

（2）对比方案。端到端的图像传输包括信源信道编码和无线信道传输 2 个主要模块。因此，对比方案包括 Deep JSCC 方案和经典分离式信源信道编码方案。分离式信源信道编码方案采用了压缩能力依次增强的图像信源编码方案 JPEG、JPEG2000、BPG（H.265 视频编码标准的帧内图像编码方案），并结合实际应用的 5G 标准 LDPC 信道编码（分别记为 JPEG + LDPC，JPEG2000 + LDPC 和 BPG + LDPC）。本文考虑 AWGN 信道和衰落信道下的测试性能，在实际部署中，为了与先前工作一致，将信道输入序列中的 2 个连续实符号转换为一个复信道输入符号，并添加复高斯噪声。

（3）度量指标和损失函数。实验使用广泛应用的像素级度量指标（如 PSNR 和 MS-SSIM，参考文献 [6]）和最近兴起的基于深度学习的感知度量指标（如 LPIPS，参考文献 [7]）对 NTSCC 模型和其他端到端传输模型进行性能评估。PSNR 对应于像素级的 l_2 欧式距离，因此在评估模型在 PSNR 上的表现时，将失真函数 d 设置为信源图像 $\boldsymbol{x}$ 和重构图像 $\hat{\boldsymbol{x}}$ 间的均方误差 MSE。当评估 MS-SSIM 指标时，失真函数 d 被设置为 1-MS-SSIM 以最小化 d。更高的 PSNR/MS-SSIM 指数意味着更好的传输表现。然而，即便 PSNR 和 MS-SSIM 被广泛用作经典图像质量评价指标，它们仍旧是简单且固定的函数，难以反映人类感知的诸多细微差别。本节进一步采用了基于深度学习的 LPIPS 指标作为量化图像传输效果的语义感知损失。LPIPS 取值范围为 0 ～ 1，LPIPS 值越小表示损失越少。

以下分不同指标给出非线性变换联合信源信道编码的图像编码传输性能及对比。

（1）PSNR 性能。图 12.4（a）和图 12.4（b）展示了 PSNR 与 AWGN 信道不同 SNR 的关系，CRB 设置为 $\rho=\frac{k}{m}=\frac{1}{16}$。对于分离式方案，通过评估 LDPC 码率和调制的不同组合的性能，得到了在每个 SNR 下最佳性能配置的性能曲线的包络。由于 NTSCC 方法学习到了一种速率匹配机制，因而可以通过微调模型训练超参数，确保其最大信道带宽比低于$\frac{1}{16}$，以达到公平的比较。结果表明，NTSCC 系统表现出显著性能提升，相较于 Deep JSCC、JPEG + LDPC 和 JPEG2000+ LDPC 至少提升 1dB。此外，如图 12.4（c）所示，当 SNR 逐渐降低时，NTSCC 表现出和 Deep JSCC 同样平滑的性能下降，然而基于分离式的“BPG + LDPC”传输方案的性能出现陡降（被称为“悬崖效应”），这是信道译码出现差错导致信源译码出现明显差错传播效应。

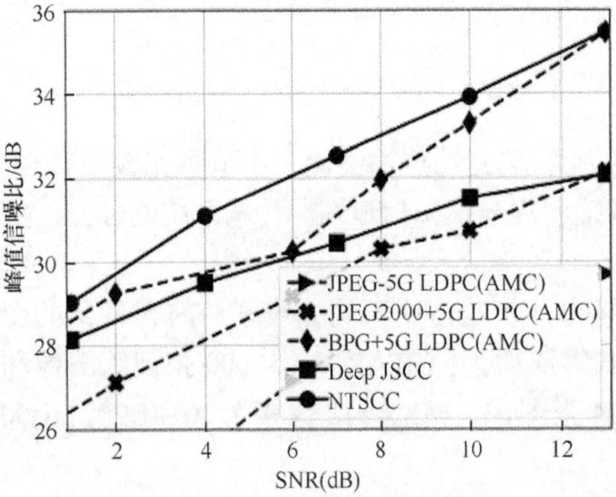

（a）Kodak-SNR

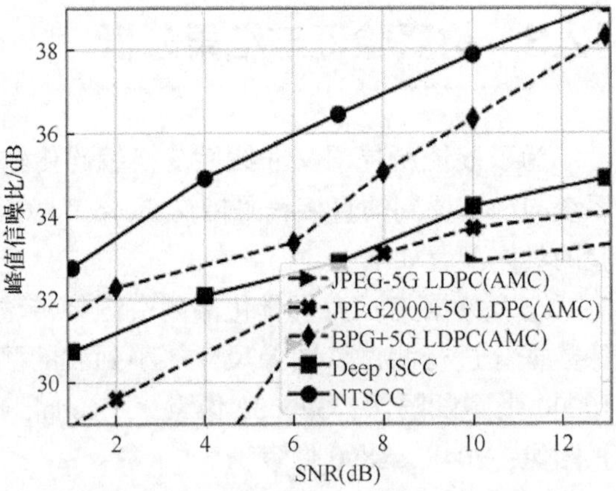

（b）CLIC21-SNR

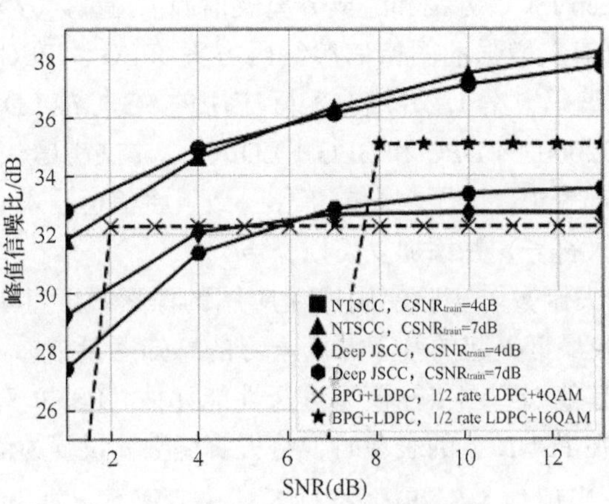

（c）CLIC21-SNR（固定调制）

图 12.4 PSNR 与 AWGN 信道不同 SNR 的关系

（2）MS-SSIM 性能。图 12.5（a）和图 12.5（b）展示了 SNR=10 dB 的 AWGN 信道

上 MS-SSIM 与 CBR 的关系；图 12.5（c）和图 12.5（d）展示了 MS-SSIM 与 AWGN 信道不同 SNR 的关系，CBR 设置为 $\rho=\frac{k}{m}=\frac{1}{16}$。由于 MS-SSIM 的值介于 0（最差）和 1（最好）之间，并且绝大多数值高于 0.9，这里将 MS-SSIM 值转换为 dB 以提高易读性。结果表明，NTSCC 很大程度上优于其他方案，并且在高 CBR 区域具有更高的性能增益。与 PSNR 指标下的结果相比，易发现 BPG + LDPC 的结果普遍差于深度学习驱动的语义通信方案。

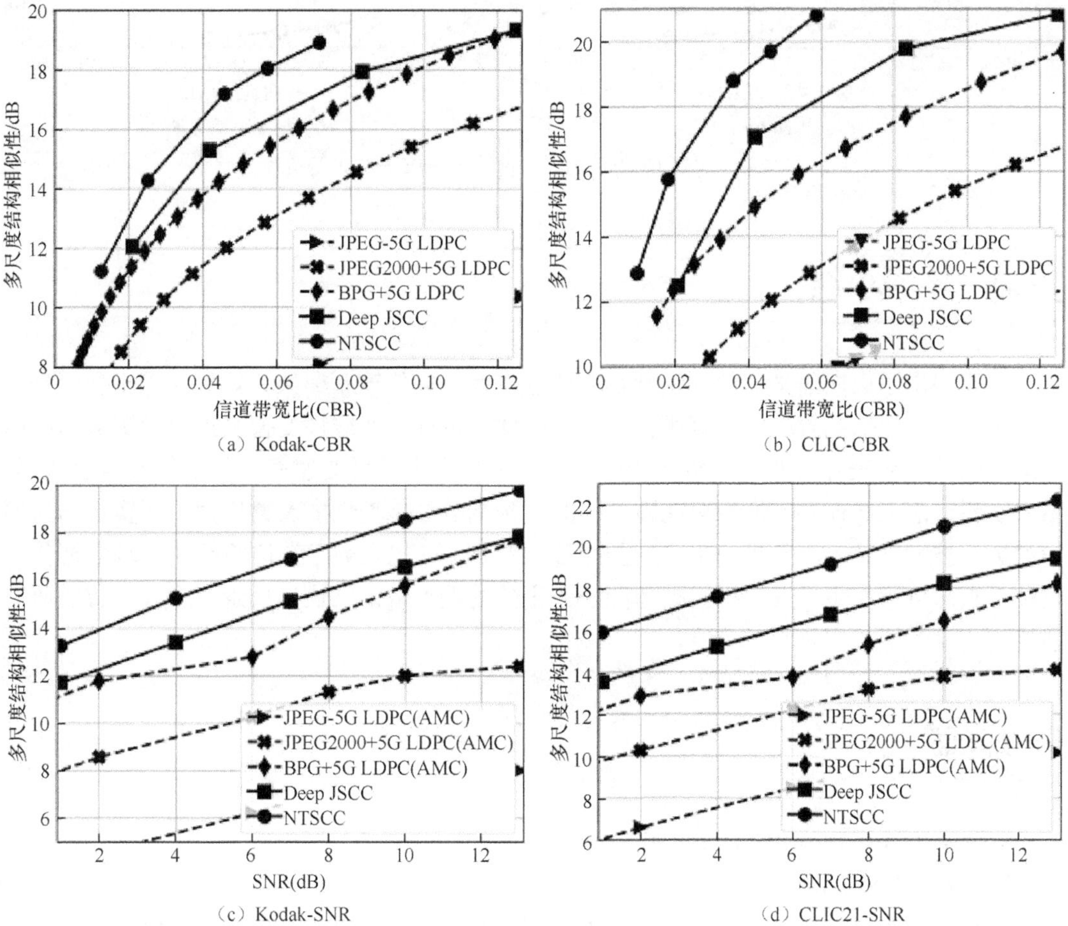

（a）Kodak-CBR　（b）CLIC-CBR

（c）Kodak-SNR　（d）CLIC21-SNR

图 12.5　MS-SSIM 与 CBR 和 SNR 的关系

（3）LPIPS 性能。除了上述 PSNR 和 MS-SSIM 失真度量外，面向语义通信目标，本节进一步使用以人类视觉感知为导向的 LPIPIS 损失函数训练 NTSCC 模型，LPIPS 度量能对齐人的感知体验。图 12.6 展示了 SNR=10 dB 的 AWGN 信道上 LPIPS 与 CBR 的关系，LPIPS 值越小表示失真越小。对于端到端语义通信传输方案（Deep JSCC 和 NTSCC），图 12.6 在括号中标记了以 PSNR 和 MS-SSIM 为指示模型的训练目标。NTSCC（Perceptual）曲线表示以 RDP 感知损失函数来优化模型。显然，感知优化的 NTSCC 在性能上远优于其他方案。

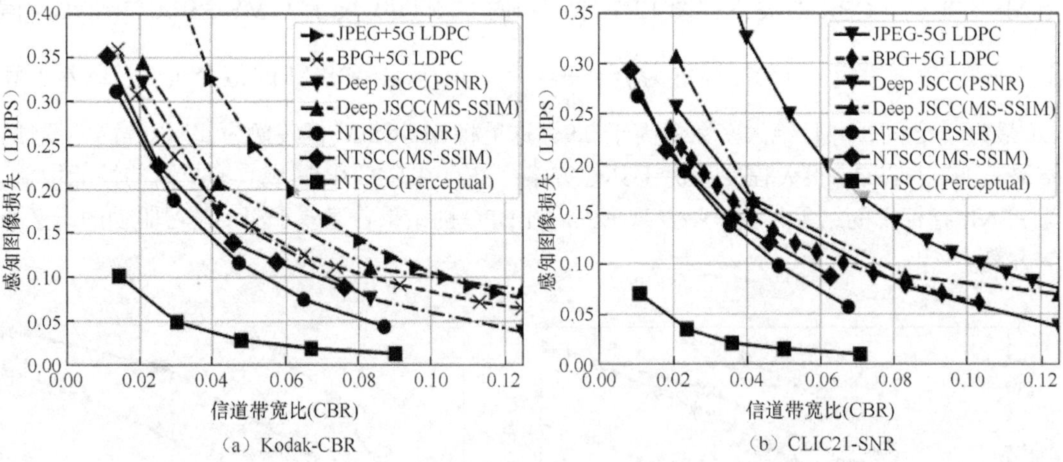

图 12.6 SNR=10 dB 的 AWGN 信道上 LPIPS 与 CBR 的关系

12.4 本章小结

本章提出了面向语义通信的端到端非线性变换编码传输新框架。首先，基于变分理论推导出了语义通信端到端率失真优化准则。据此，设计了非线性变换来提取信源数据在语义隐空间的紧致表征，并通过语义变分熵建模引导实现了可变速率的联合信源信道编码。结果表明，语义非线性变换编码能显著提升端到端数据传输性能及鲁棒性，是实现语义通信的关键技术之一。本章提出的编码技术面向高保真 / 优人类感知体验的端到端数据传输设计，未来可进一步扩展到机器类智能任务主导的端到端语义通信场景，具有广阔的研究前景。

参考文献

[1] SHANNON C E. A mathematical theory of communication[J]. The Bell System Technical Journal, 1948, 27(3): 379-423.

[2] FARSAD N, RAO M, GOLDSMITH A. Deep learning for joint source-channel coding of text[C]//Proceedings of 2018 IEEE International Conference on Acoustics, Speech and Signal Processing (ICASSP). Piscataway: IEEE Press, 2018: 2326-2330.

[3] CHOI K, TATWAWADI K, GROVER A, et al. Neural joint source-channel coding[C]//International Conference on Machine Learning. New York: PMLR, 2019: 1182-1192.

[4] BOURTSOULATZE E, KURKA D B, GUNDUZ D. Deep joint source-channel coding for wireless image transmission[C]//Proceedings of ICASSP 2019-2019 IEEE International Conference on Acoustics, Speech and Signal Processing (ICASSP). Piscataway: IEEE Press, 2019: 4774-4778.

[5] KURKA D B, GUNDUZ D. Bandwidth-agile image transmission with deep joint source-

channel coding[J]. IEEE Transactions on Wireless Communications, 2021, 20(12): 8081-8095.

[6] WANG Z, SIMONCELLI E P, BOVIK A C. Multiscale structural similarity for image quality assessment[C]//Proceedings of Thrity-Seventh Asilomar Conference on Signals, Systems & Computers. Piscataway: IEEE Press, 2004: 1398-1402.

[7] ZHANG R, ISOLA P, EFROS A A, et al. The unreasonable effec-tiveness of deep features as a perceptual metric[C]//Proceedings of 2018 IEEE/CVF Conference on Computer Vision and Pattern Recognition. Piscataway: IEEE Press, 2018: 586-595.

[8] DAI J, WANG S, TAN K, et al. Nonlinear transform source-channel coding for semantic communications[J]. IEEE Journal on Selected Areas in Communications, 2022, 40(8): 2300-2316.

[9] 张平，戴金晟，张育铭，等．面向语义通信的非线性变换编码 [J]. 通信学报，2023, 44(4): 1-14.